氟硅材料
标准与创新（2016～2021）

Standardization and Innovation of Fluoro-silicon Materials
（2016～2021）

江西蓝星星火有机硅有限公司
上海华谊三爱富新材料有限公司
湖北兴发化工集团股份有限公司　等 编著
唐山三友硅业有限责任公司
中蓝晨光成都检测技术有限公司

U0209819

化学工业出版社

·北京·

内容简介

为了更好地全方位服务企业的科研和生产经营，并规范氟硅行业产品的命名、生产、产品检验等，中国氟硅有机材料工业协会组织编写了《氟硅材料标准与创新（2016—2021）》一书。该书分上下两篇，上篇对 2016—2021 年发布的 75 项氟硅行业团体标准进行了汇编，涉及基础标准、方法标准和产品标准；下篇整合了相关专利及技术转化为标准的创新案例。

本书可供从事氟化工和有机硅生产经营、研究开发和产品检测的专业人员参考使用。

图书在版编目（CIP）数据

氟硅材料标准与创新：2016—2021/江西蓝星星火有机硅
有限公司等编著. —北京：化学工业出版社，2023.3（2023.7 重印）
　ISBN 978-7-122-42357-3

　Ⅰ.①氟… Ⅱ.①江… Ⅲ.①氟-有机材料-标准-中国-2016-
2021②硅-有机材料-标准-中国-2016-2021 Ⅳ.①TB322-65

中国版本图书馆 CIP 数据核字（2022）第 190215 号

责任编辑：赵卫娟　仇志刚　　　　　　　　装帧设计：王晓宇
责任校对：宋　夏

出版发行：化学工业出版社（北京市东城区青年湖南街 13 号　邮政编码 100011）
印　　装：涿州市般润文化传播有限公司
880mm×1230mm　1/16　印张 40½　字数 1230 千字　2023 年 7 月北京第 1 版第 2 次印刷

购书咨询：010-64518888　　　　　　　　售后服务：010-64518899
网　　址：http://www.cip.com.cn
凡购买本书，如有缺损质量问题，本社销售中心负责调换。

定　　价：398.00 元　　　　　　　　　　　　版权所有　违者必究
京化广临字 2022-15

编委会

序

　　氟硅材料是高性能新型材料，广泛应用于国防军工、航空航天、电子信息、电力电气、建筑工程、现代交通、纺织服装、石油化工、生物医药、医疗器械、新能源及日化用品等几乎所有的工业领域，尤其在国防军工、太空探索、新型基础设施建设和战略性新兴产业中发挥了极其重要的作用，是人类美好生活和现代制造业必不或缺的化工新型材料。

　　20 世纪 50 年代，为了追赶世界先进技术和满足国家各领域对高性能材料的需求，中国开启了有机硅和氟化工技术研究和工业化生产建设。科学工作者开发了有机氯硅烷工业制备方法，采用搅拌床直接法完成了甲基氯硅烷单体的中试，并在国内召开了有机硅产品推广会；同时期，中国首个氟化盐车间在抚顺建成投产，无水氟化氢和氟制冷剂在上海完成试制并投产。20 世纪 60 年代，根据三线建设需求，化工部抽调国内有机硅和氟化工骨干技术力量，在富顺组建了晨光化工研究院。随后，化工部在江西组建了江西蓝星星火有机硅有限公司并试制有机硅单体；中国氟制冷剂的合成技术也有了长足进步，首台直径 500 mm、长 3 m 的氟化氢反应转炉试制成功，氟制冷剂生产工艺基本形成，为国内氟化工工业化生产奠定了基础；首套 30 吨/年聚四氟乙烯装置在上海建设完成，分别采用悬浮法和分散法试产出聚四氟乙烯树脂，结束了我国不能生产聚四氟乙烯树脂的历史。

　　改革开放后，我国有机硅和氟化工生产技术取得突破性进步，产业链持续完善。目前，我国已成为有机硅和氟化工产品全球最大的生产国及消费国。我国有机硅的科研和生产迅速发展并取得了长足的进步，通过大量科技工作者的不懈努力，突破了一个又一个氟硅行业技术瓶颈。目前，我国已拥有氟化工、有机硅相关企业上万家，产量占全球 50%以上，技术积累已达到相当高度。

　　近年来，中国氟硅行业向高技术、高质量发展转型，科技创新发挥了重要作用，并逐渐成为行业可持续发展的动力。其中，标准不仅为行业的科技创新及成果转化起到引领作用，而且作为国际竞争的战略性创新资源具有长远的价值。未来一段时期内，我国有机硅和氟化工产业发展将聚焦于新兴领域，通过提供高性能定制化产品及解决方案，有望延续快速发展趋势。在这个发展过程中，标准化工作对于形成行业合力，促进各单位交流起到举足轻重的作用。科技水平高且贴近氟硅行业各单位迫切需求的氟硅行业团体标准有望为行业高质量、可持续发展提供新的动力。新的氟硅行业团体标准体系将为各单位构筑起包含基础、方法和产品的三个氟硅行业标准平台，并将之不断完善，以期助力行业各单位的科研和生产。

　　一流的企业经营标准，二流的企业经营品牌，三流的企业经营产品。标准越来越受到各个企业的重视，特别是近几年，氟硅行业标准的质量和数量不断提升，已经成为企业自主创新的重要依据。标准的先进性也决定了产品的质量水平和整体竞争力，标准推动创新发展，标准引领技术进步。因此，氟硅行业应坚持走自主创新的发展路线，切实发挥好标准的引领和助推作用。

张立军

2022 年 8 月

前　言

随着我国标准化工作改革的推进，标准制定工作已逐步迈入新阶段。 2015 年，国务院发布了《深化标准化工作改革方案》，方案提出鼓励社会团体和产业技术联盟，协调相关市场主体共同制定满足市场和创新需要的标准，开启了团体标准的新时代。 2017 年修订的《中华人民共和国标准化法》亦明确了团体标准的法律地位。

2014 年，我国的团体标准尚处于试点阶段，但中国氟硅有机材料工业协会已走在了前沿，本着适应本行业需求、引领行业发展的目的，率先合规依法成立了标准化技术委员会（简称"标委会"），相继出台了团体标准管理办法、团体标准知识产权制度等文件，并得到了协会成员的积极响应。第一届标委会由综合组、氟化工专业组、有机硅专业组组成，曹先军任主任，马利群、廖俊任副主任，陈敏剑任副主任兼任秘书长，王建忠和周远建分别任两个专业召集人，标委会共设委员 62 名，由我国氟硅行业经验丰富、有知名度的专家学者和一线科技工作者担任，秘书处设在中蓝晨光成都检测技术有限公司。

2015 年标委会正式开展第一批团体标准的制定工作，并于 2017 年正式发布实施，分别为由中蓝晨光化工研究设计院有限公司主导制定的 T/FSI 001.1—2016《电力电气用液体硅橡胶绝缘材料 第 1 部分：复合绝缘用》，成都拓利科技股份有限公司主导制订的 T/FSI 002—2016《电子电器用加成型耐高温硅橡胶胶黏剂》、宜昌汇富硅材料有限公司主导制定的 T/FSI 003—2016《气相二氧化硅生产用四氯化硅》，以及新亚强硅化学股份有限公司主导制定的 T/FSI 004—2016《六甲基二硅氮烷》。以此为起点，中国氟硅行业团体标准工作陆续有组织、有计划地开展和推进。

八年时间，弹指一挥间。团体标准数量从无到有，从有到多，从多到精，标准类型也从产品扩展到方法和基础，参与企业、参编人员、标委会委员越来越多，行业也越来越红火。一项项中国氟硅行业团体标准的发布，不仅填补了氟硅行业长期以来部分领域标准的空白，也为国际标准、国家标准、行业标准的制订奠定了坚实基础。其中，氟硅行业团体标准， T/FSI 049—2020《气相二氧化硅表面硅羟基含量测试方法》已成功转化为国际标准 ISO23157: 2021； T/FSI 058—2020《聚四氟乙烯单位产品的能源消耗限额》成功转化为行业标准 HG/T 5890—2021《聚四氟乙烯单位产品的能源消耗限额》； T/FSI 004—2016《六甲基二硅氮烷》和 T/FSI 013—2017《七甲基二硅氮烷》成功转化为行业标准 HG/T 5797—2021《甲基二硅氮烷偶联剂》； T/FSI 012—2017《四甲基二乙烯基二硅氮烷》和 T/FSI 075—2021《四甲基二乙烯基二硅氧烷》成功转化为行业标准 HG/T 5798—2021《甲基二乙烯基二硅氧烷/氮烷偶联剂》……，类似的案例不胜枚举。标准的实施，规范了氟硅行业众多产品的生产要求和发展方向，通过标准战略实现了氟硅企业的市场引领作用，提升了企业的竞争力和知名度，对氟化工和有机硅行业的发展起到了重要作用。同时，氟硅行业团体标准工作也获得了不少荣誉，共 9 项氟硅行业团体标准入选工信部团体标准应用示范项目， 15 项团体标准荣获中国氟硅有机材料工业协会创新贡献奖。

为了更好地全方位服务企业的科研和生产经营，并规范氟硅行业产品的命名、生产、产品检验等，氟硅行业团体标准委员会秘书处将 2016—2021 年期间发布的 75 项氟硅行业团体标准进行汇编，并整合了相关专利及技术转化为标准的创新案例，编写了《氟硅材料标准与创新（2016—2021）》一书。本书涉及氟化工和有机硅行业基础命名标准、方法标准、产品标准等多个类别，上百余家单位参与了标准的编制工作，参编单位涉及氟硅相关产业链上下游的生产企业、科研院所、高校、检验机构等。为了方便广大读者查阅和使用氟硅协会团体标准，本书还分别依据标准发布时间顺序、主要参编单位等编制了索引。

　　本书编制过程中，中国氟硅有机材料工业协会曹先军秘书长和中蓝晨光成都检测技术有限公司陈敏剑带领团队，付出了辛苦的劳动。同时，本书还获得武汉大学廖俊教授、山东大学朱庆增教授、中蓝晨光化工研究设计院有限公司周远建副总经理、江西蓝星星火有机硅有限公司企业技术中心廖立主任等很多行业内专家的大力支持和耐心指导，为本书的高质量出版作出了重要贡献。

　　本书在编制时，为规范用词，将文中涉及的部分"粘"字，修正为"黏"，如"粘度"修改为"黏度"、"胶粘"修正为"胶黏"；将"储存"统一修改为"贮存"；重新对引用标准进行了梳理，对部分引用标准采用了最新版本；部分色谱峰上加了序号，与文字解释一一对应等。

　　本书可供从事氟化工和有机硅生产经营、研究开发和产品检测的专业人员作为参考资料使用。由于编者水平所限，本书尚有许多不足之处，如各位读者、同行在使用过程中发现不妥之处，敬请不吝指正，同时函告中国氟硅有机材料工业协会标准化技术委员会，以利于进一步改进和提高。

编著者

2022 年 10 月

目 录

上篇

团体标准

第一部分：基础标准 003
T/FSI 046—2019　电力行业用有机硅产品　分类与命名 005
T/FSI 058—2020　聚四氟乙烯单位产品的能源消耗限额 016
第二部分　方法标准 023
T/FSI 049—2020　气相二氧化硅表面硅羟基含量测试方法 025
T/FSI 052—2020　甲基乙烯基硅橡胶分子量的测定方法——门尼黏度法 034
T/FSI 059—2020　苯基硅橡胶生胶中苯基和乙烯基含量的测定——核磁氢谱法 040
第三部分：产品标准——硅材料 049

氯硅烷单体

T/FSI 003—2016　气相二氧化硅生产用四氯化硅 052
T/FSI 020—2019　甲基氯硅烷单体共沸物 059
T/FSI 021—2019　甲基二氯硅烷 069
T/FSI 050—2020　甲基氯硅烷高沸点混合物 078

功能性硅烷及中间体

T/FSI 004—2016　六甲基二硅氮烷 088
T/FSI 012—2017　四甲基二乙烯基二硅氮烷 095
T/FSI 013—2017　七甲基二硅氮烷 103
T/FSI 042—2019　1,1,1,3,5,5,5-七甲基三硅氧烷 111
T/FSI 051—2020　1,2-二（三氯硅基）乙烷 120
T/FSI 063—2021　N-[3-(三甲氧基硅基）丙基]正丁胺 129
T/FSI 064—2021　N-(β-氨乙基)-γ-氨丙基三乙氧基硅烷 136
T/FSI 065—2021　三甲氧基硅烷 143
T/FSI 072—2021　二甲基二甲氧基硅烷 158
T/FSI 073—2021　二甲基二乙氧基硅烷 165
T/FSI 074—2021　二甲基乙烯基乙氧基硅烷 176
T/FSI 075—2021　四甲基二乙烯基二硅氧烷 183

初级形态硅氧烷

T/FSI 009—2017　六甲基环三硅氧烷　　191
T/FSI 010—2017　十甲基环五硅氧烷　　197
T/FSI 022—2019　二甲基二氯硅烷水解物　　204
T/FSI 023—2019　羟基封端聚二甲基硅氧烷线性体　　210
T/FSI 060—2021　甲基乙烯基硅氧烷混合环体　　216

硅油及其二次加工品

T/FSI 007—2017　高沸硅油　　226
T/FSI 008—2017　导热硅脂　　230
T/FSI 016—2019　甲基低含氢硅油　　235
T/FSI 017—2019　端含氢二甲基硅油　　240
T/FSI 018—2019　乙烯基封端的二甲基硅油　　245
T/FSI 019—2019　玻璃防雾用水性硅油分散液　　251
T/FSI 041—2019　端环氧基甲基硅油　　260
T/FSI 048—2020　纺织面料防水用有机硅乳液　　265
T/FSI 061—2021　多乙烯基硅油　　275
T/FSI 062—2021　低黏度羟基氟硅油　　282

硅树脂

T/FSI 054—2020　压敏胶用甲基 MQ 硅树脂　　291

硅橡胶

T/FSI 001.1—2016　电力电气用液体硅橡胶绝缘材料　第 1 部分：复合绝缘用　　297
T/FSI 002—2016　电子电器用加成型耐高温硅橡胶胶黏剂　　302
T/FSI 011—2017　动力电池组灌封用液体硅橡胶　　308
T/FSI 014—2019　电子电器用阻燃型发泡硅橡胶型材　　314
T/FSI 015—2019　水族馆玻璃粘结用有机硅密封胶　　320
T/FSI 033—2019　建筑用高性能硅酮结构密封胶　　326
T/FSI 034—2019　建筑用高性能硅酮耐候密封胶　　338
T/FSI 043—2019　电子电器用加成型高导热有机硅灌封胶　　345
T/FSI 053—2020　低黏度室温硫化甲基硅橡胶　　351

改性硅材料

T/FSI 047—2019　建筑用硅烷改性聚醚密封胶　　358

第四部分：产品标准——氟材料　　367

氟碳化合物

T/FSI 005—2017　工业用 YH222 制冷剂　　370
T/FSI 026—2019　工业用八氟环丁烷　　379

T/FSI 036—2019 2,2,3,3-四氟丙醇 391

含氟精细化学品

T/FSI 039—2019 二氟乙酸乙酯 400

通用氟树脂

T/FSI 006—2017 水性交联型三氟共聚乳液 409
T/FSI 024—2019 高压缩比聚四氟乙烯分散树脂 416
T/FSI 027—2019 聚偏氟乙烯树脂 421
T/FSI 030—2019 氟碳共聚树脂溶液 433
T/FSI 031—2019 聚全氟乙丙烯树脂 438
T/FSI 032—2019 聚全氟乙丙烯浓缩分散液 446
T/FSI 037—2019 涂料用聚四氟乙烯分散乳液 452
T/FSI 067—2021 反复浸渍用聚四氟乙烯分散浓缩液 456
T/FSI 068—2021 高强度聚四氟乙烯悬浮树脂 463
T/FSI 069—2021 低蠕变聚四氟乙烯悬浮树脂 470

特种氟树脂

T/FSI 025—2019 电气用细颗粒聚四氟乙烯树脂 478
T/FSI 028—2019 可熔性聚四氟乙烯树脂 484
T/FSI 035—2019 超高分子量聚四氟乙烯树脂 491
T/FSI 038—2019 纤维用聚四氟乙烯树脂 496
T/FSI 056—2020 乙烯-四氟乙烯共聚树脂 501
T/FSI 057—2020 可交联型粉末氟碳涂料树脂 508
T/FSI 066—2021 换热管用聚四氟乙烯分散树脂 517
T/FSI 070—2021 聚三氟氯乙烯树脂 525

第五部分：产品标准——氟硅材料

第五部分：产品标准——氟硅材料 533
T/FSI 029—2019 热硫化氟硅橡胶生胶 535
T/FSI 040—2019 氟硅混炼胶 542
T/FSI 044—2019 端乙烯基氟硅油 550
T/FSI 045—2019 甲基氟硅油 559
T/FSI 055—2020 汽车涡轮增压器软管用氟硅橡胶 567
T/FSI 071—2021 加成型液体氟硅橡胶 575

下篇

创新案例

耐漏电起痕硅橡胶专利转换为电力电气用绝缘材料标准 583
多晶硅生产副产物综合利用专利转换为气相二氧化硅生产用四氯化硅标准 584
含氟混合烷烃专利转换为工业制冷剂标准 585

高沸硅油及有机硅废液处置专利转换为高沸硅油标准 586

高散热硅膏专利转换为导热硅脂标准 587

十甲基环五硅氧烷提纯专利转换为十甲基环五硅氧烷标准 588

阻燃导热灌封胶专利转换为动力电池组灌封胶标准 589

耐高温浸水有机硅密封胶专利转换为水族馆用有机硅密封胶标准 590

甲基低含氢硅油专利转换为甲基低含氢硅油标准 591

端含氢硅油制备和硅氢含量测定专利转换为端含氢二甲基硅油标准 592

乙烯基聚硅氧烷和乙烯基含量分析专利转换为乙烯基封端二甲基硅油标准 593

二甲基二氯硅烷水解物环线分离装置和降低杂质含量专利转换为二甲基二氯硅烷水解物标准 594

有机硅线性体生产工艺和水解物环线分离专利转换为羟基封端聚二甲基硅氧烷线性体标准 595

PTFE 树脂和拉伸管制备工艺专利转换为高压缩比聚四氟乙烯分散树脂标准 596

残液回收高纯度八氟环丁烷专利转换为工业用八氟环丁烷标准 597

可熔性聚四氟乙烯树脂制备方法专利转换为可熔性聚四氟乙烯树脂标准 598

热硫化氟硅橡胶生胶制备方法专利转换为热硫化氟硅橡胶生胶标准 599

四氟乙烯和六氟丙烯共聚物制备专利转换为聚全氟乙丙烯树脂标准 600

超高分子量聚四氟乙烯分散树脂专利转换为超高分子量聚四氟乙烯树脂标准 601

四氟丙醇精制方法专利转换为四氟丙醇标准 602

长纤用聚四氟乙烯分散树脂专利转换为纤维用聚四氟乙烯树脂标准 603

端环氧硅油催化剂专利转换为端环氧基甲基硅油标准 604

LED 驱动电源用灌封胶专利转换为电子电器用灌封胶标准 605

端乙烯基氟硅油先进技术转换为标准 606

电力行业用有机硅产品分类与命名研究成果转换为标准 607

硅烷改性聚醚及密封胶专利转换为建筑用硅烷改性聚醚密封胶标准 608

气相二氧化硅表面硅羟基含量测试先进技术转换为团体标准和国际标准 609

黏均分子量测定先进技术转换为甲基乙烯基硅橡胶分子量测定方法标准 610

低黏度室温硫化甲基硅橡胶和二羟基聚二甲基硅氧烷专利转换为低黏度室温硫化甲基硅橡胶标准 611

有机聚硅氧烷树脂和 MQ 硅树脂专利转换为压敏胶用甲基 MQ 硅树脂标准 612

氟硅橡胶-硅橡胶增粘剂专利转换为汽车涡轮增压器软管用氟硅橡胶标准 613

氟碳粉末涂料涂装成膜专利转换为可交联型粉末氟碳涂料树脂标准 614

甲基苯基乙烯基硅橡胶生胶中苯基和乙烯基含量测定先进技术转换为标准 615

三甲氧基硅烷反应器专利组合转换为三甲氧基硅烷标准 616

换热管用聚四氟乙烯树脂专利转换标准 617

聚四氟乙烯分散液专利转换为反复浸渍用聚四氟乙烯分散浓缩液标准 618

聚四氟乙烯薄膜专利转换为低蠕变聚四氟乙烯悬浮树脂标准 619

加成型液体氟硅橡胶基础胶专利转换为加成型液体氟硅橡胶标准 620

四甲基二乙烯基二硅氧烷专利转换为标准 621

索引

企业索引 622

标准顺序号索引 636

上篇

团体标准

第一部分：基础标准

电力行业用有机硅产品　分类与命名

Silicone products used in powder industry classification and nomenclature

前　言

本文件按照 GB/T 1.1—2009 给出的规则起草。

请注意本文件的某些内容可能涉及专利。本文件的发布机构不承担识别这些专利的责任。

本文件由中国氟硅有机材料工业协会提出。

本文件由中国氟硅有机材料工业协会标准化委员会归口。

本文件参加起草单位：中蓝晨光化工研究设计院有限公司、成都拓利科技股份有限公司、清华大学、东爵有机硅（南京）有限公司、中国电力科学研究院、广州市白云化工实业有限公司。

本文件主要起草人：周远建、李龙锐、陶云峰、梁羲东、丁朝英、周军、付子恩、刘备辉、吴光亚、陈敏剑。

本文件版权归中国氟硅有机材料工业协会。

本文件准由中国氟硅有机材料工业协会标准化委员会解释。

本文件为首次制定。

电力行业用有机硅产品　分类与命名

1　范围

本文件规定了电力行业用有机硅产品的分类与命名。

本文件适用于电力行业用有机硅产品的分类与标记,在电力行业中使用有机硅产品时,这些命名符号应置于商品名称之前。

2　规范性引用文件

下列文件中的内容通过文中的规范性引用而构成本文件必不可少的条款。其中,注日期的引用文件,仅该日期对应的版本适用于本文件;不注日期的引用文件,其最新版本(包括所有的修改单)适用于本文件。

GB/T 9881—2008　橡胶　术语

GB/T 269—1991　润滑脂和石油脂锥入度测定法

GB/T 2035—2008　塑料术语及其定义

GB/T 36804—2018　液体硅橡胶　分类与系统命名法

HG/T 2366—2015　二甲基硅油

GB/T 5576—1997　橡胶和胶乳 命名法

GB/T 32365—2015　硅橡胶混炼胶 分类与系统命名法

3　术语与定义

GB/T 9881—2008 和 GB/T 36804—2018 界定的以及下列术语与定义适用于本文件。为了便于使用,以下重复列出了 GB/T 9881—2008 和 GB/T 36804—2018 中的某些术语和定义。

3.1

橡胶　rubber

<产品>柔性并具有弹性的聚合物材料族。

注:橡胶在受应力时能够发生显著形变,但当撤除该应力后能迅速回复到接近其原始形状。橡胶通常由(固体或液体)材料的混合物制成,且在大多产品中,主体聚合物由化学键或物理键所交联。

[GB/T 9881—2008,定义 2.352]

3.2

硅橡胶　silicone rubber

通常是指以聚有机硅氧烷为基础聚合物的组合物,经交联形成弹性体。

3.3

固体硅橡胶　solid silicone rubber

通常是指以聚有机硅氧烷为基础聚合物,在交联前呈固态状或半固态状的组合物,经加热可交联形成弹性体。

3.4

液体硅橡胶　**liquid silicone rubber**

通常是以线型聚有机硅氧烷为基础的具有自流平性或触变性的组合物，该组合物可交联硫化形成弹性体。

［GB/T 36804—2018，定义3.1］

3.5

硅油　**silicone oil**

通常是指室温下或特定温度下依然保持液体状态的聚有机硅氧烷产品。

3.6

硅油二次加工品　**silicon oil secondary processing products**

通常是以硅油为原料，配入增稠剂、表面活性剂、溶剂、水及添加剂等，并经特定工艺加工成的脂膏状物、乳液及溶液等产品。

3.7

硅树脂　**silicone resin**

通常是指一类具有支链结构，通过某种方式固化后形成具有化学交联和非化学交联的高度交联结构的聚有机硅氧烷聚合物产品。

3.8

硅烷偶联剂　**silane coupling agent**

通常是指在分子中同时含有两种或两种以上具有不同化学性质基团的有机硅化合物产品。

硅烷偶联剂的分子结构式一般为：$Y-R-Si(OR)_3$（式中，Y 为有机官能基，SiOR 为硅烷氧基）。硅烷氧基对无机物具有反应性，有机官能基对有机物具有反应性或相容性。

3.9

聚合物　**polymer**

由以一定数量的彼此连接的一类或几类原子或原子团（结构单元）多次重复为特点的分子构成的物质，原子或原子团的数量要足以提供一组在增加或去掉一个或几个结构单元的情况下也无明显变化的性能。

［GB/T 9881—2008，定义2.308］

3.10

交联　**crosslinking**

为形成网络结构而在橡胶链之间或橡胶链内嵌入可交联键。

［GB/T 9881—2008，定义2.112］

3.11

硫化　**vulcanization，cure**

橡胶通常需要硫化，通过改变橡胶的化学结构（例如交联）而赋予橡胶弹性，或改善、提高并使橡胶弹性扩展到更宽温度范围的过程，该过程通常包括加热。

注：在某些情况下，此过程进行到橡胶硬化为止，如硬质胶。

［GB/T 9881—2008，定义2.449］

3.12

固化（过程）　**curing（process）**

树脂通常需要固化，通过化学或物理作用（例如聚合、氧化、凝胶、水合作用、冷却或挥发组分的蒸发等），提高黏合强度和（或）内聚强度的过程。

[GB/T 2035—2008，定义 2.891]

3. 13

室温硫化　room-temperature vulcanization，RTV

在室温或接近室温的温度下（一般指 0 ℃以上，40 ℃以下）进行的硫化。

[GB/T 9881—2008，定义 2.347]

3. 14

中温硫化　medium-temperature vulcanization，MTV

加热到一定温度下（一般指≤120 ℃，≥40 ℃）进行硫化。

3. 15

高温硫化　high-temperature vulcanization，HTV

相对于中温硫化需要加热到更高温度下（一般指 120 ℃以上）进行硫化。

4　分类

4.1　分类原则

4.1.1　本文件以产品属性作为分类的依据，同时也结合了产品的具体特性，对电力行业用有机硅产品进行系统的分类。

4.1.2　电力行业用硅橡胶产品以外观形态进行分类，再以成型方式、硫化机理逐步细分。

4.1.3　电力行业用硅油及硅油二次加工品以产品类别进行分类，再以黏度或锥入度进行细分。

4.1.4　电力行业用硅树脂以是否含有溶剂进行分类，再以固化机理进行细分。

4.1.5　电力行业用硅烷偶联剂以是否含有溶剂进行分类。

4.2　产品分类

4.2.1　产品属性

电力行业用有机硅产品按产品属性分为硅橡胶、硅油及硅油二次加工品、硅树脂和硅烷偶联剂，其数字代码见表1。

表 1　电力行业用有机硅产品属性及数字代码

产品属性	数字代码
硅橡胶	1
硅油及硅油二次加工品	2
硅树脂	3
硅烷偶联剂	4

4.2.2　外观形态

电力行业用硅橡胶产品按外观形态分为固体和液体，其字母代码见表2。

表 2　电力行业用有机硅产品外观形态及字母代码

产品属性	字母代码
固体	S
液体	L
注：固体硅橡胶和液体硅橡胶说明见附录 A。	

4.2.3　成型方式

电力行业用硅橡胶产品按成型方式和硫化条件分为 6 种，其符号代码见表 3。

表 3　电力行业用硅橡胶产品成型方式符号代码

硫化温度	符号代码	
	需特定成型工艺	无需特定成型工艺
高温硫化	HTV1	HTV0
中温硫化	MTV1	MTV0
常温硫化	RTV1	RTV0
注：1. 硫化温度的分级规则见附录 B。 　　2. 特定成型工艺主要包括模压成型工艺、传递模压成型工艺、注射成型工艺和挤出成型工艺等。		

4.2.4　硫化机理

目前电力行业用硅橡胶产品按硫化机理分为有机过氧化物引发型、缩合反应型和加成反应型，其字母代码见表 4。

表 4　电力行业用硅橡胶产品硫化机理及字母代码

硫化机理	字母代码
有机过氧化物引发型	O
缩合反应型	C
加成反应型	A
注：硫化机理说明见附录 C。	

4.2.5　产品类别

电力行业用硅油及硅油二次加工品分为硅油、硅脂和其他类产品，其字母代码见表 5。

表 5　电力行业用硅油及二次加工品产品类别字母代码

产品类别	字母代码
硅油	D
硅脂	E
其它类产品	F
注：硅油及硅油二次加工产品见附录 D。	

4.2.6　溶剂含量

电力行业用硅树脂和硅烷偶联剂按溶剂含量分为溶剂型和无溶剂型，其字母代码见表6。

表6　电力行业用硅树脂和硅烷偶联剂按溶剂含量字母代码

产品属性	字母代码
溶剂型	Y
无溶剂型	N

4.2.7　黏度

硅油的黏度按 HG/T 2366—2015 的规定测定，黏度不大于 1000 mm^2/s 时按毛细管法进行测定，黏度大于 1000 mm^2/s 时按旋转法进行测定，测定温度为 25 ℃。

4.2.8　锥入度

硅脂的锥入度按 GB/T 269—1991 规定测定，按全尺寸锥体方法测定不工作锥入度，测定温度为 25 ℃。

4.2.9　固化机理

电力行业用硅树脂固化机理分为有机过氧化物引发型、缩合反应型及加成反应型，其字母代码与表4相同。

5　命名

5.1　电力行业用硅橡胶产品命名规则

电力行业用硅橡胶产品应按下列方法命名：

电力行业用有机硅产品代号 DL，接产品属性和外观形态，再以连字符"-"接成型方式和硫化机理。

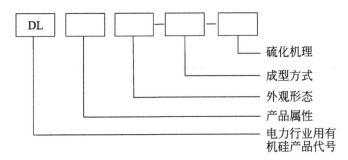

示例：

DL1 S-HTV1-O，高温硫化成型，有机过氧化物引发型，电力行业用固体硅橡胶。

DL1 S-HTV1-A，高温硫化成型，加成反应型，电力行业用固体硅橡胶。

DL1 L-MTV1-A，中温硫化成型，加成反应型，电力行业用液体硅橡胶。

DL1 L-RTV0-C，室温硫化，缩合反应型，电力行业用液体硅橡胶。

5.2　电力行业用硅油及硅油二次加工品命名规则

电力行业用硅油及硅油二次加工品应按下列方法命名：

电力行业用有机硅产品代号 DL，接产品属性和产品类别，再以连字符"-"接黏度或锥入度。

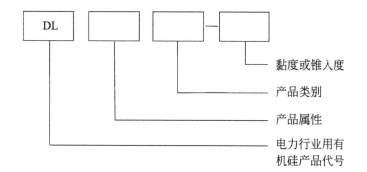

示例：

DL2 D-500，运动黏度为 500 mm^2/s 的电力行业用硅油。

DL2 E-300，锥入度为 300 的电力行业用硅脂。

5.3 电力行业用硅树脂产品命名规则

电力行业用硅树脂产品应按下列方法命名：

电力行业用有机硅产品代号 DL，接产品属性和溶剂，再以连字符"-"固化机理。

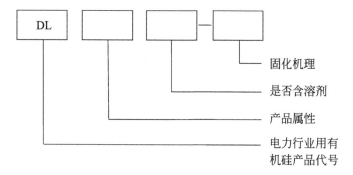

示例：

DL3 Y-O，有机过氧化物引发型，电力行业用硅树脂溶液。

DL3 Y-C，缩合反应型，电力行业用硅树脂溶液。

5.4 电力行业用硅烷偶联剂产品命名规则

电力行业用硅烷偶联剂产品应按下列方法命名：

电力行业用有机硅产品代号 DL，接产品属性和溶剂。

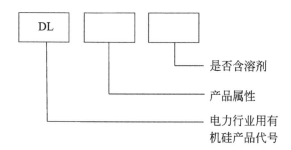

示例：

DL4 Y，电力行业用硅烷偶联剂溶液。

附 录 A
（资料性附录）
固体硅橡胶、液体硅橡胶和硅橡胶制品

A.1 固体硅橡胶

固体硅橡胶的外观形态为固态或半固态，不具有自流平性或触变性，以混炼型高分子量硅橡胶为主要产品。固体硅橡胶是由高聚合度的聚有机硅氧烷为基础聚合物，混入补强填料及硫化剂等添加助剂，在加热（或加压）条件下硫化成弹性体。

生胶：未经硫化（交联）的基础聚硅氧烷。常用的有二甲基硅橡胶生胶（简称甲基生胶，按 GB/T 5576—1997，缩写为 MQ，下同）、甲基乙烯基硅橡胶生胶（简称乙烯基生胶，VMQ）、甲基苯基乙烯基硅橡胶生胶（简称苯基生胶，PVMQ）、氟硅橡胶（简称氟硅生胶，FVMQ）4 种类型。

硅橡胶混炼胶：是由生胶、结构控制剂、补强填料、增量填料及添加剂等配成，有多种配方，它们可以分为含硫化剂及不含硫化剂两种。GB/T 32365—2015 中规定了硅橡胶混炼胶分类与系统命名法。

A.2 液体硅橡胶

液体硅橡胶使用黏度较低的聚硅氧烷为基础聚合物，一般无需使用复杂的混炼及成型加工设备，在室温或稍许加热下，通过与湿气接触或与交联剂混合，即可硫化成弹性体。液体硅橡胶按产品的使用和包装方式分为单组分（单包装）及双组分（双包装）两种形式；依其交联机理，则可分为缩合型及加成型两种。

缩合型液体硅橡胶是以端羟基聚二有机基硅氧烷为基础聚合物，多官能硅烷或硅氧烷为交联剂，在催化剂作用下，室温下遇湿气或混匀即可发生缩合反应，形成交联网络弹性体。单组分室温硫化硅橡胶是缩合型液体硅橡胶中的主要产品之一。根据硫化副产物，可分为醋酸型、酮肟型、醇型、胺型、酰胺型及丙酮型等。

加成型液体硅橡胶是以含乙烯基的聚二有机基硅氧烷为基础聚合物，含多个 Si—H 键的聚有机硅氧烷为交联剂，在铂系催化剂作用下，于室温或加热下进行加成反应，得到交联结构的硅橡胶。

GB/T 27570—2011 中规定的 RTV 系列室温硫化甲基硅橡胶实际为基础聚合物或含有填料的基础聚合物混合物，不包含交联剂和催化剂。其中 RTV-107 型室温硫化甲基硅橡俗称为 107 胶，也称为端羟基聚二有机硅氧烷，它实际上是缩合型液体硅橡胶的一种基础聚合物组分。

A.3 硅橡胶制品

以硅橡胶为主要原材料的加工（硫化成型）制作品，称为硅橡胶制品。

附 录 B
（资料性附录）
硫化温度的分级

表 B.1 给出了标准中硫化温度的分级规定。

表 B.1　硫化温度的分级字母代号及范围

分级	字母代号	硫化温度范围/℃
高温硫化	HTV	＞120
中温硫化	MTV	≤120，≥40
室温硫化	RTV	＜40，＞0

附 录 C
（资料性附录）
硅橡胶的硫化机理

C.1 有机过氧化物引发型

使用有机过氧化物引发硅橡胶交联硫化的反应是按自由基反应机理进行的，即有机过氧化物在加热下首先分解出自由基，后者进而引发生胶分子中有机基（甲基、乙烯基），并形成高分子自由基。随后两个高分子自由基连接成一个大分子。当交联点大于 1 时，则开始形成网络结构（硫化胶）。

C.2 缩合反应型

缩合反应原理是以端羟基聚二有机硅氧烷或端烷氧基聚二甲基硅氧烷为基础化合物，以多官能基硅烷或硅氧烷为交联剂，在催化剂存在下与空气中湿气接触或两个组分混匀，于室温下即可发生交联反应（硅醇缩合反应）形成弹性体。根据交联反应时生成副产物的种类不同（脱去小分子类型），可进一步分为脱醋酸型、脱醇型、脱酮肟型、脱胺型、脱酰胺型、脱羟胺型、脱丙酮型、脱氢型等。缩合反应型硅橡胶的硫化速度取决于硫化体系的类型、环境湿度、环境温度、胶层厚度和与空气接触面积。

C.3 加成反应型

加成反应原理是由含乙烯的硅氧烷与 Si—H 键硅氧烷，在铂类催化下进行硅氢加成反应（室温或加热条件下），形成新的 Si—C 键，使未交联的硅氧烷形成网络结构。硅氢加成反应不产生副产物，且具有高转化率、深层同时固化、交联密度及速度易控制等特点。但当体系中存在含 N、P、S 等物质时，铂系催化剂会出现中毒现象，丧失或降低催化活性。

附　录　D
（资料性附录）
硅油及硅油二次加工品

D.1　硅油

硅油依其结构主要分为烃基硅油、硅官能硅油、碳官能硅油和非活性改性硅油，习惯上，将前两类称为普通硅油，后两类称为改性硅油，改性硅油可以看成是二甲基硅油中的部分甲基被碳官能基、特殊有机取代基或聚醚链段取代的产物，此外，主链中引入亚烃基及环硅氮烷基等液体硅氧烷也属改性硅油之列，主要硅油如表 D.1 所列。

表 D.1　硅油的分类

烃基硅油	硅官能硅油	碳官能硅油	非活性改性硅油
二甲基硅油 二乙基硅油 甲基苯基硅油	含氢硅油 羟基硅油 烷氧基硅油 乙酰氧基硅油 乙烯基硅油 氯封端硅油 氨基封端硅油	氨烃基硅油 环氧烃基硅油 甲基丙烯酰氧烃基硅油 羟烃基硅油 巯烃基硅油 羧烃基硅油 氰烷基硅油 混合碳官能基硅油	聚醚硅油 长链烷基硅油 长链烷氧基硅油 氟代烃基硅油 含亚烷基硅油 含亚芳基硅油 含环硅氮烷基硅油 混合非活性基硅油

D.2　硅油二次加工品

硅油二次加工品是以硅油为原料，配入增稠剂、表面活性剂、溶剂、水及添加剂等，并经特定工艺加工成的脂膏状物、乳液及溶液等产品，例如，硅脂、硅膏、消泡剂、脱模剂以及隔离剂等。

硅油二次加工品，不仅产品形态变化了，而且性能也大不一样，因而应用范围更宽，使用效果及效益更好。

聚四氟乙烯单位产品的能源消耗限额

The norm of energy consumption per unit product of polytetrafluoroethylene

前　言

本文件按照 GB/T 1.1—2009 给出的规则起草。

请注意本文件的某些内容可能涉及专利。本文件的发布机构不承担识别这些专利的责任。

本文件由中国氟硅有机材料工业协会提出。

本文件由中国氟硅有机材料工业协会标准化委员会归口。

本文件起草单位：山东东岳高分子材料有限公司、浙江巨化股份有限公司氟聚厂、上海三爱富新材料科技有限公司、中蓝晨光成都检测技术有限公司、泰兴梅兰新材料有限公司、山东华氟化工有限责任公司、鲁西化工集团股份有限公司。

本文件主要起草人：陈越、罗永振、陈志冰、宋黎峰、王泊恩、钱厚琴、宿梅香、朱好言、章华进、杨岱、周鹏飞、叶智萍、陈敏剑、王秋丽、庞玉娜。

本文件版权归中国氟硅有机材料工业协会。

本文件由中国氟硅有机材料工业协会标准化委员会解释。

本文件为首次制定。

聚四氟乙烯单位产品的能源消耗限额

1 范围

本文件规定了聚四氟乙烯（包括聚四氟乙烯悬浮树脂和聚四氟乙烯分散树脂）的单位产品能源消耗（简称能耗）限额的技术要求、统计范围和计算方法、节能管理与措施。

本文件适用于以二氟一氯甲烷（HCFC-22）为原料生产四氟乙烯，再聚合生产聚四氟乙烯生产装置单位产品的能耗的计算、考核以及对新建项目的能耗控制。

2 规范性引用文件

下列文件中的内容通过文中的规范性引用而构成本文件必不可少的条款。其中，注日期的引用文件，仅该日期对应的版本适用于本文件；不注日期的引用文件，其最新版本（包括所有的修改单）适用于本文件。

GB/T 2589 综合能耗计算通则

GB/T 12723 单位产品能源消耗限额编制通则

GB/T 15587 工业企业能源管理导则

GB 17167 用能单位能源计量器具配备和管理通则

3 术语和定义

GB/T 12723 界定的以及下列术语和定义适用于本文件。

3.1

聚四氟乙烯产品综合能耗 the comprehensive energy consumption of polytetrafluoroethylene

在报告期内，聚四氟乙烯产品整个生产过程中，实际消耗的各种能源总量，以综合计算后得到的标准煤量表示。

包括生产系统、辅助生产系统和附属生产系统的各种能源消耗量和损失量，不包括基建、技改等项目建设消耗的以及生产过程中回收利用的和向外输出的能源量。

3.2

聚四氟乙烯单位产品能耗 the comprehensive energy consumption per unit of poly-tetrafluoroethylene

在报告期内，单位产量聚四氟乙烯产品消耗的能源总量。

4 技术要求

4.1 聚四氟乙烯单位产品能耗限定值

现有聚四氟乙烯生产装置单位产品能耗限定值应不大于 3.50 tce/t。

4.2 聚四氟乙烯单位产品能耗准入值

新建或改扩建聚四氟乙烯生产装置单位产品能耗准入值应不大于 3.20 tce/t。

4.3 聚四氟乙烯单位产品能耗先进值

聚四氟乙烯生产装置单位产品能耗先进值应不大于 3.00 tce/t。

5 统计范围和计算方法

5.1 统计范围

5.1.1 聚四氟乙烯综合能耗统计范围

5.1.1.1 聚四氟乙烯综合能耗主要包括以下能耗：

a) 生产系统能耗

从以 HCFC-22 为原料的四氟乙烯的生产、聚四氟乙烯合成、成品入库到废液、废渣、废气经预处理送出为止的有关工序组成的完整工艺过程和设备实际消耗的各种能源经综合计算后得到的以标准煤量表示的能耗总量。

b) 辅助生产系统能耗

为生产系统服务的过程、设施和设备消耗的能源总量。包括供电、供水、供汽、采暖、制冷、库房和厂内原材料场地以及安全、消防、环保设施等消耗的能源总量。

c) 附属生产系统能耗

生产过程中为生产服务的部门和单位消耗的能源总量，包括办公室、操作室、休息室、更衣室、澡堂、中控分析、成品检验及维修等设施消耗的能源总量。

5.1.1.2 下列能耗应在综合能耗中扣除：

a) 基建、技改等项目建设的能耗；

b) 生产过程中回收利用的和向外输出的能耗；

c) 生活用能。

5.1.2 统计方法

5.1.2.1 聚四氟乙烯产品产量计算：不合格产品不计入成品产品产量；不合格产品消耗的能源则全部计入总能源消耗量中。

5.1.2.2 聚四氟乙烯的能耗应以计量为基础。蒸汽及其他能源和耗能工质以进入生产过程中的计量读数为准。

5.2 计算方法

5.2.1 聚四氟乙烯综合能耗计算应符合 GB/T 2589 的规定。

5.2.2 各种能源的热值折算为统一的计量单位吨标准煤（tce）。电力按当量值进行计算。各种能源的热值以企业在报告期内实测的热值为准，没有实测条件的，参考附录 A 或附录 B 给定的各种能源折标准煤参考系数进行计算。

5.2.3 聚四氟乙烯产品综合能耗 E 按公式（1）计算：

$$E = \sum_{i=1}^{n} c_i \times p_i + \sum_{j=1}^{m} e_j \times p_j \quad\cdots\cdots\cdots\cdots\cdots\cdots (1)$$

式中：

E——报告期内聚四氟乙烯产品综合能耗，吨标准煤（tce）；

c_i——报告期内生产装置消耗的第 i 种能源实物量；

e_j——报告期内辅助生产系统和附属生产系统消耗的第 j 种能源实物量；

p_i——第 i 种能源折标准煤系数；

p_j——第 j 种能源折标准煤系数。

5.2.4 聚四氟乙烯单位产品能耗按公式（2）计算：

$$e = \frac{E}{P} \quad\quad\quad\quad\quad\quad\quad (2)$$

式中：

e——报告期内聚四氟乙烯单位产品能耗，吨（t）；

E——报告期内聚四氟乙烯产品综合能耗，吨标准煤（tce）；

P——报告期内聚四氟乙烯产品产量，t。

6 节能管理与措施

6.1 节能管理基础

6.1.1 企业应建立能源考核制度，定期对聚四氟乙烯产品的生产装置各生产工序能耗情况进行考核。

6.1.2 企业应按 GB/T 15587 的要求，建立能耗统计体系，建立能耗计算和统计结果的文件档案，并对文件进行受控管理。

6.1.3 企业应根据 GB 17167 的要求配备相应的能源计量器具并建立能源计量管理制度。

6.2 节能措施

6.2.1 企业应配备余热回收等节能设备，最大限度地对生产、过程中可回收的能源进行回收利用。

6.2.2 企业应进行技术改造，采用先进工艺，提高生产效率和能源利用率。为提高用能水平，鼓励采用以下节能措施：

    a) 采用先进控制技术，提高加热炉燃烧和精馏的效率；

    b) 采用高效填料，提高精馏分离效率；

    c) 合理利用经济器，回收高温物料中的热能；

    d) 蒸汽凝结水闭式回收技术。

6.2.3 企业应合理组织生产，尽量减少开、停车次数，提高生产能力，延长生产周期。

6.2.4 企业应大力发展循环经济，利用现有技术，合理利用再生资源。

6.2.5 企业应按照国家淘汰目录要求，及时淘汰落后高耗能电机，同时采用国家推荐的新型高效节能电机。

6.3 监督与考核

企业应加强能源计量管理，规范能源计量行为，按规定对计量器具进行监督检查，同时，加强能耗考核，强化节能意识，定期对企业进行能源审计和能效对标。

附　录　A

（资料性附录）

各种能源折标准煤参考系数

各种能源的平均低发热量及折标准煤系数参见表 A.1。

表 A.1　各种能源的平均低发热量及折标准煤系数

能源名称		平均低发热量	折标准煤系数
原煤		20908 kJ/kg（5000 kcal/kg）	0.7143 kgce/kg
洗精煤		26344 kJ/kg（6300 kcal/kg）	0.9000 kgce/kg
其他洗煤	洗中煤	8363 kJ/kg（2000 kcal/kg）	0.287 kgce/kg
	煤泥	8363 kJ/kg～12545 kJ/kg（2000 kcal/kg～3000 kcal/kg）	0.2857 kgce/kg～0.4286 kgce/kg
焦炭		28435 kJ/kg（6800 kcal/kg）	0.9714 kgce/kg
原油		41816 kJ/kg（10000 kcal/kg）	1.4286 kgce/kg
燃料油		41816 kJ/kg（10000 kcal/kg）	1.4286 kgce/kg
汽油		43070 kJ/kg（10300 kcal/kg）	1.4714 kgce/kg
煤油		43070 kJ/kg（10300 kcal/kg）	1.4714 kgce/kg
柴油		42652 kJ/kg（10200 kcal/kg）	1.4571 kgce/kg
煤焦油		33453 kJ/kg（8000 kcal/kg）	1.1429 kgce/kg
渣油		41816 kJ/kg（10000 kcal/kg）	1.4286 kgce/kg
液化石油气		50179 kJ/kg（12000 kcal/kg）	1.7143 kgce/kg
炼厂干气		46055 kJ/kg（11000 kcal/kg）	1.5714 kgce/kg
油田天然气		38931 kJ/kg（9310 kcal/m³）	1.3300 kgce/m³
气田天然气		35544 kJ/kg（8500 kcal/m³）	1.2143 kgce/m³
煤矿瓦斯气		14636 kJ/m³～16726 kJ/m³（3500 kcal/m³～4000 kcal/m³）	0.5000 kgce/m³～0.5714 kgce/m³
焦炉煤气		16726 kJ/m³～17981 kJ/m³（4000 kcal/m³～4300 kcal/m³）	0.5714 kgce/m³～0.6143 kgce/m³
高炉煤气		3763 kJ/m³	0.1286 kgce/kg
其他煤气	a）发生炉煤气	5277 kJ/m³（1250 kcal/m³）	0.1786 kgce/m³
	b）重油催化裂解煤气	19235 kJ/m³（4600 kcal/m³）	0.6571 kgce/m³
	c）重油热裂解煤气	35544 kJ/m³（8500 kcal/m³）	1.2143 kgce/m³
	d）焦炭制气	16308 kJ/m³（3900 kcal/m³）	0.5571 kgce/m³
	e）压力气化煤气	15054 kJ/m³（3600 kcal/m³）	0.5143 kgce/m³
	f）水煤气	10454 kJ/m³（2500 kcal/m³）	0.3571 kgce/m³
粗苯		41816 kJ/m³（10000 kcal/m³）	1.4286 kgce/m³
热力（当量值）		—	0.03412 kgce/MJ
电力（当量值）		3600 kJ/(kW·h)［862 kcal/(kW·h)］	0.1229 kgce/(kW·h)
电力（等价值）		按当年火电发电标准煤耗计算	
蒸汽（低压）		3763 MJ/t（900 Mcal/t）	0.1286 kgce/kg

附　录　B
（资料性附录）
耗能工质能源等价值

单位耗能工质耗能量与折标准煤系数参见表 B.1。

表 B.1　单位耗能工质耗能量与折标准煤系数

品种	单位耗能工质耗能量	折标准煤系数
新水	2.51 MJ/t（600 kcal/t）	0.0857 kgce/t
软水	14.23 MJ/t（3400 kcal/t）	0.4857 kgce/t
除氧水	28.45 MJ/t（6800 kcal/t）	0.9714 kgce/t
压缩空气	1.17 MJ/m^3（280 kcal/m^3）	0.0400 kgce/t
鼓风	0.88 MJ/m^3（210 kcal/m^3）	0.0300 kgce/t
氧气	11.72 MJ/m^3（2800 kcal/m^3）	0.4000 kgce/t
氮气（做副产品时）	11.72 MJ/m^3（2800 kcal/m^3）	0.4000 kgce/t
氮气（做主产品时）	19.66 MJ/m^3（4700 kcal/m^3）	0.6714 kgce/t
二氧化碳气	6.28 MJ/m^3（1500 kcal/m^3）	0.2143 kgce/t
乙炔	243.67 MJ/m^3	8.3143 kgce/t
电石	60.92 MJ/kg	2.0786 kgce/t

第二部分：方法标准

气相二氧化硅表面硅羟基含量测试方法

Determination of silanol content on the surface of fumed silica

前　言

本文件按照 GB/T 1.1—2009 给出的规则起草。

请注意本文件的某些内容可能涉及专利。本文件的发布机构不承担识别这些专利的责任。

本文件由中国氟硅有机材料工业协会提出。

本文件由中国氟硅有机材料工业协会标准化委员会归口。

本文件起草单位：广州汇富研究院有限公司、山东东岳有机硅材料股份有限公司、广州吉必盛科技实业有限公司、浙江衢州建橙有机硅有限公司、宜昌汇富硅材料有限公司、中蓝晨光化工研究设计院有限公司、北京市理化分析测试中心、中蓝晨光成都检测技术有限公司。

本文件起草人：段先健、白云、伊港、张曈、文贞玉、王静、罗晓霞、刘伟丽、刘芳铭、石科飞、邱钦标、杜海晶。

本文件版权归中国氟硅有机材料工业协会。

本文件由中国氟硅有机材料工业协会标准化委员会解释。

本文件为首次制定。

气相二氧化硅表面硅羟基含量测试方法

注意：使用本部分的人员应熟悉常规实验室操作，本部分未涉及任何使用中的安全问题，使用者有责任建立恰当的安全和健康措施，并保证符合国家规定。

1 范围

本文件规定了气相二氧化硅（俗称气相法白炭黑）表面硅羟基测试方法，包括原理、药品、试剂、仪器的相关规定。

本文件适用于气相二氧化硅表面硅羟基含量的测试，其中酸碱滴定法适用于亲水型气相二氧化硅表面硅羟基含量的测试。反应气相色谱法适用于亲水型和疏水型气相二氧化硅表面硅羟基含量的测试。

本文件不适用于样品中含有能与格氏试剂反应的物质的气相二氧化硅表面硅羟基含量的测试。

2 规范性引用文件

下列文件中的内容通过文中的规范性引用而构成本文件必不可少的条款。其中，注日期的引用文件，仅该日期对应的版本适用于本文件；不注日期的引用文件，其最新版本（包括所有的修改单）适用于本文件。

GB/T 601—2016 化学试剂 标准滴定溶液的制备

GB/T 5211.3 颜料在105 ℃挥发物的测定

GB/T 6682 分析实验室用水规格和试验方法

GB/T 8170 数值修约规则与极限数值的表示和判定

GB/T 9722 化学试剂 气相色谱法通则

3 术语和定义

下列术语和定义适用于本文件。

3.1

气相二氧化硅　fumed silica
由卤硅烷在高温火焰中水解而生成的非晶质二氧化硅，表面含有硅羟基。

硅羟基含量是单位质量测试样品的硅羟基（Si—OH）的数量，以羟基质量与样品的质量百分比（质量分数）表示。

4 原理

4.1 酸碱滴定法

酸碱滴定法测试原理基于二氧化硅表面的硅羟基是路易斯酸，因此可以进行离子交换反应。通过这种离子交换机理采用酸碱滴定法可确定二氧化硅的硅羟基数量，再经计算得到二氧化硅表面硅羟基的含量。

4.2 反应气相色谱法

反应气相色谱法测试原理基于格氏试剂与活性氢发生反应，释放出甲烷气，因此可以通过测定反应所产生甲烷气体的量确定气相二氧化硅表面硅羟基的数量。反应产生的甲烷气的量与气相二氧化硅表面硅羟基含量成正比，采用气相色谱法，根据甲烷气色谱峰的面积，可以定量出反应产生的甲烷气的质量，从而计算出硅羟基的含量。反应式见下式。

$$SiOH + CH_3MgI \longrightarrow SiOMgI + CH_4 \uparrow$$

5 试验方法

5.1 酸碱滴定法

5.1.1 标准试验条件

实验室标准试验条件为：温度 $25\ ℃ \pm 1\ ℃$。

5.1.2 试剂

除另有规定外，本文件所用试剂的级别应在分析纯（含分析纯）以上，实验用水应符合 GB/T6682 中三级水及以上的规格。

5.1.2.1 盐酸标准溶液：$c(HCl)=1\ mol/L$，按 GB/T 601—2016 中第 4 章第 2 条配制与标定。

5.1.2.2 氢氧化钠溶液：$c(NaOH)=0.1\ mol/L$，按 GB/T 601—2016 中第 4 章第 1 条配制与标定。

5.1.2.3 标准缓冲溶液：pH 值分别为 4.00、6.86 和 9.18。

5.1.2.4 NaCl 溶液：称取 $400\ g$ NaCl 于 2 L 烧杯中，加入 1.75 L 水溶解，用盐酸溶液调节溶液 pH 值为 3.0 ± 0.1，将溶液移入 2 L 容量瓶，待溶液温度达到 25 ℃ 时，将水加至容量瓶刻度，混合均匀后待用。

5.1.3 仪器

5.1.3.1 分析天平：0.1 mg。

5.1.3.2 电子天平：0.01 g。

5.1.3.3 全自动电位滴定仪。

5.1.3.4 pH 计（带电极）。

5.1.3.5 滴定管：50 mL（碱式）。

5.1.3.6 烧杯：250 mL，2 L。

5.1.3.7 磁力搅拌器。

5.1.3.8 量筒：250 mL。

5.1.3.9 容量瓶：2 L。

5.1.3.10 称量瓶：70 mm×35 mm。

5.1.3.11 烘箱，控温精度 ±2 ℃。

5.1.4 样品准备

称取约 2.0 g 二氧化硅样品于干燥的称量瓶中，开盖置于 105 ℃±2 ℃ 烘箱干燥 2 h，合盖后放入干燥器中冷却待用，12 h 内使用。

5.1.5 试验步骤

5.1.5.1 空白试验

5.1.5.1.1 仪器校准：分别用 pH 为 4.00，6.86 和 9.18 的缓冲溶液校准 pH 计或全自动电位滴定仪。

5.1.5.1.2 空白样品制备：用 250 mL 量筒量取 150 mL NaCl（5.1.2.4）溶液，加入 250 mL 烧杯中，在烧杯中加入搅拌子，在磁力搅拌器上搅拌 1 min 后恒温至 25 ℃±0.5 ℃。

5.1.5.1.3 空白滴定可采用如下任一种方式：

——手动滴定法：将标定好的 pH 计电极浸入 NaCl 溶液（5.1.5.1.2）中，用 NaOH 溶液（5.1.2.2）以 20 s 每滴的速度进行滴定，溶液 pH 值到 4.0±0.1 时，记录滴定管刻度 $V_{4.0}$；继续滴定至 pH 到 9.0±0.1，溶液 pH 达到 8.0 后降低滴定速度，以半滴加入，pH 值 10 s 内数值变化低于 0.02 时，记录滴定管刻度 $V_{9.0}$，计算溶液 pH 值从 4.0 至 9.0 期间所消耗的 NaOH 溶液体积 $V_B = V_{9.0} - V_{4.0}$。

——全自动电位滴定仪法：设定滴定速度 30 μL/min～240 μL/min，采用全自动电位滴定仪，用 NaOH 溶液（5.1.2.2）滴定 NaCl 溶液（5.1.5.1.2）至 pH 值到 4.0±0.1；继续滴定使溶液 pH 值升到 9.0±0.1，通过程序设置记录并计算溶液 pH 值从 4.0 至 9.0 期间所消耗的 NaOH 溶液体积 V_B。

若空白溶液的起始 pH 值大于 4.0，可用盐酸标准溶液（5.1.2.1）调节空白溶液至 pH 值低于 4.0。

5.1.5.2 样品滴定

5.1.5.2.1 样品溶液：用分析天平称取经处理后的样品（5.1.4）约 1.5 g（精确到 1 mg）于 250 mL 烧杯中，加入氯化钠溶液（5.1.2.4）150 mL，放入搅拌子在磁力搅拌器上搅拌均匀，恒温至 25 ℃±0.5 ℃ 后待滴定。

5.1.5.2.2 样品滴定：按 5.1.5.1.3 的手动程序以每秒 3～4 滴的速度滴定上述样品溶液，在 pH 值到终点附近，放慢滴定速度，记录并计算溶液 pH 值从 4.0 至 9.0 所消耗的 NaOH 溶液体积 V_{pH4-9}。或按 5.1.5.1.3 的全自动滴定程序以 60 μL/min～4800 μL/min 的滴定速度用全自动滴定仪滴定上述样品溶液，并记录溶液 pH 值从 4.0 至 9.0 期间所消耗的 NaOH 溶液体积 V_{pH4-9}。

若空白溶液的起始 pH 值大于 4.0，可用盐酸标准溶液（5.1.2.1）调节空白溶液至 pH 值低于 4.0。

5.1.6 试验数据处理

含量以气相二氧化硅表面硅羟基的质量分数 α_{OH} 计，按公式（1）计算，以百分数表示（%）：

$$\alpha_{OH} = \frac{C \times (V_{pH4-9} - V_B) \times 17.007}{m \times 1000} \times 100\% \qquad \cdots\cdots\cdots\cdots (1)$$

式中：

α_{OH}——硅羟基含量（质量分数），%

C——NaOH 溶液（5.1.2.2）浓度，mol/L；

V_{pH4-9}——pH 值从 4.0 升到 9.0 所消耗的 NaOH 的体积，mL；

V_B——空白试验测定数值，mL；

m——样品的质量，g；

17.007——羟基的摩尔质量。

计算两次测定结果的平均值，报告结果按 GB/T 8170 规定修约到小数点后两位。手动法两次平行测试结果的相对标准偏差（RSD）不大于 5%；全自动电位滴定法，两次平行测试结果相对标准偏差（RSD）不大于 5%。

5.2 反应气相色谱法

5.2.1 试剂

5.2.1.1 甲苯：色谱，甲苯纯度≥99.9%。

5.2.1.2 格式试剂：3.0 mol/L甲基碘化镁（CH_3MgI）乙醚溶液。

5.2.1.3 标准物质：甲烷气体，纯度≥99.9%。

5.2.1.4 高纯氮气：纯度≥99.999%。

5.2.1.5 氢化钙：分析纯。

5.2.2 仪器

5.2.2.1 气相色谱仪：配有氢火焰离子化检测器（FID）的气相色谱仪，整机的灵敏度和稳定性符合GB/T9722的要求。

5.2.2.2 顶空系统：全自动平衡顶空分析装置，系统应能保持样品瓶处于稳定温度（约40 ℃±1 ℃），并且能将样品瓶顶部代表性气体准确地导入配有毛细管柱的气相色谱仪中。

5.2.2.3 柱温箱：温度范围40 ℃~300 ℃，控温精度±1 ℃。

5.2.2.4 色谱柱：玻璃或熔融石英制成，采用分子筛涂覆的多孔层开放管柱或等达到等同分离效果的色谱柱。

5.2.2.5 样品瓶：顶空系统配套的玻璃样品瓶，采用涂有聚四氟乙烯的橡胶隔垫和金属盖密封。推荐采用22 mL的玻璃样品瓶。

5.2.2.6 分析天平：精确至0.1 mg。

5.2.2.7 气体收集袋：用于制备甲烷气体标准样品，建议采用带一个阀门的、适当容量（如500 mL或1 L）的PTFE袋。使用前用5.2.1.4中高纯氮气清洗并排空。

5.2.2.8 注射器：适当规格的注射器（例如1 mL、2.5 mL、5 mL、10 mL、100 mL）用于量取反应溶液、甲烷气体或反应产生的气体。所有与反应溶液接触的注射器部件均应由耐反应溶液且不会化学改变的材料（例如玻璃、PP、PTFE、不锈钢）制成。用于手动取样的气体注射器应设有锁定阀，以避免气体泄漏。

5.2.3 试验步骤

5.2.3.1 样品处理

5.2.3.1.1 样品干燥减量测试：按照GB/T 5211.3测试样品的干燥减量。于105 ℃±2 ℃烘箱中干燥称量瓶和瓶盖2 h，取出放干燥器中冷却后，准确称量称量瓶和瓶盖质量m_1，准确至1 mg；在称量瓶底部均匀铺放2 g左右样品，盖上瓶盖，准确称量质量m_2，准确至1 mg；将称量瓶和样品在105 ℃±2 ℃烘箱中开盖干燥2 h；盖上瓶盖，放干燥器中冷却后，准确称取质量m_3，准确至1 mg。

5.2.3.1.2 甲苯除水：实验前将氢化钙加入甲苯中除去其中的痕量水分，待用。

5.2.3.1.3 反应溶液配制：用5.2.3.1.2中甲苯将5.2.1.2中格氏试剂稀释10倍。反应溶液应按体积比现用现配。可使用容量瓶或其他清洁玻璃容器（如顶空瓶）配制，在最短的时间内用注射器完成所有样品瓶的注射。

5.2.3.1.4 标准物质配制：采用甲烷气体（5.2.1.3）作为标准物质，使用注射器（5.2.2.8）和气体收集袋（5.2.2.7）以及适量的稀释气体（5.2.1.4）制备至少5种不同浓度的工作标准气体。将10 mL工作标准气体注入含有2.0 mL甲苯（5.2.3.1.2）的密封样品瓶制备标准样品，参考表1。

表 1　标准样品制备示例

标准样品	纯的甲烷气体/mL	稀释气体/mL	气体收集袋/mL	向标准样品瓶中注入工作标准气体体积/mL	标准样品瓶中甲烷的质量/mg
1	10	490	1000	10	0.131
2	25	475	1000	10	0.328
3	50	450	1000	10	0.656
4	150	350	1000	10	1.968
5	250	250	1000	10	3.280
6	500	0	1000	10	6.560
注：常温状态（25 ℃，1.01325×10^5 Pa）甲烷的密度按 0.6560 g/L 计。					

5.2.3.1.5 样品制备：样品制备前，应先将样品瓶和瓶盖在烘箱中于 105 ℃±2 ℃干燥 2 h，取出放干燥器中冷却待用。在样品瓶中首先加入约 100 mg 样品，准确称取样品质量 m_0，准确至 1 mg。在烘箱中于 105 ℃±2 ℃下干燥 2 h 后，戴上手套取出，立即盖上样品瓶盖，然后移至干燥器中冷却待用。

5.2.3.2　空白试验

应在每批次样品测试前做空白试验。将 2.0 mL 反应溶液（5.2.3.1.3）注射到密封的样品瓶中（5.2.3.1.1）制备空白样品，与待测样品同样处理和测试。

溶剂中痕量的水和空气中的水蒸气将导致空白样品中产生一定量的甲烷气体。平行测定三份空白样品，确认甲烷峰面积一致，并记录峰面积的平均值 S_0。

当三次甲烷峰面积相差较大时（RSD>5%），应查找实验过程中出现的问题。继续添加空白试验。

5.2.3.3　反应试验

准确地将 2.0 mL 反应溶液（5.2.3.1.3）注入样品瓶中（5.2.3.1.5），轻摇使样品粉末分散均匀。将制备好的样品瓶放在顶空系统的样品盘上，等待进样分析。

5.2.3.4　气相色谱分析

5.2.3.4.1　顶空系统条件

样品加热温度：40 ℃；

进样针（定量环）和传输线温度：50 ℃和 60 ℃；

进样量：1.0 mL；

样品瓶平衡时间：15 min。

5.2.3.4.2　推荐气相色谱条件

色谱柱：参考 5.2.2.4；

柱箱温度：50 ℃保持 10 min；

检测器（FID）温度：200 ℃；

载气：参考 5.2.1.4；

载气流速：1.6 mL/min；

分流比：25∶1。

5.2.3.4.3 定性分析

根据保留时间定性鉴别。比较相同实验条件下样品谱图中物质峰的保留时间与标准样品谱图中甲烷峰的保留时间，差值应在±0.05 min范围内。

5.2.3.4.4 标准曲线

按5.2.3.1.4中配制系列标准样品，将样品瓶放在顶空进样系统的样品盘上。根据甲烷含量从低到高的顺序依次进样。按5.2.3.4.1和5.2.3.4.2的实验条件测试。

使用所获得的一系列测量值来建立如下的线性回归方程，见公式（2）：

$$S = am + b \quad\quad\quad\quad\quad\quad\quad (2)$$

式中：

S——甲烷峰面积，单位取决于仪器所用的表达方式；

a——直线斜率；

m——样品瓶中的甲烷质量，mg；

b——纵坐标的截距。

5.2.3.4.5 样品测试

按照与标准曲线相同的方法（5.2.3.4.4）测试5.2.3.3中所制备的样品，根据保留时间对甲烷定性分析，记录色谱图中甲烷的峰面积 S。

5.2.3.5 结果计算

5.2.3.5.1 样品干燥减量的计算

样品干燥减量按公式（3）计算：

$$w = \frac{m_2 - m_3}{m_2 - m_1} \times 100\% \quad\quad\quad\quad\quad\quad (3)$$

式中：

m_1——称量瓶和瓶盖的质量，g；

m_2——干燥前样品及称量瓶和瓶盖的质量，g；

m_3——干燥后样品及称量瓶和瓶盖的质量，g；

w——样品干燥减量，%。

5.2.3.5.2 样品瓶中反应产生的甲烷的量

根据标准曲线，外标法计算甲烷含量。瓶中样品反应产生的甲烷质量 m_{CH_4} 按公式（4）计算：

$$m_{CH_4} = \frac{S - S_0}{a} \qu\quad\quad\quad\quad\quad\quad (4)$$

式中：

m_{CH_4}——甲烷质量，mg；

S——待测样品谱图中甲烷峰面积，单位取决于仪器所用的表达方式；

S_0——溶剂空白谱图中甲烷峰面积，单位取决于仪器所用的表达方式；

a 见公式（2）。

5.2.3.5.3 样品质量修正

干燥后的样品质量 m 按公式（5）计算

$$m = m_0 \times (1 - w) \quad\quad\quad\quad\quad\quad (5)$$

式中：

m——干燥后的样品质量，g；

m_0——干燥前样品的质量，g；

w——样品干燥减量。

5.2.3.5.4 硅羟基含量的计算

根据公式（6）计算气相二氧化硅表面硅羟基含量：

$$\alpha_{OH} = \frac{m_{CH_4}}{m} \times 1.0601 \times 100\% \quad\quad\quad\quad\quad\quad (6)$$

式中：

α_{OH}——硅羟基含量（质量分数），%；

m_{CH_4}——样品反应产生的甲烷质量，mg；

m——干燥后样品的质量，mg；

1.0601——羟基和甲烷摩尔质量的比值。

计算两次测试结果的平均值，保留两位有效数字。两次平行测试结果相对标准偏差（RSD）不大于 5%。

6　方法检测限

按空白实验标准偏差的 3 倍作为方法的检测下限（定性检测下限），空白实验标准偏差的 10 倍作为方法的定量检测下限。

手动酸碱滴定法的定性检测下限为 0.1%；定量检测下限为 0.3%；

全自动酸碱滴定法的定性检测下限为 0.05%，定量检测下限为 0.15%；

反应气相色谱法的定性检测下限 0.06%，定量检测下限为 0.20%。

7　测试报告

测试报告应至少包括下列内容：

a)　试验方法，应注明是参照本文件（xxxx）中的手动酸碱滴定法、全自动酸碱滴定法或反应气相色谱法；

b)　所检测产品的特征；

c)　检测结果；

d)　试验日期；

e)　本文件中未规定或可选的任何细节以及可能影响结果的任何因素。

附 录 A
（资料性附录）
气相二氧化硅与格氏试剂反应的甲烷的典型色谱图

气相二氧化硅与格氏试剂反应的甲烷的典型色谱图见图 A.1。

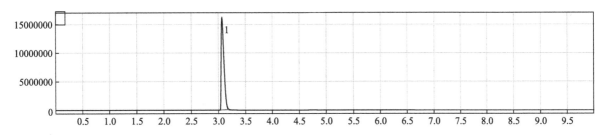

图 A.1 气相二氧化硅与格氏试剂反应的甲烷的气相色谱图

（峰 1：甲烷）

甲基乙烯基硅橡胶
分子量的测定方法——门尼黏度法

Determination of the molecular weight of Methyl vinyl silicone gum——
Mooney viscosity method

前 言

本文件按照 GB/T 1.1—2009 给出的规则起草。

请注意本文件的某些内容可能涉及专利。本文件的发布机构不承担识别这些专利的责任。

本文件由中国氟硅有机材料工业协会提出。

本文件由中国氟硅有机材料工业协会标准化委员会归口。

本文件起草单位：合盛硅业股份有限公司、浙江衢州建橙有机硅有限公司、中蓝晨光成都检测技术有限公司、浙江新安化工集团股份有限公司、东爵有机硅（南京）有限公司、唐山三友硅业有限责任公司、中天东方氟硅材料有限公司、中蓝晨光化工研究设计院有限公司。

本文件主要起草人：聂长虹、罗立国、文贞玉、陈敏剑、舒莺、丁朝英、刘彬、周菊梅、王琰、何邦友、刘芳铭、冯海红。

本文件版权归中国氟硅有机材料工业协会。

本文件由中国氟硅有机材料工业协会标准化委员会解释。

本文件为首次制定。

甲基乙烯基硅橡胶分子量的测定法——门尼黏度法

1 范围

本文件规定了测定甲基乙烯基硅橡胶分子量的快速测定方法，样品的分子量范围为 $45\times10^4\sim85\times10^4$。

本文件适用于以二甲基硅氧烷混合环体和甲基乙烯基环硅氧烷为主要原料，在乙烯基或甲基封头剂的封端作用下，经聚合反应得到的甲基乙烯基硅橡胶。

2 规范性引用文件

下列文件中的内容通过文中的规范性引用而构成本文件必不可少的条款。其中，注日期的引用文件，仅该日期对应的版本适用于本文件；不注日期的引用文件，其最新版本（包括所有的修改单）适用于本文件。

GB/T 1232.1—2016 未硫化橡胶 用圆盘剪切黏度计进行测定 第 1 部分：门尼黏度的测定

GB/T 8170 数值修约规则与极限数值的表示和判定

GB/T 28610 甲基乙烯基硅橡胶

3 原理

在规定的试验条件下，使转子在充满橡胶的圆柱形模腔中转动，测定橡胶对转子转动所施加的转矩。橡胶试样的门尼黏度以橡胶对转子转动的反作用力矩表示，单位为门尼单位。

4 方法提要

采用门尼黏度仪测定甲基乙烯基硅橡胶定标样品（分子量为 $45\times10^4\sim85\times10^4$）的门尼黏度值（门尼黏度基本上可以反映橡胶的聚合度与分子量），与对应甲基乙烯基硅橡胶定标样品的分子量建立定标曲线，通过定标曲线将门尼黏度值转换成分子量。

5 仪器设备及校准

门尼黏度仪由转子、模腔、加热控温装置、转矩测量系统组成。

门尼黏度值测量范围：0 ML～50 ML。

符合 GB/T 1232.1 中的仪器要求，使用大转子及热稳定薄膜。工作参数为 50 ML（1＋4）100 ℃，或者工作参数为 50 ML（1＋4）30 ℃，试验时间 5 min。

可分别对 25 和 50 门尼值单位对应的标尺读数进行校准。

6 测定步骤

按 GB/T 1232.1—2016 规定进行仪器操作，使其达到稳定状态。

6.1 定标曲线的建立

采用门尼黏度仪测定甲基乙烯基硅橡胶定标样品的门尼黏度值（如附录图 A.1），采用 GB/T 28610 附录 A 规定的方法测试定标样品的分子量。将定标样品对应的门尼黏度值与分子量建立定标曲线，实验证明门尼黏度值与黏均分子量为线性关系（如附录图 A.2）。

6.2 门尼黏度结果表示

在同等条件下，测试试样的门尼黏度值（ML）。

示值为 50 的门尼黏度结果表示如下：

$$50 \text{ ML}(1+4)100 \text{ ℃}$$

式中：

M——门尼黏度，用门尼单位表示；

L——使用大转子（S 表示使用小转子）；

1——转子转动前的预热时间，用 min 表示；

4——转子转动后的测试时间，用 min 表示，也是最终读取黏度值的时间；

100 ℃——测试温度。

6.3 分子量的计算

试样的分子量按公式（1）计算：

$$M = K \times \text{ML} + b \quad\quad\quad\quad\quad\quad\quad\quad (1)$$

式中：

M——试样的分子量；

K——常数，定标曲线斜率；

b——常数，定标曲线截距；

ML——试样的门尼黏度值。

7 允许误差

两次平行测定结果的绝对差值应不大于 1×10^4，取其算术平均值为测定结果。

8 精密度

精密度实验数据详见附录 B，由表 B.1 可知，考虑样品 M 值范围小，精密度与 M 之间无显著性依赖关系。因而，取不同水平的平均值作为重复性和再现性标准差的最终值，测量方法精密度如下：

重复性标准差：$s_r = 0.359$

天对天重复性标准差：$s_{rD} = 1.202$

再现性标准差：$s_R = 1.314$

本精密度实验适用范围：M 在 $53 \times 10^4 \sim 69 \times 10^4$ 之间。

9 试验报告

试验报告应包括以下内容：

标准编号；

关于样品的说明；

所用仪器型号；

试验结果；

本文件或者引用标准中未包括的任何自选操作；

试验日期。

附 录 A
（资料性附录）
门尼黏度值及定标曲线

门尼黏度见图 A.1。

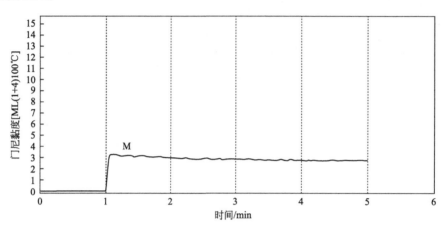

图 A.1　门尼黏度图

定标曲线见图 A.2。

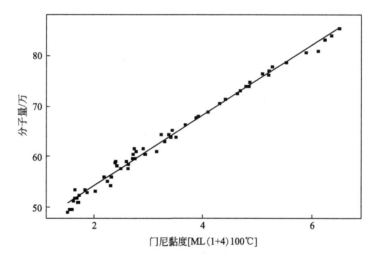

图 A.2　定标曲线

附　录　B
（资料性附录）
精密度数据

表 B.1　门尼黏度法测甲基乙烯基硅橡胶分子量的精密度数据

水平 j	p_i	M_j	重复性		天对天重复性		再现性	
			s_r	r	s_{rD}	r_D	s_R	R
1	4	53×10^4	0.322	0.910	0.372	1.052	0.474	1.342
2	4	59×10^4	0.357	1.009	2.374	6.718	2.436	6.895
3	4	65×10^4	0.362	1.024	2.478	7.014	2.497	7.067
4	4	69×10^4	0.410	1.160	0.425	1.202	0.669	1.892

苯基硅橡胶生胶中苯基和乙烯基含量的测定——核磁氢谱法

Determination of phenyl and vinyl contents in phenyl silicone gum (HNMR method)

前　言

本文件按照 GB/T 1.1—2020《标准化工作导则 第 1 部分：标准化文件的结构和起草规则》给出的规定起草。

请注意本文件的某些内容可能涉及专利。本文件的发布机构不承担识别专利的责任。

本文件由中国氟硅有机材料工业协会提出。

本文件由中国氟硅有机材料工业协会标准化委员会归口。

本文件参加起草单位：中蓝晨光化工有限公司、中国兵器工业集团第五三研究所、航天材料及工艺研究所、北京市理化分析测试中心、四川省产品质量监督检验检测院、江西蓝星星火有机硅有限公司、浙江衢州建橙有机硅有限公司、中蓝晨光成都检测技术有限公司。

本文件主要起草人：唐小斗、赵华堂、李辉、王硕珏、张梅、高东静、文贞玉、孙志勇、王建月、赵云峰、罗晓霞、谢琴、李斌、陈新启、程顺弟、何邦友、潘涛、陈敏剑、熊刚、孙妮娟。

本文件版权归中国氟硅有机材料工业协会。

本文件由中国氟硅有机材料工业协会标准化委员会解释。

本文件为首次制定。

苯基硅橡胶生胶中苯基和乙烯基含量的测定——核磁氢谱法

注意：使用本部分的人员应熟悉常规实验室操作，本部分未涉及任何使用中的安全问题，使用者有责任建立恰当的安全和健康措施，并保证符合国家规定。

1 范围

本文件规定了苯基硅橡胶生胶中苯基和乙烯基含量的核磁氢谱测定法。

本文件适用于由二甲基硅氧链节—Me_2SiO—、二苯基硅氧链节—Ph_2SiO—或甲基苯基硅氧链节—$MePhSiO$—及少量甲基乙烯基硅氧链节—$MeViSiO$—组成的高分子量聚硅氧烷生胶。

本文件适用于苯基含量不低于 3%、乙烯基含量不低于 0.1% 的苯基硅橡胶生胶测定。

注：对苯基和乙烯基含量在上述范围之外的样品，经过合理验证后，也可以通过该方法进行检测。

2 规范性引用文件

下列文件中的内容通过文中的规范性引用而构成本文件必不可少的条款。其中，注日期的引用文件，仅该日期对应的版本适用于本文件；不注日期的引用文件，其最新版本（包括所有的修改单）适用于本文件。

GB/T 6379.2 测量方法与结果的准确度（正确度和精密度）第 2 部分：确定标准测量方法重复性与再现性的基本方法

GB/T 15340 天然、合成生胶取样及其制样方法

3 术语和定义

3.1

苯基含量　phenyl content

苯基含量是指在硅橡胶分子中含有苯基的链节占全部链节总数的摩尔百分含量，以含苯基的链节数与聚硅氧烷分子链节总数的比值 Ph（%）表示。

3.2

乙烯基含量　vinyl content

乙烯基含量是指在硅橡胶分子中含有乙烯基的链节占全部分子链节总数的摩尔百分含量，以含乙烯基的链节数与聚硅氧烷分子链节总数的比值 Vi（%）表示。

4 原理

将一定量的苯基硅橡胶生胶样品溶解在氘代四氢呋喃（THF-D8）中，在规定的测试条件下，测试获取样品的核磁共振氢谱，得到苯基、乙烯基和甲基中对应质子峰的积分面积。通过对应的积分面积值来计算出苯基硅橡胶生胶样品中苯基和乙烯基的摩尔百分含量。

5 仪器设备

5.1 核磁共振波谱仪

具有 400 MHz 或更高频率的核磁共振波谱仪。

5.2 分析天平

精确到 0.1 mg。

5.3 核磁样品管

外径 5 mm。

6 试剂

氘代四氢呋喃（THF-D8）：纯度大于 99.5%（摩尔分数），不含有四甲基硅烷内标。

7 测定步骤

7.1 取样

按 GB/T 15340—2008 的规定进行取样。

7.2 制样方法

称取 10 mg~20 mg 样品加入核磁管中，加入 0.5 mL~0.6 mL 氘代四氢呋喃（THF-D8）（不含四甲基硅烷内标），室温下溶解 4 h 以上。

7.3 核磁共振氢谱测试条件

　　a) 脉冲程序：单脉冲；
　　b) 试验温度：室温；
　　c) 脉冲角度：30°~90°；
　　d) 采集时间：10 s；
　　e) 弛豫时间：4 s；
　　f) 扫描次数：128 次；
　　g) 空扫次数：2 次。

7.4 谱图处理

7.4.1 对收集到的自由感应衰减信号进行傅里叶变换、标注峰位。

7.4.2 按照表 1 对化学位移在 −1 ppm~10 ppm 范围内的峰进行准确积分。表 1 中所列的 S_P、S_M、S_V 是甲基苯基乙烯基硅橡胶样品核磁共振氢谱中苯基氢、甲基氢、乙烯基氢对应的信号峰的积分面积。S_P、S_M、S_V 在核磁共振氢谱中积分面积的典型图见附录 A 中的图 A.1 和图 A.2。

表 1 信号积分面积的限定

氢所在基团	积分面积	信号积分范围
苯基氢	S_P	6.80 ppm～8.10 ppm
甲基氢	S_M	−0.50 ppm～0.50 ppm
乙烯基氢	S_V	5.40 ppm～6.30 ppm

7.5 结果计算

7.5.1 含甲基苯基硅氧链节的苯基硅橡胶生胶的计算方法

Ph（％）按公式（1）表示：

$$Ph(\%) = \frac{6S_P}{3S_P + 5S_M + 5S_V} \times 100\% \quad \cdots\cdots\cdots\cdots (1)$$

式中：

S_P——苯基峰面积，取化学位移 δ 在 6.80～8.10 之间；

S_M——甲基峰面积，取化学位移 δ 在 −0.50～0.50 之间；

S_V——乙烯基峰面积，取化学位移 δ 在 5.40～6.30 之间。

乙烯基含量 Vi（％）按公式（2）表示：

$$Vi(\%) = \frac{10S_V}{3S_P + 5S_M + 5S_V} \times 100\% \quad \cdots\cdots\cdots\cdots (2)$$

式中：

S_P——苯基峰面积，取化学位移 δ 在 6.80～8.10 之间；

S_M——甲基峰面积，取化学位移 δ 在 −0.50～0.50 之间；

S_V——乙烯基峰面积，取化学位移 δ 在 5.40～6.30 之间。

7.5.2 含二苯基硅氧链节的苯基硅橡胶生胶的计算方法

Ph（％）按公式（3）表示：

$$Ph(\%) = \frac{3S_P}{3S_P + 5S_M + 5S_V} \times 100\% \quad \cdots\cdots\cdots\cdots (3)$$

式中：

S_P——苯基峰面积，取化学位移 δ 在 6.80～8.10 之间；

S_M——甲基峰面积，取化学位移 δ 在 −0.50～0.50 之间；

S_V——乙烯基峰面积，取化学位移 δ 在 5.40～6.30 之间。

Vi（％）按公式（4）表示：

$$Vi(\%) = \frac{10S_V}{3S_P + 5S_M + 5S_V} \times 100\% \quad \cdots\cdots\cdots\cdots (4)$$

式中：

S_P——苯基峰面积，取化学位移 δ 在 6.80～8.10 之间；

S_M——甲基峰面积，取化学位移 δ 在 −0.50～0.50 之间；

S_V——乙烯基峰面积，取化学位移 δ 在 5.40～6.30 之间。

8 允许误差

对于苯基含量的测定，两次平行测定结果的变异系数小于10%时，取其算术平均值为测定结果，结果保留到小数点后一位；对于乙烯基含量的测定，两次平行测定结果的变异系数小于20%时，取其算术平均值为测定结果，结果保留到小数点后两位。

9 精密度

精密度实验数据详见附录B，由表B.1和表B.2可知，考虑样品Ph（%）$_j$值和Vi（%）$_j$值范围小，精密度与Ph（%）$_j$值和Vi（%）$_j$值之间无显著性依赖关系。因而，取不同水平的平均值作为重复性和再现性标准差的最终值，测量方法精密度如下：

9.1 苯基含量的测定

重复性标准差：$S_r = 0.191$；

再现性标准差：$S_R = 0.449$；

本精密度适用范围：Ph（%）在24.2%～34.4%之间。

9.2 乙烯基含量的测定

重复性标准差：$S_r = 0.027$；

再现性标准差：$S_R = 0.041$；

本精密度适用范围：Vi（%）在0.31%～0.36%之间。

10 测试报告

测试报告应至少包括下列内容：

标准编号；

关于样品的说明；

所用仪器型号；

试验结果；

本文件或者引用本文件中未包括的任何自选操作；

试验日期。

附　录　A
精密度数据

含甲基苯基硅氧链节的单苯基硅橡胶生胶与含二苯基硅氧链节的二苯基硅橡胶生胶的鉴别方法。在核磁共振氢谱图中，化学位移在 −0.50 ppm～0.50 ppm 处的甲基氢的特征峰为两个峰的样品，为含甲基苯基硅氧链节的单苯基硅橡胶生胶，核磁共振氢谱图如图 A.1 所示；在核磁共振氢谱图中，化学位移在 −0.50 ppm～0.50 ppm 处的甲基氢的特征峰为一个峰的样品，为含二苯基硅氧链节的二苯基硅橡胶生胶，核磁共振氢谱图如图 A.2 所示。

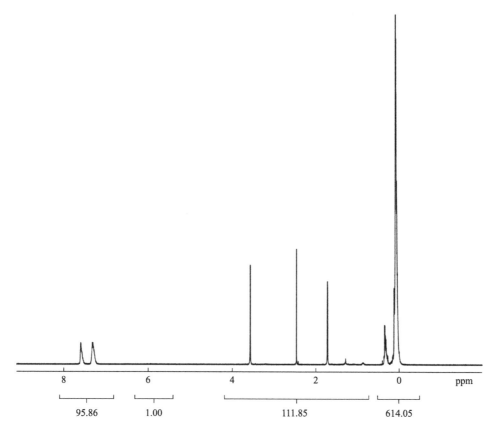

图 A.1　含甲基苯基硅氧链节的单苯基硅橡胶生胶的核磁共振氢谱图

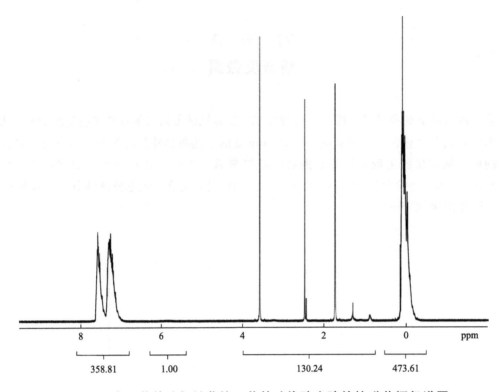

图 A. 2 含二苯基硅氧链节的二苯基硅橡胶生胶的核磁共振氢谱图

附 录 B
（资料性附录）
精密度数据

本精密度适用范围为 Ph（％）在 24.2％～34.4％之间，Vi（％）在 0.31％～0.36％之间。这些数据是通过 3 个实验室参与试验，每个样品进行 3 次平行试验获得的，所测的 Ph（％）值和 Vi（％）值在上述范围内。

表 B.1　核磁法测苯基硅橡胶生胶中苯基含量的精密度数据

水平 j	P_i	Ph_j/％	重复性		再现性	
			S_r	r	S_R	R
1	3	31.2	0.050	0.142	0.270	0.763
2	3	31.2	0.249	0.703	0.492	1.392
3	3	24.2	0.177	0.501	0.314	0.888
4	3	24.3	0.376	1.065	0.776	2.197
5	3	34.4	0.104	0.295	0.391	1.106

表 B.2　核磁法测苯基硅橡胶生胶中乙烯基含量的精密度数据

水平 j	P_i	Vi_j/％	重复性		再现性	
			S_r	r	S_R	R
1	3	0.31	0.062	0.174	0.075	0.213
2	3	0.31	0.032	0.090	0.044	0.124
3	3	0.35	0.024	0.068	0.037	0.106
4	3	0.35	0.011	0.032	0.018	0.052
5	3	0.36	0.008	0.024	0.052	0.080

第三部分：产品标准——硅材料

氯硅烷单体

气相二氧化硅生产用四氯化硅

Silicon tetrachloride for production of fumed silica

前 言

本文件按照 GB/T 1.1—2009 给出的规则起草。

本文件由中国氟硅有机材料工业协会提出。

本文件由中国氟硅有机材料工业协会标准化委员会归口。

本文件参加起草单位：宜昌汇富硅材料有限公司、中蓝晨光成都检测技术有限公司、广州吉必盛科技实业有限公司、浙江富士特硅材料有限公司、新亚强硅化学股份有限公司。

本文件主要起草人：王成刚、陈敏剑、吴春雷、方卫民、初亚军、黄潇、罗晓霞、申士和、赵艳艳、刘春山。

本文件为首次制定。

气相二氧化硅生产用四氯化硅

1 范围

本文件规定了气相二氧化硅生产用四氯化硅的要求、试验方法、检验规则、标志、包装、运输、贮存和安全。

本文件适用于多晶硅副产四氯化硅、三氯氢硅副产四氯化硅以及其他方法制得的四氯化硅，该四氯化硅满足气相二氧化硅生产原料的质量要求。

2 规范性引用文件

下列文件中的内容通过文中的规范性引用而构成本文件必不可少的条款。其中，注日期的引用文件，仅该日期对应的版本适用于本文件；不注日期的引用文件，其最新版本（包括所有的修改单）适用于本文件。

GB 190 危险货物包装标志

GB/T 6680 液体化工产品采样通则

GB/T 8170 数值修约规则与极限数值的表示和判定

GB/T 9722 化学试剂 气相色谱法通则

GB 12463 危险货物运输包装通用技术条件

3 要求

3.1 外观与性状

无色透明液体，无明显可见杂质。

3.2 技术要求

四氯化硅应符合表1中所示的技术要求。

表 1 气相二氧化硅生产用四氯化硅技术要求

序号	项目	优级	合格
1	四氯化硅的质量分数/%	≥98.0	≥95.0
2	三氯氢硅烷的质量分数/%	≤1.7	≤4.5
3	高沸物的质量分数/%	≤0.1	≤0.2
4	低沸物的质量分数/%	≤0.2	≤0.3
注：高沸物为沸点高于四氯化硅的其他杂质；低沸物为沸点低于三氯氢硅烷的其他杂质。			

4 试验方法

除非另有说明，仅使用分析纯试剂。

4.1　外观测定

目测法：无色透明液体，无明显可见杂质。

4.2　四氯化硅中各组分含量的测定

4.2.1　方法概述

采用气相色谱法，在规定的条件下采样和进样，使试样汽化后经色谱柱分离，通过热导检测器，采用面积归一化法定量。

4.2.2　试剂和材料

载气：氢气，纯度 99.99％（体积分数），需用硅胶和分子筛干燥净化。

4.2.3　仪器

4.2.3.1　气相色谱仪：配有热导检测器（TCD），整机稳定性和灵敏度符合 GB/T 9722 的要求。

4.2.3.2　色谱工作站或数据处理机。

4.2.3.3　微量注射器：0.001 mL（1 μL）。

4.2.3.4　分流比：根据仪器操作说明及产品特性，协商确定分流比。

4.2.3.5　色谱柱：100％二甲基聚硅氧烷或达到同等分离程度的毛细管柱。

4.2.4　采样

采样按 GB/T 6680 的规定进行，采样用的取样瓶应清洁干燥，取样时应尽量避免和空气接触，密封冷藏。采样量为 10 mL。

4.2.5　测定

气相色谱仪启动后进行必要的调节，以达到适宜的色谱操作条件。当色谱仪达到设定的色谱条件并稳定后，进行样品的测定。用色谱数据处理机或色谱工作站记录各组分的峰面积。空气峰和氯化氢峰进行锁定处理，不参与结果计算，推荐的色谱操作条件参见附录 A。

4.2.6　结果计算

四氯化硅中各组分质量分数 ω_i，以％计，按公式（1）计算：

$$\omega_i = \frac{A_i f_i}{\sum (A_i f_i)} \times 100\% \qquad\qquad\qquad \cdots\cdots\cdots\cdots\cdots\cdots (1)$$

式中：

f_i——组分 i 的相对质量校正因子，暂定为 1.0；

A_i——组分 i 的色谱峰面积；

$\sum A_i f_i$——各组分校正峰面积的总和。

取两次平行测定结果的算术平均值为测定结果。

两次平行测定结果的绝对差值：对于四氯化硅，不大于 0.20％；对于三氯氢硅烷，不大于 0.05％。

检验结果的判定按 GB/T 8170 中规定的修约值比较法进行。

5 检验规则

5.1 检验分类

检验分出厂检验和型式检验。

5.2 出厂检验

产品需经公司质检部门按本文件检验合格并出具合格证后方可出厂。出厂检验项目为：

a) 外观；

b) 四氯化硅中各组分含量测定。

5.3 型式检验

型式检验为本文件第3章要求的所有项目。有下列情况之一时，应进行型式检验：

a) 首次生产时；

b) 主要原材料或工艺方法有较大改变时；

c) 正常生产满一年时；

d) 停产半年以上，恢复生产时；

e) 出厂检验结果与上次型式检验有较大差异时；

f) 质量监督机构提出要求或供需双方发生争议时。

5.4 组批与抽样规则

以相同原料、相同配方、相同工艺生产的产品为一检验组批，不超过30 t，每批随机抽产品1 kg作为出厂检验样品。从出厂检验合格的产品中随机抽取产品2 kg，作为型式检验样品。

5.5 判定规则

所有检验项目合格，则产品合格；若出现不合格项，允许加倍抽样对不合格项进行复检。若复检合格，则判该批产品合格；若复检仍不合格，则判该批产品为不合格。

6 标识、包装、运输和贮存

6.1 标识

四氯化硅包装容器上应有清晰、明显、牢固的标志。其内容包括：产品名称、净容量、施救方法、种类及GB 190中规定的"腐蚀性"标志。

6.2 包装

四氯化硅产品采用干燥清洁的专用槽车灌装或根据用户用量按照GB 12463要求包装。

6.3 运输

运输应遵守GB 12463的要求，运输过程中要确保容器不泄漏、不倒塌、不坠落、不损坏。严禁与强碱、强氧化剂、醇类、水、食用化工物品等混装混运。运输途中应防暴晒、雨淋。搬运时要轻装轻卸，防止包装及容器损坏。

6.4 贮存

四氯化硅产品贮存地点应阴凉、干燥、通风良好。在符合本文件包装、运输和贮存条件下，自生产之日起，本产品保质期为 6 个月，逾期可按本文件重新检验，检验结果符合本文件要求时，仍可继续使用。

7 安全（下述安全内容为提示性内容但不仅限于下述内容）

警告——使用本文件的人员应熟悉实验室的常规操作。本文件未涉及所有与使用有关的安全问题。使用者有责任建立适宜的安全和健康措施并确保首先符合国家的相关规定。

7.1 四氯化硅别名氯化硅，四氯化矽，CAS 号 10026-04-7、分子式 $SiCl_4$、分子量 169.90、熔点－70 ℃、沸点 57.6 ℃、相对密度（水＝1）1.48；可混溶于苯、氯仿、石油醚等多数有机溶剂，为无色或淡黄色发烟液体，有刺激性气味，易潮解，危险标记 20（酸性腐蚀品）。

7.2 四氯化硅遇水强烈水解成硅酸和有毒的氯化氢酸雾。接触其蒸气可引起接触性皮炎，接触液体可致皮肤和黏膜灼伤。四氯化硅对眼、上呼吸道黏膜有强烈的刺激作用，轻者局部充血、支气管炎，重者可引发肺充血、肺炎及肺水肿。

7.3 在进行四氯化硅装卸或取样时应尽量避免与空气接触，局部排风，使用防爆型的通风系统和设备。操作人员须经过专门培训，严格遵守操作规程。防止蒸气泄漏到工作场所空气中，可能接触其蒸气时，建议操作人员佩戴防毒面具、防护眼镜和橡胶手套。工作场所应配备相应品种和数量的消防器材及泄漏应急处理设备。

附　录　A

（资料性附录）

推荐的气相色谱测试条件

A.1　毛细管色谱柱的色谱操作条件

毛细管色谱柱的色谱操作条件如下：

——色谱柱：100％二甲基聚硅氧烷，30 m×0.32 mm×0.5μm 或达到同等分离程度的毛细管柱；

——载气：氢气；

——分流比：40∶1；

——毛细管柱出口流量：1.5 mL/ min；

——柱温：初始温度 50 ℃、保持 5 min，升温速率 20 ℃/min，终温 160 ℃、保持 2 min；

——汽化温度：180 ℃；

——检测温度：200 ℃；

——进样量：0.001 mL。

A.2　典型的毛细管色谱柱气相色谱图

四氯化硅在 100 ％二甲基聚硅氧烷毛细管色谱柱上典型的色谱图见图 A.1（谱图仅为测试条件完全一致时的参考值，不作为判定依据）。

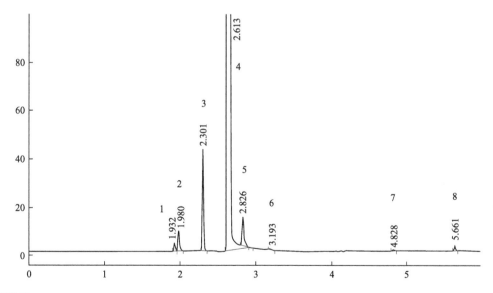

标引序号说明：

1,2——低沸物；

3——三氯氢硅；

4——四氯化硅；

5,6,7,8——高沸物。

图 A.1　四氯化硅在毛细管色谱柱上典型的色谱图

A.3 各组分的相对保留值

表 A.1 给出了四氯化硅各组分在 100％二甲基聚硅氧烷毛细管色谱柱上的相对保留值。

表 A.1 各组分的相对保留值

组分名称	相对保留值
低沸物	<2.3
三氯氢硅	2.3
四氯化硅	2.6
高沸物	>2.6

甲基氯硅烷单体共沸物

Methylchlorosilane azeotrope

前 言

本文件按照 GB/T 1.1—2009 给出的规则起草。

请注意本文件的某些内容可能涉及专利。本文件的发布机构不承担识别这些专利的责任。

本文件由中国氟硅有机材料工业协会提出。

本文件由中国氟硅有机材料工业协会标准化委员会归口。

本文件参加起草单位：浙江新安化工集团股份有限公司、合盛硅业股份有限公司、湖北兴瑞硅材料有限公司、浙江开化合成材料有限公司、山东东岳有机硅材料股份有限公司。

本文件主要起草人：陈道伟、郑云峰、罗烨栋、李书兵、伊港、胡家啟、罗伟琪、周治国、程佳卉。

本文件版权归中国氟硅有机材料工业协会。

本文件由中国氟硅有机材料工业协会标准化委员会解释。

本文件为首次制定。

甲基氯硅烷单体共沸物

警示：试验方法规定的一些试验过程可能导致危险情况，操作者应采取适当的安全和防护措施。

危险警告：甲基氯硅烷共沸物为易燃液体，有腐蚀性。

1 范围

本文件规定了甲基氯硅烷共沸物的要求、检验规则、试验方法及标志、包装、运输、贮存和安全。

本文件适用于以甲基氯硅烷混合物为原料通过共沸精馏塔分离出的甲基氯硅烷共沸物。甲基氯硅烷共沸物主要由三甲基氯硅烷、甲基氢二氯硅烷、四氯化硅等组分构成。

2 规范性引用文件

下列文件中的内容通过文中的规范性引用而构成本文件必不可少的条款。其中，注日期的引用文件，仅该日期对应的版本适用于本文件；不注日期的引用文件，其最新版本（包括所有的修改单）适用于本文件。

GB 190 危险货物包装标志

GB/T 6678 化工产品采样总则

GB/T 6680 液体化工产品采样通则

GB/T 8170 数值修约规则与极限数值的表示和判定

GB/T 9722 化学试剂 气相色谱法通则

GB 12463 危险货物运输包装通用技术条件

3 定义

甲基氯硅烷共沸物是指以硅粉和氯甲烷合成的甲基氯硅烷混合物，用精馏塔分离其中的四氯化硅的过程中，形成的三甲基氯硅烷和四氯化硅为主要成分的物料。

4 要求

4.1 外观

无色至浅黄色透明液体。

4.2 技术要求

甲基氯硅烷共沸物技术要求应符合表1的规定。

表 1　技术要求

序号	项　目		指　标
1	三甲基氯硅烷的质量分数/%	≥	40.0
2	甲基氢二氯硅烷的质量分数/%	≤	5.0
3	四氯化硅的质量分数/%	≤	45.0

5　试验方法

5.1　外观测定

在自然光下，用目视法判定外观。

5.2　各组分含量的测定

5.2.1　方法提要

采用气相色谱仪，在规定的条件下，将适量的试样注入配有热导检测器（TCD）的气相色谱仪中，甲基氢二氯硅烷、三甲基氯硅烷、四氯化硅被色谱柱有效地分离，通过面积归一化法计算甲基氢二氯硅烷、三甲基氯硅烷、四氯化硅各组分的含量。

5.2.2　试剂

载气：氢气，体积分数大于 99.99%，经硅胶和分子筛干燥、净化。

5.2.3　仪器

5.2.3.1　气相色谱仪：配有分流装置及热导检测器的气相色谱仪，整机的灵敏度和稳定性符合 GB/T 9722 的要求。

5.2.3.2　色谱工作站或数据处理机。

5.2.3.3　微量注射器：10 μL 或 50 μL。

5.2.3.4　色谱柱：100% 二甲基聚硅氧烷或能达到同等分离程度的毛细管柱。

5.2.4　试验步骤

5.2.4.1　取样

采样用取样瓶应清洁干燥，取样时应尽量避免与空气接触，取样结束后应立即加盖密封保存。

5.2.4.2　测定

气相色谱仪启动后进行必要的调节，以达到适宜表 A.1 的色谱操作条件或其他适宜的条件。当色谱仪达到设定的操作条件并稳定后，进行样品的测定。用色谱数据处理机或色谱工作站记录各组分的峰面积，对其中的空气峰和氯化氢峰进行锁定处理，不参与结果的计算。

5.2.5　试验数据处理

甲基氯硅烷共沸物中各组分的含量以质量分数计，按公式（1）计算：

$$\omega_i = \frac{A_i}{\sum A_i} \times 100\% \qquad \cdots\cdots\cdots\cdots\cdots\cdots\cdots \quad (1)$$

式中：

A_i——甲基氯硅烷共沸物中各组分的峰面积；

$\sum A_i$——甲基氯硅烷共沸物中全部组分的峰面积之和（空气峰、氯化氢峰除外）。

取平行测定结果的算术平均值为测定结果，两次平行测定结果的绝对差值甲基氢二氯硅烷不大于 0.10 %、四氯化硅不大于 0.30%、三甲基氯硅烷不大于 0.30%。

6 检验规则

6.1 组批

以同等质量的产品为一批，可按产品贮罐组批，或按生产周期进行组批。

6.2 抽样

生产厂可从贮罐中或生产线上采取有代表性的样品，用户可以从贮运槽车中或从同一批桶装产品中采样。采样单元数按 GB/T 6678 规定确定，采样方法按 GB/T 6680 规定进行，每批采样量不少于 200 mL。由于甲基氯硅烷共沸物遇空气极易水解，所以采样过程时间要短，采样后应立即加盖密封。

6.3 出厂检验

生产厂应保证每批出厂的甲基氯硅烷共沸物都符合本文件的要求。每批出厂的产品都应附有质量证明书。内容包括：生产厂名称、产品名称、批号或生产日期和标准编号。

6.4 合格判定依据

6.4.1 按 GB/T 8170 规定的修约值比较法判定检验结果是否符合本文件。

6.4.2 当检验结果不符合本文件要求时，应在同批产品中采双倍量的样进行复检，复检的结果，即使只有一项指标不符合本文件要求，则整批产品为不合格。

6.4.3 用户对收到的产品进行验收，应按本文件规定的抽样、验收方法进行。

6.4.4 当供需双方对产品质量发生异议时，由双方协商解决或法定质量检验部门进行仲裁。

7 标志、包装、运输和贮存

7.1 标志

甲基氯硅烷共沸物包装容器上应有清晰、明显、牢固的标志，其内容包括：生产厂名称、厂址、产品名称、生产日期或批号、净含量和标准编号及 GB 190 中规定的"易燃液体""腐蚀品"标志。

7.2 包装

甲基氯硅烷共沸物产品采用干燥、清洁的钢桶包装，或根据用户要求并符合安全规定进行包装。包装要求密封，不可与空气接触。

7.3 运输

运输包装应符合 GB 12463 中的要求。严禁与强酸、强碱、强氧化剂、水、食用化工物品等混装运输。

运输途中应严防日晒、雨淋。应远离火种、热源、高温区。搬运时要轻装轻卸，防止包装及容器损坏。

7.4 贮存

甲基氯硅烷共沸物产品贮存地点应阴凉、干燥、通风，远离火源及其他危险品。

8 安全（下述安全内容为提示性内容但不仅限于下述内容）

8.1 危险警告

甲基氯硅烷共沸物是易燃液体，对呼吸道和眼结膜有强烈刺激作用，吸入后引起咽喉、支气管的痉挛、水肿、化学性肺炎、肺水肿而致死。遇明火、高热或与氧化剂接触，有引起燃烧爆炸的危险。受热或遇水分解放热，放出有毒的腐蚀性烟气。若遇高热，容器内压力增大，有开裂和爆炸的危险。有腐蚀性。

8.2 安全措施

甲基氯硅烷共沸物应密闭操作，局部排风，使用防爆型的通风系统和设备。操作人员应经过专门培训，严格遵守操作规程。防止蒸汽泄漏到工作场所空气中，可能接触其蒸汽时，建议操作人员佩戴防毒面具、防护眼镜和橡胶手套，配备相应品种和数量的消防器材及泄漏应急处理设备。如皮肤接触，立即用流动清水彻底清洗，若有灼伤，就医治疗；如眼睛接触，立即提起眼睑，用流动的清水或生理食盐水冲洗至少 15 min 并就医。如吸入，迅速脱离现场至空气新鲜处，保持呼吸畅通，呼吸有困难时给输氧并就医。如食入，患者清醒时立即漱口，给饮牛奶或蛋清并就医。

9 标准中涉及危化品内容的规定

当标准的主体产品是危险化学品时，需将产品的 MSDS 说明书作为资料性附录，并在附录前加入如下声明：

"本产品根据其物性属于危险化学品，但未在《危险化学品目录》（2015 版）列入。

下列信息摘录自浙江开化合成材料有限公司的 MSDS 说明书，附录中信息供标准使用者参考。本标准未涉及所有与使用有关的安全、环境和健康问题。使用者有责任建立适宜的环境处置和健康保护措施并确保首先符合国家的相关规定。"

附 录 A

（资料性附录）

推荐的气相色谱测试条件

A.1 色谱操作条件

表 A.1 给出了测定甲基氯硅烷共沸物的气相色谱操作条件。

表 A.1 色谱柱的色谱操作条件

色谱柱	100％二甲基聚硅氧烷，30 m×0.32 mm×0.25μm
载气	氢气
分流比	50：1
毛细柱出口流量/(mL/min)	1.2
柱温	初始温度40 ℃，保持9 min，升温速率15 ℃/min，终温70 ℃，保持4 min
汽化温度/℃	180
检测温度/℃	200
进样量/μL	1.0

A.2 典型的气相色谱图

甲基氯硅烷共沸物在 100 ％二甲基聚硅氧烷毛细管上典型的色谱图见图 A.1。

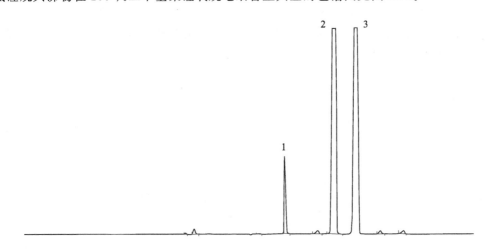

标引序号说明：

1——甲基氢二氯硅烷；

2——三甲基氯硅烷；

3——四氯化硅。

图 A.1 甲基氯硅烷共沸物典型的色谱图

A.3 各组分的相对保留值

表 A.2 给出了甲基氯硅烷共沸物各组分在 100 ％二甲基聚硅氧烷毛细管柱上的相对保留值。

表 A.2 各组分的相对保留值

峰序号	组分名称	相对保留值
1	甲基氢二氯硅烷	0.66
2	三甲基氯硅烷	0.89
3	四氯化硅	1.00

附 录 B
（资料性附录）
甲基氯硅烷共沸物安全技术说明书

化学品中文名：甲基氯硅烷共沸物

化学品英文名：Methylchorosilane monomer azeotrope

产品推荐及限制用途：用于有机硅系列产品。

紧急情况概述：易燃。严重刺激眼睛、皮肤。遇水易生成氯化氢气体，具有腐蚀性。

GHS危险性类别：易燃液体 2类；急性毒性-口服 3类；急性毒性-皮肤 4类；急性毒性-吸入 3类；皮肤腐蚀/刺激 1A类；严重眼损伤/眼刺激 1类；特定目标器官毒性-单次接触 3类。

标签要素：

象形图：

警示词：危险

危险信息：易燃液体和蒸气，吞咽会中毒，皮肤接触有害，造成严重皮肤灼伤和眼损伤，造成严重眼损伤，吸入会中毒，可能引起呼吸道刺激。

防范说明：

预防措施：远离热源/火花/明火/热表面。禁止吸烟。保持容器密闭。容器与接收设备接地/等势连接。使用防爆的电器/通风/照明设备。只能使用不产生火花的工具。采取防止静电放电的措施。不要吸入粉尘/烟/气体/烟雾/蒸气/喷雾。避免吸入粉尘/烟/气体/烟雾/蒸气/喷雾。作业后彻底清洗双手。使用本产品时，不要进食、饮水或吸烟。只能在室外货通风良好处使用。戴防护手套/穿防护服/戴防护眼镜/戴防护面具。

应急响应：如误吞服：立即呼叫解毒中心或医生。如误吞服：漱口。不要诱导呕吐。如皮肤沾染：用大量水清洗。如皮肤（或头发）沾染：立即脱掉所有沾染的衣服。用水清洗皮肤/淋浴。将受害人转移到空气新鲜处，保持呼吸舒适。如进入眼睛：用水小心冲洗几分钟。如戴隐形眼镜且可方便取出，取出隐形眼镜。继续冲洗。如感觉不适，呼叫解毒中心或医生。漱口。立即脱掉沾染的衣服，清洗后方可重新使用。沾染的衣服清洗后方可重新使用。火灾时：使用灭火器灭火。

安全储存：存放于通风良好处并保持容器密闭。存放处凉爽/通风处。存放处须加锁。

废弃处置：根据地方法规处置内装物/容器。

物理化学危险：易燃液体和蒸汽。其蒸汽与空气混合，能形成爆炸性混合物，遇明火、高热可引起燃烧爆炸。

健康危害：对呼吸道和结膜有强烈刺激，吸入后可引起咽喉、支气管的痉挛、水肿，化学性肺炎、肺水肿而致死。

急救：

—**皮肤接触**：立即脱去被污染的衣着，用大量流动着清水冲洗，至少15 min，就医。

—眼睛接触：立即提起眼睑，用大量流动清水或生理盐水冲洗至少 15 min，就医。

　　—吸入：迅速脱离现场至空气新鲜处，保持呼吸道通畅。如呼吸困难，给输氧。如呼吸停止，立即进行人工呼吸。就医。

　　—食入：误服者用水漱口，给饮牛奶或蛋清。就医。

　　危险特性：易燃，其蒸气与空气可形成爆炸性混合物，遇明火、高热或氧化剂接触，有引起燃烧爆炸的危险。遇水或水蒸气反应放热并产生有毒的腐蚀性气体。

　　有害燃烧产物：一氧化碳、二氧化碳、氯化氢。

　　灭火方法及灭火剂：切断气源。若不能立即切断气源，则不允许熄灭正在燃烧的气体。喷水冷却容器，可能的话将容器从火场移至空旷处。灭火剂：干粉、二氧化碳、沙土灭火。

　　灭火注意事项：禁止用水和泡沫。

　　作业人员防护措施、防护装备和应急处理程序：首先切断火源，迅速撤离泄漏污染区人员至上风处，并立即隔离 150 米，严格限制出入，建议应急处理人员戴正压式呼吸器，穿防毒服，不要直接接触泄漏物，勿使泄漏与有机物、还原剂，易燃物接触。尽可能切断，合理通风，加速扩散，喷雾状水稀释。

　　环境保护措施：防止泄漏物进入水体、下水道、地下室或受限空间。

　　泄漏化学品的收容、清楚方法及使用的处理材料：小量泄漏：用沙土或不燃性材料吸附或吸收。用不燃性分散剂制成的乳液刷洗，洗液稀释后放入废水系统。大量泄漏：构筑围堤或挖坑收容；用泡沫覆盖，降低蒸汽灾害。用防爆泵转移至槽车或专用收集器内，回收或运至废物处理场所处置。

　　操作注意事项：密闭操作，加强通风，操作人员必须经过专门培训，严格遵守操作规程。建议操作人员戴化学安全防护眼镜，穿防毒物渗透工作服，戴橡胶耐油手套。远离火种、热源，工作场所严禁吸烟。使用防爆型的通风系统和设备。避免与氧化剂接触。灌装时应注意流速（不超过 5 m/s）。有接地装置，防止静电积累。搬运时要轻装轻卸，防止包装及容器损坏。配备相应品种和数量的消防器材及泄漏应急处理设备。

　　储存注意事项：储于阴凉、干燥、通风仓间内。远离热源、火种，仓温不宜超过 30 ℃。防止阳光直射。包装要求密封，不可与空气接触。应与氧化剂、卤素、氯、氟分开存放。禁止使用易产生火花的机械设备和工具。定期检查是否有泄漏现象。储区应备有泄漏应急处理设备和合适的收容材料。

　　最高容许浓度：中国未制定标准。

　　监测方法：气相色谱法。

　　工程控制：密封操作，局部排风。

　　呼吸系统防护：可能接触毒物时，应该佩戴过滤或防毒面具或自给式呼吸器。

　　眼睛防护：戴防护眼镜。

　　身体防护：穿防酸、碱，防静电工作服。

　　手防护：戴橡胶手套。

　　其他防护：工作场所禁止吸烟。饭前要洗手，工作完毕，淋浴更衣。保持良好的卫生习惯。

　　外观与性状：无色至淡黄色透明液体，具有强烈的气味。

　　pH 值：暴露空气中即呈酸性。

　　熔点：无资料。

　　相对密度（水＝1）：1.15（25 ℃）。

　　沸点：无资料。

　　相对蒸气密度（空气＝1）：4.5。

　　饱和蒸气压：无资料。

　　燃烧热：无资料。

　　临界温度：无资料。

临界压力：无资料。

闪点：－2℃。

爆炸上限：无资料。

引燃温度：无资料。

爆炸下限：无资料。

溶解性：溶于苯、醚。易水解而释出氯化氢气体。

稳定性：稳定。

禁配物：强氧化剂、潮湿空气。

避免接触的条件：明火、高热、潮湿空气。

聚合危害：不聚合。

分解产物：具有黏性的二氧化硅、氯化氢、二氧化碳、一氧化碳。

甲基二氯硅烷

Methyldichlorosilane

前 言

本文件按照 GB/T 1.1—2009 给出的规则起草。

请注意本文件的某些内容可能涉及专利。本文件的发布机构不承担识别这些专利的责任。

本文件由中国氟硅有机材料工业协会提出。

本文件由中国氟硅有机材料工业协会标准化委员会归口。

本文件参加起草单位：合盛硅业股份有限公司、唐山三友硅业有限责任公司、中国蓝星（集团）股份有限公司、湖北兴瑞硅材料有限公司、山东东岳有机硅材料股份有限公司、浙江新安化工集团股份有限公司、浙江开化合成材料有限公司。

本文件主要起草人：聂长虹、罗燚、曹鹤、彭斌、李书兵、伊港、季建英、郑云峰、罗伟琪、赵景辉、龚兆鸿、侯建超。

本文件版权归中国氟硅有机材料工业协会。

本文件由中国氟硅有机材料工业协会标准化委员会解释。

本文件为首次制定。

甲基二氯硅烷

1 范围

本文件规定了甲基二氯硅烷的要求、试验方法、检验规则、标志、包装、运输和贮存、安全。

本文件适用于由直接合成法生产的混合甲基氯硅烷经分馏提纯的甲基二氯硅烷。

分子式：$(CH_3)H\ SiCl_2$

结构式：

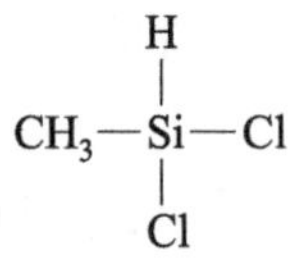

$$CH_3 - \underset{\underset{Cl}{|}}{\overset{\overset{H}{|}}{Si}} - Cl$$

相对分子量：115.02（按 2016 年国际相对原子质量）

2 规范性引用文件

下列文件中的内容通过文中的规范性引用而构成本文件必不可少的条款。其中，注日期的引用文件，仅该日期对应的版本适用于本文件；不注日期的引用文件，其最新版本（包括所有的修改单）适用于本文件。

GB 190　危险货物包装标志

GB/T 191　包装储运图示标志

GB/T 6678　化工产品采样总则

GB/T 6680　液体化工产品采样通则

GB/T 8170　数值修约规则与极限数值的表示和判定

GB 12463　危险货物运输包装通用技术条件

GB/T 23953　工业用二甲基二氯硅烷

GB/T 9722　化学试剂　气相色谱法通则

3 要求

3.1 外观

无色透明、有强烈刺激性气味的液体。

3.2 技术要求

甲基二氯硅烷的质量应符合表 1 所示的技术要求。

表 1　技术要求

序号	项目		指标
1	二甲基氯硅烷的质量分数/%	≤	0.30
2	甲基二氯硅烷的质量分数/%	≥	99.50
3	四氯化硅的质量分数/%	≤	0.20

4 试验方法

4.1 警示

使用本文件的人员应有正规实验室工作的实践经验。本文件并未指出所有可能的安全问题。使用者有责任采取适当的安全和健康措施,并保证符合国家有关法规规定的条件。

4.2 外观

于 50 mL 的具塞比色管中,加入液态样品,在日光灯或日光下轴向目测。

4.3 甲基二氯硅烷中各组分含量的测定

4.3.1 方法提要

用气相色谱法,在选定的工作条件下,使样品汽化后经色谱柱分离,用热导检测器检测,采用面积归一化法定量。

4.3.2 试剂

4.3.2.1 载气:氢气,体积分数大于 99.99%。

4.3.2.2 仪器

4.3.2.2.1 气相色谱仪:配有分流装置及热导检测器的任何型号的气相色谱仪。整机灵敏度和稳定性符合 GB/T 9722 中的有关规定。

4.3.2.2.2 色谱工作站

4.3.2.3 微量注射器:10 μL。

4.3.3 色谱柱及典型操作条件

本文件推荐的色谱柱及典型操作条件见表 2,典型色谱图见图 1。能达到同等分离程度的其他毛细管色谱柱及操作条件均可使用。各组分相对保留值见表 3。

表 2 色谱柱及典型操作条件

色谱柱	(5%苯基)-甲基聚硅氧烷,30 m×0.25 mm×0.25 μm
载气	氢气
分流比	60:1
柱温	初始温度 35 ℃,保持 5 min,升温速率 50 ℃/min,终温 200 ℃,保持 2 min
汽化温度/℃	200
检测温度/℃	300
进样量/μL	1.0

表 3 组分的相对保留值

峰序	组分名称	相对保留值
1	氯化氢	0.78
2	空气	0.80
3	二甲基氯硅烷	0.95
4	甲基二氯硅烷	1.00
5	三甲基氯硅烷	1.03
6	四氯化硅	1.07
7	甲基三氯硅烷	1.13
8	二甲基二氯硅烷	1.13

4.3.4 分析步骤

色谱仪启动后进行必要的调节，以达到表 2 的色谱操作条件或其他适宜条件。当色谱仪达到设定的操作条件并稳定后，进行试样的测定。用色谱数据处理机或色谱工作站记录各组分的峰面积。

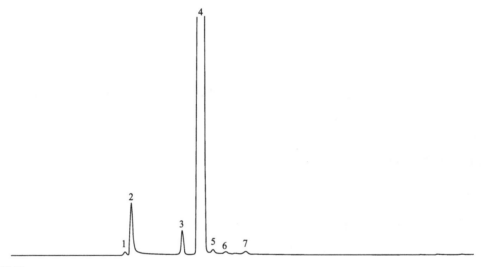

标引序号说明：

1——氯化氢；

2——空气；

3——二甲基氯硅烷；

4——甲基二氯硅烷；

5——三甲基氯硅烷；

6——四氯化硅；

7——甲基三氯硅烷和二甲基二氯硅烷合峰。

注：1—氯化氢为进样时样品少量水解导致；2—空气为进样时进样针里进入少量空气导致。

图 1 甲基二氯硅烷的典型色谱图

4.3.5 结果计算

甲基二氯硅烷中各组分的质量分数 ω_i，数值以％表示，按公式（1）计算：

$$\omega_i = \frac{A_i}{\sum A_i} \times 100\% \quad\quad\quad\quad\quad\quad (1)$$

式中：

A_i——各组分 i 峰面积；

ΣA_i——各组分峰面积的总和。

计算结果取两次平行测定的算术平均值为测定结果，两次平行测定结果的绝对差值：甲基二氯硅烷不大于 0.10%，四氯化硅不大于 0.02%。

5 检验规则

5.1 检验分类

甲基二氯硅烷检验分为出厂检验和型式检验。

5.2 出厂检验

甲基二氯硅烷需经生产厂的质量检验部门按本文件检验合格并出具合格证后方可出厂。出厂检验项目为：

a) 外观；

b) 甲基二氯硅烷的质量分数；

c) 二甲基氯硅烷的质量分数；

d) 四氯化硅的质量分数。

5.3 型式检验

甲基二氯硅烷型式检验为本文件第 3 章要求的所有项目。有下列情况之一时，应进行型式检验：

a) 首次生产时；

b) 主要原材料或工艺方法有较大改变时；

c) 正常生产满一年时；

d) 停产后又恢复生产时；

e) 出厂检验结果与上次型式检验有较大差异时；

f) 质量监督机构提出要求或供需双方发生争议时。

5.4 组批和抽样规则

以相同原料、相同配方、相同工艺生产的产品为一检验组批，其最大组批量不超过 160 t，每批随机抽产品 0.5 kg，作出厂检验样品。随机抽取产品 0.5 kg，作为型式检验样品。

5.5 判定规则

所有检验项目合格，则产品合格；若出现不合格项，允许加倍抽样对不合格项进行复检。若复检合格，则判该批产品合格；若复检仍不合格，则判该批产品为不合格。

6 标志、包装、运输和贮存

6.1 标志

甲基二氯硅烷的包装容器上的标志，根据 GB/T191 的规定，在包装外侧应有"与甲基二氯硅烷性能相关"标志。

每批出厂产品均应附有一定格式的质量证明书，其内容包括：生产厂名称、地址、电话号码、产品名称、型号、批号、净质量或净容量、生产日期、保质期、注意事项和标准编号。

6.2　包装

甲基二氯硅烷采用清洁、干燥、密封良好的铁桶或塑料桶包装。净含量可根据用户要求包装。

6.3　运输

运输、装卸工作过程，应轻装轻卸，防止撞击，避免包装破损，防止日晒、雨淋，按照 GB 12463 的规定进行运输。

6.4　贮存

甲基二氯硅烷应贮存在阴凉、干燥、通风的场所。防止日光直接照射，并应隔绝火源，远离热源。

在符合本标准包装、运输和贮存条件下，本产品自生产之日起，贮存期为 6 个月。逾期可重新检验，检验结果符合本文件要求时，仍可继续使用。

7　安全（下述安全内容为提示性内容但不仅限于下述内容）

7.1　危险警告

甲基二氯硅烷是易燃液体，对呼吸道和眼结膜有强烈刺激作用，吸入后可有咽喉、支气管的痉挛、水肿、化学性肺炎、肺水肿而致死。遇明火、高热或与氧化剂接触，有引起燃烧爆炸的危险。受热或遇水分解放热，放出有毒的腐蚀性烟气。若遇高热，容器内压增大，有开裂和爆炸的危险。有腐蚀性。

7.2　安全措施

甲基二氯硅烷应密闭操作，局部排风，使用防爆型的通风系统和设备。操作人员须经过专门培训，严格遵守操作规程。防止蒸气泄漏到工作场所空气中，可能接触其蒸气时，建议操作人员佩戴防毒面具、防护眼镜和橡胶手套，配备相应品种和数量的消防器材及泄漏应急处理设备。如皮肤接触，立即用流动清水彻底冲洗，若有灼伤，就医治疗；如眼睛接触，立即提起眼睑，用流动清水或生理盐水冲洗至少 15 min 并就医。如吸入，迅速脱离现场至空气新鲜处，保持呼吸通畅，呼吸有困难时给输氧并就医。如食入，患者清醒时立即漱口，给饮牛奶或蛋清并就医。

8　标准中涉及危化品内容的规定

当标准的主体产品是危险化学品时，需将产品的 MSDS 说明书作为资料性附录，并在附录前加入如下声明：

本产品甲基二氯硅烷属于危险化学品，见《危险化学品目录》（2017 版），序号为 1115，CAS 号为 75-54-7。

附录 A 信息摘录自甲基二氯硅烷的 MSDS 说明书，附录中信息供标准使用者参考。本标准未涉及所有与使用有关的安全、环境和健康问题。使用者有责任建立适宜的环境处置和健康保护措施并确保首先符合国家的相关规定。

附　录　A
（资料性附录）
甲基二氯硅烷 MSDS 说明书

A.1　物理化学常数

A.1.1　CAS 号：75-54-7

A.1.2　UN 编号：1242

A.1.3　危险性编号：43050

A.1.4　危险性类别：第 4.3 类遇湿易燃物品

A.2　物理化学性质

A.2.1　溶解性：溶于苯、醚

A.2.2　熔点：-90.6 ℃

A.2.3　沸点：41.9 ℃

A.2.4　相对密度：1.1

A.2.5　饱和蒸气压：53.32kPa（23.7 ℃）

A.3　燃烧爆炸危险特性

A.3.1　燃烧性：本品极度易燃，具强刺激性

A.3.2　建规火险分级：甲

A.3.3　燃烧产物：一氧化碳、二氧化碳、氯化氢、氧化硅

A.3.4　引燃温度：316 ℃

A.3.5　闪点：-32 ℃

A.3.6　爆炸上下限（V/V）：6.0%～55.0%

A.3.7　危险特性：易燃，其蒸气与空气可形成爆炸性混合物。遇明火、高热能引起燃烧爆炸。遇水或水蒸气剧烈反应，放出的热量可导致其自燃，并放出有毒和腐蚀性的烟雾，与氧化剂接触猛烈反应。

A.3.8　聚合危害：不聚合

A.3.9　稳定性：稳定

A.3.10　禁忌物：强氧化剂、酸类、水

A.3.11　灭火方法：消防人员必须穿全身防火防毒服，在上风向灭火。灭火剂：干粉、二氧化碳、沙土。禁止用水和泡沫灭火。

A.4　包装与储运

A.4.1　包装标志：遇湿易燃物品，腐蚀品。

A.4.2　包装类别：O51

A.4.3 储运条件：

储存于阴凉、干燥、通风良好的库房。远离火种、热源。库温不超过 25 ℃，相对湿度不超过 75%。包装必须密封，切勿受潮。应与氧化剂、酸类等分开存放，切忌混储。采用防爆型照明、通风设施。禁止使用易产生火花的机械设备与工具。储区应备有泄漏应急处理设备和合适的收容材料。运输时运输车辆应配备相应品种和数量的消防器材及泄漏应急处理设备。装运本品的车辆排气管必须有阻火装置，运输过程中要确保容器不泄漏、不倒塌、不坠落、不损坏。严禁与氧化剂、酸类、食用化学品等混装混运。运输途中应防暴晒、雨淋，防高温。中途停留时应远离火种，热源，运输用车、船必须干燥，并有良好的防雨设施。车辆运输完毕应进行清扫。铁路运输时要禁止溜放。

A.5 毒性与健康危害

A.5.1 毒理资料

LC_{50}：1410 mg/m³，4 h（大鼠吸入）。

A.5.2 侵入途径：吸入、食入。

A.5.3 健康危害

本品对呼吸道有强烈刺激作用。可引起皮肤和眼刺激或灼伤，口服导致消化道灼伤。慢性影响：皮炎，呼吸道和眼损害。

A.6 急救

A.6.1 皮肤接触

立即脱去污染的衣着，用大量流动清水冲洗至少 15 min 就医。

A.6.2 眼睛接触

立即提起眼睑，用大量流动清水或生理盐水彻底冲洗至少 15 min 就医。

A.6.3 吸入

迅速脱离现场至空气新鲜处。保持呼吸道畅通。如呼吸困难，给输氧。如呼吸停止，立即进行人工呼吸就医。

A.6.4 食入

用水漱口，给饮牛奶或蛋清就医。

A.7 防护措施

A.7.1 工程控制

密闭操作，局部排风，提供安全淋浴和洗眼设备。

A.7.2 呼吸系统防护

可能接触其蒸气时，应该佩戴自吸过滤式防毒面具（全面罩）。紧急事态抢救或撤离时，建议佩戴自给式呼吸器。

A.7.3 眼睛防护

呼吸系统防护中已做防护。

A.7.4 身体防护

穿胶布防毒衣。

A.7.5 手防护

戴橡胶手套。

A.7.6 其它

工作现场禁止吸烟、进食和饮水。工作完毕，沐浴更衣。保持良好的卫生习惯。

A.7.7 泄漏处理

迅速撤离泄漏污染区人员至安全区，并进行隔离，严格限制出入。切断火源。建议应急处理人员戴自给式正压呼吸器，穿防毒服。不要直接接触泄漏物。尽可能切断泄漏源。防止流入下水道、排洪沟等限制性空间。小量泄漏：用沙土或其它不燃材料吸附或吸收。大量泄漏：构筑围堤或挖坑收容。用防爆泵转移至槽车或专用收集器内，回收或运至废物处理场所处置。

甲基氯硅烷高沸点混合物

High boiling mixtures of methyl chlorosilane

前　言

本文件按照 GB/T 1.1—2009 给出的规则起草。

请注意本文件的某些内容可能涉及专利。本文件的发布机构不承担识别这些专利的责任。

本文件由中国氟硅有机材料工业协会提出。

本文件由中国氟硅有机材料工业协会标准化委员会归口。

本文件起草单位：中天东方氟硅材料有限公司、唐山三友硅业有限责任公司、中蓝晨光成都检测技术有限公司、中蓝晨光化工研究设计院有限公司。

本文件主要起草人：邵向东、杨庆红、杜洪达、郑宁、郑有婧、李献起、刘芳铭、周菊梅。

本文件版权归中国氟硅有机材料工业协会。

本文件由中国氟硅有机材料工业协会标准化委员会解释。

本文件为首次制定。

甲基氯硅烷高沸点混合物

1 范围

本文件规定了甲基氯硅烷高沸点混合物（以下简称高沸物）的要求、试验方法、检验规则及标志、包装、运输、贮存及安全。

本文件适用于用硅粉和氯甲烷采用直接合成法生产的混合甲基氯硅烷经闪蒸或精馏处理得到的沸点高于二甲基二氯硅烷的有机硅烷混合物。

2 规范性引用文件

下列文件中的内容通过文中的规范性引用而构成本文件必不可少的条款。其中，注日期的引用文件，仅该日期对应的版本适用于本文件；不注日期的引用文件，其最新版本（包括所有的修改单）适用于本文件。

GB 190 危险货物包装标志

GB/T 6678 化工产品采样总则

GB/T 6680 液体化工产品采样通则

GB/T 8170 数值修约规则与极限数值的表示和判定

GB/T 9722 化学试剂 气相色谱法通则

GB 12463 危险货物运输包装通用技术条件

3 要求

3.1 外观

黄褐色或棕褐色液体，无机械杂质。

3.2 技术要求

高沸物指标应符合表1的规定。

表 1 技术要求

序号	项 目		指 标
1	沸点低于二甲基二氯硅烷物质总含量/%	≤	3.0
2	二甲基二氯硅烷/%		检测值
3	高沸物总含量/%	≥	95.0

4 试验方法

4.1 外观

在自然光下，用目视法判定外观。

4.2 高沸物中各组分含量的测定

4.2.1 方法提要

用气相色谱法，在选定的工作条件下，样品汽化后经色谱柱分离，用热导检测器检测，采用面积归一化法定量。

4.2.2 试剂

载气：氢气，体积分数大于 99.99%，经硅胶和分子筛干燥、净化。

4.2.3 仪器

4.2.3.1 气相色谱仪：配有分流装置及热导检测器的任何型号的气相色谱仪，整机的灵敏度和稳定性符合 GB/T 9722 的要求。

4.2.3.2 色谱工作站或数据处理机。

4.2.3.3 微量注射器：10 μL 或 50 μL。

4.2.4 试验步骤

4.2.4.1 色谱柱及典型操作条件

本文件推荐的色谱柱及典型操作条件见表 2，典型色谱图见图 1，采用相对保留值或纯物质追加法定性。能达到同等分离效果的其它色谱柱及操作条件均可使用。

表 2 色谱柱及典型操作条件

色谱柱	14% 氰苯基，86% 甲基聚硅氧烷，30 m×0.25 mm×0.25 μm
载气	氢气
分流比	100∶1
毛细柱出口流量/(mL/min)	0.9～1.2
柱温	初始温度 50 ℃，保持 4 min，升温速率 20 ℃/min，终温 250 ℃，保持 4 min
汽化温度/℃	200
检测温度/℃	300
进样量/μL	1.0

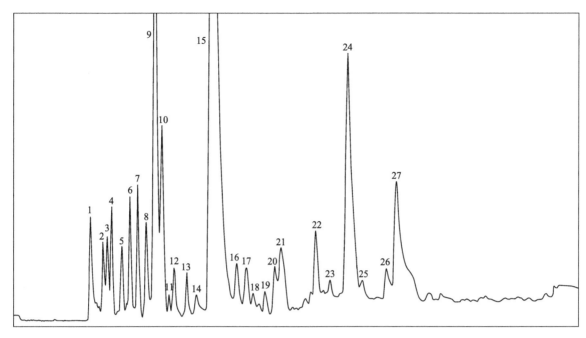

标引序号说明：

1～3——沸点低于二甲基二氯硅烷的物质；

4——二甲基二氯硅烷；

5～27——高沸物。

图1　高沸物典型色谱图

4.2.4.2　试验

气相色谱仪开启后，按表2色谱操作条件或其他合适的条件进行调节，待仪器稳定后，进行样品的测定，用色谱数据处理机或工作站记录各组分的峰面积。其中空气峰和氯化氢峰组分在工作站或数据处理机上进行锁定处理，不列入结果计算。

4.2.5　结果计算

高沸物中各组分的质量分数以 ω_i 计，数值以％表示，按公式（1）计算：

$$\omega_i = \frac{A_i}{\sum A_i} \times 100\% \qquad\qquad (1)$$

式中：

A_i ——组分 i 的峰面积；

$\sum A_i$ ——所有组分峰面积之和。

高沸物的总量以 ω 计，数值以％表示，按公式（2）计算：

$$\omega = 100 - \omega_{i_1} - \omega_{i_2} \qquad\qquad (2)$$

式中：

ω ——高沸物总含量，％；

ω_{i_1} ——沸点低于二甲基二氯硅烷的物质总含量，％；

ω_{i_2} ——二甲基二氯硅烷的质量分数；

取两次平行测定结果的算术平均值为测定结果，两次平行测定结果的绝对差值：沸点低于二甲基二氯硅烷物质总含量不大于0.2％；高沸物含量不大于0.3％。

5 检验规则

5.1 出厂检验

生产厂应保证每批出厂的高沸物都符合本文件的要求。

5.2 组批和抽样规则

以相同原料、相同配方、相同工艺生产的产品为一检验组批，可按产品贮罐组批，或按生产周期进行组批。生产厂可从贮罐中或生产线上采取有代表性的样品，用户可以从贮运槽车中或从同一批桶装产品中采样。采样单元数按 GB/T 6678 规定确定，采样方法按 GB/T 6680 规定进行，每批采样量不少于 50 mL，采样后应立即加盖密封。

5.3 判定规则

5.3.1 按 GB/T 8170 规定的修约值比较法判定检验结果是否符合本文件。

5.3.2 所有检验项目合格，则产品合格；若出现不合格项，允许加倍抽样对不合格项进行复检。若复检合格，则判该批产品合格；若复检仍不合格，则判该批产品为不合格。

6 标志、包装、运输和贮存

6.1 标志

包装容器上的标志，根据 GB 190 的规定，包装外侧应有"易燃液体""腐蚀品"标志。

每批出厂产品均应附有一定格式的质量证明书，其内容包括：生产厂名称、地址、电话号码、产品名称、型号、批号、净质量或净容量、生产日期、保质期、注意事项和标准编号。

6.2 包装

采用干燥、清洁的衬塑铁桶或塑料桶包装，或根据用户要求并符合安全规定进行包装。包装要求密封，不可与空气接触。

6.3 运输

运输包装应符合 GB 12463 的要求。严禁与强酸、强碱、强氧化剂、水、食用化工物品等混装运输。运输途中应严防日晒、雨淋。应远离火种、热源、高温区。搬运时要轻装轻卸，防止包装及容器损坏。

6.4 贮存

应贮存在阴凉、干燥、通风的场所。防止日光直接照射，并应隔绝火源，远离热源。

7 安全（下述安全内容为提示性内容但不仅限于下述内容）

警告——使用本文件的人员应熟悉实验室的常规操作。本文件未涉及与使用有关的安全问题。使用者有责任建立适宜的安全和健康措施并确保首先符合国家的相关规定。

8 其他：标准中涉及危化品内容的规定

当标准的主体产品是危险化学品时，需将产品的 MSDS 说明书作为资料性附录，并在附录前加入如下声明：

本产品属于危险化学品，见《危险化学品目录》（2015 版），序号为 2828。

下列信息摘录自中天东方氟硅材料有限公司的 MSDS 说明书，附录中信息供标准使用者参考。本标准未涉及所有与使用有关的安全、环境和健康问题。使用者有责任建立适宜的环境处置和健康保护措施并确保首先符合国家的相关规定。

附 录 A

（资料性附录）

甲基氯硅烷高沸点混合物安全技术说明书

化学品中文名：甲基氯硅烷高沸点混合物

化学品英文名：high boiling mixture of methyl chlorosilane

化学品推荐及限制用途：生产有机硅防水剂、硅油、硅树脂、消泡剂和脱模剂等。

紧急情况概述：易燃。严重刺激眼睛、皮肤。遇水易生成氯化氢气体，具有腐蚀性。

GHS 危险性类别：易燃液体 类别 3；皮肤腐蚀/刺激 类别 2；严重眼损伤/眼刺激 类别 2 A；特异性靶器官毒性（一次接触）类别 3；急性水生毒性 类别 1。

标签要素：

象形图：

信号词：警告

危险性说明：易燃液体和蒸气，造成皮肤刺激、严重眼刺激，可能造成呼吸道刺激，对水生生物毒性极大。

防范说明：

预防措施：远离热源/火花/明火/热表面。禁止吸烟。保持容器密闭。仅在室外或通风良好处使用。穿戴防护手套/防护服/防护眼镜/防护面罩。避免吸入粉尘/烟气/气体/烟雾/蒸汽/喷雾。操作后彻底清洗脸部、手部和任何暴露的皮肤。避免释放到环境中。

事故响应：火灾时：使用干沙、化学干粉或抗溶性泡沫进行灭火。如皮肤接触：用大量肥皂和水清洗。特殊治疗参见本标签上的补充急救说明。如进入眼睛：用水小心清洗几分钟；如戴有隐形眼镜并可方便取下，取出隐形眼镜，继续冲洗；如果眼睛刺激持续，寻求医疗建议/就医。将受害者移到空气新鲜处，保持利于呼吸的姿势休息。如感觉不适，呼叫中毒中心或医生，收集溢出物。

安全贮存：存放于通风良好的地方，保持阴凉，保持容器密闭，上锁贮存。

废弃处置：将内容物/容器交由认可的废弃物处理场处理。

物理和化学危险：易燃液体和蒸气。

健康危害：对呼吸道和结膜有强烈刺激，吸入后可引起咽喉、支气管的痉挛、水肿，化学性肺炎、肺水肿而致死。

急救措施：

—皮肤接触：立即脱去被污染的衣着，用大量流动着清水冲洗，至少 15 min，就医。

—眼睛接触：立即提起眼睑，用大量流动清水或生理盐水冲洗至少 15 min，就医。

—吸入：迅速脱离现场至空气新鲜处，保持呼吸道通畅。如呼吸困难，给输氧；如呼吸停止，立即进行人工呼吸。就医。

—食入：误服者用水漱口，给饮牛奶或蛋清，就医。

危险特性：热分解会导致释放出刺激性、有毒气体和蒸气。

有害燃烧产物：碳氧化物、二氧化碳、氯化氢。

灭火剂：合适的灭火剂：二氧化碳、化学干粉、干沙、抗溶性泡沫。不合适的灭火剂：大容量水柱喷射。

灭火注意措施及防护措施：消防员应穿戴自给式呼吸器和全套消防衣装备服。分别收集受污染的消防用水，不得排入排水沟或地表水。

作业人员防护措施、防护装备和应急处置程序：将人员疏散至安全地带。确保足够的通风，尤其是在密闭区域中。消除所有火源（在紧邻区域禁止吸烟、燃烧、火花或火焰）。避免接触皮肤、眼睛或衣物。受污染的工作服不得带出工作场所。不要吸入粉尘/烟气/气体/烟雾/蒸汽/喷雾。应急处理人员戴正压式呼吸器，穿防毒服，不要直接接触泄漏物，勿使泄漏物与有机物、还原剂、易燃物接触。操作后彻底清洗。

环境保护措施：如果有大量溢出物无法被控制，则应通知地方当局。防止进入水道、下水道、地下室或封闭区域。

泄漏化学品的收容、清除方法及所使用的处置材料：围堵和收集溢出物，然后用不可燃的吸收材料（如沙子、泥土、硅藻土、蛭石）进行吸收，并放入容器中根据地方/国家法规进行处置。

操作处置：依照良好的工业卫生和安全实践进行操作。确保足够的通风，尤其是在密闭区域中。避免接触皮肤、眼睛或衣物。受沾染的衣物清洗后方可重新使用。不要吸入粉尘/烟气/气体/烟雾/蒸汽/喷雾。远离热源/火花/明火/热表面。禁止吸烟。使用本产品时不得进食、饮水或吸烟。配备相应品种和数量的消防器材及泄漏应急处理设备，操作后彻底清洗。

贮存：保持容器密闭，并置于干燥和通风良好的地方。远离热源、火花、火焰和其他火源。保持上锁，并贮存在儿童接触不到的地方。远离食物、饮料和动物饲料。根据当地法规进行贮存。

接触控制和个体防护：

最高容许浓度：中国未制定标准。

监测方法：气相色谱法。

工程控制：确保足够的通风，尤其是在密闭区域中。淋浴，洗眼台，清除所有火源。

呼吸系统防护：如果通风不良，佩戴适当的呼吸防护设备。

眼面防护：佩戴有护边的安全眼镜（或护目镜）。

皮肤和身体防护：合适的防护服。

手防护：穿戴防护手套。

理化特性：

外观与性状：褐色液体。

气味：有刺激性气味。

气味阈值：无资料。

pH 值：暴露空气中即呈酸性。

熔点/凝固点：无资料。

沸点/沸程：无资料。

闪点：−8 ℃（CAS：107-46-0，IFA）。

燃烧/爆炸上下限（体积分数）：0.5％～21.8.％（CAS：107-46-0，IFA）。

蒸气压：2.0 kPa（CAS：107-46-0，IFA）。

相对蒸气密度（空气＝1）：无资料。

密度：0.76 g/cm^3（CAS：107-46-0，IFA）。

溶解性：溶于汽油、柴油、乙醇等。几乎不溶于水。

自燃温度： 310 ℃（CAS：107-46-0，IFA）。

分解温度： ＞150 ℃（CAS：107-46-0，IFA）。

蒸发速率： 无资料。

易燃性： 易燃液体和蒸气。

爆炸性： 蒸气可能与空气形成爆炸性混合物（CAS：107-46-0，IFA）。

氧化性： 无资料。

表面张力： 无资料。

动力黏度： 0.50 mPa·s（CAS：107-46-0，ECHA）。

运动黏度： 0.65 mm^2/s（15 ℃）（CAS：107-46-0，ECHA）。

稳定性： 正常操作和贮存条件下稳定。

可能的危险反应： 蒸气可能与空气形成爆炸性混合物。与水剧烈反应，接触氧化剂可能发生爆炸。

应避免的条件： 热源、火焰和火花。长期暴露于空气或湿气中。远离任何与水接触的可能。禁配物。

不相容的物质： 水，强氧化剂，强酸，强碱。

危险的分解产物： 碳氧化物、二氧化硅、氯化氢。

废弃处置：

废弃处置方法： 残留物/未使用产品带来的废物：废弃处置应依照适用的地区、国家和当地的法律法规。

受污染的包装： 废弃处置应依照适用的地区、国家和当地的法律法规。

废弃注意事项： 废弃物不能随意乱弃，应进行妥善处理。

功能性硅烷及中间体

六甲基二硅氮烷

Hexamethyl disilazane（HMDS）

前　言

本文件按照 GB/T 1.1—2009 给出的规则起草。

本文件由中国氟硅有机材料工业协会提出。

本文件由中国氟硅有机材料工业协会标准化委员会归口。

本文件参加起草单位：新亚强硅化学股份有限公司、浙江硕而博化工有限公司、中蓝晨光成都检测技术有限公司、四川嘉碧新材料科技有限公司、四川川祥化工科技有限公司、江西蓝星星火有机硅有限公司。

本文件主要起草人：初亚军、李宏星、陈敏剑、胡凉彬、邱玲、刘春山、熊瑞香、罗晓霞、饶剑秋、吴红。

本文件为首次制定。

六甲基二硅氮烷

1 范围

本文件规定了六甲基二硅氮烷的要求、试验方法、检验规则、标识、包装、运输、贮存和安全。

本文件适用于以三甲基氯硅烷、液氨为原料，经合成而制成的六甲基二硅氮烷。

分子式：$C_6H_{19}NSi_2$

结构式：

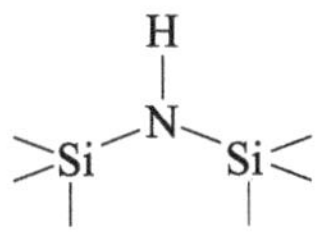

$$\text{>Si—N—Si<}$$

（结构式：硅—氮（上接H）—硅）

相对分子量：161.39（按 2007 年国际相对原子质量）

CAS：999-97-3

2 规范性引用文件

下列文件中的内容通过文中的规范性引用而构成本文件必不可少的条款。其中，注日期的引用文件，仅该日期对应的版本适用于本文件；不注日期的引用文件，其最新版本（包括所有的修改单）适用于本文件。

GB 190　危险货物包装标志

GB/T 4472—2011　化工产品密度、相对密度的测定

GB/T 6488—2008　液体化工产品　折光率的测定（20 ℃）

GB/T 6680　液体化工产品采样通则

GB/T 9722　化学试剂气相色谱法通则

GB 12463　危险货物运输包装通用技术条件

GB 15603　常用化学危险品贮存通则

3 要求

3.1 外观与性状

六甲基二硅氮烷为无色透明液体，无明显可见杂质。

3.2 技术要求

六甲基二硅氮烷的产品技术要求应符合表1的规定。

表 1　六甲基二硅氮烷技术要求

序号	项　　目	指标	
1	各组分含量	优级品	合格品
	六甲基二硅氮烷的质量分数/%	≥ 99.50	≥ 99.00
	六甲基二硅氧烷的质量分数/%	≤ 0.30	≤ 0.50
	三甲基硅醇的质量分数/%	≤ 0.15	≤ 0.25
2	折光率 n_D^{20}	1.4080±0.0020	
3	密度/(g/cm³)	0.770～0.780	

4　试验方法

4.1　外观检验

目测法：在充足的光线下观察，产品应为无色透明、无明显可见杂质的液体。

4.2　各组分含量检测

气相色谱法：在规定的条件下，使试样汽化后经色谱柱分离，采用面积归一化法定量。

4.2.1　氢火焰离子化检测器（FID）法设备及试剂

4.2.1.1　配备氢火焰离子化检测器（FID），整机稳定性和灵敏度符合 GB/T 9722—2006 的要求。

4.2.1.2　色谱工作站或数据处理机。

4.2.1.3　氢气，纯度≥99.99%（体积分数）。

4.2.1.4　氮气，纯度≥99.99%（体积分数）。

4.2.1.5　空气，需用硅胶和分子筛干燥净化。

4.2.1.6　微量注射器：0.001 mL（1 μL）。

4.2.1.7　色谱柱：5%二苯基-95%二甲基硅氧烷毛细管柱，60 m×0.25 mm×0.25 μm 或达到同等分离程度的毛细管柱。

4.2.2　采样

采样按 GB/T 6680—2003 的规定进行，分别装于两个清洁、干燥、密封样品瓶。瓶上应贴有标签，注明产品名称、型号、批号、采样日期、采样人姓名。

4.2.3　测定

色谱仪启动后进行必要的调节，以达到满意分离效果的操作条件，当仪器稳定后，连续进样两次，记录色谱图，并测量各组分的色谱峰面积。推荐的色谱操作条件参见附录 A。

4.2.4　结果计算

采用面积归一化法，按公式（1）计算各组分的质量分数 ω_i：

$$\omega_i = \frac{A_i f_i}{\sum (A_i f_i)} \times 100\% \qquad \cdots\cdots\cdots\cdots\cdots\cdots\cdots (1)$$

式中：

f_i——组分 i 的相对质量校正因子；

A_i——组分 i 的色谱峰面积；

$\sum A_i f_i$——各组分校正峰面积的总和。

4.2.5 允许误差

取平行测定结果的算术平均值为测定结果。两次平行测定结果的绝对差值：六甲基二硅氮烷不大于0.20%；六甲基二硅氧烷、三甲基硅醇不大于0.05%。

4.3 折光率检验

按照 GB/T 6488—2008 的规定进行测定。

4.4 密度检验

按照 GB/T 4472—2011 的规定进行测定。

5 检验规则

5.1 检验分类

检验分出厂检验和型式检验。

5.2 出厂检验

产品需经企业质检部门按本文件检验合格并出具合格证后方可出厂。出厂检验项目为：

a) 外观检验；

b) 各组分含量检验。

5.3 型式检验

型式检验为本文件第 3 章要求的所有项目。有下列情况之一时，应进行型式检验：

a) 首次生产时；

b) 主要原材料或工艺方法有较大改变时；

c) 正常生产满一年时；

d) 停产半年以上，恢复生产时；

e) 出厂检验结果与上次型式检验有较大差异时；

f) 质量监督机构提出要求或供需双方发生争议时。

5.4 组批与抽样规则

以同等质量的产品为一批，可按产品贮罐组批，或按生产周期进行组批。每批随机抽产品 1 kg 作为出厂检验样品。从出厂检验合格的产品中随机抽取产品 2 kg，作为型式检验样品。

5.5 判定规则

所有检验项目合格，则产品合格；若出现不合格项，允许加倍抽样对不合格项进行复检。若复检合格，则判该批产品合格；若复检仍不合格，则判该批产品为不合格。

6 标志、包装、运输和贮存

6.1 标志

六甲基二硅氮烷的包装容器上的标志，按 GB 190—2009 的相关规定执行。每批出厂产品均应附有一定格式的质量证明书，其内容包括：生产厂名称、地址、电话号码、产品名称、型号、批号、净重、毛重、生产日期和标准编号。

6.2 包装

该产品易于水解，遇酸性物质易发生剧烈反应，应保存在密闭容器中。采用清洁、干燥、密封良好的铁桶或塑料桶包装，或根据客户要求并符合安全规定进行包装。包装要求密封，不可与空气接触。

6.3 运输

根据 GB 12463—2009，按危险化学品的规定进行运输。运输过程中要确保容器不泄漏、不倒塌、不坠落、不损坏。严禁与强酸、强碱、水等混装混运。运输时应避免碰撞，防雨淋、日晒。中途停留时应远离火种、热源、高温区。搬运时要轻装轻卸，防止包装及容器损坏。

6.4 贮存

产品应贮存于通风、阴凉、干燥、防雨的环境中，远离热源、火源、水气，必须密封保存，贮存温度为－50 ℃～40 ℃，防止接触水，并符合 GB 15603—1995 的规定要求。

如出现火情应立即用沙子、干粉灭火器、石棉布等进行扑救。

保质期：本产品在符合上述规定贮存条件下，自生产之日起，保质期为一年。超过保质期可按本文件进行取样复验，如符合文件要求，仍可使用。

7 安全（下述安全内容为提示性内容但不仅限于下述内容）

警告——使用本文件的人员应熟悉实验室的常规操作。本文件未涉及所有与使用有关的安全问题。使用者有责任建立适宜的安全和健康措施并确保首先符合国家的相关规定。

附　录　A
（资料性附录）
推荐色谱操作条件（FID）

A.1　操作条件

毛细管色谱柱的推荐色谱操作条件如下：

a)　柱前压：0.08 MPa～0.11 MPa；

b)　分流比：100∶1；

c)　H_2 流量：20 mL/min～25 mL/min；

d)　空气流量：300 mL/min～350 mL/min；

e)　尾吹流量：20 mL/min～25 mL/min；

f)　进样量：0.2 μL～0.3 μL；

g)　柱温：100 ℃，保持 32 min；

h)　汽化温度：180 ℃；

i)　检测温度：200 ℃。

A.2　六甲基二硅氮烷 FID 检测方法分析报告（谱图仅为测试条件完全一致时的参考值，不作为判定依据）

六甲基二硅氮烷在 FID 上典型的色谱图见图 A.1。

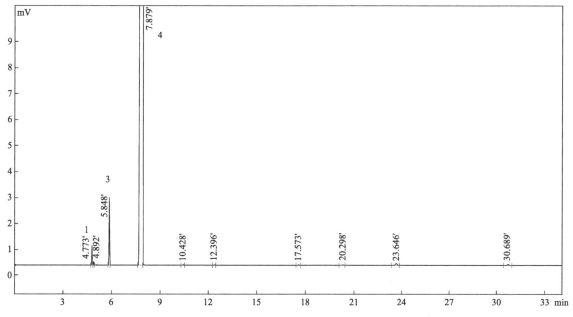

标引序号说明：

1——三甲基硅醇；

3——六甲基二硅氧烷；

4——六甲基二硅氮烷。

图 A.1　六甲基二硅氮烷在 FID 毛细管色谱柱上典型的色谱图

A.3 各组分的相对保留值

表 A.1 给出了六甲基二硅氮烷各组分在 FID 毛细管色谱柱上的相对保留值。

表 A.1 各组分的相对保留值

序号	保留时间/min	名称	浓度	峰面积
1	4.773	三甲基硅醇	0.06	1586
2	4.892	低沸物	0.02	449
3	5.848	六甲基二硅氧烷	0.26	6615
4	7.879	六甲基二硅氮烷	99.58	2524375
5	10.428	高沸物	0.01	150
6	12.396	高沸物	0.01	150
7	17.573	高沸物	0.01	160
8	20.298	高沸物	0.01	233
9	23.646	高沸物	0.03	788
10	30.689	高沸物	0.02	554
总计			100	2535060

四甲基二乙烯基二硅氮烷

Tetramethyl divinyl disilazane

前　言

本文件按照 GB/T 1.1—2009 的规则起草。

请注意本文件的某些内容可能涉及专利。本文件的发布机构不承担识别这些专利的责任。

本文件由中国氟硅有机材料工业协会提出。

本文件由中国氟硅有机材料工业协会标准化委员会归口。

本文件参加起草单位：新亚强硅化学股份有限公司、合盛硅业股份有限公司、中蓝晨光成都检测技术有限公司、中蓝晨光化工研究设计院有限公司。

本文件主要起草人：初亚军、罗燚，李昌、罗晓霞、聂长虹、陈建梅、陈敏剑。

本文件版权归中国氟硅有机材料工业协会。

本文件由中国氟硅有机材料工业协会标准化委员会解释。

本文件为首次制定。

四甲基二乙烯基二硅氮烷

1 范围

本文件规定了四甲基二乙烯基二硅氮烷的要求、试验方法、检验规则、标志、包装、运输和贮存。

本文件准适用于以二甲基乙烯基氯硅烷和液氨为主要原料，经合成精制而制成的四甲基二乙烯基二硅氮烷。

分子式：$(CH_3)_4Si_2NH(C_2H_3)_2$

结构式：

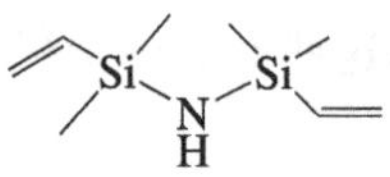

相对分子量：185.41（按 2016 年国际相对原子质量）

CAS：7691-02-3

2 规范性引用文件

下列文件中的内容通过文中的规范性引用而构成本文件必不可少的条款。其中，注日期的引用文件，仅该日期对应的版本适用于本文件；不注日期的引用文件，其最新版本（包括所有的修改单）适用于本文件。

GB 190 危险货物包装标志

GB/T 601 化学试剂 标准滴定溶液的制备

GB/T 3143 液体化学产品颜色测定法（Hazen 单位——铂-钴色号）

GB/T 6680 液体化工产品采样通则

GB/T 6682 分析实验室用水规格和试验方法

GB/T 8170 数值修约规则与极限数值的表示和判定

GB/T 9722 化学试剂 气相色谱法通则

GB 12463 危险货物运输包装通用技术条件

GB 15603 常用化学危险品贮存通则

3 术语与定义

3.1
低沸物 low boiler

低于四甲基二乙烯基二硅氧烷沸点组分的统称。

3.2
高沸物 high boiler

高于四甲基二乙烯基二硅氮烷沸点组分的统称。

4 要求

4.1 外观

四甲基二乙烯基二硅氮烷为无色透明液体，无明显可见杂质。

4.2 技术要求

四甲基二乙烯基二硅氮烷应符合表1的技术要求。

表 1 技术要求

序号	项 目		指 标	
			一等品	合格品
1	色度（Hazen 单位） $\leqslant$		10	20
2	低沸物/% $\leqslant$		0.4	0.6
3	四甲基二乙烯基二硅氧烷/% $\leqslant$		0.8	1.0
4	四甲基二乙烯基二硅氮烷/% $\geqslant$		98.0	97.0
5	高沸物/% $\leqslant$		0.8	1.4
6	氯离子（Cl$^-$）/% $\leqslant$		0.001	0.002

5 试验方法

在没有特殊要求下，本文件使用均为分析纯试剂和 GB/T 6682 中规定的三级水。

5.1 外观检测

取样品 100 mL 注入比色管至刻度线，在充足的光线下观察液体的透明度和有无可见杂质。

5.2 四甲基二乙烯基二硅氮烷含量检测

按本文件附录 A 的方法进行检测。

5.3 氯离子检测

5.3.1 方法原理

样品中的氯离子以铬酸钾为指示剂，用硝酸银标准滴定溶液滴定，溶液由无色至有砖红色沉淀析出为终点。

$$Cl^- + Ag^+ =\!\!=\!\!= AgCl \downarrow$$

$$2AgCl + K_2CrO_4 =\!\!=\!\!= 2KCl + Ag_2CrO_4 \downarrow$$

5.3.2 试剂

硝酸银标准滴定溶液：$c(AgNO_3) = 0.01000$ mol/L；

铬酸钾溶液：5%水溶液。

5.3.3 仪器

三角瓶：250 mL；

分液漏斗：250 mL；

加热装置：2000 W；

滴定管：棕色，2 mL。

5.3.4 分析操作

精确称取样品 50 g（精确至 0.01 g）于 250 mL 分液漏斗中，加入 100 mL 蒸馏水，振荡萃取 10 min，静置分层后，移取水相于三角瓶中，加热煮沸后微沸 30 min；冷却后，加入铬酸钾指示剂 5 滴，以硝酸银标准滴定溶液滴至有砖红色沉淀析出时为终点。同时做空白试验。

5.3.5 结果计算

样品中氯离子的质量分数 W_a 以 Cl^- 计，按公式（1）计算：

$$W_a = \frac{[(V - V_0)/1000]c \times M}{m} \times 100\% \qquad\qquad \cdots\cdots\cdots\cdots (1)$$

式中：

c——硝酸银标准滴定溶液的物质的量浓度，mol/L；

V——试样消耗硝酸银标准滴定溶液的体积，mL；

V_0——空白消耗硝酸银标准滴定溶液的体积，mL；

M——氯的摩尔质量（$M = 35.461$），g/mol；

m——样品的质量，g。

5.4 色度检测

色度的测定按 GB/T 3143 的规定进行。

6 检验规则

6.1 检验分类

本文件的所有检测项目均为出厂检验项目。

6.2 组批

以相同原料、相同配方、相同工艺生产的产品为一检验组批，其最大组批量不超过 50 t。每批随机抽产品 0.5 kg 作为出厂检验样品。随机抽取产品 0.5 kg，作为型式检验样品。

6.3 抽样规则

本产品按 GB/T 6680 的规定进行采样。采样量不少于 500 g，分别装于两个清洁、干燥、带磨口的玻璃瓶中，一瓶供检验，一瓶作为保留样封存。采样瓶上贴有标签，注明：产品名称、型号、批号、采样日期、取样人姓名。

6.4 判断规则

使用单位在一周内对所收到的产品进行验收。若检验结果出现不合格项，应从该批产品中加倍抽样复检不合格项，复检结果仍不合格，则判定该批产品不合格。

检验结果以 GB/T 8170 中的修约值比较法进行判定。

当供需双方对产品质量有异议时，由双方协商解决或申请仲裁。

7 标志、包装、运输、贮存

7.1 标志

本产品包装容器上的标志，按 GB 190 相关规定执行。

每批出厂产品均应附有一定格式的质量证明书，其内容包括：生产厂名称、地址、电话号码、产品名称、批号、净重、毛重、生产日期和标准编号。

7.2 包装

本产品易于水解，遇酸性物质易发生剧烈反应，包装要求密封，不可与空气接触。

本产品采用清洁、干燥、密封良好的 200 L 钢桶或塑料桶包装，也可根据客户要求并符合安全规定的容器进行包装。

7.3 运输

本产品按 GB 12463 的规定进行运输。在运输装卸过程中要轻装轻卸，确保容器不泄漏、不倒塌、不坠落、不损坏。严禁与强酸、强碱、强氧化剂、水、食用化工物品等混装运输。

本产品在运输途中应严防日晒、雨淋，应远离火种、热源、高温区。

7.4 贮存

本产品按 GB 15603 的规定进行贮存，要求在清洁、干燥、通风、防水和远离火源的环境中常温密封贮存。

本产品贮存中如出现火情应立即用沙子、干粉灭火器、石棉布等进行扑救。

本产品在符合上述规定贮存条件下，自生产之日起，保质期为一年。超过保质期可按本文件进行取样复验，如符合文件要求，仍可使用。

8 安全（下述安全内容为提示性内容但不仅限于下述内容）

警告——使用本文件的人员应熟悉实验室的常规操作。本文件未涉及所有与使用有关的安全问题。使用者有责任建立适宜的安全和健康措施并确保首先符合国家的相关规定。

附 录 A
（规范性附录）
四甲基二乙烯基二硅氮烷含量的气相色谱分析法

A.1 方法提要

用气相色谱法，在选定的工作条件下，样品经汽化后在色谱柱分离，用氢火焰检测器检测，面积归一化法定量。

A.2 试剂

载气：氮气，体积分数大于 99.99%；

燃气：氢气，体积分数大于 99.99%；

助燃气：空气，体积分数大于 99.99%。

A.3 仪器

A.3.1 气相色谱仪：配有分流装置及氢火焰检测器的气相色谱仪，整机灵敏度和稳定性符合 GB/T 9722 中的有关规定。

A.3.2 色谱工作站。

A.3.3 微量进样器：1 μL～10 μL。

A.3.4 色谱柱及典型操作条件：本文件推荐的色谱柱及典型操作条件见表 A.1。能达到同等分离程度的其他毛细管色谱柱及操作条件均可使用。典型色谱图见图 A.1，组分的相对保留值见表 A.2。

表 A.1 色谱柱及典型操作条件

色谱柱	95% 二甲基聚硅氧烷，60 m×0.25 mm×0.25 μm
载气	氮气
分流比	100：1
柱流量/(mL/min)	1.2～1.5
氢气流量/(mL /min)	30
空气流量/(mL /min)	300
柱温	初始温度 50 ℃，升温速率 10 ℃/min，终温 220 ℃，保持 5 min
汽化温度/℃	220
检测温度/℃	250
进样量/μL	0.2～0.5

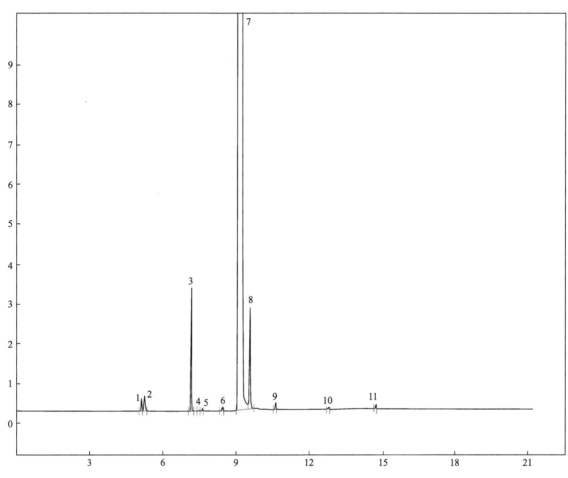

标引序号说明：

1,2,4~6——低沸物；

3——四甲基二乙烯基二硅氧烷；

7——四甲基二乙烯基二硅氮烷；

8~11——高沸物。

图 A.1　四甲基二乙烯基二硅氮烷标准谱图

表 A.2　四甲基二乙烯基二硅氮烷各组分的相对保留值

序号	名　　　称	相对保留值
1	低沸物	0.55
2	低沸物	0.57
3	四甲基二乙烯基二硅氧烷	0.78
4	低沸物	0.81
5	低沸物	0.82
6	低沸物	0.92
7	四甲基二乙烯基二硅氮烷	1.00
8	高沸物	1.04
9	高沸物	1.15
10	高沸物	1.39
11	高沸物	1.60

A.3.5　分析步骤

色谱仪启动后，按表 A.1 的色谱操作条件。当色谱仪达到设定的操作条件并稳定后，进行样品测定。用色谱工作站记录各组分的峰面积。

A.3.6　计算

四甲基二乙烯基二硅氮烷中各组分的质量分数 W_a，按公式（A.1）计算：

$$W_a = \frac{A_i}{\sum A_i} \times 100\%$$ ····················（A.1）

式中：

A_i——待测组分 i 的峰面积；

$\sum A_i$——各组分峰面积的总和。

A.3.7　允许误差

取平行测定结果的算术平均值为测定结果。四甲基二乙烯基二硅氮烷两次平行测定结果的绝对差值小于 0.20%。

七甲基二硅氮烷

Heptamethyldisilazane

前　言

本文件按照 GB/T 1.1—2009 给出的规则起草。

请注意本文件的某些内容可能涉及专利。本文件的发布机构不承担识别这些专利的责任。

本文件由中国氟硅有机材料工业协会提出。

本文件由中国氟硅有机材料工业协会标准化委员会归口。

本文件参加起草单位：新亚强硅化学股份有限公司、合盛硅业股份有限公司、中蓝晨光化工研究设计院有限公司、中蓝晨光成都检测技术有限公司。

本文件主要起草人：初亚军、聂长虹、陈敏剑、李昌、彭金鑫、罗晓霞、陈建梅、王永桂。

本文件版权归中国氟硅有机材料工业协会。

本文件由中国氟硅有机材料工业协会标准化委员会解释。

本文件为首次制定。

七甲基二硅氮烷

1 范围

本文件规定了七甲基二硅氮烷的要求、试验方法、检验规则、标志、包装、运输和贮存。

本文件适用于以三甲基一氯硅烷和一甲氨为主要原料，经合成精制而制成的七甲基二硅氮烷。

分子式：$(CH_3)_7Si_2N$

结构式：

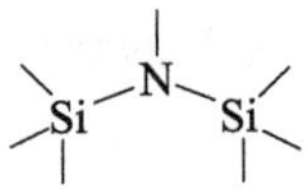

相对分子量：175.42（按 2016 年国际相对原子质量）

CAS：920-68-3

2 规范性引用文件

下列文件中的内容通过文中的规范性引用而构成本文件必不可少的条款。其中，注日期的引用文件，仅该日期对应的版本适用于本文件；不注日期的引用文件，其最新版本（包括所有的修改单）适用于本文件。

GB 190 　　危险货物包装标志

GB/T 601 　化学试剂 标准滴定溶液的制备

GB/T 3143 　液体化学产品颜色测定法（Hazen 单位——铂-钴色号）

GB/T 6680 　液体化工产品采样通则

GB/T 6682 　分析实验室用水规格和试验方法

GB/T 8170 　数值修约规则与极限数值的表示和判定

GB/T 9722 　化学试剂 气相色谱法通则

GB 12463 　危险货物运输包装通用技术条件

GB 15603 　常用化学危险品贮存通则

3 术语和定义

3.1

低沸物 low boiler

低于六甲基二硅氧烷沸点组分的统称。

3.2

高沸物 high boiler

高于七甲基二硅氮烷沸点组分的统称。

4 要求

4.1 外观

七甲基二硅氮烷产品为无色透明液体，无明显可见杂质。

4.2 技术要求

七甲基二硅氮烷应符合表1的技术要求。

表1 技术要求

序号	项目		指标	
			一等品	合格品
1	色度（Hazen 单位）	≤	10	20
2	低沸物/%	≤	0.1	0.2
3	六甲基二硅氧烷的质量分数/%	≤	0.2	0.3
4	六甲基二硅氮烷的质量分数/%	≤	0.05	0.1
5	七甲基二硅氮烷的质量分数/%	≥	99.5	99.0
6	高沸物的质量分数/%	≤	0.2	0.4
7	氯离子（Cl⁻）的质量分数/%	≤	0.001	0.002

5 试验方法

在没有特殊要求下，本文件所用均为分析纯试剂和 GB/T 6682 中规定的三级水。

5.1 外观检测

取样品 100 mL 注入比色管至刻度线，在充足的光线下观察液体的透明度和有无可见杂质。

5.2 七甲基二硅氮烷含量检测

按本文件附录 A 的方法进行检测。

5.3 氯离子检测

5.3.1 方法原理

样品中的氯离子以铬酸钾为指示剂，用硝酸银标准滴定溶液滴定，溶液由无色至有砖红色沉淀析出为终点。

$$Cl^- + Ag^+ == AgCl \downarrow$$

$$2AgCl + K_2CrO_4 == 2KCl + Ag_2CrO_4 \downarrow$$

5.3.2 试剂

硝酸银标准滴定溶液：$c(AgNO_3) = 0.01000 \, mol/L$；

铬酸钾溶液：5% 水溶液。

5.3.3 仪器

三角瓶：250 mL；

分液漏斗：250 mL；

加热装置：2000 W；

滴定管：棕色，2 mL。

5.3.4 分析操作

精确称取样品 50 g（精确至 0.01 g）于 250 mL 分液漏斗中，加入 100 mL 蒸馏水，振荡萃取 10 min，静置分层后，移取水相于三角瓶中，加热煮沸后微沸 30 min；冷却后，加入铬酸钾指示剂 5 滴，以硝酸银滴定溶液滴至有砖红色沉淀析出时为终点。同时做空白试验。

5.3.5 结果计算

样品中氯离子的质量分数 W_a 以 Cl^- 计，按公式（1）计算：

$$W_a = \frac{[(V-V_0)/1000]c \times M}{m} \times 100\% \tag{1}$$

式中：

c——硝酸银标准滴定溶液的物质的量浓度，mol/L；

V——试样消耗硝酸银标准滴定溶液的体积，mL；

V_0——空白消耗硝酸银标准滴定溶液的体积，mL；

M——氯的摩尔质量（$M = 35.461$），g/mol；

m——样品的质量，g。

5.4 色度检测

色度的测定按 GB/T 3143 的规定进行。

6 检验规则

6.1 检验分类

本文件的所有检测项目均为出厂检验项目。

6.2 组批

以相同原料、相同配方、相同工艺生产的产品为一检验组批，其最大组批量不超过 50 t。每批随机抽产品 0.5 kg，作为出厂检验样品。随机抽取产品 0.5 kg，作为型式检验样品。

6.3 抽样规则

本产品按 GB/T 6680 的规定进行采样。采样量不少于 500 g，分别装于两个清洁、干燥、带磨口的玻璃瓶中，一瓶供检验，一瓶作为保留样封存。采样瓶上贴有标签，注明：产品名称、型号、批号、采样日期、取样人姓名。

6.4 判断规则

使用单位在一周内对所收到的产品进行验收。若检验结果出现不合格项，应从该批产品中加倍抽样复检不合格项，复检结果仍不合格，则判定该批产品不合格。

检验结果以 GB/T 8170 中的修约值比较法进行判定。

当供需双方对产品质量有异议时，由双方协商解决或申请仲裁。

7 标志、包装、运输和贮存

7.1 标志

本产品包装容器上的标志，按 GB 190 的相关规定执行。

每批出厂产品均应附有一定格式的质量证明书，其内容包括：生产厂名称、地址、电话号码、产品名称、批号、净重、毛重、生产日期和标准编号。

7.2 包装

本产品易于水解，遇酸性物质易发生剧烈反应，包装要求密封，不可与空气接触。

本产品采用清洁、干燥、密封良好的 200 L 钢桶或塑料桶包装，也可根据客户要求并符合安全规定的容器进行包装。

7.3 运输

本产品按 GB 12463 的规定进行运输。在运输装卸过程中要轻装轻卸，确保容器不泄漏、不倒塌、不坠落、不损坏。严禁与强酸、强碱、强氧化剂、水、食用化工物品等混装运输。

本产品在运输途中应严防日晒、雨淋，应远离火种、热源、高温区。

7.4 贮存

本产品按 GB 15603 的规定进行贮存，要求在清洁、干燥、通风、防水和远离火源的环境中常温密封贮存。

本产品贮存中如出现火情应立即用沙子、干粉灭火器、石棉布等进行扑救。

本产品在符合上述规定贮存条件下，自生产之日起，保质期为一年。超过保质期可按本文件进行取样复验，如符合文件要求，仍可使用。

8 安全（下述安全内容为提示性内容但不仅限于下述内容）

警告——使用本文件的人员应熟悉实验室的常规操作。本文件未涉及所有与使用有关的安全问题。使用者有责任建立适宜的安全和健康措施并确保首先符合国家的相关规定。

附 录 A
（规范性附录）
七甲基二硅氮烷含量的气相色谱分析法

A.1 方法提要

用气相色谱法，在选定的工作条件下，样品经汽化后在色谱柱分离，用氢火焰检测器检测，面积归一化法定量。

A.2 试剂

载气：氮气，体积分数大于 99.99 %；
燃气：氢气，体积分数大于 99.99 %；
助燃气：空气，体积分数大于 99.99 %。

A.3 仪器

A.3.1 气相色谱仪：配有分流装置及氢火焰检测器的气相色谱仪，整机灵敏度和稳定性符合 GB/T 9722 中的有关规定。

A.3.2 色谱工作站。

A.3.3 微量进样器：1 μL～10 μL。

A.3.4 色谱柱及典型操作条件

本文件推荐的色谱柱及典型操作条件见表 A.1，能达到同等分离程度的其他毛细管色谱柱及操作条件均可使用。典型色谱图见图 A.1，组分的相对保留值见表 A.2。

表 A.1 色谱柱及典型操作条件

色谱柱	95%二甲基聚硅氧烷，60 m×0.32 mm（0.25）×0.25 μm
载气	氮气
分流比	100：1
柱流量/(mL/min)	1.2～1.5
氢气流量/(mL/min)	30
空气流量/(mL/min)	300
柱温	初始温度 50 ℃，升温速率 10 ℃/min，终温 220 ℃，保持 5 min
汽化温度/℃	220
检测温度/℃	250
进样量/μL	0.2～0.5

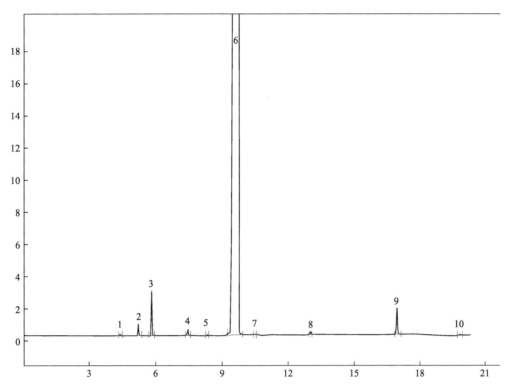

标引序号说明：

1,2——低沸物；

3——六甲基二硅氧烷；

4——六甲基二硅氮烷；

5——未知物；

6——七甲基二硅氮烷；

7～10——高沸物。

图 A.1　七甲基二硅氮烷分析谱图

表 A.2　七甲基二硅氮烷各组分的相对保留值

序号	名　　称	相对保留值
1	低沸物	0.45
2	低沸物	0.50
3	六甲基二硅氧烷	0.60
4	六甲基二硅氮烷	0.77
5	未知物	0.86
6	七甲基二硅氮烷	1.00
7	高沸物	1.08
8	高沸物	1.31
9	高沸物	1.34
10	高沸物	1.67

A.4 检测

色谱仪启动后，按表 A.1 的色谱操作条件，当色谱仪达到设定的操作条件并稳定后，进行样品测定。用色谱工作站记录各组分的峰面积。

A.5 计算

七甲基二硅氮烷中各组分的质量分数 W_a，按公式（A.1）计算：

$$W_a = \frac{A_i}{\sum A_i} \times 100\% \qquad\qquad\qquad\qquad \cdots\cdots\cdots\cdots\cdots\cdots\cdots (A.1)$$

式中：

A_i——待测组分 i 的峰面积；

$\sum A_i$——各组分峰面积的总和。

A.6 允许误差

取平行测定结果的算术平均值为测定结果。七甲基二硅氮烷两次平行测定结果的绝对差值小于 0.20%。

1,1,1,3,5,5,5-七甲基三硅氧烷

1,1,1,3,5,5,5-Heptamethyltrisiloxane

前　言

本文件按照 GB/T 1.1—2009 给出的规则起草。

请注意本文件的某些内容可能涉及专利。本文件的发布机构不承担识别这些专利的责任。

本文件由中国氟硅有机材料工业协会提出。

本文件由中国氟硅有机材料工业协会标准化委员会归口。

本文件参加起草单位：江西海多化工有限公司、中蓝晨光成都检测技术有限公司、山东东岳有机硅材料股份有限公司、中蓝晨光化工研究设计院有限公司。

本文件主要起草人：廖洪流、刘涛、陈敏剑、伊港、罗晓霞、刘芳铭、孙江。

本文件版权归中国氟硅有机材料工业协会。

本文件由中国氟硅有机材料工业协会标准化委员会解释。

本文件为首次制定。

1,1,1,3,5,5,5-七甲基三硅氧烷

1 范围

本文件规定了1,1,1,3,5,5,5-七甲基三硅氧烷的要求、试验方法、检验规则、标志、包装、运输和贮存。

本文件适用于以六甲基二硅氧烷与聚甲基氢硅烷为原料，通过酸催化平衡和分馏得到1,1,1,3,5,5,5-七甲基三硅氧烷（以下简称七甲基三硅氧烷）。

结构式：
$$CH_3-Si-O-Si-O-Si-CH_3$$

（带有 CH_3、CH_3、CH_3 上侧取代基，CH_3、H、CH_3 下侧取代基）

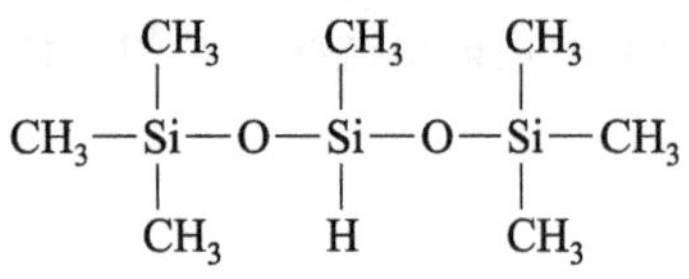

相对分子量：222.51（根据2016年国际相对原子质量）

2 规范性引用文件

下列文件中的内容通过文中的规范性引用而构成本文件必不可少的条款。其中，注日期的引用文件，仅该日期对应的版本适用于本文件；不注日期的引用文件，其最新版本（包括所有的修改单）适用于本文件。

GB 190—2009　危险货物包装标志

GB/T191—2008　包装储运图示标志

GB/T 6680—2003　液体化工产品采样通则

GB/T 8170—2008　数值修约规则与极限数值的表示和判定

GB/T 9722—2006　化学试剂　气相色谱法通则

GB 12463　危险货物运输包装通用技术条件

HG-T 4804—2015　甲基高含氢硅油酸值测定方法

3 要求

3.1 外观

无色透明液体。

3.2 技术要求

七甲基三硅氧烷的质量应符合表1所示的技术要求。

表1　技术要求

序号	项　目		指　标
1	1,1,1,3,5,5,5-七甲基三硅氧烷（MD^{H}M）/ %	≥	99.00
2	1,1,1,3,5,7,7,7-八甲基四硅氧烷（MD$_2$^{H}M）/%	≤	0.10
3	游离酸（以 HCl 计）/(μg/g)	≤	3.0

4 试验方法

4.1 外观测定

于 50 mL 具塞比色管中，加入七甲基三硅氧烷的液体样品，在日光灯或日光下轴向目测。

4.2 七甲基三硅氧烷含量的测定

4.2.1 方法提要

七甲基三硅氧烷的纯度按 GB/T 9722—2006 的规定测定，用气相色谱法，在选定的工作条件下，使样品汽化后经色谱柱分离，用氢火焰离子化检测器检测，采用面积归一化法定量。

4.2.2 试剂

4.2.2.1 氢 气：体积分数大于 99.99％。

4.2.2.2 压缩空气：经硅胶及 5 A 分子筛干燥、净化。

4.2.2.3 高纯氮气：体积分数大于 99.99％。

4.2.3 仪器

4.2.3.1 气相色谱仪：配有分流装置及氢火焰离子检测器。

4.2.3.2 色谱工作站或数据处理机。

4.2.3.3 微量注射器：1 μL。

4.2.4 色谱柱及操作条件

本文件推荐的色谱柱及典型的操作条件见表 2，典型色谱图见图 1，各组分的相对保留时间见表 3。能达到同等分离程度的其它非极性、弱极性和中等极性二甲基硅氧烷类毛细管柱及操作条件均可使用。

表 2 色谱柱及典型的操作条件

色谱柱	35％-二苯基-65％-二甲基硅氧烷共聚物，30 m×0.25 mm×0.25 μm
载气	氮气
载气线速/(cm/s)	20
分流比	50∶1
柱温/℃	130
汽化温度/℃	150
检测温度/℃	170
进样量/μL	0.2

表 3 各组分相对保留时间

峰序	名　称	保留时间/min
1	未知峰	1.228
2	六甲基二硅氧烷（MM）	1.313
3	未知峰	1.353
4	四甲基四氢环四硅氧烷（D_4^H）	1.443
5	1,1,1,3,5,5,5-七甲基三硅氧烷（MD^HM）	1.543
6	八甲基三硅氧烷（MDM）	1.638
7	1,1,1,3,5,7,7,7-八甲基四硅氧烷（MD_2^HM）	2.038

4.2.5 分析步骤

色谱仪启动后，经必要的调节，达到表2的色谱操作条件。当色谱仪设定的操作条件稳定后进行测定，用色谱工作站记录各组分的峰面积。

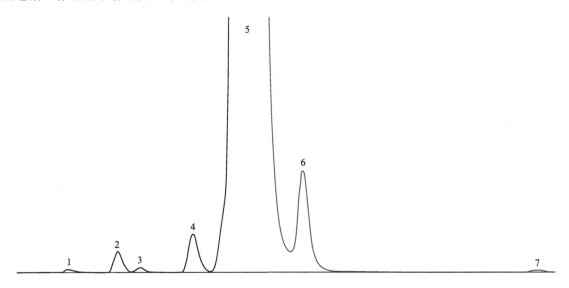

图 1 七甲基三硅氧烷在 35%-二苯基-65%-二甲基硅氧烷共聚物毛细柱上的典型色谱图

4.2.6 结果计算

七甲基三硅氧烷的质量分数 ω_i，数值以%表示，按公式（1）计算：

$$\omega_i = \frac{A_i}{\sum A_i} \times 100\% \qquad\qquad\qquad (1)$$

式中：

A_i——各组分 i 的峰面积；

$\sum A_i$——各组分峰面积的总和。

取两次平行测定结果的算术平均值为测定结果，两次平行测定结果的绝对误差不大于0.10%。

4.3 游离酸的测定

按 HG/T 4804 的规定进行。

5 检验规则

5.1 检验分类

七甲基三硅氧烷检验分为出厂检验和型式检验。

5.2 出厂检验

七甲基三硅氧烷需经生产厂的质量检验部门按本文件检验合格并出具合格证后方可出厂。出厂检验项目为：

a) 外观；

b) 纯度；

c) 酸值。

5.3 型式检验

七甲基三硅氧烷型式检验为本文件第3章要求的所有项目。有下列情况之一时，应进行型式检验：

a) 新产品试制或老产品转厂生产的试制定型检定；

b) 产品的配方、原材料、工艺及生产装备有较大改变，可能影响产品质量时；

c) 正常生产时，每年至少进行一次；

d) 产品停产6个月以上，恢复生产时；

e) 出厂检验结果与上次型式检验有较大差异时；

f) 国家质量监督机构提出进行型式检验要求时。

5.4 组批和抽样规则

以相同原料、相同配方、相同工艺生产的产品为一检验组批，其最大组批量不超过8000 kg，每批随机抽产品2 kg，作为出厂检验样品。随机抽取产品1 kg，作为型式检验样品。

5.5 判定规则

所有检验项目合格，则产品合格；若出现不合格项，允许加倍抽样对不合格项进行复检。若复检合格，则判该批产品合格；若复检仍不合格，则判该批产品为不合格。

6 标志、包装、运输和贮存

6.1 标志

七甲基三硅氧烷的包装容器上的标志，根据GB/T 191的规定，在包装外侧注明"与产品性能相关"的标志。

每批出厂产品均应附有一定格式的质量证明书，其内容包括：生产厂名称、地址、电话号码、产品名称、型号、批号、净质量或净容量、生产日期、保质期、注意事项和标准编号。

6.2 包装

七甲基三硅氧烷采用清洁、干燥、密封良好的铁桶或塑料桶包装，净含量可根据用户要求包装。

6.3 运输

按照 GB 12463 的规定进行运输。

运输、装卸工作过程，应轻装轻卸，防止撞击，避免包装破损，防止日晒、雨淋，应按照货物运输规定进行。

6.4 贮存

七甲基三硅氧烷应贮存在阴凉、干燥、通风的场所。防止日光直接照射，并应隔绝火源，远离热源。

在符合本文件包装、运输和贮存条件下，本产品自生产之日起，贮存期为一年。逾期可重新检验，检验结果符合本文件要求时，仍可继续使用。

7 安全（下述安全内容为提示性内容但不仅限于下述内容）

警告——使用本文件的人员应熟悉实验室的常规操作。本文件未涉及与使用有关的安全问题。使用者有责任建立适宜的安全和健康措施并确保首先符合国家的相关规定。

附录 A 为 1,1,1,3,5,5,5-七甲基三硅氧烷（CAS 号为 1873-88-7）的部分信息摘录自 1,1,1,3,5,5,5-七甲基三硅氧烷的 MSDS 说明书。本文件未涉及所有与使用有关的安全、环境和健康问题。使用者有责任建立适宜的环境处置和健康保护措施并确保首先符合国家的相关规定。

附　录　A
（规范性附录）
1,1,1,3,5,5,5-七甲基三硅氧烷 MSDS 资料

1,1,1,3,5,5,5-七甲基三硅氧烷的部分 MSDS 见表 A.1。

表 A.1　1,1,1,3,5,5,5-七甲基三硅氧烷信息资料

危险标识	危险性分类： 　易燃液体（类别 3） 　皮肤腐蚀/刺激（类别 2） 　严重眼损伤/眼刺激（类别 2） 　特定目标器官毒性-单次接触（类别 3） 象形符号：（图）（图）（可为黑白两色） 信号词：警告 侵入途径：吸入、食入、经皮吸收 健康危害：吸入可能有害，可能造成呼吸道刺激。通过皮肤吸收可能有害，造成皮肤刺激。眼睛接触造成严重眼刺激。吞咽可能有害 环境危害：对环境可能有害 燃爆危险：易燃，其蒸气与空气混合，能形成爆炸性混合物
成分构成/成分信息	化学名称：1,1,1,3,5,5,5-七甲基三硅氧烷 化学品分子式：$C_7H_{22}O_2Si_3$ 分子量：222.5 有害物成分：1,1,1,3,5,5,5-七甲基三硅氧烷 CAS 号：1873-88-7 EINECS 登录号：217-496-1
急救措施	皮肤接触：立即脱掉受污染的衣物，用大量肥皂和水冲洗皮肤。就医 眼睛接触：提起眼睑，用流动清水或生理盐水冲洗。就医 吸入：迅速脱离现场至空气新鲜处。保持呼吸道通畅。如呼吸困难，给输氧。呼吸、心跳停止，立即进行心肺复苏术。就医 食入：饮足量温水，催吐。就医
消防措施	危险特性：易燃。遇明火、高热能引起燃烧爆炸。与强氧化剂发生反应，可引起燃烧，燃烧时会产生刺激性烟雾 有害燃烧产物：碳氧化物、硅氧化物 适当的灭火介质：雾状水、泡沫、干粉、二氧化碳（CO_2）、沙土 消防人员的防范措施：消防人员须佩戴空气呼吸器、穿全身防火防毒服，在上风向灭火。尽可能将容器从火场移至空旷处。处在火场中的容器若已变色或从安全泄压装置中产生声音，必须马上撤离 进一步的信息：雾状水可用来冷却未打开的容器

事故排除措施	人员的预防，防护设备和紧急处理程序：消除火源。尽可能切断泄漏源。根据液体流动和蒸气扩散的影响区域划定警戒区。从侧风、上风向迅速撤离泄漏污染区人员至安全区，并进行隔离，严格限制出入。建议应急处理人员佩戴个人防护设备。作业时使用的所有设备应接地。禁止接触或跨越泄漏物 环境预防措施：在确保安全的条件下，采取措施防止进一步的泄漏或溢出。防止泄漏物进入下水道、排洪沟等限制性空间，避免排放到环境当中 抑制和清除溢出物的方法和材料。小量泄漏：用沙土或其它惰性材料吸收。也可以用不燃性分散剂制成的乳液刷洗，洗液稀释后放入废水系统。使用洁净的无火花工具收集吸收材料。大量泄漏：构筑围堤或挖坑收容。用泡沫覆盖，减少蒸发。喷水雾能减少蒸发，但不能降低泄漏物在受限制空间内的易燃性。用防爆泵转移至槽车或专用收集器内
搬运和贮存	安全操作：密闭操作，全面排风。操作人员必须经过专门培训，严格遵守操作规程。操作人员佩戴个人防护设备。远离火种、热源，工作场所严禁吸烟。使用防爆型的通风系统和设备。防止蒸气泄漏到工作场所空气中。避免与氧化剂、酸类、碱类接触。搬运时要轻装轻卸，防止包装及容器损坏。配备相应品种和数量的消防器材及泄漏应急处理设备。倒空的容器可能残留有害物 安全贮存的条件，包括不兼容性：贮存于阴凉、干燥、通风良好的库房。远离火种、热源。保持容器密封，并于容器中充干燥的惰性气体。应与氧化剂、酸类、碱类、食用化学品等分开存放，切忌混储。采用防爆型照明、通风设施。禁止使用易产生火花的机械设备和工具。贮区应备有泄漏应急处理设备和合适的收容材料
接触控制/人身保护	控制参数（如职业接触限值或生物限值）： 　中国 MAC：无资料 适当的工程控制：生产过程密闭，全面通风。提供安全淋浴和洗眼设备。 个人保护措施： 　呼吸系统防护：空气中浓度超标时，必须佩戴自吸过滤式防毒面具（半面罩）。紧急事态抢救或撤离时，应该佩戴空气呼吸器 　眼睛防护：戴化学安全防护眼镜 　身体防护：穿防静电阻燃防护服 　手保护：戴化学防护手套 　其他防护：工作现场禁止吸烟。工作后彻底清洗，工作服不要带到非作业场所，单独存放被污染的衣服，洗后再用，注意个人清洁卫生
物理和化学特性	外观与性状：无色透明液体，稍有气味 pH 值：无资料 熔点：＜－20 ℃ 沸点：140 ℃～143 ℃ 密度：0.822 g/cm³（20 ℃） 相对蒸气密度（空气＝1）：无资料 饱和蒸气压力：0.847 kPa（25 ℃） 燃烧热：无资料 临界温度：无资料 临界压力：无资料 辛醇/水分配系数的对数值：7.84 闪点：27 ℃（闭口） 引燃温度：无资料 爆炸上限：无资料 爆炸下限：无资料 热分解温度：无资料 溶解性：微溶于水，溶于乙醇

稳定性和反应性	稳定性：在建议的贮存条件下稳定 危险反应的可能性：无资料 避免的条件：明火、静电、高热 不相容材料：强氧化剂、强酸、强碱 危险的分解产物：碳氧化物、硅氧化物
毒理学信息	急性毒性：LD_{50}（大鼠经口）：无资料 　　　　　LD_{50}（兔经皮）：无资料 　　　　　LC_{50}（大鼠吸入）：无资料 皮肤腐蚀/刺激性：造成皮肤刺激 严重眼损伤/眼刺激：造成严重刺激 呼吸或皮肤敏化作用：无资料 生殖细胞致突变性：无资料 致癌性：无资料 生殖毒性：无资料 特定目标靶器官毒性-单次接触：可能造成呼吸道刺激 特定目标靶器官毒性-重复接触：无资料 吸入危险：无资料
生态信息	毒性： 　　对鱼类的毒性：无资料 　　对水蚤和其他水生无脊椎动物的毒性：无资料 　　对水生植物的毒性（如藻类）：无资料 持久性和降解性：无资料
处置考虑	产品处置：交给专业的危险废弃物处理公司处理。建议用焚烧法处置 污染了的包装物处置：尽可能回收包装容器或按规定废置 其他信息：处置前应参阅当地有关法规
运输信息	危险货物编号（中国）：/ 联合国编号：1993 联合国正式运输名称：易燃液体，未另外规定的（1,1,1,3,5,5,5-七甲基三硅氧烷） 联合国危险性分类：3 类，易燃液体 包装类别：Ⅲ 运输注意事项：运输前应先检查包装容器是否完整、密封，运输过程中要确保容器不泄漏、不倒塌、不坠落、不损坏。运输时运输车辆应配备相应品种和数量的消防器材及泄漏应急处理设备。夏季最好早晚运输。运输时所用的槽（罐）车应有接地链，槽内可设孔隔板以减少震荡产生静电。严禁与氧化剂、酸类、碱类、食用化品等混装混运。运输途中应防暴晒、雨淋，防高温。中途停留时应远离火种、热源、高温区。装运该物品的车辆排气管必须配备阻火装置，禁止使用易产生火花的机械设备和工具装卸
管理信息	国内化学品安全管理法规：《危险化学品安全管理条例》（2011 年国务院第 591 号令）等法规，针对危险化学品的安全使用、生产、储存、运输、装卸等方面均作了相应规定 国际法规：《关于危险货物运输的建议书 规章范本》等

1,2-二（三氯硅基）乙烷

1,2-Bis（trichlorosilyl）ethane

前　言

本文件按照 GB/T 1.1—2009 给出的规则起草。

请注意本文件的某些内容可能涉及专利。本文件的发布机构不承担识别这些专利的责任。

本文件由中国氟硅有机材料工业协会提出。

本文件由中国氟硅有机材料工业协会标准化委员会归口。

本文件起草单位：浙江开化合成材料有限公司、中蓝晨光化工研究设计院有限公司、中蓝晨光成都检测技术有限公司。

本文件主要起草人：陈道伟、胡家啟、陈敏剑、王琰、刘芳铭、郑宁、郑云峰。

本文件版权归中国氟硅有机材料工业协会。

本文件由中国氟硅有机材料工业协会标准化委员会解释。

本文件为首次制定。

1,2-二（三氯硅基）乙烷

1 范围

本文件规定了1,2-二（三氯硅基）乙烷（俗称：乙烯基双加成）的要求、试验方法、检验规则、标志、包装、运输及贮存。

本文件适用于以乙炔、三氯氢硅等原料合成得到的产物经精馏得到的1,2-二（三氯硅基）乙烷。

结构式：$Cl_3SiCH_2CH_2SiCl_3$

相对分子量：296.94（按2016年国际相对原子质量）

2 规范性引用文件

下列文件中的内容通过文中的规范性引用而构成本文件必不可少的条款。其中，注日期的引用文件，仅该日期对应的版本适用于本文件；不注日期的引用文件，其最新版本（包括所有的修改单）适用于本文件。

GB 190 危险货物包装标志

GB 191 包装储运图示标志

GB/T 6678 化工产品采样总则

GB/T 6680 液体化工产品采样通则

GB/T 8170 数值修约规则与极限数值的表示和判定

GB/T 6682 分析实验室用水规格和试验方法

3 要求

3.1 外观

无色至黄色透明液体，无机械杂质。

3.2 技术要求

1,2-二（三氯硅基）乙烷应符合表1所示的规定。

表1 技术要求

序号	项 目		指 标
1	1,2-二（三氯硅基）乙烷的质量分数/%	≥	95.0
2	1,1-二（三氯硅基）乙烷的质量分数/%	≤	3.0
3	其他组分的质量分数/%	≤	2.0

4 试验方法

除另有说明，在分析中仅使用分析纯试剂和 GB/T 6682 规定的三级水。

4.1 外观测定

取 200 mL 样品，放入清洁、干燥、无色透明的 500 mL 烧杯中，于密闭控温电炉上加热（控温温度不大于 60 ℃）至样品完全融化为液体，置于自然光线下用肉眼观察。

4.2 1,2-二（三氯硅基）乙烷和1,1-二（三氯硅基）乙烷含量的测定

4.2.1 方法提要

用气相色谱法，在选定的工作条件下，使样品汽化后经色谱柱分离，用热导检测器，采用面积归一化法定量。

4.2.2 试剂和材料

氮气：体积分数大于 99.99%；

氢气：体积分数大于 99.99%；

压缩空气：经硅胶及 5 A 分子筛干燥，净化。

4.2.3 仪器

4.2.3.1 气相色谱仪：配有分流装置及具有热导检测器的任何型号的气相色谱仪。

4.2.3.2 色谱工作站或数据处理机。

4.2.3.3 微量注射器：$1 \mu L \sim 10 \mu L$。

4.2.4 色谱柱及典型操作条件

本文件推荐的色谱柱及典型操作条件见表 2，典型色谱图见图 1。能达到同等分离程度的其它毛细管柱及操作条件均可使用。

表 2　色谱柱及典型操作条件

色谱柱	100%二甲基聚硅氧烷，30 m×0.32 mm×1.0 μm
载气	氢气
分流比	50：1
毛细柱出口流量/(mL/min)	1.5
柱温	初始温度 50 ℃，保持 2 min，升温速率 20 ℃/min，终温 230 ℃，保持 15 min
汽化温度/℃	280
检测温度/℃	280
进样量/μL	1

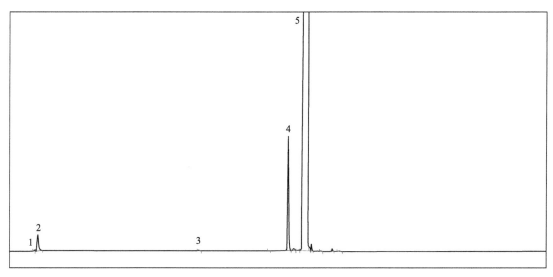

标引序号说明：

1——空气；

2——氯化氢；

3——氯苯；

4——1,1-二（三氯硅基）乙烷；

5——1,2-二（三氯硅基）乙烷。

图1 1,2-二（三氯硅基）乙烷典型色谱图

4.2.5 分析步骤

色谱仪启动后进行必要的调节，以达到表2的色谱操作条件或其他适宜条件。当色谱仪达到设定的操作条件并稳定后，试样不需处理直接进行进样。用色谱数据处理机或色谱工作站记录各组分的峰面积。

4.2.6 结果计算

1,2-二（三氯硅基）乙烷中的各组分的质量分数以 X_i 计，数值以％表示，按公式（1）计算：

$$X_i = \frac{A_i}{\sum A_i} \times 100\% \qquad\qquad\qquad\qquad (1)$$

式中：

A_i——组分 i 的峰面积；

$\sum A_i$——各组分的峰面积之和（空气峰、氯化氢峰除外）。

允许误差：取两次平行测定结果的算术平均值为测定结果。两次平行测定结果的绝对差值1,2-二（三氯硅基）乙烷不大于0.50％。1,1-二（三氯硅基）乙烷不大于0.20％。

采用 GB/T 8170 规定的修约值比较法判定检验结果是否符合标准。

5 检验规则

5.1 检验分类

1,2-二（三氯硅基）乙烷检验分为出厂检验和型式检验。

5.2 出厂检验

1,2-二（三氯硅基）乙烷需经生产厂的质量检验部门按本文件检验合格并出具合格证后方可出厂。出厂检验项目为：

 a) 外观；

 b) 1,1-二（三氯硅基）乙烷含量；

 c) 1,2-二（三氯硅基）乙烷含量；

 d) 其他组分含量。

5.3 型式检验

1,2-二（三氯硅基）乙烷型式检验为本文件第3章要求的所有项目。有下列情况之一时，应进行型式检验：

 a) 新产品试制或老产品转厂生产的试制定型检定；

 b) 产品正式生产后，其结构设计、材料、工艺以及关键的配套元器件有较大改变，可能影响产品性能时；

 c) 正常生产，定期或积累一定产量后，应周期性进行一次检验；

 d) 产品长期停产后，恢复生产时；

 e) 出厂检验结果与上次型式检验结果有较大差异时；

 f) 国家质量监督机构提出进行型式检验要求时。

5.4 组批和抽样规则

相同原料、相同配方、相同工艺生产的产品为一检验组批，其最大组批量不超过5000 kg，每批随机抽产品200 g，作为出厂检验样品。随机抽取产品300 kg，作为型式检验样品。

5.5 判定规则

所有检验项目合格，则产品合格；若出现不合格项，允许加倍抽样对不合格项进行复检。若复检合格，则判该批产品合格；若复检仍不合格，则判该批产品为不合格。

6 标志、包装、运输和贮存

6.1 标志

6.1.1 1,2-二（三氯硅基）乙烷的包装容器上的标志，根据GB/T191的规定，在包装外侧注明"腐蚀品"标志。

6.1.2 每批出厂产品均应附有一定格式的质量证明书，其内容包括：生产厂名称、地址、电话号码、产品名称、型号、批号、净质量或净容量、生产日期、保质期、注意事项和标准编号。

6.2 包装

产品应用清洁、干燥、密封的铁桶或塑料桶包装，每桶净重250 kg；也可根据用户要求形式进行包装。

6.3 运输

运输、装卸工作过程，应轻装轻卸，防止撞击，避免包装破损，防止日晒、雨淋，应按照货物运输规定进行。

本文件规定的1,2-二（三氯硅基）乙烷为腐蚀性危险品。

6.4 贮存

1,2-二（三氯硅基）乙烷应贮存在阴凉、干燥、通风的场所。防止日光直接照射，并应隔绝火源，远离热源。

在符合本文件包装、运输和贮存条件下，本产品自生产之日起，贮存期为一年。逾期可重新检验，检验结果符合本文件要求时，仍可继续使用。

7 安全

警告——使用本文件的人员应熟悉实验室的常规操作。本文件未涉及与使用有关的安全问题。使用者有责任建立适宜的安全和健康措施并确保首先符合国家的相关规定。

本产品根据其物性，经鉴定，属于危险化学品，但未在《危险化学品目录》（2015 版）列入，本产品 CAS 号为 2504-64-5。

下列信息摘录自浙江开化合成材料有限公司的 MSDS 说明书，附录中信息供标准使用者参考。本文件未涉及所有与使用有关的安全、环境和健康问题。使用者有责任建立适宜的环境处置和健康保护措施并确保首先符合国家的相关规定。

附 录 A
（资料性附录）
1,2-二（三氯硅基）乙烷安全技术说明书

化学品中文名：1,2-二（三氯硅基）乙烷

化学品英文名：1,2-bis（trichlorosilyl）ethane

产品推荐及限制用途：用于生产1,2-二（三甲氧基硅基）乙烷等有机硅交联剂。

紧急情况概述：皮肤腐蚀/刺激，类别1B；严重眼损伤/眼刺激，类别1；特异性靶器官毒性-一次接触，类别3（呼吸道刺激）；危害水生环境-急性危害，类别2。

标签要素：

象形图：

警示词：危险

危险信息：吞咽会中毒，皮肤接触有害，造成严重皮肤灼伤和眼损伤，造成严重眼损伤，吸入会中毒，可能引起呼吸道刺激。

防范说明：

预防措施：远离热源/火花/明火/热表面。禁止吸烟。保持容器密闭。容器与接收设备接地/等势连接。使用防爆的电器/通风/照明设备。只能使用不产生火花的工具。采取防止静电放电的措施。不要吸入粉尘/烟/气体/烟雾/蒸气/喷雾。避免吸入粉尘/烟/气体/烟雾/蒸气/喷雾。作业后彻底清洗双手。使用本产品时，不要进食、饮水或吸烟。只能在室外货通风良好处使用。戴防护手套/穿防护服/戴防护眼镜/戴防护面具。

应急响应：

如误吞服：立即呼叫解毒中心或医生。漱口。不要诱导呕吐。

如皮肤（或头发）沾染：立即脱掉所有沾染的衣服。用水清洗皮肤/淋浴。将受害人转移到空气新鲜处，保持呼吸舒适。

如进入眼睛：用水小心冲洗几分钟。如戴隐形眼镜且可方便取出，取出隐形眼镜。继续冲洗。

如感觉不适：呼叫解毒中心或医生。漱口。立即脱掉沾染的衣服，清洗后方可重新使用。

火灾时：使用灭火器灭火。

安全储存：存放于通风良好处并保持容器密闭。存放处凉爽/通风处。存放处须加锁。

废弃处置：根据地方法规处置内装物/容器。

物理化学危险：可燃。

健康危害：对呼吸道和结膜有强烈刺激，吸入后可引起咽喉、支气管的痉挛、水肿，化学性肺炎、肺水肿而致死。

急救：

—皮肤接触：立即脱去被污染的衣着，用大量流动着清水冲洗，至少15min。就医。

—眼睛接触：立即提起眼睑，用大量流动清水或生理盐水冲洗至少 15min，就医。

—吸入：迅速脱离现场至空气新鲜处，保持呼吸道通畅。如呼吸困难，给输氧。如呼吸停止，立即进行人工呼吸。就医。

—食入：误服者用水漱口，给饮牛奶或蛋清。就医。

危险特性：可燃，其蒸气与空气可形成爆炸性混合物，遇明火、高热或氧化剂接触，有引起燃烧爆炸的危险。遇水或水蒸气反应放热并产生有毒的腐蚀性气体。

有害燃烧产物：一氧化碳、二氧化碳、氯化氢。

灭火方法及灭火剂：喷水冷却容器，可能的话将容器从火场移至空旷处。灭火剂：干粉、二氧化碳、沙土灭火。

灭火注意事项：禁止用水和泡沫。

作业人员防护措施、防护装备和应急处理程序：首先切断火源，迅速撤离泄漏污染区人员至上风处，并立即隔离150m，严格限制出入，建议应急处理人员戴正压式呼吸器，穿防毒服，不要直接接触泄漏物，勿使泄漏与有机物、还原剂，易燃物接触。尽可能切断，合理通风，加速扩散，喷雾状水稀释。

环境保护措施：防止泄漏物进入水体、下水道、地下室或受限空间。

泄漏化学品的收容、清楚方法及使用的处理材料：小量泄漏：用沙土或不燃性材料吸附或吸收。用不燃性分散剂制成的乳液刷洗，洗液稀释后放入废水系统。大量泄漏：构筑围堤或挖坑收容；用泡沫覆盖，降低蒸气灾害。用防爆泵转移至槽车或专用收集器内，回收或运至废物处理场所处置。

操作注意事项：密闭操作，加强通风，操作人员必须经过专门培训，严格遵守操作规程。建议操作人员戴化学安全防护眼镜，穿防毒物渗透工作服，戴橡胶耐油手套。远离火种、热源，工作场所严禁吸烟。使用防爆型的通风系统和设备。避免与氧化剂接触。灌装时应注意流速（不超过 5 m/s）有接地装置，防止静电积累。搬运时要轻装轻卸，防止包装及容器损坏。配备相应品种和数量的消防器材及泄漏应急处理设备。

储存注意事项：储存于阴凉、干燥、通风仓间内。远离热源、火种，仓温不宜超过 30 ℃。防止阳光直射。包装要求密封，不可与空气接触。应与氧化剂、卤素、氯、氟分开存放。禁止使用易产生火花的机械设备和工具。定期检查是否有泄漏现象。储区应备有泄漏应急处理设备和合适的收容材料。

最高容许浓度：中国未制定标准。

监测方法：气相色谱法。

工程控制：密封操作，局部排风。

呼吸系统防护：可能接触毒物时，应该佩戴过滤或防毒面具或自给式呼吸器。

眼睛防护：戴防护眼镜。

身体防护：穿酸、碱、防静电工作服。

手防护：戴橡胶手套。

其他防护：工作场所禁止吸烟。饭前要洗手，工作完毕，淋浴更衣。保持良好的卫生习惯。

外观与性状：气温大于 28 ℃，为无色至黄色透明液体；气温小于或等于 28 ℃，为白色至黄色固体。

pH 值：暴露空气中即呈酸性。

熔点：28 ℃。

相对密度（水＝1）：1.483（25 ℃）。

沸点：202 ℃。

相对蒸气密度（空气＝1）：无资料。

饱和蒸气压：＜0.13 kPa。

燃烧热（kJ/mol）：无资料。

临界温度（℃）：无资料。

临界压力：无资料。

闪点：78 ℃。

爆炸上限：无资料。

引燃温度：200 ℃。

爆炸下限：无资料。

溶解性：溶于苯、醚，易水解而释出氯化氯气体。

稳定性：稳定。

禁配物：强氧化剂、潮湿空气。

避免接触的条件：明火、高热、潮湿空气。

聚合危害：不聚合。

分解产物：具有黏性的二氧化硅、氯化氢、二氧化碳、一氧化碳。

N-[3-(三甲氧基硅基)丙基]正丁胺

N-[3-(trimethoxysilyl) propyl] butylamine

别名：正丁氨基丙基三甲氧基硅烷

前　言

本文件按照 GB/T 1.1—2020《标准化工作导则 第 1 部分：标准化文件的结构和起草规则》的规定起草。

请注意本文件的某些内容可能涉及专利。本文件的发布机构不承担识别这些专利的责任。

本文件由中国氟硅有机材料工业协会提出。

本文件由中国氟硅有机材料工业协会标准化委员会归口。

本文件起草单位：湖北新蓝天新材料股份有限公司、中蓝晨光化工研究设计院有限公司、大连新元硅业有限公司、南京曙光精细化工有限公司、中蓝晨光成都检测技术有限公司。

本文件主要起草人：冯琼华、肖俊平、陈敏剑、彭益怀、陶再山、刘芳铭、罗晓霞、石万利、李胜杰。

本文件版权归中国氟硅有机材料工业协会。

本文件由中国氟硅有机材料工业协会标准化委员会解释。

本文件为首次制定。

N-［3-(三甲氧基硅基）丙基］正丁胺

1 范围

本文件规定了 N-［3-(三甲氧基硅基）丙基］正丁胺的要求、试验方法、检验规则、标志、包装、运输和贮存。

N-［3-(三甲氧基硅基）丙基］正丁胺是一种兼有活性仲氨基和可水解的甲氧基的硅烷，该物质主要用作黏结促进剂或表面改性剂。

结构式：

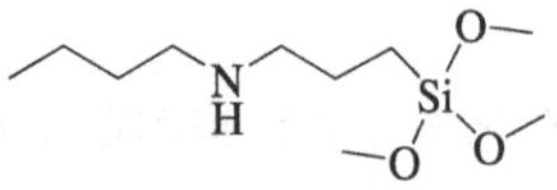

分子式：$C_{10}H_{25}NO_3Si$

CAS 号：31024-56-3

相对分子量：235.40（按 2018 年国际相对原子质量）

2 规范性引用文件

下列文件中的内容通过文中的规范性引用而构成本文件必不可少的条款。其中，注日期的引用文件，仅该日期对应的版本适用于本文件；不注日期的引用文件，其最新版本（包括所有的修改单）适用于本文件。

GB/T 191 包装储运图示标志

GB 190 危险货物包装标志

GB/T 3143 液体化学产品颜色测定法（Hazen 单位——铂-钴色号）

GB/T 4472 化工产品密度、相对密度的测定

GB/T 6488 液体化工产品 折光率的测定（20 ℃）

GB/T 6680 液体化工产品采样通则

GB/T 6682 分析实验室用水规格和试验方法

GB/T 8170 数值修约规则与极限数值的表示和判定

GB/T 9722 化学试剂 气相色谱法通则

3 要求

3.1 外观

无色至淡黄色透明液体。

3.2 技术要求

技术要求见表1。

表 1　技术要求

序号	项目	指标	
		I 型	II 型
1	N-［3-(三甲氧基硅基）丙基］正丁胺的质量分数/%	≥98.0	≥95.0
2	密度（20 ℃）/(g/cm³)	0.935～0.945	0.945～0.955
3	折光率 n_D^{25}	1.4170～1.4270	1.4270～1.4370
4	色度（铂-钴色号）/Hazen 单位	≤30	≤50

4　试验方法

警告：试验方法规定的一些试验过程可能导致危险情况，操作者应采取适当的安全和防护措施。

4.1　一般规定

除非另有说明，分析中仅使用符合 GB/T 6682 规定的三级水。

本文件中试验数据的表示方法和修约规则应符合 GB/T 8170 中 4.3.3 修约值比较法的有关规定。

4.2　外观的测定

量取 50 mL 实验室样品，置于 100 mL 干燥的具塞比色管中，日光灯或自然光下横向透视观察。

4.3　色度的测定

按 GB/T 3143 的规定进行测定。

4.4　密度的测定

按 GB/T 4472 中 4.3.3 密度计法的规定进行测定。

4.5　折光率的测定

按 GB/T 6488 的规定进行测定。测定温度为 25 ℃。

4.6　N-［3-(三甲氧基硅基）丙基］ 正丁胺的质量分数的测定

4.6.1　原理

用气相色谱法，在选定的工作条件下，使样品汽化后经色谱柱分离，用氢火焰离子检测器，采用面积归一化法定量。

4.6.2　试剂

载气：氮气，体积分数大于 99.99%，经硅胶和分子筛净化。

燃气：氢气，体积分数大于 99.99%，经硅胶和分子筛净化。

助燃气：空气，经硅胶和分子筛净化。

4.6.3 仪器

4.6.3.1 气相色谱仪：配有分流装置及氢火焰离子检测器的任何型号的气相色谱仪。整机灵敏度和稳定性符合 GB/T 9722 中的有关规定。

4.6.3.2 色谱工作站或数据处理机。

4.6.3.3 微量注射器：1 μL 或 10 μL。

4.6.4 色谱柱及典型操作条件

本文件推荐的色谱柱及典型操作条件见表 2，典型色谱图见图 A.1，能达到同等分离程度的其他毛细管色谱柱及操作条件均可使用。

表 2　推荐的色谱柱和色谱操作条件

项 目	参 数
毛细管色谱柱	5％苯基＋95％聚二甲基硅氧烷或 100％聚二甲基硅氧烷 30 m×0.25 mm×0.25 μm
汽化温度/℃	300
检测温度/℃	300
柱箱温度	初始温度 100 ℃，保持 2 min，升温速率 20 ℃/min， 终止温度 260 ℃，保持 10 min
进样量/μL	0.2
载气	氮气
载气流量/(mL/min)	2.0
空气流量/(mL/min)	300
氢气流量/(mL/min)	30
分流比	1：20

4.6.5 取样

采样用取样瓶应清洁干燥，取样时应尽量避免与空气接触，取样结束后应立即加盖密封保存。

4.6.6 测定

色谱仪启动后进行必要的调节，以达到表 2 的色谱操作条件或其他适宜条件，当色谱仪达到设定的操作条件并稳定后，用微量进样器从取样瓶中抽取试样 3 次至 5 次后进样分析，以面积归一化法定量。

4.6.7 计算方法

N-[3-(三甲氧基硅基) 丙基] 正丁胺中的各组分含量以质量分数 ω_i 表示，数值以％表示，按公式（1）计算：

$$\omega_i = \frac{A_i}{\sum A_i} \times 100\% \qquad\cdots\cdots\cdots\cdots\cdots\cdots（1）$$

式中：

A_i——N-[3-(三甲氧基硅基) 丙基] 正丁胺中的各组分的峰面积

$\sum A_i$——N-[3-(三甲氧基硅基) 丙基] 正丁胺中全部组分的峰面积之和。

取平行测定结果的算术平均值为测定结果，两次平行测定结果的绝对差值不得大于 0.3％。

5 检验规则

5.1 检验分类

N-[3-(三甲氧基硅基）丙基］正丁胺检验分为出厂检验和型式检验。

5.2 出厂检验

5.2.1 出厂检验项目

a) N-[3-(三甲氧基硅基）丙基］正丁胺的质量分数；
b) 外观；
c) 色度。

5.2.2 组批和抽样

以相同原料、相同配方、相同工艺生产的产品为一检验组批，其最大组批量不超过 5000 kg。每批随机抽产品 1.0 kg，作为出厂检验样品。

5.2.3 判定规则

所有检验项目合格，则产品合格；若出现不合格项，允许加倍抽样对不合格项进行复检。若复检合格，则判该批产品合格；若复检仍不合格，则判该批产品为不合格。

5.3 型式检验

5.3.1 检验时机

在有下列情况之一时，应进行型式检验：
a) 新产品投产或老产品定型检定时；
b) 正常生产时，定期或积累一定产量后，应周期性（每一年/每一季度）进行一次；
c) 产品结构设计、材料、工艺以及关键的配套元器件等有较大改变，可能影响产品性能时；
d) 产品长期停产后，恢复生产时；
e) 出厂检验结果与上次型式检验结果有较大差异时；
f) 产品停产 6 个月以上恢复生产时；
g) 国家质量监督机构提出进行型式检验要求时。

5.3.2 检验项目

N-[3-(三甲氧基硅基）丙基］正丁胺型式检验为本文件第 3 章要求的所有项目。

5.3.3 组批和抽样

以相同原料、相同配方、相同工艺生产的产品为一检验组批，其最大组批量不超过 5000 kg。
每批随机抽产品 1.0 kg，作为型式检验样品。

5.3.4 判定规则

所有检验项目合格，则产品合格；若出现不合格项，允许加倍抽样对不合格项进行复检。若复检合格，则判该批产品合格；若复检仍不合格，则判该批产品为不合格。

6 标志

6.1 标志内容

6.1.1 产品与生产者标志

产品或者包装、说明书上标注的内容应包括以下几方面：

a) 产品的自身属性。内容包括产品的名称、产地、规格型号、等级、成分含量、所执行标准的代号、编号、名称等。

b) 生产者相关信息。内容包括生产者的名称、地址、联系方式等。

c) 注意和提示事项。内容包括生产日期、保质期、贮存条件、使用说明、警示标志或中文警示说明等。

6.1.2 储运图示标志

"可燃液体""小心轻放""请勿倒置"和"防水"等字样或图形。

6.2 标志的表示方法

使用标签等方式。

6.3 标志相关要求

GB/T 191 包装储运图示标志、GB/T 190 危险货物包装标志等。

7 包装、运输和贮存

7.1 包装

N-[3-(三甲氧基硅基)丙基]正丁胺产品采用清洁、干燥、密封良好的铁桶或塑料桶包装。净含量可根据用户要求包装。

7.2 运输

N-[3-(三甲氧基硅基)丙基]正丁胺产品运输、装卸工作过程，应轻装轻卸，防止撞击，避免包装破损，防止日晒、雨淋，应按照货物运输规定进行。

7.3 贮存

N-[3-(三甲氧基硅基)丙基]正丁胺应贮存在阴凉、干燥、通风的场所。防止日光直接照射，并应隔绝火源，远离热源。

在符合本文件包装、运输和贮存条件下，本产品自生产之日起，贮存期为一年。逾期可重新检验，检验结果符合本文件要求时，仍可继续使用。

8 安全（下述安全内容为提示性内容但不仅限于下述内容）

警告——使用本文件的人员应熟悉实验室的常规操作。本文件未涉及与使用有关的安全问题。使用者有责任建立适宜的安全和健康措施并确保首先符合国家的相关规定。

附　录　A
（资料性附录）
N‑［3‑(三甲氧基硅基）丙基］正丁胺典型色谱图

A.1　N‑［3‑(三甲氧基硅基）丙基］　正丁胺典型色谱图

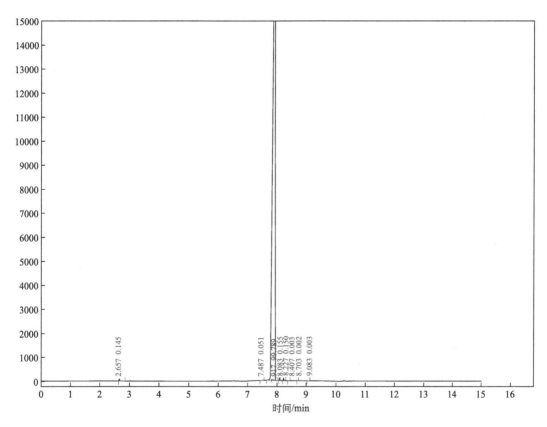

说明：

7.917 min——N‑［3‑(三甲氧基硅基）丙基］正丁胺

图 A.1　N‑［3‑(三甲氧基硅基）丙基］正丁胺典型气相色谱图

N-（β-氨乙基）-γ-氨丙基三乙氧基硅烷

N-(β-aminoethyl)-γ-aminopropyltriethoxysilane

前　言

本文件按照 GB/T 1.1—2020《标准化工作导则 第 1 部分：标准化文件的结构和起草规则》的规定起草。

请注意本文件的某些内容可能涉及专利。本文件的发布机构不承担识别这些专利的责任。

本文件由中国氟硅有机材料工业协会提出。

本文件由中国氟硅有机材料工业协会标准化委员会归口。

本文件起草单位：南京曙光精细化工有限公司、湖北新蓝天新材料股份有限公司、中蓝晨光成都检测技术有限公司、中蓝晨光化工研究设计院有限公司。

本文件主要起草人：陶再山、梅宁、冯琼华、陈敏剑、刘芳铭、肖俊平、刘兰香。

本文件版权归中国氟硅有机材料工业协会。

本文件由中国氟硅有机材料工业协会标准化委员会解释。

本文件为首次制定。

N -(β -氨乙基）- γ -氨丙基三乙氧基硅烷

1 范围

本文件规定了 N-(β-氨乙基)-γ-氨丙基三乙氧基硅烷的要求、试验方法、检验规则、标志、包装、运输和贮存。

本文件适用于以氯丙基三乙氧基硅烷和乙二胺等为主要原材料经合成制得的 N-(β-氨乙基)-γ-氨丙基三乙氧基硅烷。

结构式：

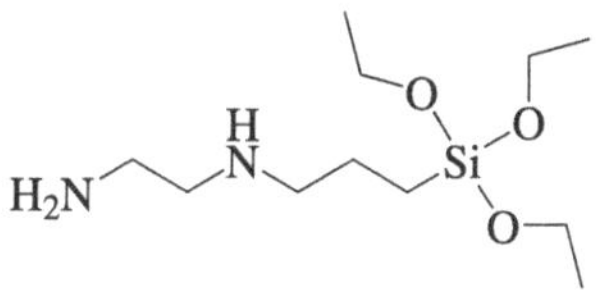

分子式：$C_{11}H_{28}N_2O_3Si$

CAS 号：5089-72-5

相对分子量：264.44（按 2014 年国际相对原子质量）

2 规范性引用文件

下列文件中的内容通过文中的规范性引用而构成本文件必不可少的条款。其中，注日期的引用文件，仅该日期对应的版本适用于本文件；不注日期的引用文件，其最新版本（包括所有的修改单）适用于本文件。

GB/T 191　包装储运图示标志

GB/T 601　化学试剂　标准滴定溶液的制备

GB/T 603　化学试剂　试验方法中所用制剂及制品的制备

GB/T 3143　液体化学产品颜色测定法（Hazen 单位——铂-钴色号）

GB/T 4472—2011　化工产品　密度、相对密度的测定

GB/T 6488　液体化工产品　折光率的测定（20 ℃）

GB/T 6680　液体化工产品采样通则

GB/T 6682—2008　分析实验室用水规格和试验方法

GB/T 8170—2008　数值修约规则与极限数值的表示和判定

GB/T 9722—2006　化学试剂　气相色谱法通则

3 术语和定义

本文件没有需要界定的术语和定义。

4 要求

4.1 外观

无色至黄色透明液体。

4.2 技术要求

技术要求见表1。

表1 技术要求

序号	项 目		指 标	
			Ⅰ型	Ⅱ型
1	N-(β-氨乙基)-γ-氨丙基三乙氧基硅烷的质量分数/% ≥		98.0	95.0
2	密度（20 ℃）/(g/cm^3)		0.955～0.970	0.955～0.975
3	折光率 n_D^{25}		1.4250～1.4400	1.4250～1.4450
4	色度（铂-钴色号）/ Hazen 单位 ≤		20	50

5 试验方法

警告：试验方法规定的一些试验过程可能导致危险情况，操作者应采取适当的安全和防护措施。

5.1 一般规定

除非另有说明，分析中所用标准溶液、制剂及制品，均按 GB/T 601、GB/T 603 规定制备，分析中仅使用确认为分析纯的试剂和符合 GB/T 6682 规定的三级水。

本文件中试验数据的表示方法和修约规则应符合 GB/T 8170 中 4.3.3 修约值比较法的有关规定。

5.2 外观的测定

量取 50 mL 实验室样品，置于 100 mL 干燥的具塞比色管中，日光灯或自然光下横向透视观察。

5.3 色度的测定

按 GB/T 3143 的规定进行测定。

5.4 密度的测定

按 GB/T 4472 中 4.3.3 密度计法的规定进行测定。

5.5 折光率的测定

按 GB/T 6488 的规定进行测定。测定温度为 25 ℃。

5.6 N-(β-氨乙基) -γ-氨丙基三乙氧基硅烷含量的测定

5.6.1 原理

在选定的色谱操作条件下，试样汽化后通过色谱柱将各组分分离，用氢火焰离子化检测器检测，采用面积归一法计算 N-(β-氨乙基)-γ-氨丙基三乙氧基硅烷含量。

5.6.2 试剂及材料

载气：氮气，体积分数大于 99.99%，经硅胶和分子筛净化；

燃气：氢气，体积分数大于 99.99%，经硅胶和分子筛净化；

助燃气：空气，经硅胶和分子筛净化。

5.6.3 仪器及设备

5.6.3.1 气相色谱仪：灵敏度和稳定性符合 GB/T 9722 的规定，带分流/不分流进样口。

5.6.3.2 气相色谱柱：长度 30 m、内径 0.25 mm、膜厚 0.25 μm 的毛细管柱，固定液为 5% 苯基 + 95% 聚二甲基硅氧烷或 100% 聚二甲基硅氧烷。

5.6.3.3 检测器：氢火焰离子化检测器。

5.6.3.4 微量进样器：1 μL 或 10 μL。

5.6.4 操作条件

气相色谱操作条件见表 2。

表 2 气相色谱操作条件

项目		操作条件
氮气流速/(mL/min)		2.0
氢气流速/(mL/min)		30
空气流速/(mL/min)		300
分流比		1:20
柱温条件	进样口温度/℃	260
	检测器温度/℃	260
	初始温度/℃	120
	初始温度保持时间/min	2
	程序升温速率/(℃/min)	15
	终止温度/℃	260
	终止温度保持时间/min	8
进样量/μL		0.2
注：此系典型操作参数，可根据不同仪器特点、环境条件，对给定操作参数做适当调整。		

5.6.5 分析步骤

按照表 2 给出的色谱操作条件调整仪器，基线稳定后，用微量进样器吸取 0.2 μL 试样注入气相色谱仪中，待程序完成后得到一个气相色谱图，读取数据。

5.6.6 典型气相色谱图

N-(β-氨乙基)-γ-氨丙基三乙氧基硅烷的典型气相色谱图见图 1。

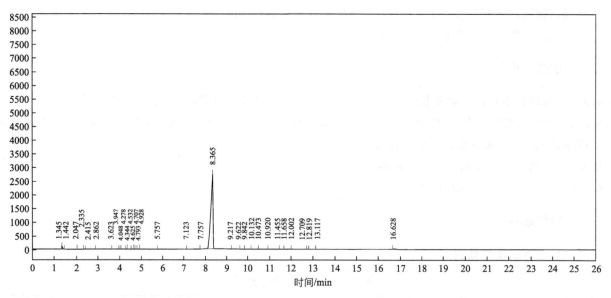

说明：

8.365 min——N-(β-氨乙基)-γ-氨丙基三乙氧基硅烷

图1　N-(β-氨乙基)-γ-氨丙基三乙氧基硅烷典型气相色谱图

5.6.7　结果计算

N-(β-氨乙基)-γ-氨丙基三乙氧基硅烷的含量以质量分数 ω_i 计，数值以％表示，按公式（1）计算：

$$\omega_i = \frac{A_i}{\sum A_i} \times 100\% \qquad\qquad\qquad (1)$$

式中：

A_i——主成分峰面积值；

$\sum A_i$——各组分峰面积之和。

5.6.8　允许误差

取两次平行测定结果的算术平均值为测定结果，两次平行测定结果的绝对差值不大于0.3％。

6　检验规则

6.1　检验分类

N-(β-氨乙基)-γ-氨丙基三乙氧基硅烷检验分为出厂检验和型式检验。

6.2　出厂检验

6.2.1　出厂检验项目

a)　外观；

b)　N-(β-氨乙基)-γ-氨丙基三乙氧基硅烷含量；

c)　色度。

6.2.2　组批和抽样

以相同原料、相同配方、相同工艺生产的产品为一检验组批，其最大组批量不超过5000 kg。每批随机抽产品1.0kg，作为出厂检验样品。

6.2.3 判定规则

所有检验项目合格，则产品合格；若出现不合格项，允许加倍抽样对不合格项进行复检。若复检合格，则判该批产品合格；若复检仍不合格，则判该批产品为不合格。

6.3 型式检验

6.3.1 检验时机

在有下列情况之一时，应进行型式检验：

a) 新产品投产或老产品定型检定时；

b) 正常生产时，定期或积累一定产量后，应周期性（每一年/每一季度）进行一次；

c) 产品结构设计、材料、工艺以及关键的配套元器件等有较大改变，可能影响产品性能时；

d) 产品长期停产后，恢复生产时；

e) 出厂检验结果与上次型式检验结果有较大差异时；

f) 产品停产6个月以上恢复生产时；

g) 国家质量监督机构提出进行型式检验要求时。

6.3.2 检验项目

N-(β-氨乙基)-γ-氨丙基三乙氧基硅烷型式检验为本文件第4章要求的所有项目。

6.3.3 组批和抽样

以相同原料、相同配方、相同工艺生产的产品为一检验组批，其最大组批量不超过5000kg。

每批随机抽产品1.0kg，作为型式检验样品。

6.3.4 判定规则

所有检验项目合格，则产品合格；若出现不合格项，允许加倍抽样对不合格项进行复检。若复检合格，则判该批产品合格；若复检仍不合格，则判该批产品为不合格。

7 包装、运输和贮存

7.1 包装

N-(β-氨乙基)-γ-氨丙基三乙氧基硅烷采用清洁、干燥、密封良好的铁桶或塑料桶包装。净含量可根据用户要求包装。

7.2 运输

运输、装卸工作过程，应轻装轻卸，防止撞击，避免包装破损，防止日晒、雨淋，应按照货物运输规定进行。

7.3 贮存

N-(β-氨乙基)-γ-氨丙基三乙氧基硅烷应贮存在阴凉、干燥、通风的场所。防止日光直接照射，并应隔绝火源，远离热源。

在符合本文件包装、运输和贮存条件下，本产品自生产之日起，贮存期为一年。逾期可重新检验，检验结果符合本文件要求时，仍可继续使用。

8 安全（下述安全内容为提示性内容但不仅限于下述内容）

警告——使用本文件的人员应熟悉实验室的常规操作。本文件未涉及与使用有关的安全问题。使用者有责任建立适宜的安全和健康措施并确保首先符合国家的相关规定。

三甲氧基硅烷

Trimethoxysilane

前 言

本文件按照 GB/T 1.1—2020《标准化工作导则 第 1 部分：标准化文件的结构和起草规则》的规定起草。

请注意本文件的某些内容可能涉及专利。本文件的发布机构不承担识别这些专利的责任。

本文件由中国氟硅有机材料工业协会提出。

本文件由中国氟硅有机材料工业协会标准化委员会归口。

本文件起草单位：湖北新蓝天新材料股份有限公司、中蓝晨光化工研究设计院有限公司、中蓝晨光成都检测技术有限公司、南京曙光精细化工有限公司。

本文件主要起草人：冯琼华、肖俊平、陈敏剑、刘芳铭、陶再山、王永桂、李胜杰。

本文件版权归中国氟硅有机材料工业协会。

本文件由中国氟硅有机材料工业协会标准化委员会解释。

本文件为首次制定。

三甲氧基硅烷

1 范围

本文件规定了三甲氧基硅烷的技术要求、试验方法、检验规则、标志、包装、运输和贮存。

本文件适用于金属硅与甲醇等原料合成及三氯氢硅与甲醇醇解制得的三甲氧基硅烷，该产品主要用作制备众多高纯的有机硅化合物。

结构式：

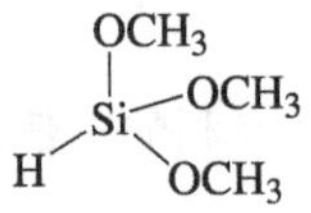

分子式：$C_3H_{10}O_3Si$

CAS 号：2487-90-3

相对分子量：122.20（按 2018 年国际相对原子质量）

2 规范性引用文件

下列文件中的内容通过文中的规范性引用而构成本文件必不可少的条款。其中，注日期的引用文件，仅该日期对应的版本适用于本文件；不注日期的引用文件，其最新版本（包括所有的修改单）适用于本文件。

GB/T 191 包装运储图示标志

GB/T 4472 化工产品密度、相对密度的测定

GB/T 6488 液体化工产品 折光率的测定（20 ℃）

GB/T 6680 液体化工产品采样通则

GB/T 6682 分析实验室用水规格和试验方法

GB/T 8170 数值修约规则与极限数值的表示和判定

GB/T 9722 化学试剂 气相色谱法通则

3 要求

3.1 外观

无色透明液体。

3.2 技术要求

技术要求见表1。

表 1　技术要求

序号	项目	指标
1	三甲氧基硅烷的质量分数/%	≥99.0
2	甲醇的质量分数/%	≤0.5
3	四甲氧基硅烷的质量分数/%	≤0.1
4	二甲氧基硅烷的质量分数/%	≤0.1
5	密度（20 ℃）/(g/cm^3)	0.945～0.955
6	折光率 n_D^{25}	1.3510～1.3610
7	氯离子含量/(mg/kg)	≤30

4　试验方法

警告：试验方法规定的一些试验过程可能导致危险情况，操作者应采取适当的安全和防护措施。

4.1　一般规定

除非另有说明，分析中所用标准溶液、制剂及制品，均按 GB/T 601、GB/T 603 规定制备，分析中仅使用确认为分析纯的试剂和符合 GB/T 6682 规定的三级水。

本文件中试验数据的表示方法和修约规则应符合 GB/T 8170 中 4.3.3 修约值比较法的有关规定。

4.2　外观的测定

量取 50 mL 实验室样品，置于 100 mL 干燥的具塞比色管中，日光灯或自然光下横向透视观察。

4.3　密度的测定

按 GB/T 4472 中 4.3.3 密度计法的规定进行测定。

4.4　折光率的测定

按 GB/T 6488 的规定进行测定。测定温度为 25 ℃。

4.5　三甲氧基硅烷的质量分数的测定

4.5.1　原理

用气相色谱法，在选定的工作条件下，使样品汽化后经色谱柱分离，用氢火焰离子检测器，采用面积归一化法定量。

4.5.2　试剂

载气：氮气，体积分数大于 99.99%，经硅胶和分子筛净化；

燃气：氢气，体积分数大于 99.99%，经硅胶和分子筛净化；

助燃气：空气，经硅胶和分子筛净化。

4.5.3 仪器

4.5.3.1 气相色谱仪：配有分流装置及氢火焰离子检测器的任何型号的气相色谱仪。整机灵敏度和稳定性符合 GB/T 9722 的有关规定。

4.5.3.2 色谱工作站或数据处理机。

4.5.3.3 微量注射器：1 μL 或 10 μL。

4.5.4 色谱柱及典型操作条件

本文件推荐的色谱柱及典型操作条件见表 2，能达到同等分离程度的其他毛细管色谱柱及操作条件均可使用。

表 2　推荐的色谱柱和色谱操作条件

项　目	参数
色谱柱固定液	5%苯基＋95%聚二甲基硅氧烷或 100%聚二甲基硅氧烷
色谱柱规格	长度 30 m、内径 0.25 mm、膜厚 0.32 μm
载气	氮气
燃气	氢气，流量：30 mL/min
助燃气	空气，流量：300 mL/min
分流比	1∶20
柱温/℃	80
汽化温度/℃	250
检测温度/℃	250
进样量/μL	0.2
柱箱温度	初始温度 80 ℃，停留时间 2 min，以 20 ℃/min 升温到 220 ℃，保持 8 min

4.5.5 取样

采样用取样瓶应清洁、干燥，取样时应尽量避免与空气接触，取样结束后应立即加盖密封保存。

4.5.6 测定

色谱仪启动后进行必要的调节，以达到表 2 的色谱操作条件或其他适宜条件，当色谱仪达到设定的操作条件并稳定后，用微量进样器从取样瓶中抽取试样 3 次至 5 次后进样分析，以面积归一化法定量。

4.5.7 计算方法

三甲氧基硅烷中的各组分含量以质量分数 ω_i 表示，数值以%表示，按公式（1）计算：

$$\omega_i = \frac{A_i}{\sum A_i} \times 100\% \quad \cdots\cdots\cdots\cdots\cdots\cdots (1)$$

式中：

A_i——三甲氧基硅烷中的各组分的峰面积；

$\sum A_i$——三甲氧基硅烷中全部组分的峰面积之和。

取平行测定结果的算术平均值为测定结果，两次平行测定结果的绝对差值不得大于 0.3%。

4.6 甲醇含量的测定

按 4.5 测定方法执行。

4.7 氯离子含量的测定

4.7.1 原理

用动态微库仑法原理，采用氧化法将样品通过裂解炉燃烧为可滴定离子，在滴定池中滴定，根据电解滴定过程中所消耗的电量，依据法拉第定律，计算出样品中氯的含量。

4.7.2 仪器及设备

WK-2 D 型微库仑综合分析仪：

a) 计算机；

b) 微库仑综合分析仪主机；

c) 温度流量控制器；

d) 搅拌器；

e) 进样器。

WK-2 D 型微库仑综合分析仪仪器附件：

a) 裂解管；

b) 滴定池。

4.7.3 试剂及溶液

电解液配制体积比，冰乙酸：水＝7：3。用 500 mL 量筒配制，依次加入冰乙酸 350 mL，蒸馏水 150 mL。摇匀静置备用。

4.7.4 测定步骤

4.7.4.1 开机

依次打开微库仑综合分析仪温度流量控制器、主机、进样器、电脑及气源。

4.7.4.2 电解液配制与滴定池连接

按 4.4.3 准备滴定池中电解液，调节搅拌池高度，使毛细管口对准石英管出口，调整好滴定池位置使搅拌子平稳转动；库仑放大器的电机分别接好参考电极、测量电极、阳极、阴极并保证接触良好；打开搅拌器电源。

4.7.4.3 软件操作及数据处理

打开"WK-2 D 型微库仑分析系统"应用程序，依次进行温度设置、偏压测试、修改偏压及参数设置操作。

4.7.4.4 仪器校正及含量测定

依次进行转化率的确定、标样的反标定后，仪器校正完成；进样前修改样品所对应的重量，连续分析几次并记录结果。断开连接后保存数据。

5 检验规则

5.1 检验分类

三甲氧基硅烷检验分为出厂检验和型式检验。

5.2 出厂检验

5.2.1 出厂检验项目

a) 三甲氧基硅烷的质量分数;

b) 甲醇的质量分数。

5.2.2 组批和抽样

以相同原料、相同配方、相同工艺生产的产品为一检验组批,其最大组批量不超过 5000 kg。每批随机抽产品 1.0 kg,作为出厂检验样品。

5.2.3 判定规则

所有检验项目合格,则产品合格;若出现不合格项,允许加倍抽样对不合格项进行复检。若复检合格,则判该批产品合格;若复检仍不合格,则判该批产品为不合格。

5.3 型式检验

5.3.1 检验总则

在有下列情况之一时,应进行型式检验:

a) 新产品投产或老产品定型检定时;

b) 正常生产时,定期或积累一定产量后,应周期性(每一年/每一季度)进行一次;

c) 产品结构设计、材料、工艺以及关键的配套元器件等有较大改变,可能影响产品性能时;

d) 产品长期停产后,恢复生产时;

e) 出厂检验结果与上次型式检验结果有较大差异时;

f) 产品停产 6 个月以上恢复生产时;

g) 国家质量监督机构提出进行型式检验要求时。

5.3.2 检验项目

三甲氧基硅烷型式检验为本文件第 3 章要求的所有项目。

5.3.3 组批和抽样

以相同原料、相同配方、相同工艺生产的产品为一检验组批,其最大组批量不超过 5000 kg。每批随机抽产品 1.0 kg,作为型式检验样品。

5.3.4 判定规则

所有检验项目合格,则产品合格;若出现不合格项,允许加倍抽样对不合格项进行复检。若复检合格,则判该批产品合格;若复检仍不合格,则判该批产品为不合格。

6 标志

6.1 标志内容

6.1.1 产品与生产者标志

产品或者包装、说明书上标注的内容应包括以下几方面：

a) 产品的自身属性。内容包括产品的名称、产地、规格型号、等级、成分含量、所执行标准的代号、编号、名称等。

b) 生产者相关信息。内容包括生产者的名称、地址、联系方式等。

c) 注意和提示事项。内容包括生产日期、保质期、贮存条件、使用说明、警示标志或中文警示说明等。

6.1.2 储运图示标志

"易燃易爆""小心轻放""请勿倒置"和"防水"等字样或图形。

6.2 标志的表示方法

使用标签等方式。

6.3 标志相关要求

GB/T 191 包装储运图示标志、GB/T 190 危险货物包装标志等。

7 包装、运输和贮存

7.1 包装

三甲氧基硅烷采用清洁、干燥、密封良好的铁桶或塑料桶包装。净含量可根据用户要求包装。

7.2 运输

三甲氧基硅烷运输、装卸工作过程，应轻装轻卸，防止撞击，避免包装破损，防止日晒、雨淋，应按照货物运输规定进行。

7.3 贮存

三甲氧基硅烷应贮存在阴凉、干燥、通风的场所。防止日光直接照射，并应隔绝火源，远离热源。

在符合本文件包装、运输和贮存条件下，本产品自生产之日起，贮存期为一年。逾期可重新检验，检验结果符合本文件要求时，仍可继续使用。

8 安全（下述安全内容为提示性内容但不仅限于下述内容）

警告——使用本文件的人员应熟悉实验室的常规操作。本文件未涉及与使用有关的安全问题。使用者有责任建立适宜的安全和健康措施并确保首先符合国家的相关规定。

附 录 A
（资料性）
三甲氧基硅烷典型色谱图

A.1 三甲氧基硅烷典型色谱图

三甲氧基硅烷典型气相色谱图见图 A.1。

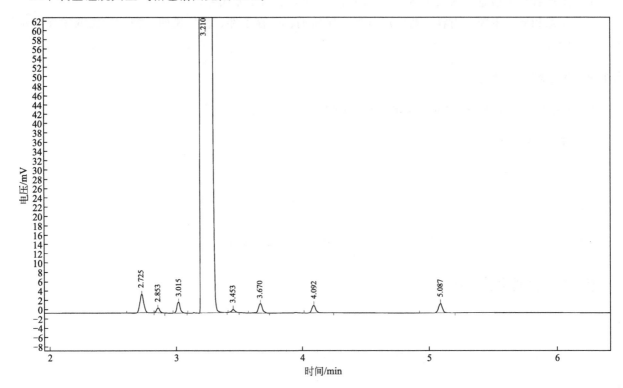

说明：

2.725 min——甲醇；

3.015 min——二甲氧基硅烷；

3.210 min——三甲氧基硅烷；

4.092 min——四甲基硅氧烷。

图 A.1 三甲氧基硅烷典型气相色谱图

附 录 B
（资料性）

三甲氧基硅烷 MSDS 说明书

本产品三甲氧基硅烷属于危险化学品，CAS 号为 2487-90-3。

下列信息摘录自三甲氧基硅烷的 MSDS 说明书，附录中信息供标准使用者参考。本标准未涉及所有与使用有关的安全、环境和健康问题。使用者有责任建立适宜的环境处置和健康保护措施并确保首先符合国家的相关规定。

化学品安全技术说明书

B.1 化学品及企业标识

B.1.1 物质名称及标识

产品编号：LT-160；

化学品俗名或商品名：三甲氧基氢硅烷。

B.1.2 产品用途

工业化学中间体，用于生产硅烷偶联剂。

B.2 危险性概述

B.2.1 GHS 分类

物理性危害

    易燃性液体   第 2 级

健康危害

    急性毒性（经口）   第 4 级

    急性毒性（吸入）   第 1 级

    皮肤腐蚀/刺激   1 B 类

    严重损伤/刺激眼睛   第 1 级

环境危害未分类

B.2.2 GHS 标签元素

标签象形图

信号词危险

危险性说明

H225	高度易燃液体和蒸气
H319	造成严重眼刺激
H316	造成皮肤有轻微刺激
H330	吸入致命

防范说明

预防措施

P210	远离热源/火花/明火/热表面。禁止吸烟
P260	避免吸入粉尘/烟/气体/烟雾/蒸汽/喷雾
P284	戴防呼吸防护装置

事故响应

P303＋P361＋P353	如皮肤（或头发）沾染：立即去除/脱掉所有沾染的衣服。用水清洗皮肤/淋浴
P304＋P340	如果吸入：将患者移到新鲜空气处休息并保持呼吸舒畅的姿势
P305＋P351＋P338	如进入眼睛：用水小心清洗几分钟。如戴隐形眼镜并可方便地取出，取出隐形眼镜。继续冲洗
P312	如感觉不适，呼救解毒中心或医生
P321	具体治疗（见本标签上提供的急救指导）
P332＋P313	如发生皮肤刺激：求医/就诊
P337＋P313	如仍觉眼睛刺激：求医/就诊
P362	脱掉沾染的衣服，清洗后方可重新使用
P370＋P378	火灾时：用干的沙子，干的化学品或耐醇性的泡沫来灭火

安全贮存

P405	存放处需加锁

废弃处置

P501	按当地法规处置内装物/容器

B.2.3 其它影响

慢性：无数据资料。

B.3 成分/组成信息

B.3.1 物质

物质名称	CAS 编码
三甲氧基氢硅烷	2487-90-3

B.3.2 成分

化学名称	CAS 编码	含量
三甲氧基氢硅烷	2487-90-3	≥98.5％
甲醇	67-56-1	≤1.5％

B.4 急救措施

B.4.1 综述

把患者移到安全区域，寻求医生，并向医生出示本安全数据表。

B.4.2 吸入

将受害者移到新鲜空气处，保持呼吸通畅，休息。若感不适立即呼叫解毒中心/医生。

B.4.3 皮肤接触

立即去除/脱掉所有被污染的衣物。用大量肥皂和水轻轻洗。若皮肤刺激或发生皮疹：求医/就诊。

B.4.4 眼睛接触

用水小心清洗几分钟。如果方便，易操作，摘除隐形眼镜。继续清洗。如果眼睛刺激：求医/就诊。

B.4.5 食入

若感不适，呼叫解毒中心/医生。漱口。

B.4.6 紧急救助者的防护

救援者需要穿戴个人防护用品，比如橡胶手套和气密性护目镜。

B.5 消防措施

B.5.1 闪点

该化合物闪点 20 ℃（闭口杯法），属于高度易燃液体和蒸气。

B.5.2 适合的灭火介质

在大型火灾使用干粉或泡沫，在小火使用二氧化碳、干粉、沙子。水可用于冷却火灾影响的容器。

B.5.3 特殊危险性

小心，燃烧或高温下可能分解产生毒烟。

B.5.4 特定方法

根据当地紧急计划，决定是否需要撤离或隔离该区域。用喷水的方式保持冷却暴露于火灾中的容器。

B.5.5 消防员的特殊防护用具

灭火时，一定要穿戴个人防护用品。

B.6 泄漏应急处理

B.6.1 人员的预防，防护设备和紧急处理程序

使用个人防护设备。防止吸入蒸汽、气雾或气体。保证充分的通风。

B.6.2 环境预防措施

在确保安全的条件下，采取措施防止进一步的泄漏或溢出。不要让产物进入下水道。
防止排放到周围环境中。

B.6.3 抑制和清除溢出物的方法和材料

用惰性吸附材料吸收并当作危险废品处理。存放在合适的封闭的处理容器内。

B.7 操作处置与储存

B.7.1 操作处置注意事项

使用最好在通风处。
产品使用时，在接触到水或潮湿的空气时会释放甲醇。
在使用过程中，必须要控制甲醇的暴露，使用供气式或自给式呼吸器，提供通风。
不要进入眼睛。
避免皮肤接触。
避免吸入蒸汽、薄雾、粉尘或烟雾。
保持容器密封。
不要内服。
立即脱去污染的衣着。
养成良好工业卫生习惯，必须清洗后，再进食，饮水或吸烟。
做好防火保护措施。

B.7.2 储存注意事项

储存在阴凉处。容器保持紧闭，储存在干燥通风处。
打开了的容器必须仔细重新封口并保持竖放位置以防止泄漏。

B.8 接触控制/个体防护

B.8.1 最高容许浓度

成分名称	CAS 编号	最高容许浓度
三甲氧基氢硅烷	2487-90-3	参看甲醇项
甲醇	67-56-1	中国：TWA 25 mg/m^3，STEL 50 mg/m^3，可通过皮肤吸收 OSHA PEL（final rule）：TWA 200 ppm，260 mg/m^3 ACGIH TLV-skin：TWA 200 ppm，STEL 250 ppm

B.8.2 工程控制

作业场所建议与其他作业场所分开。
密闭操作，防止泄漏。

加强通风。

设置自动报警装置和事故通风设施。

设置应急撤离通道和必要的泻险区。

设置红色区域警示线、警示标识和中文警示说明，并设置通信报警系统。

提供安全淋浴和洗眼设备。

B.8.3 个人防护

呼吸系统防护：防毒面具。依据当地和政府法规。

手部防护：防护手套。

眼睛防护：安全防护镜。如果情况需要，佩戴面具。

皮肤和身体防护：防护服。如果情况需要，穿戴防护靴。

B.8.4 环境防护

局部通风　　　　　　　　　　　推荐

常规通风　　　　　　　　　　　推荐

B.9 理化特性

外观与形状：液体

颜色：无色透明

pH 值：无数据资料

沸点：87 ℃（在 760 mmHg）

熔点：−115 ℃

闪点：20 ℃（闭口杯法）

自燃温度：无数据资料

氧化特性：无

爆炸上限：无数据资料

爆炸下限：无数据资料

蒸气压：10.1 kPa/25 ℃

蒸气密度：无数据资料

密度：0.9400 g/cm^3（25 ℃）

溶解性：与水反应

燃烧热：无数据资料

黏度：无数据资料

B.10 稳定性和反应性

B.10.1 综述

按照常规的无有害反应的工业做法被存储和处理。

B.10.2 化学稳定性

湿度敏感。

B.10.3 反应性

避免接触的条件：不相容的材料，火源，多余的热量，暴露在潮湿的空气中。

危险的分解产品：碳氧化物和未完全燃烧的碳化合物、甲醛、二氧化硅。

危险的聚合作用：遇到水、强酸、热，可能会发生聚合反应。

B.11 毒理学信息

B.11.1 感染途径

吸入，皮肤接触和误食。

B.11.2 过度接触的迹象和症状

如果吸入有害。如果吞食可能有害。造成严重眼损伤。可能会引起皮肤过敏。可能会导致皮肤过敏反应。

B.11.3 急性毒性

化学名称	CAS 编号	半致死量 LD_{50}（经口）	半致死量 LD_{50}（经皮）	LC_{50}（吸入）
三甲氧基氢硅烷	2487-90-3	8929 mg/kg（鼠）	6029 mg/kg（兔子）	42 ppm（鼠；4 h）

潜在的健康影响：

吸入可能有害。可能引起呼吸道刺激；

摄入误吞对人体有害；

皮肤如果通过皮肤吸收可能是有害的。可能引起皮肤刺激；

眼睛造成眼刺激。

B.11.4 慢性毒性

无数据资料。

B.11.5 其它健康危害信息

这种材料在接触水分或潮湿的空气时释放甲醇。过度甲醇可导致失明或对神经系统有影响。

B.12 生态学信息

B.12.1 生态毒性

鱼类：无数据资料。

对水蚤和其他水生无脊椎动物的毒性类：无数据资料。

藻类：无数据资料。

B.12.2 残留性 / 降解性

无数据资料。

B. 12. 3 潜在生物累积（BCF）

无数据资料。

B. 12. 4 土壤中移动性

无数据资料。

B. 12. 5 另外的环境信息

即使在专业的处理或处置的情况下，也不能排除产生环境危害。

B. 13 运输信息

危险货物类别：6.1

联合国编号（UN No.）：3384

包装等级：I

正式运输名称：吸入毒性液体，易燃，未另作规定的，吸入毒性低于或等于 1000 mL/m^3，且饱和蒸汽浓度大于或等于 10 LC_{50}。

化学名称：三甲氧基氢硅烷

B. 14 法规信息

必须遵守国家和地方法规。标签，请参阅本文档中的信息。《危险化学品安全管理条例》（2011 年 2 月 16 日国务院发布）：针对危险化学品的安全使用、生产、储存、运输、装卸等方面均作了相应的规定。

B. 15 其他信息

由湖北新蓝天新材料股份有限公司按照 GB/T 16483（2008），GB/T 17519（2013）编制。

（R）指注册商标

此处提供的信息是出于诚信，认为以上所列出的数据是正确的。然而未给出根据、明示或暗示，按不同地区的要求进行调整。遵守联邦、国家、省或地方法规是买方/使用者的责任。这所列的信息仅适用于产品的运输。由于产品的使用条件不受我司控制，所以用户有义务自己确定安全使用化学品所需要的技术和条件。由于信息有不同的来源，我们也不能对来自其它渠道的 MSDS 负责。若您从非我司渠道获得了我司的 MSDS 或您不能确信我司 MSDS 是现行版本，请与我司联系索取。

二甲基二甲氧基硅烷

Dimethyl dimethoxy silane

前　言

本文件按照 GB/T 1.1—2020《标准化工作导则　第 1 部分：标准化文件的结构和起草规则》的规定起草。

请注意本文件的某些内容可能涉及专利。本文件的发布机构不承担识别这些专利的责任。

本文件由中国氟硅有机材料工业协会提出。

本文件由中国氟硅有机材料工业协会标准化委员会归口。

本文件起草单位：浙江衢州建橙有机硅有限公司、浙江正和硅材料有限公司、中蓝晨光化工研究设计院有限公司、南京曙光精细化工有限公司、广州雷斯曼新材料科技有限公司、中蓝晨光成都检测技术有限公司。

本文件主要起草人：文贞玉、何邦友、方炜、陈敏剑、陶再山、曹胡亮、刘芳铭、盛露露、郑宁、杨亦清。

本文件版权归中国氟硅有机材料工业协会。

本文件由中国氟硅有机材料工业协会标准化委员会解释。

本文件为首次制定。

二甲基二甲氧基硅烷

1 范围

本文件规定了二甲基二甲氧基硅烷的要求、试验方法、检验规则、标志、包装、运输、贮存和安全。

本文件适用于二甲基二氯硅烷醇解法制得的二甲基二甲氧基硅烷产品。产品用作硅橡胶结构控制剂及扩链剂等。

分子式：$C_4H_{12}O_2Si$

结构式：

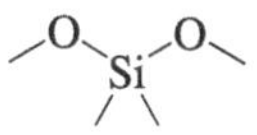

相对分子量：120.22（按 2014 年国际相对原子质量）

2 规范性引用文件

下列文件中的内容通过文中的规范性引用而构成本文件必不可少的条款。其中，注日期的引用文件，仅该日期对应的版本适用于本文件；不注日期的引用文件，其最新版本（包括所有的修改单）适用于本文件。

GB 190　危险货物包装标志

GB/T 191　包装储运图示标志

GB/T 3050　无机化工产品中氯化物含量测定的通用方法 电位滴定法

GB/T 4472　化工产品密度、相对密度的测定

GB/T 6488　液体化工产品　折光率的测定（20 ℃）

GB/T 6678　化工产品采样总则

GB/T 6680　液体化工产品采样通则

GB/T 8170　数值修约规则与极限数值的表示和判定

GB/T 9722　化学试剂　气相色谱法通则

3 术语和定义

本文件没有需要界定的术语和定义。

4 要求

4.1 外观

无色透明、无机械杂质液体。

4.2 技术要求

二甲基二甲氧基硅烷产品应符合表1要求。

表 1   技术指标

序号	项　　　目	指　　　标
1	二甲基二甲氧基硅烷的质量分数/%	≥99.50
2	甲醇的质量分数/%	≤0.5
3	氯离子含量（Cl⁻）/（mg/kg）	30
4	折光率（20 ℃）	1.3680～1.3700
5	密度（20 ℃）/（g/cm³）	0.870～0.875

5 试验方法

5.1 一般规定

本文件除另有规定，所有试剂的纯度应为分析纯，试验中所用标准滴定溶液、制剂及制品，在没有注明其他要求时，均按 GB/T 601、GB/T 603 的规定制备。试验用水除另有规定外，应符合 GB/T 6682 中三级水的规定。

5.2 外观的判定

于 50 mL 具塞比色管中，加入试样，在自然光或日光灯下轴向目测。

5.3 质量分数的测定

5.3.1 方法提要

用气相色谱法，在选定的工作条件下，使样品汽化后经色谱柱分离，用火焰离子化检测器检测，采用面积归一化法定量。

5.3.2 试剂

5.3.2.1 载气：氮气，体积分数大于等于 99.99%，经硅胶或分子筛干燥，活性炭净化。

5.3.2.2 燃气：氢气，体积分数大于等于 99.99%，经硅胶或分子筛干燥，活性炭净化。

5.3.2.3 助燃气：空气，经硅胶或分子筛干燥，活性炭净化。

5.3.3 仪器

5.3.3.1 气相色谱仪：配有分流进样装置及氢火焰检测器的任何型号的气相色谱仪，整机灵敏度和稳定性符合 GB/T 9722 中的有关规定。

5.3.3.2 色谱工作站。

5.3.3.3 微量注射器：1.0 μL。

5.3.4 色谱柱及典型操作条件

本文件推荐的色谱柱及典型操作条件见表 2，典型色谱图见图 1。能达到同等分离程度的其他毛细管色谱柱及操作条件均可使用。

表 2　色谱柱及典型操作条件

色谱柱	100％二甲基聚硅氧烷，30 m×0.25 mm×0.25 μm
载气	氮气
载气流速/(mL/min)	1
分流比	50：1
柱温	柱温：50 ℃，保持 2 min；程序升温，升温速率 30 ℃/min，终温 200 ℃，保持 3 min
汽化温度/℃	260
检测温度/℃	300
进样量/μL	0.4

5.3.5　分析步骤

色谱仪启动后进行必要的调节，以达到表 2 的色谱操作条件或其他适宜条件。当色谱仪达到设定的操作条件并稳定后，进行试样的测定。用色谱工作站记录各组分的峰面积。

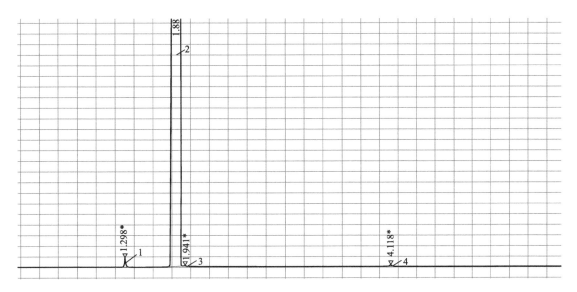

标引序号说明：

1——甲醇；

2——二甲基二甲氧基硅烷；

3——二甲基甲氧基乙氧基硅烷；

4——四甲基二甲氧基二硅氧烷。

图 1　二甲基二甲氧基硅烷的典型色谱图

5.3.6　结果计算

样品中二甲基二甲氧基硅烷的质量分数 W_i，以％表示，按公式（1）计算：

$$W_i = \frac{A_i}{\sum A_i} \times 100\%$$ ·······················(1)

式中：

A_i——二甲基二甲氧基硅烷的峰面积；

ΣA_i——各组分峰面积的总和。

5.3.7 允许误差

取平行测定结果的算术平均值为测定结果。二甲基二甲氧基硅烷两次平行测定结果的绝对差值不大于 0.10%。

5.4 氯离子的测定

5.4.1 方法原理

选用非水溶剂专用银电极，以硝酸银标准溶液为滴定剂，借助电位突跃确定反应终点，根据突跃点对应消耗标准溶液的体积，可计算出样品中氯离子含量。

5.4.2 试剂

0.01 mol/L 的硝酸银标准滴定溶液。

5.4.3 仪器

全自动电位滴定仪。

5.4.4 分析步骤

精确称取样品 50 g（精确至 0.0001 g）于滴定杯中，按仪器说明安装好，按 GB/T 3050 的规定进行测定。

5.4.5 允许误差

两个平行测定值的绝对差值不得大于 2 mg/kg，取两个平行测定值的算术平均值作为测定结果。

5.5 折光率的测定

按 GB/T 6488 中规定的方法进行测试。

5.6 密度的测定

按 GB/T 4472 中规定的方法进行测试。

6 检验规则

6.1 检验分类

二甲基二甲氧基硅烷检验分为出厂检验和型式检验。

6.2 出厂检验

6.2.1 出厂检验项目

a) 二甲基二甲氧基硅烷的质量分数；
b) 甲醇的质量分数；
c) 氯离子的含量。

6.2.2 组批和抽样

以相同原料、相同配方、相同工艺生产的产品为一检验组批，其最大组批量不超过 50000 kg。每批随机抽产品 0.5 kg，作为出厂检验样品。

6.2.3 判定规则

所有检验项目合格，则产品合格；若出现不合格项，允许加倍抽样对不合格项进行复检。若复检合格，则判该批产品合格；若复检仍不合格，则判该批产品为不合格。

6.3 型式检验

6.3.1 检验时机

有下列情况之一时，应进行型式检验：
a) 新产品投产或老产品定型检定时；
b) 正常生产时，定期或积累一定产量后，应周期性（每一年/每一季度）进行一次；
c) 产品结构设计、材料、工艺以及关键的配套元器件等有较大改变，可能影响产品性能时；
d) 产品长期停产后，恢复生产时；
e) 出厂检验结果与上次型式检验结果有较大差异时；
f) 产品停产 6 个月以上恢复生产时；
g) 国家质量监督机构提出进行型式检验要求时。

6.3.2 检验项目

二甲基二甲氧基硅烷型式检验为本文件第 4 章要求的所有项目。

6.3.3 组批和抽样

以相同原料、相同配方、相同工艺生产的产品为一检验组批，其最大组批量不超过 50000 kg。
每批随机抽产品 1 kg，作为型式检验样品。

6.3.4 判定规则

所有检验项目合格，则产品合格；若出现不合格项，允许加倍抽样对不合格项进行复检。若复检合格，则判该批产品合格；若复检仍不合格，则判该批产品为不合格。

7 标志、包装、运输和贮存

7.1 标志

二甲基二甲氧基硅烷包装容器上应有清晰、明显、牢固的标志，其内容包括：生产厂名称、厂址、商标、产品名称、生产日期或批号、净含量和标准标号等级。并应有符合 GB 190 规定的"易燃液体"和 GB/T 191 规定的"怕雨""怕晒"等标志。

7.2 包装

二甲基二甲氧基硅烷产品采用干燥、清洁的铁桶或塑料桶包装，每桶净含量 20 kg 或 170 kg，也可根据客户推荐的方法进行包装，包装要符合安全规定。

7.3　运输

按照化学品运输管理规定进行，运输过程中不得与有害有毒物质同车装运，并应轻装轻卸，不得重压，不得日晒、雨淋。

7.4　贮存

本产品应贮存于干燥、通风、清洁、阴凉的仓库内，远离火源及其它危险品。二甲基二甲氧基硅烷自生产日起，贮存期为三年，逾期应重新检验，检验结果符合本文件要求时，仍可继续使用。

8　安全（下述安全内容为提示性内容但不仅限于下述内容）

警告——使用本文件的人员应熟悉实验室的常规操作。本文件未涉及与使用有关的安全问题。使用者有责任建立适宜的安全和健康措施并确保首先符合国家的相关规定。

二甲基二乙氧基硅烷

Dimethyl diethoxy silane

前　言

本文件按照 GB/T 1.1—2020《标准化工作导则　第 1 部分：标准化文件的结构和起草规则》的规定起草。

请注意本文件的某些内容可能涉及专利。本文件的发布机构不承担识别这些专利的责任。

本文件由中国氟硅有机材料工业协会提出。

本文件由中国氟硅有机材料工业协会标准化委员会归口。

本文件起草单位：浙江衢州建橙有机硅有限公司、浙江正和硅材料有限公司、中蓝晨光成都检测技术有限公司、南京曙光精细化工有限公司、广州雷斯曼新材料科技有限公司、中蓝晨光成都检测技术有限公司。

本文件主要起草人：文贞玉、何邦友、方炜、陈敏剑、陶再山、胡颖娟、刘芳铭、盛露露、罗晓霞杨亦清。

本文件版权归中国氟硅有机材料工业协会。

本文件由中国氟硅有机材料工业协会标准化委员会解释。

本文件为首次制定。

二甲基二乙氧基硅烷

1 范围

本文件规定了二甲基二乙氧基硅烷的要求、试验方法、检验规则、标志、包装、运输、贮存和安全。本文件适用于由二甲基二氯硅烷醇解法制得的二甲基二乙氧基硅烷产品，产品用作硅橡胶结构控制剂及扩链剂等。

分子式：$C_6H_{16}O_2Si$

结构式：

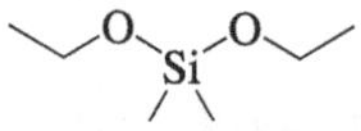

相对分子量：148.29（按 2014 年国际相对原子质量）

2 规范性引用文件

下列文件中的内容通过文中的规范性引用而构成本文件必不可少的条款。其中，注日期的引用文件，仅该日期对应的版本适用于本文件；不注日期的引用文件，其最新版本（包括所有的修改单）适用于本文件。

GB 190　　危险货物包装标志

GB/T 191　　包装储运图示标志

GB/T 3050　　无机化工产品中氯化物含量测定的通用方法　电位滴定法

GB/T 4472　　化工产品密度、相对密度的测定

GB/T 6488　　液体化工产品　折光率的测定（20 ℃）

GB/T 6678　　化工产品采样总则

GB/T 6680　　液体化工产品采样通则

GB/T 8170　　数值修约规则与极限数值的表示和判定

GB/T 9722　　化学试剂　气相色谱法通则

GB 12268　　危险货物品名表

GB/T 16483　　化学品安全技术说明书　内容和项目顺序

3 术语和定义

本文件没有需要界定的术语和定义。

4 要求

4.1 外观

无色透明、无机械杂质液体。

4.2 技术要求

二甲基二乙氧基硅烷产品应符合表 1 要求。

表 1　技术指标

序号	项　　　目	指　　标
1	二甲基二乙氧基硅烷的质量分数/%	≥99.50
2	乙醇的质量分数/%	≤0.50
3	氯离子含量（Cl⁻）/（mg/kg）	≤30
4	折光率（20 ℃）	1.3800～1.3820
5	密度（20 ℃）/（g/cm³）	0.834～0.838

5　试验方法

5.1　一般规定

本文件除另有规定，所有试剂的纯度应为分析纯，试验中所用标准滴定溶液、制剂及制品，在没有注明其它要求时，均按 GB/T 601、GB/T 603 的规定制备。试验用水除另有规定外，应符合 GB/T 6682 中三级水的规定。

5.2　外观的判定

于 50 mL 具塞比色管中，加入试样，在自然光或日光灯下轴向目测。

5.3　质量分数的测定

5.3.1　方法提要

用气相色谱法，在选定的工作条件下，使样品汽化后经色谱柱分离，用火焰离子化检测器检测，采用面积归一化法定量。

5.3.2　试剂

5.3.2.1　载气：氮气，体积分数大于等于 99.99%，经硅胶或分子筛干燥，活性炭净化。

5.3.2.2　燃气：氢气，体积分数大于等于 99.99%，经硅胶或分子筛干燥，活性炭净化。

5.3.2.3　助燃气：空气，经硅胶或分子筛干燥，活性炭净化。

5.3.3　仪器

5.3.3.1　气相色谱仪：配有分流进样装置及氢火焰检测器的任何型号的气相色谱仪，整机灵敏度和稳定性符合 GB/T 9722 中的有关规定。

5.3.3.2　色谱工作站。

5.3.3.3　微量注射器：1.0 μL。

5.3.4　色谱柱及典型操作条件

本文件推荐的色谱柱及典型操作条件见表 2，典型色谱图见图 1。能达到同等分离程度的其他毛细管色谱柱及操作条件均可使用。

表 2　色谱柱及典型操作条件

色谱柱	100%二甲基聚硅氧烷，30 m×0.25 mm×0.25 μm
载气	氮气
载气流速/（mL/min）	1
分流比	50∶1
柱温	柱温：50 ℃，保持 3 min；程序升温，升温速率 30 ℃/min，终温 200 ℃，保持 3 min
汽化温度/℃	260
检测温度/℃	300
进样量/μL	0.4

5.3.5　分析步骤

色谱仪启动后进行必要的调节，以达到表 2 的色谱操作条件或其他适宜条件。当色谱仪达到设定的操作条件并稳定后，进行试样的测定。用色谱工作站记录各组分的峰面积。

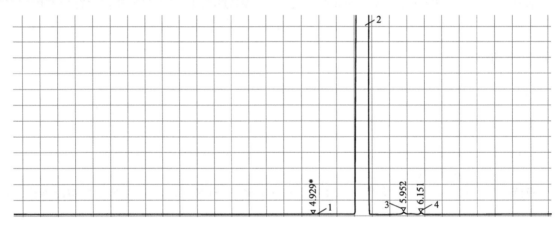

标引序号说明：

1——乙醇；

2——二甲基二乙氧基硅烷；

3——二甲基乙氧基异丙氧基硅烷；

4——未知物。

图 1　二甲基二乙氧基硅烷的典型色谱图

5.3.6　结果计算

样品中二甲基二乙氧基硅烷的质量分数 W_i，以%表示，按公式（1）计算：

$$W_i = \frac{A_i}{\sum A_i} \times 100\%$$ ··················(1)

式中：

A_i——二甲基二乙氧基硅烷的峰面积；

$\sum A_i$——各组分峰面积的总和。

5.3.7　允许误差

取平行测定结果的算术平均值为测定结果。二甲基二乙氧基硅烷两次平行测定结果的绝对差值不大于 0.10%。

5.4 氯离子的测定

5.4.1 方法原理

选用非水溶剂专用银电极，以硝酸银标准溶液为滴定剂，借助电位突跃确定反应终点，根据突跃点对应消耗标准溶液的体积，可计算出样品中氯离子含量。

5.4.2 试剂

0.01 mol/L 的硝酸银标准滴定溶液。

5.4.3 仪器

全自动电位滴定仪。

5.4.4 分析步骤

精确称取样品 50 g（精确至 0.0001 g）于滴定杯中，按仪器说明安装好，按 GB/T 3050 的规定进行测定。

5.4.5 允许误差

两个平行测定值的绝对差值不得大于 2 mg/kg，取两个平行测定值的算术平均值作为测定结果。

5.5 折光率的测定

按 GB/T 6488 中规定的方法进行测试。

5.6 密度的测定

按 GB/T 4472 中规定的方法进行测试。

6 检验规则

6.1 检验分类

二甲基二乙氧基硅烷检验分为出厂检验和型式检验。

6.2 出厂检验

6.2.1 出厂检验项目

a) 二甲基二乙氧基硅烷的质量分数；
b) 乙醇的质量分数；
c) 氯离子的含量。

6.2.2 组批和抽样

以相同原料、相同配方、相同工艺生产的产品为一检验组批，其最大组批量不超过 50000 kg。每批随机抽产品 0.5 kg，作出厂检验样品。

6.2.3 判定规则

所有检验项目合格，则产品合格；若出现不合格项，允许加倍抽样对不合格项进行复检。若复检合格，则判该批产品合格；若复检仍不合格，则判该批产品为不合格。

6.3 型式检验

6.3.1 检验时机

有下列情况之一时，应进行型式检验：
a) 新产品投产或老产品定型检定时；
b) 正常生产时，定期或积累一定产量后，应周期性（每一年/每一季度）进行一次；
c) 产品结构设计、材料、工艺以及关键的配套元器件等有较大改变，可能影响产品性能时；
d) 产品长期停产后，恢复生产时；
e) 出厂检验结果与上次型式检验结果有较大差异时；
f) 产品停产 6 个月以上恢复生产时；
g) 国家质量监督机构提出进行型式检验要求时。

6.3.2 检验项目

二甲基二乙氧基硅烷型式检验为本文件第 4 章要求的所有项目。

6.3.3 组批和抽样

以相同原料、相同配方、相同工艺生产的产品为一检验组批，其最大组批量不超过 50000 kg。
每批随机抽产品 1 kg，作为型式检验样品。

6.3.4 判定规则

所有检验项目合格，则产品合格；若出现不合格项，允许加倍抽样对不合格项进行复检。若复检合格，则判该批产品合格；若复检仍不合格，则判该批产品为不合格。

7 标志、包装、运输和贮存

7.1 标志

二甲基二乙氧基硅烷包装容器上应有清晰、明显、牢固的标志，其内容包括：生产厂名称、厂址、商标、产品名称、生产日期或批号、净含量和标准标号等级。并应有符合 GB 190 规定的"易燃液体"和 GB/T 191 规定的"怕雨""怕晒"等标志。

7.2 包装

二甲基二乙氧基硅烷产品采用干燥、清洁的铁桶或塑料桶包装，每桶净含量 20 kg 或 170 kg，也可根据客户推荐的方法进行包装，包装要符合安全规定。

7.3 运输

按照化学品运输管理规定进行，运输过程中不得与有害、有毒物质同车装运，并应轻装轻卸，不得重压，不得日晒、雨淋。

7.4 贮存

本产品应贮存于干燥、通风、清洁、阴凉的仓库内，远离火源及其它危险品。二甲基二乙氧基硅烷自生产日起，贮存期为三年，逾期应重新检验，检验结果符合本文件要求时，仍可继续使用。

8 安全（下述安全内容为提示性内容但不仅限于下述内容）

警告——使用本文件的人员应熟悉实验室的常规操作。本文件未涉及与使用有关的安全问题。使用者有责任建立适宜的安全和健康措施并确保首先符合国家的相关规定。

附　录　A
（资料性附录）
二甲基二乙氧基硅烷的 MSDS

　　本产品二甲基二乙氧基硅烷属于危险化学品，见《危险化学品目录》（2015 版），序号为 437，CAS 号为 78-62-6。

　　下列信息摘录自二甲基二乙氧基硅烷的 MSDS 说明书，附录中信息供标准使用者参考。本文件未涉及所有与使用有关的安全、环境和健康问题。使用者有责任建立适宜的环境处置和健康保护措施并确保首先符合国家的相关规定。

第一部分　化学品及企业标识

化学品中文名：二甲基二乙氧基硅烷

化学品英文名：dimethyldiethoxysilane

产品推荐及限制用途：制取硅官能硅烷、碳官能硅烷、硅氧烷及其它，是乙烯基双封头生产的主要原料，是取代羟基硅油作为高温硅橡胶的优越的结构控制剂。可以作为白炭黑（二氧化硅）的处理剂，也可作为消泡剂、有机硅涂料生产中的抗结构化材料。仅限于工业使用。

第二部分　危险性概述

紧急情况概述：高度易燃液体和蒸气；造成皮肤刺激；造成严重眼刺激；对水生生物有毒。

GHS 危险性类别：根据化学品分类、警示标签和警示性说明规范系列标准（参阅第十五部分），该产品属于易燃液体，类别 2；皮肤腐蚀/刺激 2 类；严重眼损伤/眼刺激 2A 类；危害水生环境-急性危险 2 类。

标签要素：

象形图：

警示词：危险

危险信息：高度易燃液体和蒸气；造成皮肤刺激；造成严重眼刺激；对水生生物有毒。

防范说明：

预防措施：远离热源/火花/明火/热表面。禁止吸烟。保持容器密闭。容器和接收设备接地/等势连接。使用防爆电器/通风/照明设备。只能使用不产生火花的工具。采取防止静电放电的措施。作业后彻底清洗双手。避免释放到环境中。戴防护手套/穿防护服/防护眼镜/防护面罩。

事故响应：火灾时，使用灭火器灭火。如皮肤（或头发）接触：立即去除所有被污染的衣服。用水冲洗皮肤/淋浴。如误吸入：将受害有转移到空气新鲜处，保持呼吸舒适。如进入眼睛：用水小心冲洗几分钟，如戴隐形眼镜并可方便取出，则取出后继续冲洗。如感觉不适，呼叫解毒中心/医生。如发生皮肤刺激：求医/就诊。如仍觉眼睛刺激：求医就诊。脱掉所有污染的衣服，须经洗净后方可重新使用。

安全储存：存放在通风良好的地方，保持容器密闭，保持低温，上锁保管。

废弃处置：依据地方法规处置内装物/容器。

第三部分　成分/组成信息

√物质　　　　　　　　　　　　　混合物

危险组分	浓度或浓度范围	CAS 号	EINECS 号
二甲基二乙氧基硅烷	99.0%	78-62-6	201-127-6

第四部分　急救措施

对医生的建议：在呼吸急促的情况下，需给受害人输氧。保持受害人温暖。让受害人处于观察监护下。

—皮肤接触：立即用大量的清水冲洗皮肤，脱掉被污染的衣服和鞋子，如皮肤刺激仍继续，须求医。如原是小面积的皮肤接触，防止接触面积的扩大。污染的衣服在使用前，须单独的清洗。

—眼睛接触：立即用大量的水冲洗眼睛至少 15 min，用手指分开起眼睑以保证充分冲洗眼睛，马上就医。

—吸入：转移到有新鲜空气的地方，如需要输氧或进行人工呼吸，马上就医。

—食入：无医师建议的情况下不要引吐。如受害人需呕吐，使其前倾以减少倒吸的危险。解松过紧的衣物，如领子、领带、皮带和腰——不要使用嘴对嘴的方法进行施救，马上就医。

第五部分　消防措施

特别危险性：高度易燃液体和蒸气。烟气产生的特殊危险物为碳氧化物和二氧化硫。

灭火方法和灭火剂：用干粉、二氧化碳、沙土灭火。

灭火注意事项及措施：如需要，穿全套防护衣服，包括头盔、呼吸器、防护服和面罩，在上风向灭火。尽可能将容器从火场移至空旷处。喷水保持火场容器冷却，直至灭火结束。处在火场中的容器若已变色或从安全泄压装置中产生声音，必须马上撤离。

第六部分　泄漏应急处理

与人相关的安全防护措施：确保通风充分。在穿上合适的防护服前，请勿触摸损坏的容器或泄漏物。在进入封闭空间前先通风。请不相关人员撤离。

环境保护措施：如能做到应防止进一步的泄漏和溢出，无相关政府许可，不允许把该物质释放到环境中。

清洁/收集措施：用惰性材料吸附（如干砂、蛭石等），收集并把废弃物放置在合适的容器中。彻底清洁被污染的表面。

第七部分　操作处置与储存

安全操作信息：不要吸入蒸气/雾气。勿让儿童接触。不要直接对着脸喷。在通风不充足的情况下，使用合适的呼吸设备。

防止爆炸和火灾的信息：远离热源、火源——禁止烟火。采取措施防止静电电荷积累。

对储藏室和容器的要求：存放在阴凉、干燥、通风良好的地方。使用前保持容器密封。

关于储藏在普通存储设施中的信息：远离不相容的物质如强酸、水、强氧化剂等。

第八部分　接触控制/个体防护

接触限值：ACGIH 阈限值—时间加权平均浓度：未建立；ACGIH 阈限值—短时间接触限值：未建立；NIOSH 阈限值—时间加权平均浓度：未建立；NIOSH 阈限值—短时间接触限值：未建立。

减少接触的工程控制方法：采用局部排气设备或其他的工程控制措施来保持空气水平低于推荐暴露限值。

—般保护和卫生措施：储存和使用该材料区域应配备一个洗眼器和一个安全沐浴设施。不要让该物质与皮肤、衣服、眼睛接触。根据良好的工业卫生和安全条例操作。在休息和一天工作结束前要洗手。

个人防护用品：防溅眼睛、手套、防护服和防毒面具。

呼吸设备：当工人在高浓度的环境工作时，必须使用合适的已认证的呼吸器。

眼睛/面部防护：使用带侧罩或安全眼镜的护目镜作为工人长期暴露的机械屏蔽。

皮肤和身体防护：使用干净的防护服以尽量减少该物质与衣服和皮肤的接触。

手 防 护：戴合适的耐化学腐蚀的手套。

第九部分 理化特性

外观与性状：无色透明液体

pH 值（指明浓度）：无资料　　　　　　　　**熔点/凝固点**：$-87\ ℃$

沸点、初沸点和沸程：$114\ ℃$　　　　　　**易燃性**：易燃

相对蒸气密度（空气=1）：5.11　　　　　　**相对密度（水=1，20 ℃）**：0.853

闪点（闭杯）：$11\ ℃$　　　　　　　　　　**饱和蒸气压（25 ℃）**：24 hPa

分解温度：无资料　　　　　　　　　　　　**n-辛醇/水分配系数**：$\lg Pow=0.61$

爆炸下限：无资料　　　　　　　　　　　　**爆炸上限**：无资料

气味阈值：无资料　　　　　　　　　　　　**自燃温度**：无资料

蒸发速率：无资料　　　　　　　　　　　　**溶解性**：遇水可能分解

第十部分 稳定性和反应性

稳定性：在要求的贮存条件下，这是个稳定的化学品。

不相容的物质：避免和强酸、水、强氧化剂接触。

需避开的条件：不相容的物质，热、火焰和火花。极端的温度和阳光直射。防静电。

有害反应的可能性：未知。

有害分解产物：碳氧化物、二氧化硫。

第十一部分 毒理学资料

进入人体内的途径：皮肤接触、眼睛接触、吸入和摄入。

急性毒性：大鼠口服 LD_{50}：9280 mg/kg；兔子经皮 LD_{50}：未知；大鼠吸入 LD_{50}：20000 mg/kg/8 H。

皮肤刺激或腐蚀：造成皮肤刺激。

眼睛刺激或腐蚀：造成严重眼刺激。

呼吸或皮肤敏化作用：无数据。

生殖细胞突变性：无数据。

致癌性：无数据。

生殖毒性：无数据。

特异性靶器官系统毒性——单次接触：无数据。

特异性靶器官系统毒性——重复接触：无数据。

吸入危害：无数据。

慢性影响：无数据。

其他信息：无数据。

第十二部分 生态学资料

生态毒性：$96Hr LC_{50}$ 鱼：未知；$48Hr EC_{50}$ 溞类：未知；$72Hr EC_{50}$ 藻类：未知。

持久性和降解性：未知。

潜在的生物累积性：未知。

土壤中的迁移性：未知。

其他信息：对水生生物具有生态毒性。

第十三部分 废弃处置

废弃处置方法：联系一家持牌的专业废物处置机构来处置。按照当地的环保法规或地方当局的要求来进行处置。

第十四部分　运输信息

联合国《关于危险货物运输的建议书 规章范本》（TDG）

UN 编号： UN2380

正式运输名称： 二甲基二乙氧基硅烷

危险性/项别： 第 3 类　易燃液体

包装类别： PGⅡ

次要危险性： 无

危险性标签：

国际海运危规 IMDG/海洋污染物（是/否）： 与 TDG 的分类相同/否。

国际空运危规 ICAO-TI 和 IATA-DGR： 与 TDG 的分类相同。

第十五部分　法规信息

OSHA（美国职业安全和健康管理法）： 危险性根据危害通信标准来编写（29 CFR1910.1200）。

EINECS（欧洲现有商业化学物质名录）： 该化学品被列入 EINECS 目录中。

EPA TSCA（有毒物质控制法）： 该化学品被列入 TSCA 目录中。

加拿大 DSL（国内物质清单）： 该化学品被列入 DSL 目录中。

HMIS（危险化学品识别系统）： 健康危害：1

　　易燃性：3

　　物理危害：1

　　个人防护：H

　　（4.极其严重危害；3.严重危害；2.中度危害；1.轻度危害；0.极小危害）

WHMIS（加拿大工作场所有害物质识别系统）： B2。

GB 12268—2012 危险化学品清单： 该化学品作为危险品被列入 GB 12268—2012 危险品清单。

第十六部分　其他信息

最新修订版日期： 2017 年 11 月 8 日

修订说明： 本 MSDS 按照浙江出入境检验检疫局检验检疫技术中心编制的《化学品安全数据表》（2017 年 8 月 8 日）编制。

二甲基乙烯基乙氧基硅烷

Vinyl dimethyl ethoxy silane

前　言

本文件按照 GB/T 1.1—2020《标准化工作导则 第1部分：标准化文件的结构和起草规则》的规定起草。

请注意本文件的某些内容可能涉及专利。本文件的发布机构不承担识别这些专利的责任。

本文件由中国氟硅有机材料工业协会提出。

本文件由中国氟硅有机材料工业协会标准化委员会归口。

本文件起草单位：浙江衢州建橙有机硅有限公司、江西省奔越科技有限公司、中蓝晨光化工研究设计院有限公司、南京曙光精细化工有限公司、中蓝晨光成都检测技术有限公司。

本文件主要起草人：文贞玉、何邦友、俞强、陈敏剑、陶再山、刘芳铭、方炜、王永桂、杨亦清。

本文件版权归中国氟硅有机材料工业协会。

本文件由中国氟硅有机材料工业协会标准化委员会解释。

本文件为首次制定。

二甲基乙烯基乙氧基硅烷

1 范围

本文件规定了二甲基乙烯基乙氧基硅烷的要求、试验方法、检验规则、标志、包装、运输和贮存、安全。

本文件适用于由钠缩合法制得的二甲基乙烯基乙氧基硅烷产品，产品用作硅油、硅橡胶或硅树脂的封头剂。

分子式：$C_6H_{14}OSi$

结构式：

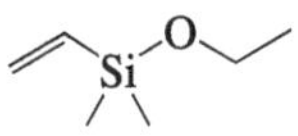

相对分子量：130.26（按 2014 年国际相对原子质量）

2 规范性引用文件

下列文件中的内容通过文中的规范性引用而构成本文件必不可少的条款。其中，注日期的引用文件，仅该日期对应的版本适用于本文件；不注日期的引用文件，其最新版本（包括所有的修改单）适用于本文件。

GB 190　危险货物包装标志

GB/T 191　包装储运图示标志

GB/T 4472　化工产品密度、相对密度的测定

GB/T 6488　液体化工产品　折光率的测定（20 ℃）

GB/T 6678　化工产品采样总则

GB/T 6680　液体化工产品采样通则

GB/T 8170　数值修约规则与极限数值的表示和判定

GB/T 9722　化学试剂　气相色谱法通则

3 术语和定义

本文件没有需要界定的术语和定义。

4 要求

4.1 外观

无色透明、无机械杂质液体。

4.2 技术要求

二甲基乙烯基乙氧基硅烷产品应符合表 1 要求。

表1 技术指标

序号	项 目	指 标
1	二甲基乙烯基乙氧基硅烷的质量分数/%	≥99.50
2	乙醇的质量分数/%	≤0.50
3	氯离子含量（Cl^-）/（mg/kg）	≤30
4	折光率（20 ℃）	1.3970～1.3990
5	密度（20 ℃）/（g/cm³）	0.780～0.790

5 试验方法

5.1 一般规定

本文件除另有规定，所有试剂的纯度应为分析纯，试验中所用标准滴定溶液、制剂及制品，在没有注明其它要求时，均按 GB/T 601、GB/T 603 的规定制备。试验用水除另有规定外，应符合 GB/T 6682 中三级水的规定。

5.2 外观的判定

于 50 mL 具塞比色管中，加入试样，在自然光或日光灯下轴向目测。

5.3 质量分数的测定

5.3.1 方法提要

用气相色谱法，在选定的工作条件下，使样品汽化后经色谱柱分离，用火焰离子化检测器检测，采用面积归一化法定量。

5.3.2 试剂

5.3.2.1 载气：氮气，体积分数大于等于 99.99%，经硅胶或分子筛干燥，活性炭净化。

5.3.2.2 燃气：氢气，体积分数大于等于 99.99%，经硅胶或分子筛干燥，活性炭净化。

5.3.2.3 助燃气：空气，经硅胶或分子筛干燥，活性炭净化。

5.3.3 仪器

5.3.3.1 气相色谱仪：配有分流进样装置及氢火焰检测器的任何型号的气相色谱仪，整机灵敏度和稳定性符合 GB/T 9722 中的有关规定。

5.3.3.2 色谱工作站。

5.3.3.3 微量注射器：1.0 μL。

5.3.4 色谱柱及典型操作条件

本文件推荐的色谱柱及典型操作条件见表2，典型色谱图见图1。能达到同等分离程度的其他毛细管色谱柱及操作条件均可使用。

表 2 色谱柱及典型操作条件

色谱柱	100%二甲基聚硅氧烷，30 m×0.25 mm×0.25 μm
载气	氮气
载气流速/(mL/min)	1
分流比	50:1
柱温	柱温：50 ℃，保持 3 min；程序升温，升温速率 30 ℃/min，终温 200 ℃，保持 3 min
汽化温度/℃	260
检测温度/℃	300
进样量/μL	0.4

5.3.5 分析步骤

色谱仪启动后进行必要的调节，以达到表 2 的色谱操作条件或其他适宜条件。当色谱仪达到设定的操作条件并稳定后，进行试样的测定。用色谱工作站记录各组分的峰面积。

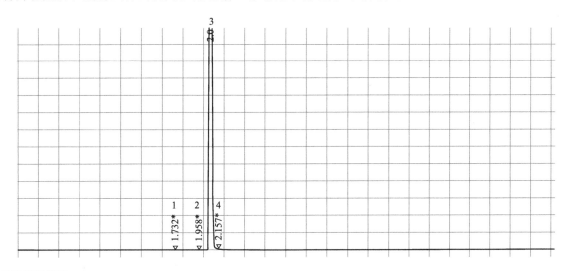

标引序号说明：

1——乙醇；

2——二甲基二乙烯基硅烷；

3——二甲基乙烯基乙氧基硅烷；

4——二甲基乙基乙氧基硅烷。

图 1 二甲基乙烯基乙氧基硅烷的典型色谱图

5.3.6 结果计算

样品中二甲基乙烯基乙氧基硅烷的质量分数 W_i，以%表示，按公式（1）计算：

$$W_i = \frac{A_i}{\sum A_i} \times 100\% \qquad\qquad\qquad (1)$$

式中：

A_i——二甲基乙烯基乙氧基硅烷的峰面积；

$\sum A_i$——各组分峰面积的总和。

5.3.7 允许误差

取平行测定结果的算术平均值为测定结果。二甲基二乙氧基硅烷两次平行测定结果的绝对差值不大于 0.10%。

5.4 氯离子的测定

5.4.1 方法原理

选用非水溶剂专用银电极，以硝酸银标准溶液为滴定剂，借助电位突跃确定反应终点，根据突跃点对应消耗标准溶液的体积，可计算出样品中氯离子含量。

5.4.2 试剂

0.01 mol/L 的硝酸银标准滴定溶液。

5.4.3 仪器

全自动电位滴定仪。

5.4.4 分析步骤

精确称取样品 50 g（精确至 0.0001 g）于滴定杯中，按仪器说明安装好，按 GB/T 3050 的规定进行测定。

5.4.5 允许误差

两个平行测定值的绝对差值不得大于 2 mg/kg，取两个平行测定值的算术平均值作为测定结果。

5.5 折光率的测定

按 GB/T 6488 中规定的方法进行测试。

5.6 密度的测定

按 GB/T 4472 中规定的方法进行测试。

6 检验规则

6.1 检验分类

二甲基乙烯基乙氧基硅烷检验分为出厂检验和型式检验。

6.2 出厂检验

6.2.1 出厂检验项目

a) 二甲基乙烯基乙氧基硅烷的质量分数；
b) 乙醇的质量分数；
c) 氯离子含量。

6.2.2 组批和抽样

以相同原料、相同配方、相同工艺生产的产品为一检验组批，其最大组批量不超过 50000 kg。每批随机抽产品 0.5 kg，作为出厂检验样品。

6.2.3 判定规则

所有检验项目合格，则产品合格；若出现不合格项，允许加倍抽样对不合格项进行复检。若复检合格，则判该批产品合格；若复检仍不合格，则判该批产品为不合格。

6.3 型式检验

6.3.1 检验时机

有下列情况之一时，应进行型式检验：
a) 新产品投产或老产品定型检定时；
b) 正常生产时，定期或积累一定产量后，应周期性（每一年/每一季度）进行一次；
c) 产品结构设计、材料、工艺以及关键的配套元器件等有较大改变，可能影响产品性能时；
d) 产品长期停产后，恢复生产时；
e) 出厂检验结果与上次型式检验结果有较大差异时；
f) 产品停产 6 个月以上恢复生产时；
g) 国家质量监督机构提出进行型式检验要求时。

6.3.2 检验项目

二甲基乙烯基乙氧基硅烷型式检验为本文件第 4 章要求的所有项目。

6.3.3 组批和抽样

以相同原料、相同配方、相同工艺生产的产品为一检验组批，其最大组批量不超过 50000 kg。
每批随机抽产品 1 kg，作为型式检验样品。

6.3.4 判定规则

所有检验项目合格，则产品合格；若出现不合格项，允许加倍抽样对不合格项进行复检。若复检合格，则判该批产品合格；若复检仍不合格，则判该批产品为不合格。

7 标志、包装、运输和贮存

7.1 标志

二甲基乙烯基乙氧基硅烷包装容器上应有清晰、明显、牢固的标志，其内容包括：生产厂名称、厂址、商标、产品名称、生产日期或批号、净含量和标准标号等级。并应有符合 GB 190 规定的"易燃液体"和 GB/T 191 规定的"怕雨""怕晒"等标志。

7.2 包装

二甲基乙烯基乙氧基硅烷产品采用干燥、清洁的塑料桶包装，每桶净含量 20 kg 和 50 kg，或采用铁桶包装，每桶净含量 170 kg，也可根据客户推荐的方法进行包装，包装要符合安全规定。

7.3 运输

按照化学品运输管理规定进行，运输过程中不得与有害、有毒物质同车装运，并应轻装轻卸，不得重压，不得日晒、雨淋。

7.4 贮存

本产品应贮存于干燥、通风、清洁、阴凉的仓库内，远离火源及其它危险品。二甲基乙烯基乙氧基硅烷自生产日起，贮存期为一年，逾期应重新检验，检验结果符合本文件要求时，仍可继续使用。

8 安全（下述安全内容为提示性内容但不仅限于下述内容）

警告——使用本文件的人员应熟悉实验室的常规操作。本文件未涉及与使用有关的安全问题。使用者有责任建立适宜的安全和健康措施并确保首先符合国家的相关规定。

四甲基二乙烯基二硅氧烷

Diviny tetramethyl disiloxane

前　言

本文件按照 GB/T 1.1—2020《标准化工作导则　第 1 部分：标准化文件的结构和起草规则》的规定起草。

请注意本文件的某些内容可能涉及专利。本文件的发布机构不承担识别这些专利的责任。

本文件由中国氟硅有机材料工业协会提出。

本文件由中国氟硅有机材料工业协会标准化委员会归口。

本文件起草单位：浙江衢州建橙有机硅有限公司、江西省奔越科技有限公司、唐山三友硅业有限责任公司、南京曙光精细化工有限公司、湖北硅元新材料科技有限公司、中蓝晨光成都检测技术有限公司、中蓝晨光化工研究设计院有限公司。

本文件主要起草人：文贞玉、何邦友、俞强、赵洁、陶再山、刘裴、陈敏剑、刘芳铭、方炜、王树山、杨亦清。

本文件版权归中国氟硅有机材料工业协会。

本文件由中国氟硅有机材料工业协会标准化委员会解释。

本文件为首次制定。

四甲基二乙烯基二硅氧烷

1 范围

本文件规定了四甲基二乙烯基二硅氧烷的要求、试验方法、检验规则、标志、包装、运输和贮存、安全。

本文件适用于由钠缩合法和加成法制得的四甲基二乙烯基二硅氧烷产品，产品用作硅油、硅橡胶或硅树脂的封头剂。

分子式：$[(CH_3)_2C_2H_3Si]_2O$

结构式：

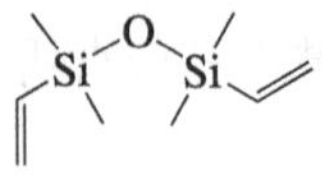

Si—O—Si 结构

相对分子量：186.41（按 2014 年国际相对原子质量）

2 规范性引用文件

下列文件中的内容通过文中的规范性引用而构成本文件必不可少的条款。其中，注日期的引用文件，仅该日期对应的版本适用于本文件；不注日期的引用文件，其最新版本（包括所有的修改单）适用于本文件。

GB 190　危险货物包装标志

GB/T 191　包装储运图示标志

GB/T 601　化学试剂　标准滴定溶液的制备

GB/T 603　化学试剂　试验方法中所用制剂及制品的制备

GB/T 4472　化工产品密度、相对密度的测定

GB/T 6488　液体化工产品　折光率的测定（20 ℃）

GB/T 6678　化工产品采样总则

GB/T 6680　液体化工产品采样通则

GB/T 8170　数值修约规则与极限数值的表示和判定

GB/T 9722　化学试剂　气相色谱法通则

3 术语和定义

本文件没有需要界定的术语和定义。

4 要求

4.1 外观

无色透明、无机械杂质液体。

4.2 技术要求

二甲基乙烯基乙氧基硅烷产品应符合表 1 要求。

表 1 技术指标

序号	项 目		指 标	
			I	II
1	四甲基二乙烯基二硅氧烷的质量分数/%	≥	99.90	99.00
2	水分/（mg/kg）	≤	50	100
3	氯离子含量（Cl⁻）/（mg/kg）	≤	5	10
4	折光率（20℃）		1.410～1.412	
5	密度（20℃）/（g/cm³）		0.810～0.820	

5 试验方法

5.1 一般规定

本文件除另有规定，所有试剂的纯度应为分析纯，试验中所用标准滴定溶液、制剂及制品，在没有注明其它要求时，均按 GB/T 601、GB/T 603 的规定制备。试验用水除另有规定外，应符合 GB/T 6682 中三级水的规定。

5.2 外观的判定

于 50 mL 具塞比色管中，加入试样，在自然光或日光灯下轴向目测。

5.3 质量分数的测定

5.3.1 方法提要

用气相色谱法，在选定的工作条件下，使样品汽化后经色谱柱分离，用火焰离子化检测器检测，采用面积归一化法定量。

5.3.2 试剂

5.3.2.1 载气：氮气，体积分数大于等于 99.99%，经硅胶或分子筛干燥，活性炭净化。

5.3.2.2 燃气：氢气，体积分数大于等于 99.99%，经硅胶或分子筛干燥，活性炭净化。

5.3.2.3 助燃气：空气，经硅胶或分子筛干燥，活性炭净化。

5.3.3 仪器

5.3.3.1 气相色谱仪：配有分流进样装置及氢火焰检测器的任何型号的气相色谱仪，整机灵敏度和稳定性符合 GB/T 9722 中的有关规定。

5.3.3.2 色谱工作站。

5.3.3.3 微量注射器：1.0 μL。

5.3.4 色谱柱及典型操作条件

本文件推荐的色谱柱及典型操作条件见表 2，典型色谱图见图 1。能达到同等分离程度的其他毛细管色谱柱及操作条件均可使用。

表 2　色谱柱及典型操作条件

色谱柱	100％二甲基聚硅氧烷，30 m×0.25 mm×0.25 μm
载气	氮气
载气流速/（mL/min）	1
分流比	50∶1
柱温	柱温：100 ℃，保持 3 min；程序升温，升温速率 30 ℃/min，终温 200 ℃，保持 3 min
汽化温度/℃	260
检测温度/℃	300
进样量/μL	0.4

5.3.5　分析步骤

色谱仪启动后进行必要的调节，以达到表 2 的色谱操作条件或其他适宜条件。当色谱仪达到设定的操作条件并稳定后，进行试样的测定。用色谱工作站记录各组分的峰面积。

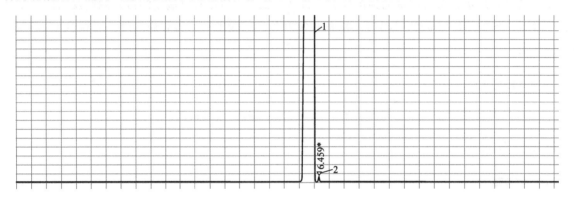

标引序号说明：

1——四甲基二乙烯基二硅氧烷；

2——四甲基乙烯基乙基二硅氧烷。

图 1　四甲基二乙烯基二硅氧烷的典型色谱图

5.3.6　结果计算

样品中四甲基二乙烯基二硅氧烷的质量分数 W_i，以％表示，按公式（1）计算：

$$W_i = \frac{A_i}{\sum A_i} \times 100\%$$ ·····················（1）

式中：

A_i——四甲基二乙烯基二硅氧烷的峰面积；

$\sum A_i$——各组分峰面积的总和。

5.3.7　允许误差

取平行测定结果的算术平均值为测定结果。四甲基二乙烯基二硅氧烷两次平行测定结果的绝对差值不大于 0.10％。

5.4 水分的测定

5.4.1 方法提要

用卡式炉在设定的条件下，通过干燥的热空气或热氮气将样品中水分带入库仑法微量水分仪电解池中与碘反应，根据电解出的碘量，仪器可自动计算样品水分含量。

5.4.2 试剂

卡尔-费休试剂（库仑电量法）。

5.4.3 仪器

卡尔-费休库仑法微量水分仪。
卡式炉。

5.4.3.1 卡式炉典型操作条件

本文件推荐的卡式炉操作条件见表3，能达到同等测试条件的仪器及操作条件均可。

表3　卡式炉典型操作条件

气流量/(mL/min)	80~120
加热温度/℃	120
样品时间/s	600

5.4.3.2 分析步骤

按规定的条件设置仪器参数，待仪器稳定，卡式炉内置换合格（漂移值稳定在 25 μg/min 以内），称取 2 g~3 g 样品（精确至 0.1 mg），将样品加入卡式炉腔内样品舟中，开始切换到向库仑法水分仪中热气吹扫进样，并同时在水分仪上按仪器操作步骤开始样品分析操作，待反应结束后，仪器会自动计算出样品的水分含量（%或 mg/kg），平行测定 3 次，取平均值，平行测定结果的绝对差值不大于 10 ppm。

注：由于四甲基二乙烯基二硅氧烷会影响电极灵敏度，因此，若没有配置卡式炉，每测试 3~5 个样品则需要更换试剂，并清洗电极，否则可能会影响测试数据的准确性。

5.5 氯离子的测定

5.5.1 方法原理

选用非水溶剂专用银电极，以硝酸银标准溶液为滴定剂，借助电位突跃确定反应终点，根据突跃点对应消耗标准溶液的体积，可计算出样品中氯离子含量。

5.5.2 试剂

0.01 mol/L 的硝酸银标准滴定溶液。

5.5.3 仪器

全自动电位滴定仪。

5.5.4 分析步骤

精确称取样品 50 g（精确至 0.0001 g）于滴定杯中，按仪器说明安装好，按 GB/T 3050 的规定进行测定。

5.5.5 允许误差

两个平行测定值的绝对差值不得大于 2 mg/kg，取两个平行测定值的算术平均值作为测定结果。

5.6 折光率的测定

按 GB/T 6488 中规定的方法进行测试。

5.7 密度的测定

按 GB/T 4472 中规定的方法进行测试。

6 检验规则

6.1 检验分类

四甲基二乙烯基二硅氧烷检验分为出厂检验和型式检验。

6.2 出厂检验

6.2.1 出厂检验项目

a) 四甲基二乙烯基二硅氧烷的质量分数；
b) 水分；
c) 氯离子含量。

6.2.2 组批和抽样

以相同原料、相同配方、相同工艺生产的产品为一检验组批，其最大组批量不超过 50000 kg。每批随机抽产品 0.5 kg，作为出厂检验样品。

6.2.3 判定规则

所有检验项目合格，则产品合格；若出现不合格项，允许加倍抽样对不合格项进行复检。若复检合格，则判该批产品合格；若复检仍不合格，则判该批产品为不合格。

6.3 型式检验

6.3.1 检验时机

有下列情况之一时，应进行型式检验：
a) 新产品投产或老产品定型检定时；
b) 正常生产时，定期或积累一定产量后，应周期性（每一年/每一季度）进行一次；
c) 产品结构设计、材料、工艺以及关键的配套元器件等有较大改变，可能影响产品性能时；
d) 产品长期停产后，恢复生产时；

e) 出厂检验结果与上次型式检验结果有较大差异时；

f) 产品停产 6 个月以上恢复生产时；

g) 国家质量监督机构提出进行型式检验要求时。

6.3.2 检验项目

四甲基二乙烯基二硅氧烷型式检验为本文件第 4 章要求的所有项目。

6.3.3 组批和抽样

以相同原料、相同配方、相同工艺生产的产品为一检验组批，其最大组批量不超过 50000 kg。

每批随机抽产品 1 kg，作为型式检验样品。

6.3.4 判定规则

所有检验项目合格，则产品合格；若出现不合格项，允许加倍抽样对不合格项进行复检。若复检合格，则判该批产品合格；若复检仍不合格，则判该批产品为不合格。

7 标志、包装、运输和贮存

7.1 标志

四甲基二乙烯基二硅氧烷包装容器上应有清晰、明显、牢固的标志，其内容包括：生产厂名称、厂址、商标、产品名称、生产日期或批号、净含量和标准标号等级。并应有符合 GB 190 规定的"易燃液体"和 GB/T 191 规定的"怕雨""怕晒"等标志。

7.2 包装

四甲基二乙烯基二硅氧烷产品采用干燥、清洁的内衬塑料桶、外纸箱包装，每桶净含量 20 kg，或采用铁桶包装，每桶净含量 160 kg，也可根据客户推荐的方法进行包装，包装要符合安全规定。

7.3 运输

按照化学品运输管理规定进行，运输过程中不得与有害、有毒物质同车装运，并应轻装轻卸，不得重压，不得日晒、雨淋。

7.4 贮存

本产品应贮存于干燥、通风、清洁、阴凉的仓库内，远离火源及其它危险品。四甲基二乙烯基二硅氧烷自生产日起，贮存期为三年，逾期应重新检验，检验结果符合本文件要求时，仍可继续使用。

8 安全（下述安全内容为提示性内容但不仅限于下述内容）

警告——使用本文件的人员应熟悉实验室的常规操作。本文件未涉及与使用有关的安全问题。使用者有责任建立适宜的安全和健康措施并确保首先符合国家的相关规定。

初级形态硅氧烷

六甲基环三硅氧烷

Hexamethylcyclotrisiloxane

前　言

本文件按照 GB/T 1.1—2009 给出的规则起草。

请注意本文件的某些内容可能涉及专利。本文件的发布机构不承担识别这些专利的责任。

本文件由中国氟硅有机材料工业协会提出。

本文件由中国氟硅有机材料工业协会标准化委员会归口。

本文件参加起草单位：合盛硅业股份有限公司、成都硅宝科技股份有限公司、中蓝晨光化工研究设计院有限公司、浙江新安化工集团股份有限公司。

本文件主要起草人：方红承、马金花、陈敏剑、过军芳、聂长虹、王小会、郑银虎、罗晓霞、彭金鑫、罗伟琪、王永桂。

本文件版权归中国氟硅有机材料工业协会。

本文件由中国氟硅有机材料工业协会标准化委员会解释。

本文件为首次制定。

六甲基环三硅氧烷

1 范围

本文件规定了六甲基环三硅氧烷的要求、试验方法、检验规则及标志、包装、运输和贮存。

本文件适用于以二甲基二氯硅烷为原料经盐酸水解、裂解所制得的二甲基硅氧烷混合环体，再经精馏提纯而得的六甲基环三硅氧烷。

分子式：$[(CH_3)_2SiO]_3$

相对分子量：222.47

结构式：

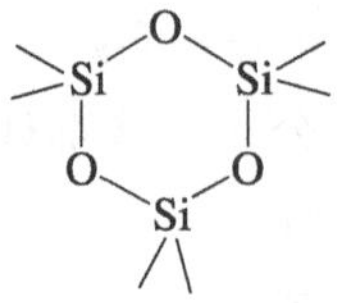

2 规范性引用文件

下列文件中的内容通过文中的规范性引用而构成本文件必不可少的条款。其中，注日期的引用文件，仅该日期对应的版本适用于本文件；不注日期的引用文件，其最新版本（包括所有的修改单）适用于本文件。

GB/T 601 化学试剂 标准滴定溶液的制备

GB/T 603 化学试剂 试验方法中所用制剂及制品的制备

GB/T 6678 化工产品采样总则

GB/T 6680 液体化工产品采样通则

GB/T 6682 分析实验室用水规格和试验方法

GB/T 8170 数值修约规则与极限数值的表示和判定

GB/T 9722 化学试剂 气相色谱法通则

GB/T 20436 二甲基硅氧烷混合环体

3 要求

3.1 外观

白色晶体。

3.2 技术要求

六甲基环三硅氧烷产品应符合表1所示的技术要求。

表 1 技术要求

序号	项目		指标
1	六甲基环三硅氧烷的质量分数/%	≥	98.00
2	氯离子含量/（mg/kg）	≤	30

4 实验方法

4.1 一般规定

本文件所用标准滴定溶液、制剂及制品,在没有注明其他要求时,均按照 GB/T 601、GB/T 603 的规定配制。

除非另有说明,在分析中仅使用确认为分析纯的试剂和 GB/T 6682 规定的三级水。

4.2 外观

于无色透明广口试剂瓶中加入样品,在日光灯或日光下轴向目测。

4.3 六甲基环三硅氧烷的测定

4.3.1 方法提要

用气相色谱法,在选定的工作条件下,使样品汽化后经色谱柱分离,用火焰离子化检测器检测,采用面积归一化法定量。

4.3.2 试剂

4.3.2.1 氢气:体积分数大于 99.99%。

4.3.2.2 高纯空气或经硅胶及 5A 分子筛干燥净化的压缩空气。

4.3.2.3 高纯氮气:体积分数大于 99.99%。

4.3.2.4 丙酮:色谱纯。

4.3.3 仪器

4.3.3.1 气相色谱仪:配有分流装置及火焰离子化检测器,整机灵敏度和稳定性符合 GB/T 9722 中的有关规定。

4.3.3.2 色谱工作站。

4.3.3.3 微量注射器:10 μL。

4.3.3.4 色谱柱及典型操作条件

本文件推荐的色谱柱及典型操作条件见表 2,典型色谱图见图 1。能达到同等分离程度的其他毛细管色谱柱及操作条件均可使用。各组分的相对保留值见表 3。

表 2　色谱柱及典型操作条件

色谱柱	(5%苯基)-甲基聚硅氧烷,30 m×0.32 mm(或 0.25 mm)×0.25 μm
载气	氮气
载气线速/(cm/s)	41
分流比	80:1
柱温	初始温度 100 ℃,保持 2 min,升温速率 10 ℃/min,终温 190 ℃
汽化温度/℃	260
检测温度/℃	300
进样量/μL	0.5

表3　组分的相对保留值

峰序	组分	相对保留值
1	溶剂丙酮	0.81
2	未知物	0.86
3	六甲基二硅氧烷	0.87
4	六甲基环三硅氧烷	1.00
5	八甲基环四硅氧烷	1.37
6	十甲基环五硅氧烷	1.95
7	十二甲基环六硅氧烷	2.70

4.3.4　分析步骤

试样用丙酮溶解，色谱仪启动后进行必要的调节，以达到表2的色谱操作条件或其他适宜条件。当色谱仪达到设定的操作条件并稳定后，进行试样的测定。用色谱工作站记录各组分的峰面积。

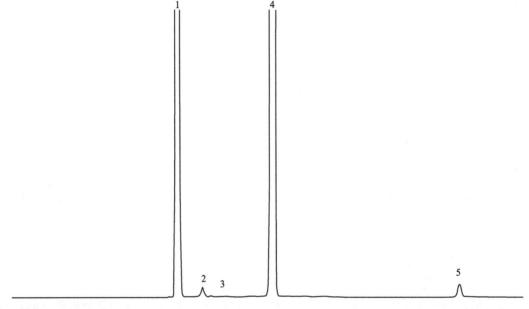

标引序号说明：

1——溶剂丙酮；

2——未知物；

3——六甲基二硅氧烷；

4——六甲基环三硅氧烷；

5——八甲基环四硅氧烷。

图1　六甲基环三硅氧烷在 (5%苯基)-甲基聚硅氧烷毛细管柱上的典型色谱图

4.3.5　结果计算

六甲基环三硅氧烷中，各组分的质量分数 W，以%表示，按公式（1）计算：

$$W = \frac{A_1}{\sum A_i} \times 100\%$$

·····················（1）

式中：

A_1——六甲基环三硅氧烷中各组分的峰面积；

$\sum A_i$——除溶剂丙酮外各组分峰面积的总和。

取两次平行测定结果的算术平均值作为测定结果，两次平行测定结果的绝对差值应符合：六甲基环三硅氧烷质量分数绝对值不大于 0.20%。

4.4 氯离子含量

4.4.1 试剂

甲苯：分析纯；

甲醇钠：分析纯；

甲醇：分析纯；

硝酸：体积分数为 30%；

$AgNO_3$ 标准溶液：0.01 mol/L。

4.4.2 仪器和设备

a）一般实验室仪器和设备；

b）电位滴定仪。

4.4.3 分析步骤

称取 10.0 g 样品，加入 60 mL 甲苯，在 250 mL 干净烧杯中搅拌 5 min，再加入 50 mL 0.5%甲醇钠（称 0.25 g 的甲醇钠加 50 mL 的甲醇搅拌均匀，现配现用），搅拌 30 min，水解完成后加入硝酸，调节 pH 到酸性（用 pH 试纸）；放入电极，开始滴定，得到结果。

4.4.4 分析结果的表述

以质量百分数表示的氯离子含量 W（以 Cl^- 计），按公式（2）计算：

$$W = \frac{c \times V \times 35.46}{m \times 1000} \times 100\% \qquad\qquad (2)$$

式中：

c——硝酸银标准溶液浓度，mol/L；

V——加入硝酸银标准溶液的体积，mL；

m——样品重量，g；

35.46——与 1.00 mL 硝酸银标准溶液 $[c(AgNO_3)=1.0000 \text{ mol/L}]$ 相当的以克表示的氯离子质量。

对于任一被测试样，取其算术平均值作为测定结果，两次平行测定结果之差的绝对值不应超过 5 mg/kg。

5 检验规则

5.1 出厂检验项目为第 3 章的全项目。

5.2 每一批出厂的六甲基环三硅氧烷都应附有一定格式的质量证明书。内容包括：生产厂名称、产品名称、批号或生产日期和标准编号等。

5.3 以相同原料、相同配方、相同工艺生产的产品为一检验组批，其最大组批量不超过 20 t，每批随机抽产品 1 kg，作为出厂检验样品。随机抽取产品 1 kg，作为型式检验样品。

5.4 采样按 GB/T 6678 和 GB/T 6680 的规定进行。采样总质量不少于 1000 g。混合均匀后分别装于两个清洁、干燥的封闭性塑料袋中，贴好标识、标签并注明产品名称、批号、采样日期和采样者姓名等。一袋供检验用，另一袋密封保留备查。

5.5 检验结果的判定按 GB/T 8170 中规定的修约值比较法进行。检验结果如果有任何一项指标不符合要求时，应重新加倍采样进行检验。重新检验的结果即使只有一项不符合要求，则判该批产品不合格。

6 标志、包装、运输和贮存

6.1 标志

包装容器上应有清晰、固定的标志，其内容包括：产品名称、生产厂名称、净含量、批号或生产日期及标准编号等。

6.2 包装

采用铁桶或钢桶包装，或根据用户要求进行包装。

6.3 运输

按 GB 12463 的规定进行运输。

6.4 贮存

应贮存于阴凉干燥处，防水、防火、防晒。在符合本文件包装、运输和贮存条件下，本产品自生产之日起，保质期为 6 个月。逾期可重新检验，检验结果符合质量要求仍可继续使用。

7 安全

7.1 安全警告

六甲基环三硅氧烷是易燃固体，对呼吸道、眼结膜和皮肤可能导致刺激，误食可能导致消化道刺激，症状可能有恶心、呕吐、腹泻。遇明火、高热可能被点燃。若遇高热，容器内压增大，有开裂和爆炸的危险。

7.2 安全措施

六甲基环三硅氧烷应局部排风，使用防爆型的通风系统和设备。操作人员须经过专门培训，严格遵守操作规程。防止蒸气泄漏到工作场所空气中，可能接触其蒸气时，建议操作人员佩戴防毒面具、防护眼镜和橡胶手套，配备相应品种和数量的消防器材及泄漏应急处理设备。如皮肤接触，立即用流动清水彻底冲洗，若有灼伤，就医治疗；如眼睛接触，立即提起眼睑，用流动清水或生理盐水冲洗至少 15 min 并就医。如吸入，迅速脱离现场至空气新鲜处，保持呼吸通畅，呼吸有困难时给输氧并就医。如食入，患者清醒时立即漱口，给饮牛奶或蛋清并就医。

十甲基环五硅氧烷

Decamethylcyclopentasiloxane

前 言

本文件按照 GB/T 1.1—2009 给出的规则起草。

请注意本文件的某些内容可能涉及专利。本文件的发布机构不承担识别这些专利的责任。

本文件由中国氟硅有机材料工业协会提出。

本文件由中国氟硅有机材料工业协会标准化委员会归口。

本文件参加起草单位：合盛硅业股份有限公司、江西蓝星星火有机硅有限公司、山东东岳有机硅材料有限公司、浙江新安化工集团股份有限公司、中蓝晨光成都检测技术有限公司、中蓝晨光化工研究设计院有限公司、唐山三友硅业有限责任公司。

本文件主要起草人：聂长虹、吴红、伊港、过军芳、罗燚、马晓煜、罗晓霞、陈立军、陈敏剑、曾松华、周玲、管丽娟、邢艳萍。

本文件版权归中国氟硅有机材料工业协会。

本文件由中国氟硅有机材料工业协会标准化委员会解释。

本文件为首次制定。

十甲基环五硅氧烷

1 范围

本文件规定了十甲基环五硅氧烷的要求、试验方法、检验规则以及标志、包装、运输及贮存。

本文件适用于以二甲基二氯硅烷为原料经盐酸水解、裂解所制得的二甲基硅氧烷混合环体，二甲基硅氧烷混合环体精馏得到十甲基环五硅氧烷。

分子式：$[(CH_3)_2SiO]_5$

相对分子量：370.77

结构式：

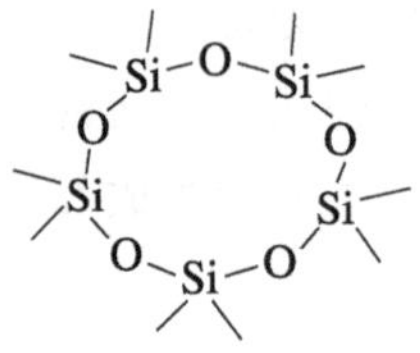

2 规范性引用文件

下列文件中的内容通过文中的规范性引用而构成本文件必不可少的条款。其中，注日期的引用文件，仅该日期对应的版本适用于本文件；不注日期的引用文件，其最新版本（包括所有的修改单）适用于本文件。

GB/T 265 石油产品运动粘度测定法和动力粘度计算法

GB/T 3143 液体化学产品颜色测定法（Hazen 单位——铂-钴色号）

GB/T 6678 化工产品采样总则

GB/T 6680 液体化工产品采样通则

GB/T 6682 分析实验室用水规格和试验方法

GB/T 8170 数值修约规则与极限数值的表示和判定

GB/T 9722 化学试剂 气相色谱法通则

GB/T 20436 二甲基硅氧烷混合环体

3 要求

3.1 外观

无色透明液体，无可见杂质。

3.2 技术要求

十甲基环五硅氧烷的质量应符合表 1 所示的技术要求。

表 1 技术要求

序号	项目		指标
1	色度（铂-钴色号，Hazen 单位）	≤	10
2	八甲基环四硅氧烷的质量分数/%	≤	0.2
3	十甲基环五硅氧烷的质量分数/%	≥	98.5
4	其它环体的质量分数/%	≤	1.5
5	蒸发残留物/%	≤	0.10
6	黏度/（mm²/s）		3.8～4.2

4 试验方法

4.1 一般规定

除非另有说明，在分析中仅使用确认为分析纯的试剂和 GB/T 6682 中规定的三级水。

5 外观

于 50 mL 比色管中，加入试样，在日光灯或日光下轴向观测。

5.1 色度

按 GB/T 3143 规定的方法进行。

5.2 十甲基环五硅氧烷的测定

5.2.1 方法提要

用气相色谱法，在选定的工作条件下，使样品汽化后经色谱柱分离，用火焰离子化检测器检测，采用面积归一化法定量。

5.2.2 试剂

5.2.2.1 氢气：体积分数大于 99.99%。

5.2.2.2 高纯空气或经硅胶及 5 A 分子筛干燥净化的压缩空气。

5.2.2.3 高纯氮气：体积分数大于 99.99%。

5.2.3 仪器

5.2.3.1 气相色谱仪：配有分流装置及火焰离子化检测器，整机灵敏度和稳定性符合 GB/T 9722 中的有关规定。

5.2.3.2 色谱工作站。

5.2.3.3 微量注射器：10 μL。

5.2.4 色谱柱及典型操作条件

本文件推荐的色谱柱及典型操作条件见表 2，典型色谱图见图 1。其他能达到同等分离程度的毛细管色谱柱及操作条件均可使用。各组分相对保留值见表3。

表2　色谱柱及典型操作条件

色谱柱	(5％苯基)-甲基聚硅氧烷，30 m×0.32 mm（或 0.25 mm）×0.25 μm
载气	氮气
载气线速/（cm/s）	41
分流比	80∶1
柱温	初始温度120 ℃，保持2 min，升温速率10 ℃/min，终温190 ℃
汽化温度/℃	260
检测温度/℃	300
进样量/μL	0.5

5.2.5　组分的相对保留值

表3　各组分相对保留值

峰序	组分	相对保留值
1	未知物	0.54
2	六甲基环三硅氧烷	0.59
3	八甲基环四硅氧烷	0.72
4	十甲基环五硅氧烷	1
5	十二甲基环六硅氧烷	1.40
6	十四甲基环七硅氧烷	1.86
7	十六甲基环八硅氧烷	2.25

色谱仪启动后进行必要的调节，以达到表2的色谱操作条件或其他适宜条件。当色谱仪达到设定的操作条件并稳定后，进行试样的测定。用色谱工作站记录各组分的峰面积。

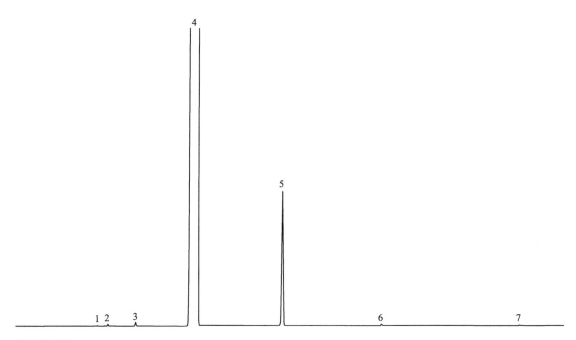

标引序号说明：

1——未知物；

2——六甲基环三硅氧烷；

3——八甲基环四硅氧烷；

4——十甲基环五硅氧烷；

5——十二甲基环六硅氧烷；

6——十四甲基环七硅氧烷；

7——十六甲基环八硅氧烷。

图1　十甲基环五硅氧烷在（5%-苯基）-甲基聚硅氧烷毛细管柱上的典型色谱图

5.2.6　结果计算

十甲基环五硅氧烷中十甲基环五硅氧烷、八甲基环四硅氧烷、其它环体的质量分数 w_1、w_2、w_3，数值以％表示，按公式（1）～公式（3）计算：

$$w_1 = \frac{A_1}{\sum A_i} \times 100\% \qquad \cdots\cdots\cdots\cdots\cdots\cdots\cdots (1)$$

$$w_2 = \frac{A_2}{\sum A_i} \times 100\% \qquad \cdots\cdots\cdots\cdots\cdots\cdots\cdots (2)$$

$$w_3 = \frac{A_3}{\sum A_i} \times 100\% \qquad \cdots\cdots\cdots\cdots\cdots\cdots\cdots (3)$$

式中：

A_1——十甲基环五硅氧烷峰面积；

A_2——八甲基环四硅氧烷峰面积；

A_3——其它环体的峰面积；

$\sum A_i$——各组分峰面积的总和。

取两次平行测定结果的算术平均值作为测定结果，两次平行测定结果的绝对差值应符合：八甲基环四硅氧烷和其它环体的质量分数不大于 0.02％，十甲基环五硅氧烷的质量分数不大于 0.1％。

5.3 蒸发残留物

5.3.1 仪器、设备

玻璃烧杯：50 mL；

分析天平：感量 0.0001 g；

电热鼓风干燥箱：控温精度±2 ℃；

干燥器。

5.3.2 测定步骤

在已恒重的 50 mL 烧杯中称取 2 g±0.5 g 试样，将其放入 80 ℃±2 ℃恒温水浴中恒温 1 h，然后再转移至 150 ℃±2 ℃电热鼓风干燥箱恒温 2 h，取出放入干燥器中冷却至室温，称量。以上各次称量均精确到 0.0002 g。

5.3.3 结果的表示

试样蒸发残留物的百分含量 X，数值以％表示，按公式（4）计算：

$$X = \frac{m_2 - m_0}{m_1} \times 100\%$$ ·························· (4)

式中：

m_0——烧杯的质量，g；

m_1——十甲基环五硅氧烷试样的质量，g；

m_2——烘后烧杯与十甲基环五硅氧烷蒸发残留物的质量，g；

平行测定两次结果之差应不大于 0.02％。取其算术平均值为测定结果。

5.4 黏度

试验温度为 25 ℃±0.1 ℃，其余按 GB/T 265 的规定进行。

6 检验规则

6.1 检验分类

检验分型式检验和出厂检验。

6.1.1 出厂检验

本文件第 3 章中的色度、八甲基环四硅氧烷的质量分数、十甲基环五硅氧烷的质量分数和黏度为出厂检验项目，应逐批进行检验。

6.1.2 型式检验

型式检验项目为第 3 章规定的所有项目。在正常情况下，每三个月至少进行一次型式检验。有下列情况之一时，应进行型式检验：

    a) 新产品投产时；

    b) 当原料、配方或工艺条件改变时；

    c) 产品停产后，恢复生产时；

d) 国家质量监督机构提出要求时；

e) 出厂检验结果与上次型式检验有较大差异时；

f) 合同规定。

6.2 组批

每批出厂的十甲基环五硅氧烷都应附有一定格式的质量证明书。内容包括：生产厂名称、产品名称、批号或生产日期和标准编号等。

以相同原料、相同配方、相同工艺生产的产品为一检验组批，其最大组批量不超过 35 t，每批随机抽产品 1 kg，作为出厂检验样品。随机抽取产品 1 kg，作为型式检验样品。

6.3 采样

按 GB/T 6678 和 GB/T 6680 的规定进行。采样总体积不少于 1000 mL。混合均匀后分别装于两个清洁、干燥的 500 mL 磨口瓶中，贴标签并注明产品名称、批号、采样日期和采样者姓名等。一瓶供检验用，另一瓶密封保留备查。

6.4 检验结果的判定

按 GB/T 8170 中规定的修约值比较法进行。检验结果如果有任何一项指标不符合要求时，应重新加倍采样进行检验。重新检验的结果即使只有一项不符合要求，则判该批产品不合格。

7 标志、包装、运输和贮存

7.1 标志

包装容器上应有清晰、固定的标志，其内容包括：产品名称、生产厂名称、厂址、净含量、批号或生产日期及标准编号等。

7.2 包装

应装于干燥、清洁的钢桶或塑料桶中，桶应密封，严禁水渗入。

7.3 运输

按照化学品运输管理规定进行。

7.4 贮存

十甲基环五硅氧烷宜室温保存。在符合本文件包装、运输和贮存条件下，本产品自生产之日起，保质期为 12 个月。逾期可重新检验，检验结果符合质量要求仍可继续使用。

二甲基二氯硅烷水解物

Dimethyldichlorosilane hydrolisate

前　言

本文件按照 GB/T 1.1—2009 给出的规则起草。

请注意本文件的某些内容可能涉及专利。本文件的发布机构不承担识别这些专利的责任。

本文件由中国氟硅有机材料工业协会提出。

本文件由中国氟硅有机材料工业协会标准化委员会归口。

本文件参加起草单位：山东东岳有机硅材料股份有限公司、合盛硅业股份有限公司、江西蓝星星火有机硅有限公司、浙江新安化工集团股份有限公司、湖北兴瑞硅材料有限公司、唐山三友硅业有限责任公司、浙江开化合成材料有限公司。

本文件主要起草人：伊港、孙江、彭金鑫、邱玲、胡家敝、龚兆鸿、邢艳萍、范玉东、聂长虹、纪建华、吴超波、周磊、叶世胜。

本文件版权归中国氟硅有机材料工业协会。

本文件由中国氟硅有机材料工业协会标准化委员会解释。

本文件为首次制定。

二甲基二氯硅烷水解物

1 范围

本文件规定了二甲基二氯硅烷水解物的要求、试验方法、检验规则及标志、包装、运输和贮存。

本文件适用于以二甲基二氯硅烷为原料，经过水解、分酸、除水等过程制得的二甲基二氯硅烷水解物。该产品主要用作硅油和硅橡胶的原料等。

2 规范性引用文件

下列文件中的内容通过文中的规范性引用而构成本文件必不可少的条款。其中，注日期的引用文件，仅该日期对应的版本适用于本文件；不注日期的引用文件，其最新版本（包括所有的修改单）适用于本文件。

GB/T 191—2008 包装储运图示标志

GB/T 6678—2003 化工产品采样总则

GB/T 6680—2003 液体化工产品采样通则

GB/T 10247—2008 粘度测量方法

GB/T 13200—1991 水质 浊度的测试

GB/T 20436—2006 二甲基硅氧烷混合环体

3 术语和定义

3.1

150 ℃不挥发分 the non-volatile material at 150 ℃

取 5 g±0.1000 g 样品于规格为 90 mm×10 mm 的铝制称量盘中，放入 150 ℃±2 ℃烘箱中，恒温 3 h 后剩余的组分主要包括羟基封端聚二甲基硅氧烷线性体和少量二甲基硅氧烷环体，其中，二甲基硅氧烷环体的结构式如下：

$$\left[Si(CH_3)_2O \right]_m$$

羟基封端聚二甲基硅氧烷线性体的结构式如下：

$$HO \left[Si(CH_3)_2O \right]_n H$$

其中：$m \geqslant 3$，$n \geqslant 2$。

4 要求

4.1 外观

产品外观为微混浊或无色透明液体。

4.2 技术要求

产品控制指标应符合表 1 的要求。

表 1 技术要求

序号	项目		要求
1	浊度（NTU）	≤	3
2	150 ℃不挥发分/%		55～75
3	运动黏度（25D ℃）/（mm²/s）		20～50
4	酸值（以 HCl 质量分数计）/%	≤	0.001

5 试验方法

警告——使用本文件的人员应熟悉实验室的常规操作。本文件未涉及与使用有关的安全问题。使用者有责任建立适宜的安全和健康措施并确保首先符合国家的相关规定。

5.1 外观

将样品放入透明试管中，采用目测法进行测试。

5.2 浊度

按照 GB/T 13200—1991 中规定的分光光度法进行测试。

5.3 150 ℃不挥发分

5.3.1 试剂与设备

5.3.1.1 分析天平：精确至 0.0001 g。

5.3.1.2 电热干燥箱：控温精度±2 ℃。

5.3.1.3 铝制称量盘：内径为 90 mm±2 mm，高为 10 mm±1 mm。

5.3.1.4 干燥器。

5.3.2 测试步骤

将已恒重的铝制称量盘放入分析天平中称重，记为 m_1。然后加入 5 g±0.1000 g 样品于称量盘中，称得总重 m_2。将盛有样品的称量盘放入 150 ℃±2 ℃电热干燥箱中，恒温 3 h。取出后，放入干燥器中冷却至室温，称重记为 m_3。

5.3.3 分析结果计算

150 ℃不挥发分的质量分数，按公式（1）进行计算：

$$\omega = \frac{m_3 - m_1}{m_2 - m_1} \times 100\%$$ ·······················（1）

式中：

ω——150 ℃不挥发分的质量分数，%；

m_1——称量盘的质量，g；

m_2——烘干前试样和称量盘的质量，g；

m_3——烘干后试样和称量盘的质量，g。

5.3.4　150 ℃不挥发分快速检测法

150 ℃不挥发分也可以采用附录 A 所述方法进行测试。

5.3.5　仲裁法

本文件 5.3 节中 5.3.1～5.3.3 所规定的方法为仲裁法。

5.4　酸值（以 HCl 质量分数计）

按 GB/T 20436—2006 中 4.6 规定的方法进行测定。

5.5　运动黏度

按 GB/T 10247—2008 中第 2 章所规定的方法进行测定。

6　检验规则

6.1　出厂检验

二甲基二氯硅烷水解物需经生产厂的质量检验部门按本文件检验合格并出具合格证后方可出厂。
出厂检验项目为本文件第 4 章要求的所有项目。

6.2　组批和抽样规则

以相同原料、相同配方、相同工艺生产的产品为一检验组批，其最大组批量不超过 200 t。按 GB/T
6678—2003 和 GB/T 6680—2003 中的有关规定采样。每批产品采样总量应不少于 300 mL，混匀后装于
洁净、干燥、具有磨口塞的广口瓶或聚乙烯瓶中，密封贴上标签，并注明：产品名称、生产日期或批号、
取样日期和取样人等。

6.3　判定规则

所有检验项目合格，则产品合格；若出现不合格项，允许加倍抽样对不合格项进行复检。若复检合
格，则判该批产品合格；若复检仍不合格，则判该批产品为不合格。

7　标志、包装、运输和贮存

7.1　标志

二甲基二氯硅烷水解物的包装容器上的标志，根据 GB/T 191—2008 的规定，在包装外侧应有"怕
雨、怕晒"标志。

每批出厂产品均应附有一定格式的质量证明书，其内容包括：生产厂名称、地址、电话号码、产品名
称、型号、批号、净质量或净容量、生产日期、保质期、注意事项和标准编号。

7.2　包装

二甲基二氯硅烷水解物采用清洁、干燥、密封良好的铁桶或塑料桶包装，严禁受潮。净含量根据供需
双方的要求包装。

7.3 运输

运输、装卸工作过程，应轻装轻卸，防止撞击，避免包装破损，防止日晒、雨淋，应按照货物运输规定进行。

本文件规定的二甲基二氯硅烷水解物为非危险品。

7.4 贮存

二甲基二氯硅烷水解物应贮存在阴凉、干燥、通风的场所。防止日光直接照射，并应隔绝火源，远离热源。

在符合本文件包装、运输和贮存条件下，本产品自生产之日起，贮存期为一年。逾期可重新检验，检验结果符合本文件要求时，仍可继续使用。

附　录　A
（资料性附录）
150 ℃不挥发分快速检测法

A.1　原理

仪器通过卤素灯加热单元和蒸发通道快速干燥样品，在干燥过程中，仪器持续测量并即时显示样品丢失的挥发分。仪器具有多种干燥程序，需要通过实验与烘箱法进行对比，并找到最佳程序。干燥程序完成后，最终测定的挥发分含量值被锁定显示。和普通烘箱加热法相比，该法可以最短时间内达到最大加热功率，在高温下样品快速被干燥。

A.2　试验方法

A.2.1　仪器

红外快速水分测量仪。

A.2.2　测试步骤

往仪器托盘上放入已在 105 ℃±2 ℃烘干至恒重的铝制称量盘，称量盘的规格为 90 mm×10 mm，归零后称取 5 g±0.1000 g 试样，按开始键后仪器按照设置好的程序于 150 ℃±2 ℃开始分析，直至 24 s 内样品质量变化小于等于 0.2 mg 以后，仪器停止分析，样品挥发后剩余量与样品质量之比在仪器上面显示。

A.3　允许误差

两次平行测定结果的绝对差值不应大于 0.2%，取两次平行测定结果的算术平均值为测定结果。

羟基封端聚二甲基硅氧烷线性体

Oligomeric polydimethylsiloxanols

前　言

本文件按照 GB/T 1.1—2009 给出的规则起草。

请注意本文件的某些内容可能涉及专利。本文件的发布机构不承担识别这些专利的责任。

本文件由中国氟硅有机材料工业协会提出。

本文件由中国氟硅有机材料工业协会标准化委员会归口。

本文件参加起草单位：山东东岳有机硅材料股份有限公司、合盛硅业股份有限公司、江西蓝星星火有机硅有限公司、浙江新安化工集团股份有限公司、湖北兴瑞硅材料有限公司、浙江开化合成材料有限公司。

本文件主要起草人：伊港、孙江、罗燚、吴红、薛晓丽、陈海平、汪玉林、石科飞、聂长虹、温邵颖、周磊、李巧。

本文件版权归中国氟硅有机材料工业协会。

本文件由中国氟硅有机材料工业协会标准化委员会解释。

本文件为首次制定。

羟基封端聚二甲基硅氧烷线性体

1 范围

本文件规定了羟基封端聚二甲基硅氧烷线性体的要求、试验方法、检验规则及标志、包装、运输和贮存。

本文件适用于以二甲基二氯硅烷为原料，经水解、分离等过程制得的羟基封端聚二甲基硅氧烷线性体。

2 规范性引用文件

下列文件中的内容通过文中的规范性引用而构成本文件必不可少的条款。其中，注日期的引用文件，仅该日期对应的版本适用于本文件；不注日期的引用文件，其最新版本（包括所有的修改单）适用于本文件。

GB/T 191　包装储运图示标志

GB/T 6678—2003　化工产品采样总则

GB/T 6680—2003　液体化工产品采样通则

GB/T 10247—2008　粘度测量方法

GB/T 13200—1991　水质　浊度的测试

GB/T 20436—2006　二甲基硅氧烷混合环体

3 术语与定义

下列术语与定义适用于本文件。

3.1

羟基封端聚二甲基硅氧烷线性体　oligomeric polydimethylsiloxanols

黏度在 $50.0 \, mm^2/s \sim 120.0 \, mm^2/s$ 之间，以羟基官能团封端的聚二甲基硅氧烷，其化学结构式如下：

$$HO \left[Si(CH_3)_2 O \right]_n H$$

其中：$n \geqslant 2$。

3.2

150 ℃不挥发分　the non-volatile material at 150 ℃

取 $5 \, g \pm 0.1000 \, g$ 样品于规格为 $90 \, mm \times 10 \, mm$ 的铝制称量盘中，放入 150 ℃±2 ℃烘箱中，恒温 3 h 后剩余的组分主要包括羟基封端聚二甲基硅氧烷线性体和少量二甲基硅氧烷环体，其中二甲基硅氧烷环体的结构式如下：

$$\left[Si(CH_3)_2 O \right]_m$$

其中：$m \geqslant 3$。

4 要求

4.1 外观

无色透明至轻微浑浊的液体。

4.2 技术要求

羟基封端聚二甲基硅氧烷线性体的技术指标应符合表1的要求。

表1 技术要求

序号	项 目		要求	
			一等品	合格品
1	浊度（NTU）	≤	3	
2	150 ℃不挥发分/%	≥	99.0	97.0
3	酸值（以 HCl 质量分数计）/%	≤	0.001	
4	运动黏度（25 ℃）/（mm²/s）		50.0～120.0	

5 试验方法

警告——使用本文件的人员应熟悉实验室的常规操作。本文件未涉及与使用有关的安全问题。使用者有责任建立适宜的安全和健康措施并确保首先符合国家的相关规定。

5.1 外观

将样品放入透明试管中，采用目测法进行测试。

5.2 浊度

按照 GB/T 13200—1991 所规定的方法进行测试。

5.3 150 ℃不挥发分

5.3.1 试剂与设备

5.3.1.1 分析天平：精确至 0.0001 g。

5.3.1.2 电热干燥箱：控温精度±2 ℃。

5.3.1.3 铝制称量盘：内径为 90 mm±2 mm，高为 10 mm±1 mm。

5.3.1.4 干燥器。

5.3.2 测试步骤

将已恒重的铝制称量盘放入分析天平中称重，记为 m_1。然后加入 5 g±0.1000 g 样品于称量盘中，称得总重 m_2。将盛有样品的称量盘放入 150 ℃±2 ℃电热干燥箱中，恒温 3 h。取出后，放入干燥器中冷却至室温，称重，记为 m_3。

5.3.3 分析结果计算

150 ℃不挥发分的质量分数按公式（1）进行计算：

$$\omega = \frac{m_3 - m_1}{m_2 - m_1} \times 100\% \qquad\qquad\cdots\cdots\cdots\cdots\cdots\cdots\cdots\text{（1）}$$

式中：

ω——150 ℃不挥发分的质量分数，%；

m_1——铝制称量盘的质量，g；

m_2——烘干前试样和铝制称量盘的质量，g；

m_3——烘干后试样和铝制称量盘的质量，g。

5.3.4 150 ℃不挥发分快速检测法

150 ℃不挥发分也可以采用附录 A 所述方法进行测试。

5.3.5 仲裁法

本文件第 5.3 节 5.3.1～5.3.3 所规定的方法为仲裁法。

5.4 酸度（以 HCl 质量分数计）

按 GB/T 20436—2006 中 4.6 规定的方法进行测定。

5.5 运动黏度

按 GB/T 10247—2008 中第 2 章毛细管法进行测试。

6 检验规则

6.1 检验分类

羟基封端聚二甲基硅氧烷线性体检验分为出厂检验和型式检验。

6.2 出厂检验

羟基封端聚二甲基硅氧烷线性体需经生产厂的质量检验部门按本文件检验合格并出具合格证后方可出厂。

出厂检验项目为本文件第 4 章要求的所有项目。

6.3 型式检验

羟基封端聚二甲基硅氧烷线性体型式检验为本文件第 4 章要求的所有项目。有下列情况之一时，应进行型式检验：

 a） 首次生产时；

 b） 主要原材料或工艺方法有较大改变时；

 c） 正常生产满一年时；

 d） 停产后又恢复生产时；

 e） 出厂检验结果与上次型式检验有较大差异时；

 f） 质量监督机构提出要求或供需双方发生争议时。

6.4 组批和抽样规则

以相同原料、相同配方、相同工艺生产的产品为一检验组批，其最大组批量不超过 200 t。按 GB/T 6678—2003 和 GB/T 6680—2003 中的有关规定采样。每批产品采样总量应不少于 300 mL，混匀后装于洁净、干燥、具有磨口塞的广口瓶或聚乙烯瓶中，密封贴上标签，并注明：产品名称、生产日期或批号、取样日期和取样人等。

6.5 判定规则

所有检验项目合格，则产品合格；若出现不合格项，允许加倍抽样对不合格项进行复检。若复检合格，则判该批产品合格；若复检仍不合格，则判该批产品为不合格。

7 标志、包装、运输和贮存

7.1 标志

羟基封端聚二甲基硅氧烷线性体的包装容器上的标志，根据 GB/T 191 的规定，在包装外侧应有"怕雨、怕晒"标志。

每批出厂产品均应附有一定格式的质量证明书，其内容包括：生产厂名称、地址、电话号码、产品名称、型号、批号、净质量或净容量、生产日期、保质期、注意事项和标准编号。

7.2 包装

羟基封端聚二甲基硅氧烷线性体采用清洁、干燥、密封良好的铁桶或塑料桶包装，严禁水渗入。净含量可根据用户要求包装。

7.3 运输

羟基封端聚二甲基硅氧烷线性体运输、装卸工作过程，应轻装轻卸，防止撞击，避免包装破损，防止日晒、雨淋，应按照货物运输规定进行。

本文件规定的羟基封端聚二甲基硅氧烷线性体为非危险品。

7.4 贮存

羟基封端聚二甲基硅氧烷线性体应贮存在阴凉、干燥、通风的场所。防止日光直接照射，并应隔绝火源，远离热源。

在符合本文件包装、运输和贮存条件下，本产品自生产之日起，贮存期为一年。逾期可重新检验，检验结果符合本文件要求时，仍可继续使用。

附 录 A
（资料性附录）
150 ℃不挥发分快速检测法

A.1 原理

仪器通过卤素灯加热单元和蒸发通道快速干燥样品，在干燥过程中，仪器持续测量并即时显示样品丢失的挥发分。仪器具有多种干燥程序，需要通过实验与烘箱法进行对比，并找到最佳程序。干燥程序完成后，最终测定的挥发分含量值被锁定显示。和普通烘箱加热法相比，该法可以最短时间内达到最大加热功率，在高温下样品快速被干燥。

A.2 试验方法

A.2.1 仪器

红外快速水分测量仪。

A.2.2 测试步骤

往仪器托盘上放入已在 105 ℃±2 ℃烘干至恒重的铝制称量盘，称量盘的规格为 90 mm×10 mm，归零后称取 5 g±0.1000 g 试样，按开始键后仪器按照设置好的程序于 150 ℃±2 ℃开始分析，直至 24 s 内样品质量变化小于等于 0.2 mg 以后，仪器停止分析，样品挥发后剩余量与样品质量之比在仪器上面显示。

A.3 允许误差

两次平行测定结果的绝对差值不应大于 0.2%，取两次平行测定结果的算术平均值为测定结果。

甲基乙烯基硅氧烷混合环体

Methylvinyl siloxane mixed ring

前 言

本文件按照 GB/T 1.1—2020《标准化工作导则 第 1 部分：标准化文件的结构和起草规则》的规定起草。

请注意本文件的某些内容可能涉及专利。本文件的发布机构不承担识别这些专利的责任。

本文件由中国氟硅有机材料工业协会提出。

本文件由中国氟硅有机材料工业协会标准化委员会归口。

本文件起草单位：合盛硅业股份有限公司、浙江衢州建橙有机硅有限公司、唐山三友硅业有限责任公司、湖北硅元新材料科技有限公司、中蓝晨光成都检测技术有限公司、中蓝晨光化工研究设计院有限公司。

本文件主要起草人：聂长虹、罗烨栋、文贞玉、姜文静、刘裴、陈敏剑、刘芳铭、何邦友、张鹏硕、罗伟琪。

本文件版权归中国氟硅有机材料工业协会。

本文件由中国氟硅有机材料工业协会标准化委员会解释。

本文件为首次制定。

甲基乙烯基硅氧烷混合环体

1 范围

本文件规定了甲基乙烯基硅氧烷混合环体的要求、试验方法、检验规则、标志、包装、运输和贮存。
本文件适用于由乙炔和甲基二氯硅烷反应制备的甲基乙烯基硅氧烷混合环体。

分子式：$[CH_3(CH_2\!=\!CH)SiO]_{3\sim7}$

2 规范性引用文件

下列文件中的内容通过文中的规范性引用而构成本文件必不可少的条款。其中，注日期的引用文件，仅该日期对应的版本适用于本文件；不注日期的引用文件，其最新版本（包括所有的修改单）适用于本文件。

GB/T 605　化学试剂色度测定通用方法

GB/T 6678　化工产品采样总则

GB/T 6680　液体化工产品采样通则

GB/T 8170　数值修约规则与极限数值的表示和判定

GB/T 9722　化学试剂　气相色谱法通则

GB/T 28610　甲基乙烯基硅橡胶

3 术语和定义

本文件没有需要界定的术语和定义。

4 要求

4.1 外观

无色透明、无机械杂质液体。

4.2 技术要求

甲基乙烯基硅氧烷混合环体的技术特性按试验方法测定，应符合表1规定。

表1　技术要求

编号	特性		特性值			试验方法
			Ⅰ级	Ⅱ级	Ⅲ级	
1	甲基乙烯基环硅氧烷的质量分数/%	≥	99.00	95.00	90.00	5.2
2	四甲基四乙烯基环四硅氧烷的质量分数/%	≥	98.00	90.00	80.00	5.2
3	聚合黄变性（黑曾单位）	≤	50	100		5.3
4	乙烯基的质量分数/%	≥	31.0	29.5		5.4
5	三甲基三乙烯基环三硅氧烷的质量分数/%	≤	0.10			5.2
6	六甲基六乙烯基环六硅氧烷及以后各组分的质量分数/%	≤	1.00			5.2

5 试验方法

5.1 外观

于 50 mL 具塞比色管中，加入液态试样，在日光灯或日光下轴向观测。

5.2 总环体及各环体组分质量分数的测定

5.2.1 方法提要

用气相色谱法，在选定的工作条件下，使样品汽化后经色谱柱得到分离，用火焰离子化检测器检测，采用面积归一化法定量。

5.2.2 试剂

5.2.2.1 氢气：体积分数大于 99.99%。

5.2.2.2 高纯空气或经硅胶及 5A 分子筛干燥净化的压缩空气。

5.2.2.3 高纯氮气：体积分数大于 99.99%。

5.2.3 仪器

5.2.3.1 气相色谱仪：配有分流装置及火焰离子化检测器的任何型号的气相色谱仪。整机灵敏度和稳定性符合 GB/T 9722 中的有关规定。

5.2.3.2 色谱工作站。

5.2.3.3 微量注射器：10 μL。

5.2.4 色谱柱及典型操作条件

本文件推荐的色谱柱及典型操作条件见表 2，典型色谱图见图 1。能达到同等分离程度的其他毛细管色谱柱及操作条件均可使用。各组分相对保留值见表 3。

表 2　色谱柱及典型操作条件

色谱柱	(5%-苯基)-甲基聚硅氧烷，30 m×0.32 mm（或 0.25 mm）×0.25 μm
载气	氮气
载气流速/（mL/min）	1
分流比	80：1
柱温	柱温：120 ℃，保持 2 min；程序升温，升温速率 10 ℃/min，终温 190 ℃，保持 3 min；后运行 200 ℃，3 min
汽化温度/℃	280
检测温度/℃	300
进样量/μL	0.4

表 3 组分的相对保留值

峰序	组分名称	相对保留值
1	三甲基三乙烯基环三硅氧烷	0.59
2	五甲基三乙烯基环四硅氧烷	0.83
3	四甲基四乙烯基环四硅氧烷	1.00
4	四甲基三乙烯基乙基环四硅氧烷	1.02
5	四甲基二乙烯基二乙基环四硅氧烷	1.05
6	四甲基乙烯基三乙基环四硅氧烷	1.08
7	五甲基五乙烯基环五硅氧烷	1.44
8	六甲基六乙烯基环六硅氧烷	2.04

5.2.5 试验步骤

色谱仪启动后进行必要的调节，以达到表 2 的色谱操作条件或其他适宜条件。当色谱仪达到设定的操作条件并稳定后，进行试样的测定。用色谱工作站记录各组分的峰面积。

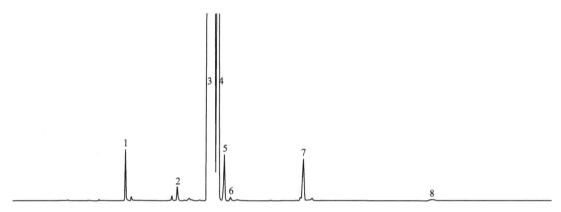

标引序号说明：

1——三甲基三乙烯基环三硅氧烷；

2——五甲基三乙烯基环四硅氧烷；

3——四甲基四乙烯基环四硅氧烷；

4——四甲基三乙烯基乙基环四硅氧烷；

5——四甲基二乙烯基二乙基环四硅氧烷；

6——四甲基乙烯基三乙基环四硅氧烷；

7——五甲基五乙烯基环五硅氧烷；

8——六甲基六乙烯基环六硅氧烷。

图 1 甲基乙烯基硅氧烷混合环体的典型色谱图

5.2.6 结果计算

甲基乙烯基硅氧烷混合环体中各组分的质量分数 W_i，数值以 % 表示，按公式（1）计算：

$$W_i = \frac{A_i}{\sum A_i} \times 100\%$$
.... (1)

式中：

A_i——各组分 i 峰面积；

ΣA_i——各组分峰面积的总和。

取两次平行测定结果的算术平均值作为测定结果，两次平行测定结果的绝对差值应符合：四甲基四乙烯基环四硅氧烷、五甲基五乙烯基环五硅氧烷质量分数不大于 0.10%，三甲基三乙烯基环三硅氧烷及六甲基六乙烯基环六硅氧烷的质量分数不大于 0.01%。

5.3 聚合黄变性测试

5.3.1 试剂

5.3.1.1 四甲基氢氧化铵：分析纯。

5.3.1.2 高纯氮气：体积分数大于 99.99%。

5.3.2 仪器

5.3.2.1 250 mL 三口瓶。

5.3.2.2 50 mL 或 100 mL 比色管。

5.3.2.3 温度计。

5.3.2.4 回流冷凝管。

5.3.3 测定步骤

在干净、干燥的 250 mL 三口瓶中称取甲基乙烯基硅氧烷混合环体样品 150.0 g，精确至 0.1 g，按图 2 安装加热回流装置，确保各连接处密封，开启冷却回流水、氮气，并抽真空，调节真空度及氮气流量，使真空压力接近 −0.08 kPa。待样品温度升至 110 ℃±5 ℃时，关闭真空，待真空压力降至 0 kPa，微调大氮气流量，拔出温度计端，从温度计端口加入四甲基氢氧化铵 0.0060 g，立即将温度计端口塞紧，调节真空度至 −0.05 kPa～−0.06 kPa，保持该真空及 110 ℃±5 ℃温度下恒温 15 min 后，关闭真空及氮气，聚合结束。将三口瓶中的胶状样品取出，注入 50 mL 比色管中，按 GB/T 605 6.2 测试聚合黄变性，在白色背景下，沿比色管轴线方向用目测法与规定黑曾单位的同体积铂-钴标准溶液比较。用色度表示黄变，单位为黑曾。

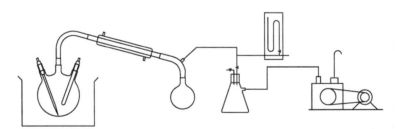

图 2　加热回流装置

5.4 乙烯基质量分数的测定

5.4.1 试剂

5.4.1.1 四氯化碳（CAS：56-23-5）：分析纯。

5.4.1.2 溴化碘溶液：称取分析纯碘 16.0 g，置于 1000 mL 圆底烧瓶中，再加入 3.0 mL 分析纯溴，瓶口用表面皿盖好，置于电炉上微热至碘全溶，然后冷却至室温。用 1000 mL 四氯化碳冲洗圆底烧瓶，使溴化碘全溶于四氯化碳中，将该溶液置于棕色瓶中备用。

5.4.1.3 碘化钾溶液：100 g/L。称取 10 g（精确至 0.0001 g）碘化钾溶于水，稀释至 100 mL 水中。

5.4.1.4 硫代硫酸钠标准滴定溶液：0.1 mol/L。按 GB/T 601 的规定进行配制和标定。

5.4.1.5 淀粉指示液：质量分数为 0.5%。称取 0.5 g 淀粉，加 5 mL 水使之成糊状，在搅拌下将糊状物加入 90 mL 沸水中，煮沸 1 min～2 min 后冷却，稀释至 100 mL。使用时配制。

5.4.1.6 碘酸钾溶液：40 g/L。称取 4 g 碘酸钾溶于水，稀释至 100 mL 水中。

5.4.2 仪器

5.4.2.1 250 mL 碘量瓶。

5.4.2.2 电子分析天平（精确度 0.1 mg）。

5.4.3 测定步骤

称取 0.02 g～0.04 g（精确至 0.0001 g）甲基乙烯基硅氧烷混合环体于 250 mL 碘量瓶中，加入 40 mL AR 四氯化碳，摇匀，用移液管加入 10 mL 配制的溴化碘溶液，摇匀，加入水密封。于暗处放置 1 h 后，加入 50 mL 水和 5 mL 100 g/L 碘化钾溶液。摇动 2 min～3 min 后，用 0.1 mol/L 硫代硫酸钠标准滴定溶液滴定。滴定时应剧烈摇动，当上层溶液呈淡黄色下层溶液呈淡粉红色时，加入 2 mL 淀粉指示液，用 0.1 mol/L 硫代硫酸钠标准滴定溶液滴定至蓝色刚褪，然后加入 5 mL 碘酸钾溶液，若返现蓝色则再滴定至蓝色刚消失为终点。用同样方法做空白试验。

乙烯基质量分数 X，按公式（2）计算：

$$X = \frac{c(V_1 - V_2)M}{2m \times 1000} \times 100\% \qquad\qquad\qquad (2)$$

式中：

X——乙烯基质量分数，%；

c——硫代硫酸钠标准滴定溶液的浓度，mol/L；

V_1——空白试验消耗硫代硫酸钠标准滴定溶液的体积，mL；

V_2——试样消耗硫代硫酸钠标准滴定溶液的体积，mL；

m——试样的质量，g；

M——乙烯基（—CH＝CH$_2$）的摩尔质量，g/mol。

5.4.4 允许误差

两次独立测试结果的绝对差值应不大于 0.2%，取其算术平均值为测定结果。

6 检验规则

6.1 检验分类

甲基乙烯基硅氧烷混合环体检验分为出厂检验和型式检验。

6.2 出厂检验

6.2.1 出厂检验项目

a) 甲基乙烯基环硅氧烷质量分数；

b) 四甲基四乙烯基环四硅氧烷质量分数；

c) 聚合黄变性；

d) 乙烯基质量分数；

e) 三甲基三乙烯基环三硅氧烷质量分数；

f) 六甲基六乙烯基环六硅氧烷及以后各组分质量分数。

6.2.2 组批和抽样

以相同原料、相同配方、相同工艺生产的产品为一检验组批，其最大组批量不超过 35 t。每批随机抽产品 1 kg，作为出厂检验样品。

6.2.3 判定规则

所有检验项目合格，则产品合格；若出现不合格项，允许加倍抽样对不合格项进行复检。若复检合格，则判该批产品合格；若复检仍不合格，则判该批产品为不合格。

6.3 型式检验

6.3.1 检验时机

在有下列情况之一时，应进行型式检验：

a) 新产品投产或老产品定型检定时；

b) 正常生产时，定期或积累一定产量后，应每一年进行一次；

c) 产品结构设计、材料、工艺以及关键的配套元器件等有较大改变，可能影响产品性能时；

d) 产品长期停产后，恢复生产时；

e) 出厂检验结果与上次型式检验结果有较大差异时；

f) 产品停产 6 个月以上恢复生产时；

g) 国家质量监督机构提出进行型式检验要求时。

6.3.2 检验项目

甲基乙烯基硅氧烷混合环体型式检验为本文件第 4 章要求的所有项目。

6.3.3 组批和抽样

以相同原料、相同配方、相同工艺生产的产品为一检验组批，其最大组批量不超过 35 t。

每批随机抽产品 1 kg，作为型式检验样品。

6.3.4 判定规则

所有检验项目合格，则产品合格；若出现不合格项，允许加倍抽样对不合格项进行复检。若复检合格，则判该批产品合格；若复检仍不合格，则判该批产品为不合格。

7 标志、产品随行文件

7.1 标志

7.1.1 标志内容

7.1.1.1 产品与生产者标志

产品或者包装、说明书上标注的内容应包括以下几方面：

a) 产品的自身属性。内容包括产品的名称、产地、规格型号、等级、成分含量、所执行标准的代号、编号、名称等。

b) 生产者相关信息。内容包括生产者的名称、地址、联系方式等。

c) 产品的扩展属性。产品通过质量管理体系或者环境体系认证的，在产品上标注相应的体系认证标志等。

7.1.1.2 储运图示标志

标识"小心轻放""请勿倒置"和"防水"等字样或图形。

内容包括：生产日期、保质期、贮存条件、使用说明、警示标志或中文警示说明等。

注： 标注内容的 4 个方面，产品的自身属性和生产者的相关信息必须标注，产品的扩展属性应根据产品的实际情况来确定标注事项，注意和提示事项应根据产品的特点以及确保消费者人身财产安全的原则来进行标注。

7.1.2 标志的表示方法

使用金属牌（铭牌）、标签、印记、颜色、线条（在电线上）或条形等方式。

7.1.3 标志相关要求

标志相关要求可参见：GB/T 191 包装储运图示标志、GB/T 190 危险货物包装标志、GB/T 6388 运输包装收发货标志、GB 15258 化学品安全标签编写规定等。

7.2 产品随行文件的要求

产品标准可要求提供产品的某些随行文件，可包括：

a) 产品合格证，参见 GB/T 14436；

b) 产品说明书；

c) 装箱单；

d) 随机备附件清单；

e) 试验报告；

f) 其他有关资料。

8 包装、运输和贮存

8.1 包装

甲基乙烯基硅氧烷混合环体采用清洁、干燥、密封良好的铁桶或塑料桶包装。净含量可根据用户要求包装。包装要求的基本内容包括：

a) 包装技术和方法，指明产品采用的包装以及防晒、防潮、防磁、防震动、防辐射等措施；

b) 包装材料和要求，指明采用的包装材料，以及材料的性能等；

c) 对内装物的要求，指明内装物的摆放位置和方法，预处理方法以及危险物品的防护条件等；

d) 包装试验方法，指明与包装有关的试验方法。

8.2 运输

运输、装卸工作过程，应轻装轻卸，防止撞击，避免包装破损，防止日晒、雨淋，应按照货物运输规定进行。

8.3 贮存

甲基乙烯基硅氧烷混合环体应贮存在阴凉、干燥、通风的场所。防止日光直接照射，并应隔绝火源，远离热源。

在符合本文件包装、运输和贮存条件下，本产品自生产之日起，贮存期为一年。逾期可重新检验，检验结果符合本文件要求时，仍可继续使用。

9 安全（下述安全内容为提示性内容但不仅限于下述内容）

警告——使用本文件的人员应熟悉实验室的常规操作。本文件未涉及与使用有关的安全问题。使用者有责任建立适宜的安全和健康措施并确保首先符合国家的相关规定。

硅油及其二次加工品

高沸硅油

Silicon oil synthesized from organosilicon high-boiling components

前 言

本文件按照 GB/T 1.1—2009 给出的规则起草。

请注意本文件的某些内容可能涉及专利。本文件的发布机构不承担识别这些专利的责任。

本文件由中国氟硅有机材料工业协会提出。

本文件由中国氟硅有机材料工业协会标准化委员会归口。

本文件参加起草单位：唐山三友硅业有限责任公司、合盛硅业股份有限公司、山东东岳有机硅材料有限公司、江西蓝星星火有机硅有限公司、山东蓝源新材料有限公司、浙江新安化工集团股份有限公司、中蓝晨光成都检测技术有限公司、江西星火狮达科技有限公司、中蓝晨光化工研究设计院有限公司。

本文件主要起草人：孙长江、聂长虹、伊港、吴红、柳祖刚、陈春江、方红承、周玲、过军芳、曹鹤、罗晓霞、李献起、游孟松、陈敏剑、赵洁、邢艳萍、王永桂。

本文件版权归中国氟硅有机材料工业协会。

本文件由中国氟硅有机材料工业协会标准化委员会解释。

本文件为首次制定。

高沸硅油

1 范围

本文件规定了高沸硅油的要求、试验方法、检验规则以及标志、包装、运输和贮存要求。

本文件适用于以甲基氯硅烷混合单体经过精馏制得的高沸物为主要原料，再经醇解或水解工艺制得的高沸硅油。高沸硅油主要成分为聚甲基硅氧烷混合物，其结构以硅氧键、硅碳键、硅硅键为主，并带有部分支链。高沸硅油适用于消泡剂、防水剂、隔离剂等行业，食品、医疗等行业需另行检测。

2 规范性引用文件

下列文件中的内容通过文中的规范性引用而构成本文件必不可少的条款。其中，注日期的引用文件，仅该日期对应的版本适用于本文件；不注日期的引用文件，其最新版本（包括所有的修改单）适用于本文件。

GB 12463　危险货物运输包装通用技术条件

GB/T 2895　塑料　聚酯树脂　部分酸值和总酸值的测定

GB/T 4472　化工产品密度、相对密度的测定

GB/T 6488　液体化工产品　折光率的测定（20 ℃）

GB/T 6678　化工产品采样总则

GB/T 6680　液体化工产品采样通则

GB/T 8170　数值修约规则与极限数值的表示和判定

GB/T 10247　粘度测量方法

3 产品型号

高沸硅油按黏度不同分为高沸硅油-Ⅰ型、高沸硅油-Ⅱ型、高沸硅油-Ⅲ型、高沸硅油-Ⅳ型和高沸硅油-TX 型。

4 要求

4.1 外观

油状液体，无明显可见机械杂质。

4.2 技术要求

高沸硅油技术要求应符合表 1 规定。

表 1 技术要求

序号	项　目	指　标				
		高沸硅油-Ⅰ型	高沸硅油-Ⅱ型	高沸硅油-Ⅲ型	高沸硅油-Ⅳ型	高沸硅油-TX型
1	运动黏度（25 ℃）/（mm²/s）	4～50	51～100	101～150	151～200	特殊黏度值
2	密度（25 ℃）/（g/cm³）	0.900～1.100				
3	折光率 n_D^{25}	1.430～1.470				
4	酸值（以 KOH 计）/（mg/g）	≤0.20				

5　试验方法

5.1　外观的测定

在清洁、干燥的 100 mL 具塞比色管中，加入测试样品至刻度线，在日光灯或日光下轴向目测。

5.2　黏度的测定

按 GB/T 10247 中第二章（毛细管法）规定的方法进行测定，测定温度为 25 ℃±0.1 ℃。

5.3　密度的测定

按 GB/T 4472 中 4.3.3 条（密度计法）规定的方法进行测定，测定温度为 25 ℃±0.1 ℃。

5.4　折光率的测定酸值的测定

按 GB/T 6488 规定的方法进行测定，测定温度为 25 ℃±0.1 ℃。

5.5　酸值的测定

采用 GB/T 2895 规定的方法进行测定。其中，滴定管用 2 mL 碱式微量滴定管。称取 4 g～5 g 试样（精确至 0.0001 g），置于滴定杯中，采用 50 mL 甲苯-乙醇（体积比 2∶1）混合溶液作溶剂，以溴百里香酚蓝为指示剂，用氢氧化钾-乙醇标准滴定溶液 [c(KOH)＝0.01 mol/L] 滴定，采用自动电位滴定仪或手动滴定识别终点，扣除溶剂空白样，以试样消耗氢氧化钾-乙醇标准滴定溶液的体积计算酸值。

6　检验规则

6.1　检验分类

检验分出厂检验和型式检验。

6.2　出厂检验

产品需经生产厂的质量检验部门按本文件检验合格并出具合格证后方可出厂。出厂检验项目为：

a)　外观；

b)　运动黏度；

c)　酸值。

6.3　型式检验

型式检验为本文件第 4 章要求的所有项目。有下列情况之一时，应进行型式检验：

a) 首次生产时；

b) 主要原材料或工艺方法有较大改变时；

c) 正常生产满一年时；

d) 停产后又恢复生产时；

e) 出厂检验结果与上次型式检验有较大差异时；

f) 质量监督机构提出要求或供需双方发生争议时。

6.4 组批与抽样规则

以相同原料、相同配方、相同工艺生产的产品为一检验组批，其最大组批量不超过 5000 kg，每批随机抽产品 2 kg，作为出厂检验样品，随机抽取产品 2 kg，作为型式检验样品。

6.5 判定规则

所有检验项目合格，则产品合格；若出现不合格项，允许加倍抽样对不合格项进行复检。若复检合格，则判该批产品合格；若复检仍不合格，则判该批产品为不合格。

7 标志

高沸硅油包装容器上应有牢固清晰的标志，其内容包括：产品名称、生产厂名称、生产厂地址、批号、净质量、生产日期和本文件编号等。

8 包装、运输和贮存

8.1 包装

产品采用清洁、干燥、密封良好的衬塑铁桶或塑料桶包装。包装规格为：200 kg、1000 kg 或其它包装规格。

8.2 运输

按 GB12463 的规定进行运输，运输时注意要防火、防雨、防潮、防晒、防止酸碱等杂质混入，搬运时应轻装轻卸。

8.3 贮存

产品应贮存在阴凉、干燥、通风的场所。防止日光直接照射，并应隔绝火源，远离热源。

在符合本文件包装、运输和贮存条件下，本产品自生产之日起，贮存期为 6 个月。逾期可重新检验，检验结果符合本文件要求时，仍可继续使用。

9 安全

警告——使用本文件的人员应熟悉实验室的常规操作。本文件未涉及与使用有关的安全问题。使用者有责任建立适宜的安全和健康措施并确保首先符合国家的相关规定。

导热硅脂

Thermally Conductive Silicone Grease

前 言

本文件按照 GB/T 1.1—2009 给出的规则起草。

请注意本文件的某些内容可能涉及专利。本文件的发布机构不承担识别这些专利的责任。

本文件由中国氟硅有机材料工业协会提出。

本文件由中国氟硅有机材料工业协会标准化委员会归口。

本文件参加起草单位：成都拓利科技股份有限公司、广州市高士实业有限公司、成都硅宝科技股份有限公司、广州市白云化工实业有限公司、山东飞度胶业科技股份有限公司、宜昌科林硅材料有限公司、浙江新安化工集团股份有限公司、中蓝晨光成都检测技术有限公司、中蓝晨光化工研究设计院有限公司。

本文件主要起草人：郑林丽、胡新嵩、王小会、牛蓉、孙萍、陈浩英、罗兴成、丁胜元、雷震、冯钦邦、叶世胜、罗晓霞、陈敏剑。

本文件版权归中国氟硅有机材料工业协会。

本文件由中国氟硅有机材料工业协会标准化委员会解释。

本文件为首次制定。

导热硅脂

1 范围

本文件规定了导热硅脂的分类、要求、试验方法、检验规则、标志、包装、运输和贮存。

本文件适用于导热系数≥0.6 W/(m·K)，以聚硅氧烷、填料等为主要成分的用于电子电器行业的绝缘导热硅脂。

2 规范性引用文件

下列文件中的内容通过文中的规范性引用而构成本文件必不可少的条款。其中，注日期的引用文件，仅该日期对应的版本适用于本文件；不注日期的引用文件，其最新版本（包括所有的修改单）适用于本文件。

GB/T 191　包装储运图示标志

GB/T 269—1991　润滑脂和石油脂锥入度测定法

GB/T 1408.1—2016　绝缘材料　电气强度试验方法　第1部分：工频下试验

GB/T 1410—2006　绝缘材料体积电阻率和表面电阻率试验方法

GB/T 13354—1992　液态胶粘剂密度的测定方法　重量杯法

HG/T 2502—1993　5201硅脂

ISO 22007-2：2015　塑料　热传导率和热扩散率的测定　第2部分：瞬态平面热源（发热盘）法 [Plastics — Determination of thermal conductivity and thermal diffusivity —Part 2：Transient plane heat source（hot disc）method]

3 产品分类

按产品导热性能分为Ⅰ型和Ⅱ型。

4 要求

4.1 外观

色泽均匀、无机械杂质。

4.2 技术要求

技术要求应符合表1中规定的各项技术指标。

表 1 技术要求

序号	项　目	技术指标	
		Ⅰ型	Ⅱ型
1	锥入度（0.1 mm）	供需双方商定	供需双方商定
2	挥发物含量/%	≤0.8	≤0.5
3	油离度/%	≤0.5	≤0.5
4	密度/（g/cm³）	≤4.0	≤4.0
5	体积电阻率/Ω·cm	≥1.0×10¹⁰	≥1.0×10¹⁰
6	电气强度/（kV/mm）	≥10	≥8
7	导热系数/［W/（m·K）］	≥0.6，<2.0	≥2.0

5　试验方法

5.1　试验条件

除特殊规定外，试验均应在标准条件下进行：

温度：23 ℃±2 ℃；

相对湿度：50%±10%。

5.2　试验方法

5.2.1　外观

目测法。

5.2.2　锥入度

按 GB/T 269—91 中第 6 条的规定测定（全尺寸不工作锥入度）。要求试样搅动或转移后应静置 4 h，再进行锥入度测定。

5.2.3　挥发物含量

按 HG/T 2502—93 中 5.3 的规定测定。

5.2.4　油离度

按 GB/T 13354—92 的规定测定。

5.2.5　密度

按 GB/T 13354—92 的规定测定。

5.2.6　体积电阻率

按 GB/T 1410—2006 的规定测试。试验前试样需在余压不大于 400 Pa，温度为 60 ℃±5 ℃条件下处理 1 h，消除试样中的气泡。

5.2.7 电气强度

按 GB/T1408.1—2006 的规定测试。试验前试样需在余压不大于 400 Pa，温度为 60 ℃±5 ℃条件下处理 1 h，消除试样中的气泡。

5.2.8 导热系数

按 ISO 22007-2：2015 规定测试。

6 检验规则

6.1 检验分类

检验分出厂检验和型式检验。

6.2 出厂检验

导热硅脂需经公司质检部门按本文件检验合格并出具合格证后方可出厂。出厂检验项目为：
a) 外观；
b) 锥入度；
c) 挥发物含量；
d) 油离度；
e) 导热系数。

6.3 型式检验

导热硅脂型式检验为本文件第 4 章要求的所有项目。有下列情况之一时，应进行型式检验：
a) 首次生产时；
b) 主要原材料或工艺方法有较大改变时；
c) 正常生产满一年时；
d) 停产半年以上，恢复生产时；
e) 出厂检验结果与上次型式检验有较大差异时；
f) 质量监督机构提出要求或供需双方发生争议时。

6.4 组批与抽样规则

以相同原料、相同配方、相同工艺生产的产品为一检验组批，其最大组批量不超过 5000 kg，每批随机抽产品 1 kg，作为出厂检验样品。从出厂检验合格的产品中随机抽取产品 2 kg，作为型式检验样品。

6.5 判定规则

所有检验项目合格，则产品合格；若出现不合格项，允许加倍抽样对不合格项进行复检。若复检合格，则判该批产品合格；若复检仍不合格，则判该批产品为不合格。

7 标志、包装、运输和贮存

7.1 标志

产品外包装应有下列清晰标志：产品名称、型号、生产日期、生产批号、净重、保质期、注意事项、标准编号、生产单位名称及厂址。

7.2 包装

采用清洁、干燥、密封良好的铁桶或塑料桶包装。净含量可根据用户要求包装。

7.3 运输

产品为非易燃易爆品，可按一般非危险品运输。运输、装卸工作过程，应轻装轻卸，防止撞击，避免包装破损，防止日晒、雨淋，防止撞击、挤压产品包装，应按照货物运输规定进行。

7.4 贮存

产品应贮放在通风干燥处，并应隔绝火源，远离热源。本产品在－5 ℃～40 ℃条件下，自生产之日起，保质期为 6 个月。超过保质期，可按本标准规定进行复验，若复验结果仍符合本文件要求，则仍可使用。

8 安全（下述安全内容为提示性内容但不仅限于下述内容）

警告——使用本文件的人员应熟悉实验室的常规操作。本文件未涉及与使用有关的安全问题。使用者有责任建立适宜的安全和健康措施并确保首先符合国家的相关规定。

甲基低含氢硅油

Trimethylsiloxy terminated poly (dimethyl-methyl hydro) siloxane copolymer with low hydrogen content

前 言

本文件按照 GB/T 1.1—2009 给出的规则起草。

请注意本文件的某些内容可能涉及专利。本文件的发布机构不承担识别这些专利的责任。

本文件由中国氟硅有机材料工业协会提出。

本文件由中国氟硅有机材料工业协会标准化委员会归口。

本文件参加起草单位：江西蓝星星火有机硅有限公司、浙江润禾有机硅新材料有限公司、唐山三友硅业有限责任公司、浙江新安化工集团股份有限公司、广东标美硅氟新材料有限公司、山东东岳有机硅材料股份有限公司。

本文件主要起草人：吴红、叶丹、彭艳、张宝祥、舒莺、黄振宏、伊港、陆思琪、刘秋艳。

本文件版权归中国氟硅有机材料工业协会。

本文件由中国氟硅有机材料工业协会标准化委员会解释。

本文件为首次制定。

甲基低含氢硅油

1 范围

本文件规定了甲基低含氢硅油产品的结构式、型号、要求、试验方法、检验规则及标志、包装、运输和贮存。

本文件适用于以聚二甲基硅氧烷环体、甲基高含氢硅油和六甲基二硅氧烷为原料,采用酸性催化剂制备的侧链含氢硅油。

2 规范性引用文件

下列文件中的内容通过文中的规范性引用而构成本文件必不可少的条款。其中,注日期的引用文件,仅该日期对应的版本适用于本文件;不注日期的引用文件,其最新版本(包括所有的修改单)适用于本文件。

GB/T 601 化学试剂 标准滴定溶液的制备

GB/T 603 化学试剂 试验方法中所用制剂及制品的制备

GB/T 6678 化工产品采样总则

GB/T 6680 液体化工产品采样通则

GB/T 6682 分析实验室用水规格和试验方法

GB/T 8170 数值修约规则与极限数值的表示和判定

HG/T 2363—1992 硅油运动粘度的试验方法

HG/T 4804—2015 甲基高含氢硅油

3 产品结构式和型号

3.1 产品结构式

$$H_3C-\underset{\underset{CH_3}{|}}{\overset{\overset{CH_3}{|}}{Si}}-O-\left(\underset{\underset{CH_3}{|}}{\overset{\overset{CH_3}{|}}{Si}}-O\right)_m\left(\underset{\underset{CH_3}{|}}{\overset{\overset{H}{|}}{Si}}-O\right)_n\underset{\underset{CH_3}{|}}{\overset{\overset{CH_3}{|}}{Si}}-CH_3$$

其中,m、n 是自然数。

3.2 产品型号

产品型号由产品名称和 Si—H 基质量分数规格两部分组成,型号表示方法如下:

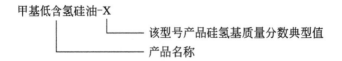

甲基低含氢硅油-X
└── 该型号产品硅氢基质量分数典型值
└── 产品名称

4 要求

4.1 外观

透明，无机械杂质液体。

4.2 技术要求

甲基低含氢硅油是指 Si—H 基质量分数低于 44％或含氢量低于 1.55％的甲基含氢硅油。表 1 列举了甲基低含氢硅油的典型型号，产品理化性能指标应符合表 1 所示的技术要求。

表 1　技术要求

序号	项目	指标					
		甲基低含氢硅油-2.9	甲基低含氢硅油-5.2	甲基低含氢硅油-10.2	甲基低含氢硅油-14.5	甲基低含氢硅油-21.8	甲基低含氢硅油-29.0
1	Si—H 基的质量分数/％	2.6～3.2	4.6～5.8	9.0～11.3	13.0～16.0	19.4～24.1	26.1～31.9
2	黏度（25 ℃）/（mm²/s）	30～120	30～120	30～120	30～120	30～120	30～120
3	挥发性物质的质量分数（105 ℃，1.5 h）/％	≤3.0					
4	酸值（以 HCl 计）/（μg/g）	≤10					
注：除以上规格外，特殊规格，由供需双方协商确定。							

5 试验方法

5.1 一般规定

本文件采用 GB/T 8170 规定的修约值比较法判定检验结果是否符合标准。

本文件所用标准滴定溶液、制剂及制品，在没有注明其他要求时，均按照 GB/T 601、GB/T 603 的规定配制。

本文件所用试剂和水，在没有注明其他要求时，均指分析纯试剂和 GB/T 6682 规定的三级水。

5.2 外观

取样品 20 mL，倒入清洁、干燥、无色透明的试管中，在日光灯或自然光下目测。

5.3 Si—H 基质量分数测定

按 HG/T 4804—2015 中附录 A 规定的方法测定。

规定 Si—H 基质量分数大于 2.0％时，可按照 A.2 或 A.3 方法；规定特殊规格 Si—H 基质量分数小于 2.0％时，按照 A.3 方法；按照 A.2 方法测定 Si—H 基质量分数时，称量样品范围按公式（1）计算：

$$\frac{1.78}{\text{Si—H 基质量分数}} \leqslant M \leqslant \frac{4.74}{\text{Si—H 基质量分数}} \qquad\cdots\cdots\cdots\cdots (1)$$

5.4 黏度

按照 HG/T 2363—1992 中规定的方法测定，测定温度为 25 ℃。

5.5 挥发性物质质量分数

按 HG/T 4804—2015 中附录 B 规定的方法测定。

5.6 酸值

按 HG/T 4804—2015 中附录 C 规定的方法测定。

6 检验规则

6.1 检验分类

甲基低含氢硅油检验分为出厂检验和型式检验。

6.2 出厂检验

甲基低含氢硅油需经生产厂的质量检验部门按本文件检验合格并出具合格证后方可出厂。

出厂检验项目应包括本文件第 4 章要求的所有项目，其中酸值每月抽检一次。

6.3 型式检验

甲基低含氢硅油型式检验为本文件第 4 章要求的所有项目。有下列情况之一时，应进行型式检验：

a) 首次生产时；

b) 主要原材料或工艺方法有较大改变时；

c) 正常生产满一年时；

d) 停产后又恢复生产时；

e) 出厂检验结果与上次型式检验有较大差异时；

f) 质量监督机构提出要求或供需双方发生争议时。

6.4 组批和抽样规则

以相同原料、相同配方、相同工艺生产的产品为一组批，可按产品贮罐组批，或按生产周期进行组批。采样按 GB/T 6678 和 GB/T 6680 的规定进行。采样总量不少于 200 mL。

6.5 判定规则

所有检验项目合格，则产品合格；若出现不合格项，允许加倍抽样对不合格项进行复检。若复检合格，则判该批产品合格；若复检仍不合格，则判该批产品为不合格。

7 标志、包装、运输和贮存

7.1 标志

甲基低含氢硅油的包装容器上的标志，根据 GB/T191 的规定，在包装外侧应有"与产品性能相关"标志。

每批出厂产品均应附有一定格式的质量证明书，其内容包括：生产厂名称、地址、电话号码、产品名称、型号、批号、净质量或净容量、生产日期、保质期、注意事项和标准编号。

7.2 包装

甲基低含氢硅油采用清洁、干燥、密封良好的铁桶或塑料桶包装。净含量可根据用户要求包装。

7.3 运输

运输、装卸工作过程，应轻装轻卸，防止撞击，避免包装破损，防止日晒、雨淋，应按照货物运输规定进行。

本文件规定的甲基低含氢硅油为非危险品。

7.4 贮存

甲基低含氢硅油应贮存在阴凉、干燥、通风的场所。防止日光直接照射，并应隔绝火源，远离热源。

在符合本文件包装、运输和贮存条件下，本产品自生产之日起，贮存期为一年。逾期可重新检验，检验结果符合本文件要求时，仍可继续使用。

8 安全（下述安全内容为提示性内容但不仅限于下述内容）

警告——使用本文件的人员应熟悉实验室的常规操作。本文件未涉及与使用有关的安全问题。使用者有责任建立适宜的安全和健康措施并确保首先符合国家的相关规定。

端含氢二甲基硅油

Hydrogen terminated polydimethylsiloxane

前　言

本文件按照 GB/T 1.1—2009 给出的规则起草。

请注意本文件的某些内容可能涉及专利。本文件的发布机构不承担识别这些专利的责任。

本文件由中国氟硅有机材料工业协会提出。

本文件由中国氟硅有机材料工业协会标准化委员会归口。

本文件参加起草单位：江西蓝星星火有机硅有限公司、浙江润禾有机硅新材料有限公司、唐山三友硅业有限责任公司、浙江新安化工集团股份有限公司、广东标美硅氟新材料有限公司、山东东岳有机硅材料股份有限公司。

本文件主要起草人：吴红、叶丹、彭艳、赵由春、舒莺、黄振宏、伊港、李玉蕾、范艳霞。

本文件版权归中国氟硅有机材料工业协会。

本文件由中国氟硅有机材料工业协会标准化委员会解释。

本文件为首次制定。

端含氢二甲基硅油

1 范围

本文件规定了端含氢二甲基硅油的产品结构式、型号、要求、试验方法、检验规则及标志、包装、运输和贮存。

本文件适用于以聚二甲基硅氧烷环体和四甲基二硅氧烷为原料，采用酸性催化剂制备的端含氢二甲基硅油。

2 规范性引用文件

下列文件中的内容通过文中的规范性引用而构成本文件必不可少的条款。其中，注日期的引用文件，仅该日期对应的版本适用于本文件；不注日期的引用文件，其最新版本（包括所有的修改单）适用于本文件。

GB/T 601　化学试剂　标准滴定溶液的制备

GB/T 603　化学试剂　试验方法中所用制剂及制品的制备

GB/T 6678　化工产品采样总则

GB/T 6680　液体化工产品采样通则

GB/T 6682　分析实验室用水规格和试验方法

GB/T 8170　数值修约规则与极限数值的表示和判定

HG/T 2363—1992　硅油运动粘度的试验方法

HG/T 4804—2015　甲基高含氢硅油

3 产品结构式和型号

3.1 产品结构式

$$H-\underset{\underset{CH_3}{|}}{\overset{\overset{CH_3}{|}}{Si}}-O\left(\underset{\underset{CH_3}{|}}{\overset{\overset{CH_3}{|}}{Si}}-O\right)_m\underset{\underset{CH_3}{|}}{\overset{\overset{CH_3}{|}}{Si}}-H$$

其中，m 是自然数。

3.2 产品型号

产品型号由产品名称和黏度规格两部分组成，型号表示方法如下：

端含氢二甲基硅油-V
└─ 该型号产品黏度典型值
└─ 产品名称

4 要求

4.1 外观

无色透明，无可见杂质。

4.2 技术要求

表1列举端含氢二甲基硅油的典型型号，产品理化性能指标应符合表1所示的技术要求。

表1 技术要求

序号	项目	指标				
		端含氢二甲基硅油-65	端含氢二甲基硅油-120	端含氢二甲基硅油-200	端含氢二甲基硅油-280	端含氢二甲基硅油-460
1	Si—H基的质量分数/%	1.50～1.80	0.90～1.10	0.60～0.80	0.50～0.60	0.40～0.50
2	运动黏度（25℃）/（mm²/s）	55～75	105～135	180～220	250～310	410～510
3	挥发性物质的质量分数（105℃，1.5 h）/%	≤3.0				
4	酸值（以HCl计）/（μg/g）	≤10				
注：除以上规格外，特殊规格，由供需双方协商确定。						

5 试验方法

5.1 一般规定

本文件采用GB/T 8170规定的修约值比较法判定检验结果是否符合标准。

本文件所用标准滴定溶液、制剂及制品，在没有注明其他要求时，均按照GB/T 601、GB/T 603的规定配制。

本文件所用试剂和水，在没有注明其他要求时，均指分析纯试剂和GB/T 6682规定的三级水。

5.2 外观

取样品20 mL，倒入清洁、干燥、无色透明的试管中，在日光灯或自然光下目测。

5.3 Si—H基质量分数

按HG/T 4804—2015中附录A中A.3规定的方法测试。

硅氢基振动频率约为2128 cm^{-1}～2130 cm^{-1}，采用已知含量的四甲基二硅氧烷作为标准物质，十甲基环五硅氧烷为溶剂稀释成不同浓度的标准样品。

5.4 黏度

按HG/T 2363—1992中规定的方法测定，测定温度为25℃。

5.5 挥发性物质质量分数

按HG/T 4804—2015中附录B规定的方法测试。

5.6 酸值

按 HG/T 4804—2015 中附录 C 规定的方法测定。

6 检验规则

6.1 检验分类

端含氢二甲基硅油检验分为出厂检验和型式检验。

6.2 出厂检验

端含氢二甲基硅油需经生产厂的质量检验部门按本文件检验合格并出具合格证后方可出厂。

出厂检验项目应包括本文件第 4 章要求的所有项目，其中酸值每月抽检一次。

6.3 型式检验

端含氢二甲基硅油型式检验为本文件第 4 章要求的所有项目。有下列情况之一时，应进行型式检验：

a) 首次生产时；

b) 主要原材料或工艺方法有较大改变时；

c) 正常生产满一年时；

d) 停产后又恢复生产时；

e) 出厂检验结果与上次型式检验有较大差异时；

f) 质量监督机构提出要求或供需双方发生争议时。

6.4 组批和抽样规则

以相同原料、相同配方、相同工艺生产的产品为一组批，可按产品贮罐组批，或按生产周期进行组批。采样按 GB/T 6678 和 GB/T 6680 的规定进行。采样总量不少于 200 mL。

6.5 判定规则

所有检验项目合格，则产品合格；若出现不合格项，允许加倍抽样对不合格项进行复检。若复检合格，则判该批产品合格；若复检仍不合格，则判该批产品为不合格。

7 标志、包装、运输和贮存

7.1 标志

端含氢二甲基硅油的包装容器上的标志，根据 GB/T191 的规定，在包装外侧应有"与产品性能相关"标志。

每批出厂产品均应附有一定格式的质量证明书，其内容包括：生产厂名称、地址、电话号码、产品名称、型号、批号、净质量或净容量、生产日期、保质期、注意事项和标准编号。

7.2 包装

端含氢二甲基硅油采用清洁、干燥、密封良好的铁桶或塑料桶包装。净含量可根据用户要求包装。

7.3 运输

运输、装卸工作过程，应轻装轻卸，防止撞击，避免包装破损，防止日晒、雨淋，应按照货物运输规定进行。

本文件规定端含氢二甲基硅油为非危险品。

7.4 贮存

端含氢二甲基硅油应贮存在阴凉、干燥、通风的场所。防止日光直接照射，并应隔绝火源，远离热源。

在符合本文件包装、运输和贮存条件下，本产品自生产之日起，贮存期为一年。逾期可重新检验，检验结果符合本文件要求时，仍可继续使用。

8　安全（下述安全内容为提示性内容但不仅限于下述内容）

警告——使用本文件的人员应熟悉实验室的常规操作。本文件未涉及与使用有关的安全问题。使用者有责任建立适宜的安全和健康措施并确保首先符合国家的相关规定。

乙烯基封端的二甲基硅油

Vinyl-terminated polydimethylsiloxane

前　言

本文件按照 GB/T 1.1—2009 给出的规则起草。

请注意本文件的某些内容可能涉及专利。本文件的发布机构不承担识别这些专利的责任。

本文件由中国氟硅有机材料工业协会提出。

本文件由中国氟硅有机材料工业协会标准化委员会归口。

本文件参加起草单位：江西蓝星星火有机硅有限公司、宜昌科林硅材料有限公司、浙江润禾有机硅新材料有限公司、上海华之润化工有限公司、唐山三友硅业有限责任公司、浙江新安化工集团股份有限公司、广东标美硅氟新材料有限公司、山东东岳有机硅材料股份有限公司。

本文件主要起草人：叶丹、吴红、冯钦邦、彭艳、柳超、倪志远、舒莺、黄振宏、伊港、吴利民、李南希。

本文件版权归中国氟硅有机材料工业协会。

本文件由中国氟硅有机材料工业协会标准化委员会解释。

本文件为首次制定。

乙烯基封端的二甲基硅油

1 范围

本文件规定了乙烯基封端的二甲基硅油的结构式、型号、要求、试验方法、检验规则及标志、包装、运输和贮存。

本文件适用于以二甲基硅氧烷环体和四甲基二乙烯基二硅氧烷为原料,在碱性或者酸性催化条件下制备的乙烯基封端的二甲基硅油。

2 规范性引用文件

下列文件中的内容通过文中的规范性引用而构成本文件必不可少的条款。其中,注日期的引用文件,仅该日期对应的版本适用于本文件;不注日期的引用文件,其最新版本(包括所有的修改单)适用于本文件。

GB/T 601 化学试剂 标准滴定溶液的制备

GB/T 603 化学试剂 试验方法中所用制剂及制品的制备

GB/T 6678 化工产品采样总则

GB/T 6680 液体化工产品采样通则

GB/T 6682 分析实验室用水规格和试验方法

GB/T 8170 数值修约规则与极限数值的表示和判定

GB/T 10247—2008 粘度测量方法

GB/T 28610—2012 甲基乙烯基硅橡胶

HG/T 2363—1992 硅油运动粘度试验方法

3 产品结构式和型号

3.1 产品结构式

$$H_2C=HC-\underset{\underset{CH_3}{|}}{\overset{\overset{CH_3}{|}}{Si}}-O\underset{\underset{CH_3}{|}}{\overset{\overset{CH_3}{|}}{\left(Si-O\right)}}_m\underset{\underset{CH_3}{|}}{\overset{\overset{CH_3}{|}}{Si}}-\underset{\underset{H}{|}}{C}=CH_2$$

其中,m 是自然数。

3.2 产品型号

产品型号由产品名称和黏度规格两部分组成,型号表示方法如下:

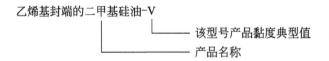

乙烯基封端的二甲基硅油-V
———— 该型号产品黏度典型值
———— 产品名称

4 要求

4.1 外观

无机械杂质透明液体。

4.2 技术要求

表1、表2列举了乙烯基封端的二甲基硅油的典型型号，其理化性能指标应符合表1和表2的技术要求。

表 1 技术要求 1

序号	项目	指标			
		乙烯基封端的二甲基硅油-100	乙烯基封端的二甲基硅油-350	乙烯基封端的二甲基硅油-500	乙烯基封端的二甲基硅油-1000
1	乙烯基的质量分数/%	0.90～1.10	0.47～0.58	0.37～0.46	0.29～0.36
2	运动黏度（25 ℃）/（mm^2/s）	90～110	315～385	450～550	900～1100
3	挥发分（150 ℃，2 h）/%	≤1.5			

表 2 技术要求 2

序号	项目	指标			
		乙烯基封端的二甲基硅油-3500	乙烯基封端的二甲基硅油-10000	乙烯基封端的二甲基硅油-60000	乙烯基封端的二甲基硅油-100000
1	乙烯基的质量分数/%	0.18～0.23	0.12～0.16	0.08～0.10	0.06～0.08
2	黏度（25 ℃）/mPa·s	3150～3850	9000～11000	54000～66000	90000～110000
3	挥发分（150 ℃，2 h）/%	≤1.5			
注：表1列举 V≤1000 mm^2/s 型号产品、表2列举 V≥1000 mm^2/s 型号产品，除以上规格外，特殊规格，由供需双方协商确定。					

5 试验方法

5.1 一般规定

本文件采用 GB/T 8170 规定的修约值比较法判定检验结果是否符合标准。

本文件所用标准滴定溶液、制剂及制品，在没有注明其他要求时，均按照 GB/T 601、GB/T 603 的规定配制。

本文件所用试剂和水，在没有注明其他要求时，均指分析纯试剂和 GB/T 6682 规定的三级水。

5.2 外观

取样品 20 mL，倒入清洁、干燥、无色透明的试管中，在日光灯或自然光下目测。

5.3 乙烯基质量分数

5.3.1 化学滴定法（仲裁法）

5.3.1.1 按 GB/T 28610—2012 中附录 B 的测定方法

5.3.1.2 试样中乙烯基质量分数 X，按公式（1）计算：

$$X = \frac{C(V_1 - V_2)M}{2G \times 1000} \times 100\% \qquad\qquad \cdots\cdots\cdots\cdots\cdots\cdots (1)$$

式中：

X——乙烯基质量分数, %；

C——硫代硫酸钠标准滴定溶液物质的量的浓度，mol/L；

V_1——空白实验消耗硫代硫酸钠标准溶液的体积，mL；

V_2——试样消耗硫代硫酸钠标准溶液的体积，mL；

G——试样质量数值，g；

M——乙烯基（—CH=CH$_2$）的摩尔质量，g/mol。

5.3.2 近红外光谱法

5.3.2.1 方法概要

利用标准样品中乙烯基质量分数理论值与近红外光谱之间建立的近红外光谱模型，测定样品中乙烯基质量分数。

5.3.2.2 仪器与设备

近红外光谱仪。

5.3.2.3

a) 收集样品理论值。收集不同乙烯基质量分数的标准样品至少 50 个，按照 5.3.1 方法测定样品理论值。

b) 收集近红外光谱。全范围扫描，收集标准样品近红外光谱。

c) 建立近红外光谱模型。将标准样品的近红外光谱与对应的乙烯基质量分数理论值导入近红外光谱软件，建立近红外光谱模型。

d) 样品乙烯基质量分数的测定。收集待测样品近红外光谱，用建好的近红外光谱模型，得到待测样品中乙烯基质量分数。

5.3.2.4 允许误差

两次平行测试结果的绝对差值不应大于算术平均值的 8%，取两次测定的算术平均值作为分析结果。

5.4 黏度

运动黏度小于 1000 mm^2/s（含 1000 mm^2/s），按 HG/T 2363—1992 中规定的方法测定，测定温度为 25 ℃。

运动黏度大于 1000 mm^2/s，按 GB 10247—2008 中第 4 章（旋转法）规定的方法测定，测定温度为 25 ℃。

5.5 挥发分

按 GB/T 28610—2012 附录 C 的测定方法测定。规定铝箔杯规格 40 mm×30 mm；样品量 1 g，干燥箱温度 150 ℃，不鼓风，加热 2 h。

6 检验规则

6.1 检验分类

乙烯基封端的二甲基硅油检验分为出厂检验和型式检验。

6.2 出厂检验

乙烯基封端的二甲基硅油需经生产厂的质量检验部门按本文件检验合格并出具合格证后方可出厂。出厂检验项目包括第 4 章所有检测项目。

6.3 型式检验

乙烯基封端的二甲基硅油型式检验为本文件第 4 章要求的所有项目。有下列情况之一时，应进行型式检验：

a) 首次生产时；
b) 主要原材料或工艺方法有较大改变时；
c) 正常生产满一年时；
d) 停产后又恢复生产时；
e) 出厂检验结果与上次型式检验有较大差异时；
f) 质量监督机构提出要求或供需双方发生争议时。

6.4 组批和抽样规则

以相同原料、相同配方、相同工艺生产的产品为一组批，可按产品贮罐组批，或按生产周期进行组批。采样按 GB/T 6678 和 GB/T 6680 的规定进行。采样总量不少于 200 mL。

6.5 判定规则

所有检验项目合格，则产品合格；若出现不合格项，允许加倍抽样对不合格项进行复检。若复检合格，则判该批产品合格；若复检仍不合格，则判该批产品为不合格。

7 标志、包装、运输和贮存

7.1 标志

乙烯基封端的二甲基硅油的包装容器上的标志，根据 GB/T 191 的规定，在包装外侧应有"与产品性能相关"标志。

每批出厂产品均应附有一定格式的质量证明书，其内容包括：生产厂名称、地址、电话号码、产品名称、型号、批号、净质量或净容量、生产日期、保质期、注意事项和标准编号。

7.2 包装

乙烯基封端的二甲基硅油采用清洁、干燥、密封良好的铁桶或塑料桶包装。净含量可根据用户要求包装。

7.3　运输

运输、装卸工作过程，应轻装轻卸，防止撞击，避免包装破损，防止日晒、雨淋，应按照货物运输规定进行。

本文件规定的乙烯基封端的二甲基硅油为非危险品。

7.4　贮存

乙烯基封端的二甲基硅油应贮存在阴凉、干燥、通风的场所。防止日光直接照射，并应隔绝火源，远离热源。

在符合本文件包装、运输和贮存条件下，本产品自生产之日起，贮存期为一年。逾期可重新检验，检验结果符合本文件要求时，仍可继续使用。

8　安全（下述安全内容为提示性内容但不仅限于下述内容）

警告——使用本文件的人员应熟悉实验室的常规操作。本文件未涉及与使用有关的安全问题。使用者有责任建立适宜的安全和健康措施并确保首先符合国家的相关规定。

玻璃防雾用水性硅油分散液

Water-based silicone oil dispersion for glass anti-fog application

前　言

本文件按照 GB/T 1.1—2009 给出的规则起草。

请注意本文件的某些内容可能涉及专利。本文件的发布机构不承担识别这些专利的责任。

本文件由中国氟硅有机材料工业协会提出。

本文件由中国氟硅有机材料工业协会标准化委员会归口。

本文件参加起草单位：埃肯有机硅（上海）有限公司、京准化工技术（上海）有限公司、中蓝晨光成都检测技术有限公司、中国蓝星（集团）股份有限公司。

本文件主要起草人：贾丽亚、鲍名凯、王天舒、罗晓霞、彭斌、杨宝敬、王永桂、赵成英。

本文件版权归中国氟硅有机材料工业协会。

本文件由中国氟硅有机材料工业协会标准化委员会解释。

本文件为首次制定。

玻璃防雾用水性硅油分散液

1 范围

本文件规定了玻璃防雾用水性硅油分散液的要求、试验方法、检验规则、标志、包装、运输和贮存。

本文件适用于以硅油为基础材料，与其它助剂复配制成的透明或微浊的水性分散液，主要用于玻璃防雾。

2 规范性引用文件

下列文件中的内容通过文中的规范性引用而构成本文件必不可少的条款。其中，注日期的引用文件，仅该日期对应的版本适用于本文件；不注日期的引用文件，其最新版本（包括所有的修改单）适用于本文件。

GB/T 191 包装储运图示标志

GB/T 10247 粘度测量方法

3 要求

3.1 外观

无色透明或微浊均质流体、无明显的机械杂质和凝胶颗粒。

3.2 技术要求

产品技术要求应满足表 1 的规定。

表 1 玻璃防雾用水性硅油分散液技术要求

序号	项目	指标
1	pH 值（25 ℃）	5.0～9.0
2	运动黏度（25 ℃）/（mm²/s）	＜30
3	固体的质量分数/%	≥5.0
4	初始防雾效果	合格
5	防雾持久性/min	＞30

4 试验方法

4.1 试样制备

将一定质量的硅油分散液灌装到带雾化效果喷嘴的喷瓶中待用。

4.2 试验方法

4.2.1 外观

开始前，仔细地检查产品表面，观察油水是否分离。将待检查的产品倒入大口玻璃烧杯或类似容器内，用刮板搅拌均匀，静置 10 min~15 min。从表面的正上方和透过容器壁观察产品的外观。记录任何杂质或悬浮物以及表面上的油滴或结块的存在。

4.2.2 pH 值

按附录 A 进行试验。

4.2.3 黏度

按 GB/T 10247 中毛细管黏度法的规定测试。

4.2.4 固体质量分数

按附录 B 进行试验。

4.2.5 初始防雾效果

按附录 C 进行试验。

4.2.6 防雾持久性

按附录 C 进行试验。

5 检验规则

5.1 检验分类

玻璃防雾用水性硅油分散液分为出厂检验和型式检验。

5.2 出厂检验

玻璃防雾用水性硅油分散液需经生产厂的质量检验部门按本文件检验合格并出具合格证后方可出厂。出厂检验项目为：

    a) 外观；
    b) pH 值；
    c) 黏度；
    d) 固体质量分数；
    e) 初始防雾效果。

5.3 型式检验

玻璃防雾用水性硅油分散液型式检验为本文件第 3 章要求的所有项目。有下列情况之一时，应进行型式检验：

    a) 首次生产时；
    b) 主要原材料或工艺方法有较大改变时；

c) 正常生产满一年时；

d) 停产后又恢复生产时；

e) 出厂检验结果与上次型式检验有较大差异时；

f) 质量监督机构提出要求或供需双方发生争议时。

5.4 组批和抽样规则

产品的每一生产批为一检验单位，同一批号原料、同一配方、同一工艺的玻璃防雾用水性硅油分散液产品为一批，其最大组批量不超过 5000 kg，每批随机抽产品 1 kg，作为出厂检验样品。从出厂检验合格的产品中随机抽取产品 2 kg，作为型式检验样品。

5.5 判定规则

所有检验项目合格，则产品合格；若出现不合格项，允许加倍抽样对不合格项进行复检。若复检合格，则判该批产品合格；若复检仍不合格，则判该批产品为不合格。

6 标志、包装、运输和贮存

6.1 标志

玻璃防雾用水性硅油分散液的包装容器上的标志，根据 GB/T191 的规定，在包装外侧应有下列清晰标识：产品名称、型号（牌号）、商标、生产批号、生产日期、净质量、生产单位名称及厂址等标志。

每批出厂产品均应附有一定格式的质量证明书，其内容包括：生产厂名称、地址、电话号码、产品名称、型号、批号、净质量或净容量、生产日期、保质期、注意事项和标准编号。

6.2 包装

玻璃防雾用水性硅油分散液采用清洁、干燥、密封良好的铁桶或塑料桶包装。净质量可根据用户要求包装。

6.3 运输

运输、装卸工作过程，应轻装轻卸，防止撞击，避免包装破损，防止日晒、雨淋，应按照货物运输规定进行。

本文件规定的玻璃防雾用水性硅油分散液为非危险品。

6.4 贮存

玻璃防雾用水性硅油分散液应贮存在阴凉、干燥、通风的场所。防止日光直接照射，并应隔绝火源，远离热源。

在符合本文件包装、运输和贮存条件下，本产品自生产之日起，贮存期为一年。逾期可重新检验，检验结果符合本文件要求时，仍可继续使用。

7 安全（下述安全内容为提示性内容但不仅限于下述内容）

警告——使用本文件的人员应熟悉实验室的常规操作。本文件未涉及与使用有关的安全问题。使用者有责任建立适宜的安全和健康措施并确保首先符合国家的相关规定。

附　录　A

（规范性附录）

水性硅油分散液 pH 值

A.1　范围

用 pH 计测定硅油乳液的 pH 值。

A.2　样品

水性硅油分散液：100 mL；
pH 标准液（缓冲溶液）；
蒸馏水或去离子水。

A.3　设备和材料

pH 计（pH 精度：0.1）及配套电极；
滤纸。

A.4　操作步骤

用缓冲液校准 pH 计，并用去离子水或蒸馏水冲洗电极，随后用滤纸仔细吸干电极上的水待用。将电极插入待分析的分散液中，直至横隔膜被覆盖。按下测试键，读取并记录 pH 值。

在测试完成后，电极需用去离子水连续地冲洗，随后用滤纸吸干多余的水。在每一系列测试完成后，电极需浸入饱和氯化钾溶液中。

A.5　结果

两次测试的平均值作为测试结果，精确到小数点后 1 位。

A.6　允许误差

允许误差为±5%。

附 录 B
（规范性附录）
乳液固体质量分数

B.1 安全事项

进行产品测试时，需要注意安全事项。使用仪器时，请参照仪器使用手册；

注意有关烘箱的使用和燃烧危险物的安全事项；

穿戴棉线手套；

佩戴护目镜。

B.2 测试设备和材料

烘箱：鼓风式，能将温度控制在 105 ℃±2 ℃；

天平：精确到 0.1 mg；

干燥器。

B.3 试验步骤

将称量瓶或铝杯在 105 ℃下干燥 10 min，取出在干燥器内冷却 20 min，然后称量称量瓶或铝杯的重量，精确到 0.1 mg，记录数据为 M_0。

将测试样品搅拌均匀。在称量杯中加入 0.9 g～1.1 g 样品，精确到 0.1 mg，记录数据为 M_1。将样品在 105 ℃烘箱中干燥 60 min 后，取出放在干燥器中冷却 20 min，称重并记录数据 M_2，精确到 0.1 mg。

B.4 结果

固体质量分数（ω）根据公式（B.1）计算：

$$\omega = \frac{M_2 - M_0}{M_1} \times 100\% \quad\quad\quad\quad\quad\quad\quad (B.1)$$

式中：

M_0——称量瓶的质量，g；

M_1——试样的质量，g；

M_2——烘后称量瓶和剩余样品的质量，g。

两次测试平均值为测试结果，相对偏差不大于 2%，结果保留至小数点后 1 位。

附　录　C
（规范性附录）
玻璃防雾效果

C.1　安全事项

进行产品测试时，需注意安全事项。使用仪器时，请参照仪器使用手册；
使用常规实验室用 PPE（实验室手套，安全眼镜）。

C.2　样品

待测试水性硅油分散液；
蒸馏水或软化水；
酒精。

C.3　设备和材料

水浴锅（见图 C.1。水浴锅内部尺寸：长×宽×高为 29 cm×29 cm×15 cm，水面离测试玻璃板下端10 cm）；
喷雾瓶；
玻璃板：尺寸 50 mm×100 mm；玻璃板与水浴锅的夹角为 30°；
透明坐标纸：尺寸 50 mm×100 mm，最小坐标尺寸 5 mm×5 mm；
塑封袋；
A4 纸；
擦镜纸。

C.4　操作步骤

将待测试玻璃板清洁干净，将水性硅油分散液均匀喷洒在玻璃片上，直至玻璃片完全润湿（喷雾次数根据产品确定，确保同一批测试的样品使用相同的喷雾次数）。用擦镜纸从左到右或者从上到下擦拭玻璃1～2 次，将防雾剂均匀擦拭到玻璃表面。然后将透明坐标纸贴附在玻璃未涂防水剂的一侧。

在 A4 纸上打印三号字体大小的字母 A，并用塑封袋封好，裁减下 80 mm×100 mm 大小后备用。

水浴锅预热到 50 ℃，将上述裁减好的纸放在水面上，然后将待测试的玻璃样片放于水浴锅上。观察水蒸气在玻璃板上的凝结情况，记录 5 分钟后水蒸气的凝结情况（防雾效果：T_f）并拍照。

持续观察玻璃板上水蒸气的凝结情况，每隔 5 分钟记录一次水蒸气的凝结情况，并拍照。直到玻璃片上有 50％的面积被蒸汽覆盖。记录时间 T_c。

C.5　测定结果表达

对于一组给定的测试样品，应得出以下结果：

防雾效果：T_f（＝1,2,3）

1—玻璃板表面均匀水膜，完全透明；

2—玻璃板表面雾气≤ 5％面积；

3—玻璃板表面雾气＞ 5％面积。

防雾持久性：T_c

玻璃板表面雾气＝50％面积时的时间记录为 T_c。

C.6 测试结果

防雾效果：T_f＝1 或 2，合格；T_f＝3，不合格。

防雾持久性：T_c＞ 30 min 为合格，T_c 越大表示防雾效果越好。

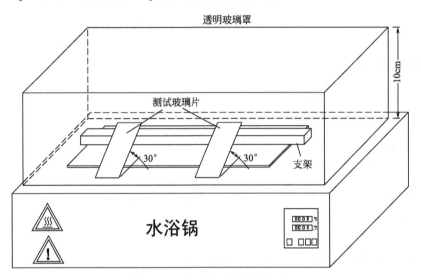

图 C.1 防雾性能测试装置

C.7 玻璃板表面雾气面积计算方法

a) 玻璃板表面无雾气，完全透明的状态：透过玻璃板可清晰看见水面纸上的字母 A，如图 C.2 所示；

b) 玻璃表面部分雾气，透过玻璃看水面字母 A，模糊不清晰，则判定该区域是雾气，并通过坐标纸 来计算雾气面积，如图 C.3 所示；

c) 玻璃表面基本全是雾气或水汽，透过玻璃水面字母 A 不可见，如图 C.4 所示。

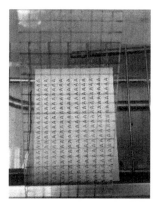

图 C.2　无雾气，清晰透明　　　图 C.3　有部分雾气　　　图 C.4　完全雾气

C.8　玻璃板表面雾气判定标准

如图 C.5 所示，当透过玻璃，字母 A 为 3 号格子中的清晰度，则判定为雾气。

a)　当清晰度小于 3 号格子状态，如 1，2，4 格子，为雾气；

b)　当清晰度大于 3 号格子状态，如 5，6 格子，为非雾气。

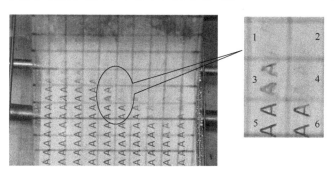

图 C.5　完全雾气

端环氧基甲基硅油

Epoxy-terminated polymethylsiloxane

前　言

本文件按照 GB/T 1.1—2009 给出的规则起草。

请注意本文件的某些内容可能涉及专利。本文件的发布机构不承担识别这些专利的责任。

本文件由中国氟硅有机材料工业协会提出。

本文件由中国氟硅有机材料工业协会标准化委员会归口。

本文件参加起草单位：江西蓝星星火有机硅有限公司、宁波润禾高新材料科技股份有限公司、山东东岳有机硅材料股份有限公司、中蓝晨光化工研究设计院有限公司、中蓝晨光成都检测技术有限公司。

本文件主要起草人：廖桂根、施微微、彭艳、伊港、罗晓霞、王永桂、陈新阳、石科飞、贺志江。

本文件版权归中国氟硅有机材料工业协会。

本文件由中国氟硅有机材料工业协会标准化委员会解释。

本文件为首次制定。

端环氧基甲基硅油

1 范围

本文件规定了端环氧基甲基硅油的技术要求、试验方法、检验规则、标志、包装、运输和贮存。

本文件适用于端含氢二甲基硅油与烯丙基缩水甘油醚合成的端环氧基甲基硅油。

结构式：

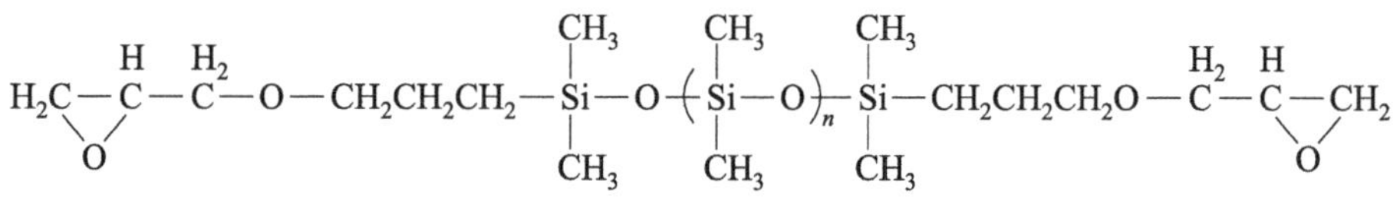

其中，n 是自然数。

2 规范性引用文件

下列文件中的内容通过文中的规范性引用而构成本文件必不可少的条款。其中，注日期的引用文件，仅该日期对应的版本适用于本文件；不注日期的引用文件，其最新版本（包括所有的修改单）适用于本文件。

GB/T 191 包装储运图示标志

GB/T 601 化学试剂 标准滴定溶液的制备

GB/T 603 化学试剂 试验方法中所用制剂及制品的制备

GB/T 1677—2008 增塑剂环氧值的测定

GB/T 6488 液体化工产品 折光率的测定（20 ℃）

GB/T 6678 化工产品采样总则

GB/T 6680 液体化工产品采样通则

GB/T 6682 分析实验室用水规格和试验方法

GB/T 8170 数值修约规则与极限数值的表示和判定

HG/T 2363—1992 硅油运动粘度试验方法

HG/T 4804—2015 甲基高含氢硅油

3 要求

3.1 外观

淡黄色、无机械杂质透明液体。

3.2 技术要求

端环氧基甲基硅油技术要求见表1。

表1 端环氧基甲基硅油典型规格技术要求

序号	项目	端环氧基甲基硅油-3500	端环氧基甲基硅油-6000	端环氧基甲基硅油-8000	端环氧基甲基硅油-10000	端环氧基甲基硅油-13000
1	运动黏度（25 ℃）/(mm²/s)	60～90	100～150	180～240	290～350	410～530
2	环氧值/（mol/100 g）	0.046～0.062	0.031～0.037	0.022～0.028	0.018～0.022	0.014～0.018
3	挥发分（105 ℃，1 h）/%	≤3				
4	折光率（25 ℃）	1.4050～1.4120				
注：除以上规格外，其它规格，由供需双方协商确定。						

4 试验方法

4.1 一般规定

本文件采用 GB/T 8170 规定的修约值比较法判定检验结果是否符合标准。

本文件所用试剂和水，在没有注明其它要求时，均指分析纯试剂和 GB/T 6682 中规定的三级水。

本文件中除另有规定外，所用制剂及制品，均按 GB/T 603 的规定制备。

4.2 外观

取 100 mL 样品倒入清洁、干燥、无色透明的 250 mL 烧杯中，在日光灯或日光下目测。

4.3 运动黏度的测定

按照 GB/T 2363 的规定进行。

4.4 环氧值的测定

按照 GB/T 1677 的规定进行。

4.4.1 分析步骤

准确称取 1 g 样品（精确至 0.0001 g），置于 250 mL 具塞磨口三角瓶中，精确加入 20 mL 盐酸-丙酮溶液（盐酸和丙酮体积比为 1∶100），密塞，摇匀，于室温（10 ℃～30 ℃）下放置 30 min，加入 3～5 滴酚酞指示剂，用 0.1 mol/L 氢氧化钠标准溶液滴定至粉红色为终点，同时作空白试验。

4.4.2 结果计算

样品中环氧值以 EV 表示，单位为摩尔每 100 克（mol/100 g），按公式（1）计算：

$$EV = \frac{c \times (V_0 - V)}{m \times 10} \quad \cdots\cdots\cdots\cdots\cdots\cdots\cdots\cdots\cdots (1)$$

式中：

c——氢氧化钠标准溶液的浓度，mol/L；

V——试样试验消耗氢氧化钠标准溶液的体积，mL；

V_0——空白试验消耗氢氧化钠标准溶液的体积，mL；

m——试验质量，g。

4.5 挥发分的测定

按照 HG/T 4804—2015 中附录 B 规定的方法测试。

规定铝箔杯规格 60 mm×10 mm，称样量 1 g，干燥箱温度 105 ℃，加热时间 1 h。

4.6 折光率的测定

按照 GB/T 6488 的规定进行。实验温度规定 25 ℃±0.1 ℃。

5 检验规则

5.1 检验分类

端环氧基甲基硅油检验分为出厂检验和型式检验。

5.2 出厂检验

端环氧基甲基硅油需经生产厂的质量检验部门按本文件检验合格并出具合格证后方可出厂。

出厂检验项目为第 3 章中规定的外观、运动黏度、挥发分、环氧值。

5.3 型式检验

端环氧基甲基硅油一般在有下列情况之一时，应进行型式检验：

a) 新产品试制或老产品转厂生产的试制定型检定；

b) 产品正式生产后，其结构设计、材料、工艺以及关键的配套元器件有较大改变，可能影响产品性能时；

c) 正常生产，定期或积累一定产量后，应周期性进行一次检验；

d) 产品长期停产后，恢复生产时；

e) 出厂检验结果与上次型式检验结果有较大差异时；

f) 国家质量监督机构提出进行型式检验要求时。

5.4 组批和抽样规则

以相同原料、相同配方、相同工艺生产的产品为一组批，可按产品贮罐组批，或按生产周期进行组批。采样按 GB/T 6678 和 GB/T 6680 的规定进行。采样总量不少于 200 mL。

5.5 判定规则

所有检验项目合格，则产品合格；若出现不合格项，允许加倍抽样对不合格项进行复检。若复检合格，则判该批产品合格；若复检仍不合格，则判该批产品为不合格。

6 标志、包装、运输和贮存

6.1 标志

端环氧基甲基硅油包装容器上的标志，根据 GB/T 191 的规定，在包装外侧注明"与产品性能相关"的标志。

每批出厂产品均应附有一定格式的质量证明书，其内容包括：生产厂名称、地址、电话号码、产品名称、型号、批号、净质量或净容量、生产日期、保质期、注意事项和标准编号。

6.2 包装

端环氧基甲基硅油采用清洁、干燥、密封良好的铁桶或塑料桶包装，净含量可根据用户要求包装。

6.3 运输

运输、装卸工作过程，应轻装轻卸，防止撞击，避免包装破损，防止日晒、雨淋，应按照货物运输规定进行。

本文件规定的端环氧基甲基硅油为非危险品。

6.4 贮存

端环氧基甲基硅油应贮存在阴凉、干燥、通风的场所。防止日光直接照射，并应隔绝火源，远离热源。

在符合本文件包装、运输和贮存条件下，本产品自生产之日起，贮存期为一年。逾期可重新检验，检验结果符合本文件要求时，仍可继续使用。

7 安全（下述安全内容为提示性内容但不仅限于下述内容）

警告——使用本文件的人员应熟悉实验室的常规操作。本文件未涉及与使用有关的安全问题。使用者有责任建立适宜的安全和健康措施并确保首先符合国家的相关规定。

纺织面料防水用有机硅乳液

Silicone emulsions for textile water repellent

前　言

本文件按照 GB/T 1.1—2009 给出的规则起草。

请注意本文件的某些内容可能涉及专利。本文件的发布机构不承担识别这些专利的责任。

本文件由中国氟硅有机材料工业协会提出。

本文件由中国氟硅有机材料工业协会标准化委员会归口。

本文件起草单位：埃肯有机硅（上海）有限公司、京准化工技术（上海）有限公司、浙江衢州建橙有机硅有限公司、中蓝晨光化工研究设计院有限公司、中蓝晨光成都检测技术有限公司。

本文件主要起草人：赵成英、贾丽亚、杨宝敬、文贞玉、罗晓霞、刘芳铭、王天舒、何邦友、孙忠凯。

本文件版权归中国氟硅有机材料工业协会。

本文件由中国氟硅有机材料工业协会标准化委员会解释。

本文件为首次制定。

纺织面料防水用有机硅乳液

1　范围

本文件规定了纺织面料防水用有机硅乳液的定义、产品分类、要求、试验方法、检验规则、标志、包装、运输和贮存。

本文件适用于纺织面料防水整理用，以（无氟）硅油为基础材料，乳化制备的乳液。

2　规范性引用文件

下列文件中的内容通过文中的规范性引用而构成本文件必不可少的条款。其中，注日期的引用文件，仅该日期对应的版本适用于本文件；不注日期的引用文件，其最新版本（包括所有的修改单）适用于本文件。

GB/T 191　包装储运图示标志

GB/T 4745—2012　纺织品　防水性能的检测和评价　沾水法

GB/T 6682　分析实验室用水规格和试验方法

3　术语和定义

下列术语和定义适用于本文件。

3.1

硅氢乳液　the aqueous emulsion of an hydrogeno polysiloxane

以一种或一种以上含氢硅油（末端或侧链含氢的聚硅氧烷）为基础材料而制备的乳液。

3.2

硅氢乳液催化剂　the catalysts for hydrogeno polysiloxane emulsion

使硅氢乳液易与自身或与纺织面料发生交联反应而用的催化剂，例如有机锡或有机锌类催化剂。

3.3

非硅氢乳液　non-hydrogeno polysiloxane emulsion

以非含氢硅油为基础材料而制备的乳液。

3.4

交联剂　crosslinking agents

能与有机硅乳液中的硅油和/或纺织面料发生交联反应的物质，例如封端异氰酸酯体系。

4　分类

产品可分为如下两类：

——硅氢乳液：应搭配硅氢乳液催化剂，必要时搭配交联剂；

——非硅氢乳液：必要时搭配交联剂共同使用。

5 要求

5.1 外观

纺织面料防水用有机硅乳液为无明显机械杂质和凝胶颗粒的均一流体，乳液表面无油滴或结块。

5.2 技术要求

产品技术要求应满足表1的规定。

表 1 纺织面料防水用有机硅乳液技术要求

序号	项目	技术要求	
		硅氢乳液	非硅氢乳液
有机硅乳液特性要求			
1	固体含量/%	20.0～60.0	20.0～60.0
2	pH 值（25 ℃）	3.0～5.0	4.0～8.0
有机硅乳液应用要求			
3	纺织面料防水性能，沾水等级	≥4 级	≥3 级
4	洗涤后防水性能，沾水等级	棉：≥（2～3）级	棉：≥2 级
		涤纶：≥4 级	涤纶：≥2 级
		尼龙：≥（2～3）级	尼龙：≥2 级
注：有机硅乳液产品技术要求也可与客户商定。			

6 试验方法

6.1 试剂与材料

除另有规定外，本标准所用试剂的级别应在分析纯（含分析纯）以上，实验用水应符合 GB/T 6682 中三级水及以上的规格。

6.1.1 试剂

硅氢乳液、硅氢乳液催化剂、非硅氢乳液、交联剂、水。

6.2 仪器设备

6.2.1 设备

气压电动小轧车、定型烘干机、喷淋装置（参考 GB/T 4745）、自动洗衣机、自动翻转干燥机。

6.3 试样制备

6.3.1 待测试整理液制备

6.3.1.1 硅氢乳液（按制备 1000 g 整理液计算）：

取 60 g 硅氢乳液和 30 g 硅氢乳液催化剂分别加入 90 g 去离子水，搅拌均匀，分别得到硅氢乳液稀释液和硅氢乳液催化剂稀释液。将硅氢乳液催化剂稀释液体加入硅氢乳液稀释液中，搅拌均匀。然后加入 720 g 水，搅拌均匀。最后加入 10 g 交联剂，搅拌均匀后得到整理液待用。

6.3.1.2　非硅氢乳液（按制备 1000 g 整理液计算）

取 60 g 非硅氢乳液，加入 930 g 水，搅拌均匀。加入 10 g 交联剂，搅拌均匀后得到整理液待用。

如果供方产品说明书有使用量及试样制备说明，可按非硅氢乳液、硅氢乳液、硅氢乳液催化剂或交联剂的供方产品说明书来使用。

6.3.2　纺织面料整理

用浸染或轧染工艺处理待测试纺织面料。将制备的整理液加入设备，然后处理纺织面料。轧染使用二浸二轧工艺，浸染按照设备要求，在室温下纺织面料在整理浴中浸泡处理 30 min。

6.3.3　纺织面料烘干

6.3.3.1　烘干

整理好的纺织面料应预先烘干，烘干温度：110 ℃～130 ℃，烘干时间为 30 s～5 min，烘干温度、烘干时间依据基材及烘干设备确定。

6.3.3.2　定型烘焙

烘干的织物进行定型烘焙，定型温度：150 ℃～180 ℃，定型时间为 30 s～5 min，定型温度、定型时间依据基材及烘干设备确定。

6.3.4　纺织面料的平衡放置

将处理好的纺织面料在 65%±2% 的相对湿度，21 ℃±1 ℃温度条件下，放置至少 4 h。

6.4　试验步骤

6.4.1　外观测试

开始前，仔细地检查产品表面，观察油水是否分离；将待检查的产品倒入大口玻璃烧杯或类似容器内，用刮板搅拌均匀，静置 10 min～15 min；从表面的正上方和透过容器壁观察产品的外观；记录任何杂质或悬浮物以及表面上的油滴或结块的存在。试验结果以产品外观的描述表示。

6.4.2　纺织面料防水用有机硅乳液固体含量测试

按附录 A 方法，进行试验。

6.4.3　纺织面料防水用有机硅乳液 pH 值测试

按附录 B 方法，进行试验。

6.4.4　纺织面料防水性测试

按 GB/T 4745 的规定测试。

6.4.5　纺织面料的耐洗性测试

按附录 C 方法，进行试验。

按 GB/T 4745 的规定测试。

7 检验规则

7.1 检验分类

纺织面料防水用有机硅乳液检验分为出厂检验和型式检验。

7.2 出厂检验

出厂检验项目为：
a) 外观；
b) 固体含量；
c) pH 值。

7.3 型式检验

型式检验为本文件第 5 章要求的所有项目。有下列情况之一时，应进行型式检验：
a) 首次生产时；
b) 主要原材料或工艺方法有较大改变时；
c) 正常生产满一年时；
d) 停产后又恢复生产时；
e) 出厂检验结果与上次型式检验有较大差异时；
f) 质量监督机构提出要求或供需双方发生争议时。

7.4 组批和抽样规则

产品的每一生产批为一检验单位，同一批号原料、同一配方、同一工艺的有机硅防水乳液的产品为一批，其最大组批量不超过 5000 kg，每批随机抽产品 1 kg 作出厂检验样品。从出厂检验合格的产品中随机抽取产品 2 kg，作为型式检验样品。

7.5 判定规则

所有检验项目合格，则判该批产品合格；若出现不合格项，允许加倍抽样对不合格项进行复检。若复检合格，则判该批产品合格；若复检仍不合格，则判该批产品为不合格。

8 标志、包装、运输和贮存

8.1 标志

硅氢乳液包装容器上的标志，根据 GB/T191 的规定，在包装外侧应有下列清晰标识：产品名称、型号（牌号）、商标、生产批号、生产日期、净重、生产单位名称及厂址等。

每批出厂产品均应附有质量证明书，内容包括：生产厂名称、地址、电话号码、产品名称、型号、批号、净质量或净容量、生产日期、保质期、注意事项和标准编号。

8.2 包装

纺织面料防水用有机硅乳液采用清洁、干燥、密封良好的塑料桶包装。净含量可根据用户要求包装。

硅氢乳液应包装在具有呼吸阀的容器中。

8.3 运输

运输、装卸工作过程，应轻装轻卸，防止撞击，避免包装破损，防止日晒、雨淋，应按照货物运输规定进行。

本文件规定的有机硅防水剂乳液为非危险品。

包装带有呼吸阀的货物禁止空运。

8.4 贮存

硅氢乳液应贮存在阴凉、干燥、通风的场所。防止日光直接照射，并应隔绝火源，远离热源。

在符合本文件包装、运输和贮存条件下，本产品自生产之日起，贮存期为一年。逾期可重新检验，检验结果符合本文件要求时，仍可继续使用。

9 安全（下述安全内容为提示性内容但不仅限于下述内容）

警告——使用本文件的人员应熟悉实验室的常规操作。本文件未涉及与使用有关的安全问题。使用者有责任建立适宜的安全和健康措施并确保首先符合国家的相关规定。

附　录　A
（规范性附录）
纺织面料防水用有机硅乳液固体含量测试方法

A.1　安全事项

注意有关烘箱的使用和燃烧危险物的安全事项。

使用常规实验室用个人防护用品（棉线手套，安全眼镜）。

A.2　设备和材料

烘箱：鼓风式，能将温度控制在 105 ℃±2 ℃。

天平：精确到 0.1 mg。

干燥器：内放变色硅胶或无水氯化钙等干燥剂。

铝杯：直径 40 mm，高 30 mm。

A.3　试验步骤

将铝杯在 105 ℃下干燥 10 min，取出在干燥器内冷却 20 min，然后称量铝杯的重量，精确到 0.1 mg，记录数据为 M_0。

将测试样品搅拌均匀。在铝杯中加入 0.9 g～1.1 g 样品，精确到 0.1 mg，记录数据为 M_1。将样品在 105 ℃烘箱中干燥 60 min 后，取出放在干燥器中冷却 20 min，称重并记录数据 M_2，精确到 0.1 mg。

A.4　结果

固体质量分数（ω）根据式（A.1）计算：

$$\omega = \frac{M_2 - M_0}{M_1} \times 100\%$$ ·····················（A.1）

式中：

M_0——铝杯的质量，g；

M_1——试样的质量，g；

M_2——烘后铝杯和剩余样品的质量，g；

两次测试的平均值为测试结果，相对偏差不大于 2%，结果保留至小数点后 1 位。

附　录　B
（规范性附录）
纺织面料防水用有机硅乳液 pH 值测试方法

B.1　试剂与材料

pH 标准液（缓冲溶液）；
蒸馏水或去离子水；
滤纸。

B.2　设备

pH 计（pH 精度：0.1）及配套电极。

B.3　样品

纺织面料防水用有机硅乳液：100 mL。

B.4　操作步骤

用缓冲液校准 pH 计，并用去离子水或蒸馏水冲洗电极，随后用滤纸仔细吸干电极上的水待用。将电极插入待分析的分散液中，直至横隔膜被覆盖。按下测试键，读取并记录 pH 值。

在测试完成后，电极需用去离子水连续冲洗，随后用滤纸吸干多余的水。在每一系列测试完成后，电极需浸入饱和氯化钾溶液中。

B.5　结果

两次测试的平均值作为测试结果，精确到小数点后 1 位。

B.6　允许误差

允许误差为±5%。

附　录　C
（规范性附录）
纺织面料洗涤方法

C.1　安全事项

进行产品测试时，应需注意安全事项。使用仪器时，参照仪器使用手册。

使用常规实验室用个人防护用品（实验室手套，安全眼镜）。

C.2　设备和材料

C.2.1　自动洗衣机

洗衣机条件见表 C.1。

直立式洗衣桶，上下两组螺旋式柔线形拨水叶，以 360°反方向旋转带动水流，将衣物循环推至槽底。15 kg 洗衣量，12 种洗衣程序可选。

C.2.2　自动翻转干燥机

干燥条件见表 C.3。

15 kg 干衣量，209.5 L 滚筒体积，7 种可选干衣程序，10 min～70 min 干衣时间。

C.2.3　洗涤剂

或具有类似洗涤效果的洗涤剂。

洗涤剂配方见表 C.4。

C.3　纺织面料洗涤及干燥

称量纺织面料及足够重量的重物以产生 1.8 kg±0.1 kg 的负荷。在洗衣机中加入 68.1 L±1.9 L 的水。并向 68.1 L±1.9 L 的水中投入 66 g±1 g 的标准洗涤剂。快速搅拌，使洗涤剂溶解，停止搅拌。在水质较软的地区，洗涤剂的用量可以适当减少，以避免产生过多的泡沫。

将试样及重物放入洗衣机，设定洗衣机为需要的洗涤时间。表 C.2 是可供选择的洗涤及干燥条件。通常选择洗涤温度为 41 ℃±3 ℃，洗涤时间定为每次 12 min。

将洗涤负荷（试样及重物）放进转笼式干燥器中，按照表 C.3 的规定，调到适当的温度将纺织面料烘干。

以上操作为一次洗涤干燥，重复以上步骤以达到规定的周期数。

可将 5 次洗涤并到一起进行。例如，洗涤时间为 60 min，则视为 5 次洗涤测试。

表 C.1 无负荷洗涤洗衣机的条件

项目	正常	轻薄	耐久压烫
（A）水位/L	68.1±3.8	68.1±3.8	68.1±3.8
（B）搅拌速度/spm[a]	179±2	119±2	179±2
（C）洗涤时间/min	12	8	10
（D）转数/（r/min）	645±15	430±15	430±15
（E）最终转动周期/min	6	4	4

[a] spm 为 strokes per minute，冲程/分钟。

表 C.2 可供选择的洗涤及干燥条件

机器工作周期	洗涤温度/℃	干燥程序
（1）正常/厚重棉织物	（Ⅱ）27±3	（A）翻转
（2）轻薄制品	（Ⅲ）41±3	ⅰ.厚重棉织物
（3）耐久压烫	（Ⅳ）49±3	ⅱ.轻薄制品
	（Ⅴ）60±3	ⅲ.耐久压烫
		（B）晾干
		（C）滴干
		（D）筛干

表 C.3 干燥条件

项目	正常/厚重棉织物	轻薄制品	耐久压烫
排气温度	高	低	高
	66 ℃±5 ℃	＜60 ℃	66 ℃±5 ℃
冷却时间	10 min	10 min	10 min

表 C.4 标准洗涤剂配方

成分	含量（质量分数）/%
直链烷基苯磺酸钠（LAS）	18.00
固体铝硅酸钠	25.00
碳酸钠	18.00
固体硅酸钠	0.50
硫酸钠	22.13
聚乙二醇	2.76
聚丙烯酸钠	3.50
有机硅消泡剂	0.04
水分	10.00
杂质	0.07
总和	100

多乙烯基硅油

Methyl vinyl silicone fluid

前　言

本文件按照 GB/T 1.1—2020《标准化工作导则第 1 部分：标准化文件的结构和起草规则》的规定起草。

请注意本文件的某些内容可能涉及专利。本文件的发布机构不承担识别这些专利的责任。

本文件由中国氟硅有机材料工业协会提出。

本文件由中国氟硅有机材料工业协会标准化委员会归口。

本文件起草单位：山东东岳有机硅材料股份有限公司、浙江润禾有机硅新材料有限公司、上海华之润化工有限公司、唐山三友硅业有限责任公司、浙江衢州建橙有机硅有限公司、中蓝晨光化工研究设计院有限公司、中蓝晨光成都检测技术有限公司。

本文件主要起草人：伊港、孙江、许银根、柳超、刘立国、文贞玉、陈敏剑、刘芳铭、彭艳、尹金。

本文件版权归中国氟硅有机材料工业协会。

本文件由中国氟硅有机材料工业协会标准化委员会解释。

本文件为首次制定。

多乙烯基硅油

1 范围

本文件规定了多乙烯基硅油的产品分类、要求、试验方法、检验规则及标志、包装、运输和贮存。

本文件适用于以二甲基硅氧烷环体、甲基乙烯基硅氧烷环体等为原料，经催化聚合制得的多乙烯基硅油。

2 规范性引用文件

下列文件中的内容通过文中的规范性引用而构成本文件必不可少的条款。其中，注日期的引用文件，仅该日期对应的版本适用于本文件；不注日期的引用文件，其最新版本（包括所有的修改单）适用于本文件。

GB/T 601—2016　化学试剂　标准滴定溶液的制备

GB/T 6678—2003　化工产品采样总则

GB/T 6680—2003　液体化工产品采样通则

GB/T 6682　分析实验室用水规格和试验方法

GB/T 8170　数值修约规则与极限数值的表示和判定

GB/T 10247—2008　粘度测量方法

GB/T 27570—2011　室温硫化甲基硅橡胶

HG/T 2363—1992　硅油运动粘度试验方法

3 分类和命名

3.1 分类

根据乙烯基位置的不同分为下列 2 种类型的多乙烯基硅油，分别为Ⅰ型和Ⅱ型，结构式如下：

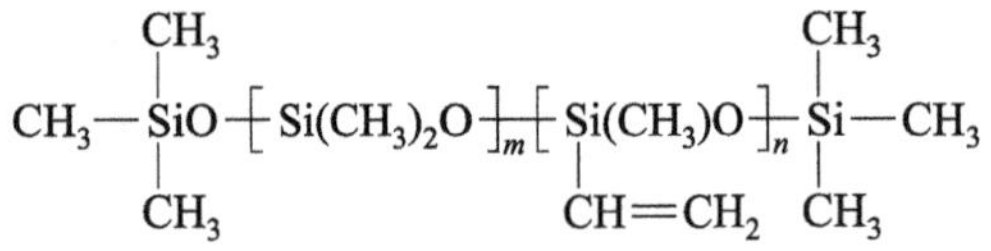

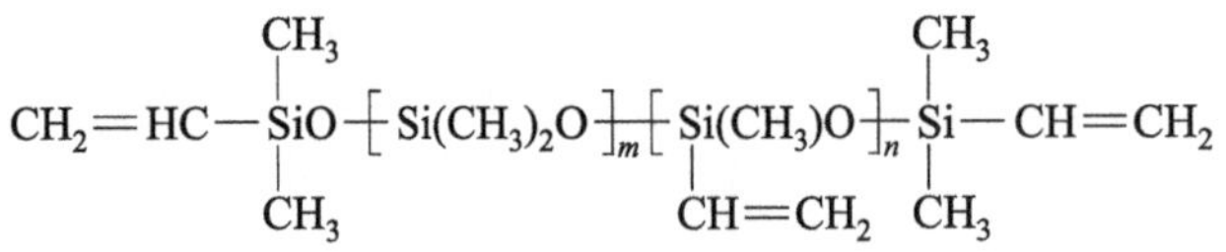

其中，$m \geqslant 0$，$n > 0$。

3.2 命名

多乙烯基硅油型号由乙烯基硅油常用代号（206）、类型和黏度三部分组成，如 206Ⅰ-200、206Ⅰ-1500、206Ⅱ-350、206Ⅱ-1000 等，其中，罗马数字Ⅰ、Ⅱ代表多乙烯基硅油的结构类型，最后一项数字代表黏度典型值。

4 技术要求

产品控制项目指标应符合表1和表2的要求。

表1 Ⅰ型多乙烯基硅油技术指标

项目	指标				
	206Ⅰ-200	206Ⅰ-1500	206Ⅰ-5000	206Ⅰ-10000	206Ⅰ-TX
外观	无色透明液体，无可见机械杂质				
黏度（25℃）	200±20	1500±150	5000±500	10000±800	TX±8%
乙烯基的质量分数/%	$M±10\%M$				
挥发分（150℃，2h）/%≤	1.0				

注：其它技术指标及特殊型号的产品，由供需双方合同签订。M 由供需双方协商确定、报告，$M>0$。黏度单位：当产品黏度≤1000时，黏度单位为 mm^2/s；当产品黏度>1000时，黏度单位为 $mPa·s$。

表2 Ⅱ型多乙烯基硅油技术指标

项目	指标				
	206Ⅱ-350	206Ⅱ-1000	206Ⅱ-2000	206Ⅱ-10000	206Ⅱ-TX
外观	无色透明液体，无可见机械杂质				
黏度（25℃）	350±35	1000±100	2000±200	10000±800	TX±8%
乙烯基的质量分数/%	>0.47	>0.29	>0.18	>0.12	$M±10\%M$
挥发分（150℃，2h）/%≤	1.0				

注：其它技术指标及特殊型号的产品，由供需双方合同签订。M 由供需双方协商确定、报告，$M>0$。黏度单位：当产品黏度≤1000时，黏度单位为 mm^2/s；当产品黏度>1000时，黏度单位为 $mPa·s$。

5 试验方法

5.1 外观

将样品放入透明试管中，采用目测法进行测试。

5.2 黏度的测定

黏度小于 $1000\ mm^2/s$（含 $1000\ mm^2/s$），按照 HG/T 2363—1992 中规定的方法测定，测定温度为 25℃。

黏度大于 $1000\ mm^2/s$，按照 GB 10247—2008 中第4章（旋转法）规定的方法测定，测定温度为 25℃。

5.3 乙烯基质量分数的测定

5.3.1 碘量法

按 GB/T 28610—2012 中附录 B 的方法测定。

试样中乙烯基质量分数 n，按公式（1）计算：

$$n = \frac{c(V_1 - V_2)M}{2m \times 1000} \times 100\% \qquad \cdots\cdots\cdots\cdots\cdots\cdots\cdots\cdots\cdots \text{（1）}$$

式中：

n——乙烯基质量分数，%；

c——硫代硫酸钠标准滴定溶液物质的量的浓度，mol/L；

V_1——空白实验消耗硫代硫酸钠标准溶液的体积，mL；

V_2——试样消耗硫代硫酸钠标准溶液的体积，mL；

m——试样的质量，g；

M——乙烯基（—CH=CH$_2$）的摩尔质量，g/mol。

允许误差：同一样品重复两次测试结果的绝对差值不应超过算术平均值的 10%。

5.3.2 近红外光谱法

乙烯基含量的测定也可采用近红外光谱法，详见附录 A。

5.3.3 结果表示

本文件规定的两种方法，以碘量法作为仲裁法，报告时注明测试方法。

5.4 挥发分的测定

按 GB/T 28610—2012 中附录 C 的方法测定。

规定铝箔杯规格为杯底直径 50 mm，样品量 1 g，干燥箱温度 150 ℃，鼓风，加热 2 h。

6 检验规则

6.1 检验分类

多乙烯基硅油检验分为出厂检验和型式检验。

6.2 出厂检验

6.2.1 出厂检验项目

产品应由本公司的质量检验部门逐批检验合格并附有一定格式的质量证明书后方可出厂，质量证明书内容包括：产品名称、生产日期或批号、型号、标准编号、生产单位名称、检验日期、检验人和检验结果等。出厂检验项目为本文件规定的全部项目。

6.2.2 组批和抽样

以一釜生产或多釜混合均匀后的产品为一批。每批随机抽产品不少于 1 kg，分装于两个干燥、洁净的试剂瓶中，密封贴上标签：注明产品名称、型号、取样日期和取样人等，一份留样，一份作出厂检验样品。

6.2.3 判定规则

检验结果全部符合本文件要求时判定为合格。检验结果中若有指标不符合本文件要求时，则重新自两倍量的包装中取样复检。复检结果全部符合本文件要求时，判定为合格，复检仍有指标不符合本文件要求时，则判整批产品为不合格。

6.3 型式检验

6.3.1 检验时机

型式检验是依据产品标准，由质量技术监督部门检验机构对产品各项指标进行的抽样全面检验。有下列情况之一时，应进行型式检验：

a) 新产品投产或老产品定型检定时；

b) 正常生产时，定期或积累一定产量后，应周期性（每年）进行一次；

c) 产品结构设计、材料、工艺以及关键的配套元器件等有较大改变，可能影响产品性能时；

d) 产品长期停产后，恢复生产时；

e) 出厂检验结果与上次型式检验结果有较大差异时；

f) 产品停产 6 个月以上恢复生产时；

g) 国家质量监督机构提出进行型式检验要求时。

6.3.2 检验项目

多乙烯基硅油型式检验为本文件第 4 章要求的所有项目。

6.3.3 组批和抽样

以相同原料、相同配方、相同工艺生产的产品为一检验组批，其最大组批量不超过 10000 kg。
每批随机抽取产品 1 kg，作为型式检验样品。

6.3.4 判定规则

所有检验项目合格，则产品合格；若出现不合格项，允许加倍抽样对不合格项进行复检。若复检合格，则判该批产品合格；若复检仍不合格，则判该批产品为不合格。

7 标志、包装、运输和贮存

7.1 标志

包装容器上应有清晰、牢固的标志，其内容应该包括：生产厂商标、生产厂名称、生产厂地址、产品名称、型号、生产批号、生产日期、标准编号、净重等。

7.2 包装

7.2.1 产品应采用清洁、干燥、密封良好的铁桶或塑料桶包装。净含量可根据用户要求包装。

7.2.2 每一批产品检验都应附有一份质量检验报告单。质量检验报告单内容应包括：产品名称、批号、生产日期等及第 4 章规定的所有项目的结果和判定结果。

7.3 运输

产品为非危险品，运输、装卸工作过程，应轻装轻卸，防止撞击，避免包装破损，防止日晒、雨淋，应按照货物运输规定进行。

7.4 贮存

多乙烯基硅油应贮存在阴凉、干燥、通风的场所。防止日光直接照射，并应隔绝火源，远离热源，禁止与酸碱混放。

在符合本文件包装、运输和贮存条件下，本产品自生产之日起，贮存期为一年。逾期可重新检验，检验结果符合本文件要求时，仍可继续使用。

8 安全（下述安全内容为提示性内容但不仅限于下述内容）

警告——使用本文件的人员应熟悉实验室的常规操作。本文件未涉及与使用有关的安全问题。使用者有责任建立适宜的安全和健康措施并确保首先符合国家的相关规定。

附 录 A
（规范性）
乙烯基含量的测定——近红外光谱法

A.1 方法概要

利用标准样品中乙烯基含量理论值与近红外光谱之间建立的近红外光谱模型，测定样品中乙烯基含量。

A.2 仪器与设备

近红外光谱仪。

A.3 分析步骤

a) 收集样品理论值。收集不同乙烯基含量的标准样品至少 50 个，按照 5.3.1 方法测定样品理论值。

b) 收集近红外光谱。全范围扫描，收集标准样品近红外光谱。

c) 建立近红外光谱模型。将标准样品的近红外光谱与对应的乙烯基含量理论值导入近红外光谱软件，建立近红外光谱模型。

d) 样品含量测定。收集待测样品近红外光谱，用建好的近红外光谱模型，得到待测样品中乙烯基含量。

A.4 允许误差

两次平行测试结果的绝对差值不应大于算术平均值的 8%，取两次测定的算术平均值作为分析结果。

低黏度羟基氟硅油

Low-viscosity hydroxyl-terminated fluorosilicone fluid

前 言

本文件按照 GB/T 1.1—2020《标准化工作导则第 1 部分：标准化文件的结构和起草规则》的规定起草。

请注意本文件的某些内容可能涉及专利。本文件的发布机构不承担识别这些专利的责任。

本文件由中国氟硅有机材料工业协会提出。

本文件由中国氟硅有机材料工业协会标准化委员会归口。

本文件起草单位：山东东岳有机硅材料股份有限公司、浙江衢州建橙有机硅有限公司、中蓝晨光成都检测技术有限公司、中蓝晨光化工研究设计院有限公司。

本文件主要起草人：伊港、刘海龙、文贞玉、陈敏剑、刘芳铭、何邦友、王永桂、石科飞。

本文件版权归中国氟硅有机材料工业协会。

本文件由中国氟硅有机材料工业协会标准化委员会解释。

本文件为首次制定。

低黏度羟基氟硅油

1 范围

本文件适用于以 1,3,5-三甲基-1,3,5-三(3,3,3-三氟丙基) 环三硅氧烷为原料，经催化缩合、分离等过程制得的低黏度羟基封端甲基三氟丙基聚硅氧烷，或称低黏度羟基氟硅油。

本文件规定了低黏度羟基氟硅油的要求、试验方法、检验规则及标志、包装、运输和贮存。

2 规范性引用文件

下列文件中的内容通过文中的规范性引用而构成本文件必不可少的条款。其中，注日期的引用文件，仅该日期对应的版本适用于本文件；不注日期的引用文件，其最新版本（包括所有的修改单）适用于本文件。

GB/T 191—2008 包装储运图示标志

GB/T 601—2016 化学试剂标准滴定溶液的制备

GB/T 614—2006 化学试剂折光率测定通用方法

GB/T 6678—2003 化工产品采样总则

GB/T 6680—2003 液体化工产品采样通则

GB/T 8170 数值修约规则与极限数值的表示和判定

GB/T 9722 化学试剂 气相色谱法通则

GB/T 10247—2008 粘度测量方法

3 产品定义与结构式

低黏度羟基氟硅油是指黏度 $40 \text{ mm}^2/\text{s} \sim 150 \text{ mm}^2/\text{s}$ 的羟基官能团封端的甲基三氟丙基聚硅氧烷，其化学结构式如下：

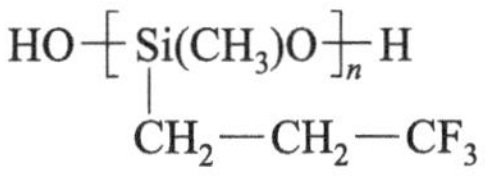

$$\text{HO} \left[\begin{array}{c} \text{Si(CH}_3\text{)O} \\ | \\ \text{CH}_2 - \text{CH}_2 - \text{CF}_3 \end{array} \right]_n \text{H}$$

其中，$n \geq 1$。

4 技术要求

产品控制项目指标应符合表 1 的要求。

表 1 技术指标

序号	项目	指标
1	外观	无色透明液体
2	运动黏度（25 ℃）/（mm^2/s）	40～150
3	羟基含量/%	0.50～2.0
4	折光率（25 ℃）	1.37～1.38

5 试验方法

5.1 外观

将样品放入透明试管中，采用目测法进行测试。

5.2 运动黏度

按照 GB/T 10247—2008 中第 2 章毛细管法进行测试。

5.3 羟基含量

羟基含量的测定采用反应气相色谱法，详见附录 A。

5.4 折光率

按 GB/T 614—2006 的规定，用阿贝折光仪进行检测。

6 检验规则

6.1 检验分类

低黏度羟基氟硅油检验分为出厂检验和型式检验。

6.2 出厂检验

6.2.1 出厂检验项目

低黏度羟基氟硅油需经生产厂的质量检验部门按本文件检验合格并出具合格证后方可出厂。

出厂检验项目为本文件第 4 章要求的所有项目。

6.2.2 组批和抽样

以相同原料、相同配方、相同工艺生产，同一反应釜或多釜混合均匀后的产品为一检验组批，其最大组批量不超过 1000 kg。每批随机抽取产品 1 kg，作为出厂检验样品。

6.2.3 判定规则

所有检验项目合格，则产品合格；若出现不合格项，允许加倍抽样对不合格项进行复检。若复检合格，则判该批产品合格；若复检仍不合格，则判该批产品为不合格。

6.3 型式检验

6.3.1 检验时机

型式检验是依据产品标准，由质量技术监督部门检验机构对产品各项指标进行的抽样全面检验。在有下列情况之一时，应进行型式检验：

    a) 新产品投产或老产品定型检定时；

    b) 正常生产时，定期或积累一定产量后，应周期性（每年）进行一次；

    c) 产品结构设计、材料、工艺以及关键的配套元器件等有较大改变，可能影响产品性能时；

d) 产品长期停产后，恢复生产时；

e) 出厂检验结果与上次型式检验结果有较大差异时；

f) 产品停产 6 个月以上恢复生产时；

g) 国家质量监督机构提出进行型式检验要求时。

6.3.2 检验项目

低黏度羟基氟硅油型式检验为本文件第 4 章要求的所有项目。

6.3.3 组批和抽样

以相同原料、相同配方、相同工艺生产的产品为一检验组批，其最大组批量不超过 1000 kg。

每批随机抽取产品 1 kg，作为型式检验样品。

6.3.4 判定规则

所有检验项目合格，则产品合格；若出现不合格项，允许加倍抽样对不合格项进行复检。若复检合格，则判该批产品合格；若复检仍不合格，则判该批产品为不合格。

7 标志、包装、运输和贮存

7.1 标志

包装容器上应有清晰、牢固的标志，其内容应该包括：生产厂商标、生产厂名称、生产厂地址、产品名称、型号、生产批号、生产日期、标准编号、净重等。

7.2 包装

7.2.1 低黏度羟基氟硅油采用清洁、干燥、密封良好的铁桶或塑料桶包装。净含量可根据用户要求包装。

7.2.2 每一批产品检验都应附有一份质量检验报告单。质量检验报告单内容应包括：产品名称、批号、生产日期等及第 4 章规定的所有项目的结果和判定结果。

7.3 运输

产品为非危险品，运输、装卸工作过程，应轻装轻卸，防止撞击，避免包装破损，防止日晒、雨淋，应按照货物运输规定进行。

7.4 贮存

低黏度羟基氟硅油应贮存在阴凉、干燥、通风的场所。防止日光直接照射，并应隔绝火源，远离热源，禁止与酸碱混放。

在符合本文件包装、运输和贮存条件下，本产品自生产之日起，贮存期为一年。逾期可重新检验，检验结果符合本文件要求时，仍可继续使用。

8 安全（下述安全内容为提示性内容但不仅限于下述内容）

警告——使用本文件的人员应熟悉实验室的常规操作。本文件未涉及与使用有关的安全问题。使用者有责任建立适宜的安全和健康措施并确保首先符合国家的相关规定。

附　录　A
（规范性）
羟基含量的测定——反应气相色谱法

A.1　原理

低黏度羟基氟硅油中的羟基可与甲基碘化镁反应生成甲烷，通过顶空进样器和气相色谱仪测量出甲烷的生成量，以此推导出羟基含量。

A.2　仪器

气相色谱仪：配有氢火焰离子化检测器（FID）的气相色谱仪，整机的灵敏度和稳定性符合 GB/T 9722 的要求。

顶空进样器：全自动平衡顶空分析装置，应能保持样品瓶处于稳定温度（约 40 ℃±1 ℃），并且能将样品瓶顶部代表性气体准确地导入配有毛细管柱的气相色谱仪中。

色谱柱：HP-PLOT 分子筛毛细管柱，30 m×0.53 mm×25 μm 或达到同等分离效果的色谱柱。

顶空瓶：顶空进样器配套的 20 mL 玻璃瓶，采用涂有聚四氟乙烯的橡胶隔垫和金属密封盖。

分析天平：精确至 0.1 mg。

注射器：塑料注射器，2.5 mL。

微量注射器：100 μL。

A.3　试剂

四氢呋喃：分析纯或色谱纯，推荐使用色谱纯。

格氏试剂：3.0 mol/L 甲基碘化镁（CH_3MgI）乙醚溶液。

二苯基硅二醇：纯度≥99%。

分子筛：4A 分子筛。

甲烷：纯度≥99.99%。

高纯氮气：≥99.999%。

高纯氢气：≥99.999%。

A.3.1　四氢呋喃干燥与反应液配制

四氢呋喃干燥：将 4 A 分子筛倒入玻璃瓶中高度约 1/3 处，加入四氢呋喃，密封，静置 48 h 后，上层清液备用。

反应液配制：将 19 mL 干燥的四氢呋喃加入到顶空瓶中，再缓慢加入 1 mL 甲基碘化镁，密封，静置 2 h 后，上层清液备用。该反应液用前配制。

A.4　标准曲线的绘制

A.4.1　标准样品配制

以二苯基硅二醇（羟基含量 15.72%）为标准品，称取二苯基硅二醇于 50 mL 容量瓶中，用干燥的四氢呋喃定容，配制成不同浓度的标准样品（表2），摇匀。

表 2　不同羟基含量标准样品

样品编号	羟基含量/（mg/mL）
标准样品 1	5
标准样品 2	10
标准样品 3	20
标准样品 4	30

A.4.2　标准样品空白制备

将顶空瓶封好盖，用微量注射器注入 $100\,\mu L$ 干燥的四氢呋喃，再用注射器注入 $2.0\,mL$ 反应液，摇匀后静置 $10\,min$。平行制作三个空白样品。

A.4.3　标准样品羟基质量的测定

将顶空瓶封好盖，用微量注射器注入 $100\,\mu L$ 表 2 中配好的标准溶液，再用注射器注入 $2.0\,mL$ 反应液，摇匀后静置 $10\,min$。将配制好的空白和标样依次放入顶空进样器中，按照 A.4.3.1 所述的仪器条件进行测试，测试结果应扣除三个空白样品平均值。低黏度羟基氟硅油与甲基碘化镁反应产物甲烷典型色谱图如图 A.1 所示。

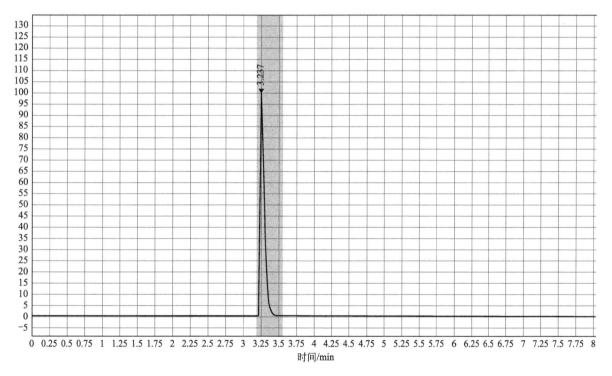

图 A.1　羟基氟硅油与甲基碘化镁反应产物甲烷典型色谱图

A.4.3.1　仪器条件

气相色谱仪条件

进样口温度：$150\,℃$；

柱箱温度：50 ℃保持 10 min；

检测器（FID）温度：200 ℃；

载气流速：1.6 mL/min；

分流比：19∶1。

顶空进样器条件

样品加热温度：40 ℃；

定量环温度：50 ℃；

传输线温度：100 ℃；

顶空瓶平衡压力：15 psi；

进样量：1.0 mL；

样品瓶平衡时间：10 min。

A.4.3.2　标准曲线

按照上述步骤，可得到不同羟基质量标准样品对应产生的甲烷峰面积，所得系列测量值对应标准样品羟基含量绘制标准曲线，建立的线性回归方程见公式（1）：

$$y = ax + b \qquad\qquad\qquad (1)$$

式中：

y——甲烷峰面积，单位取决于仪器所用的表达方式；

a——直线斜率；

x——羟基质量，mg；

b——纵坐标的截距。

相关系数 R^2 须大于等于 0.995，见图 A.2。

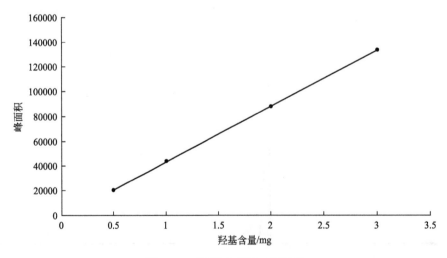

图 A.2　羟基含量与峰面积

A.4.3.3　样品测试

将顶空瓶封好，用注射器注入 2.1 mL 反应液，摇匀后静置 10 min，平行制作三个空白样品。按照 A.4.3.1 仪器条件测试，空白取平均值。

将顶空瓶封好，用微量注射器注入 100 μL 待测低黏度羟基氟硅油样品，称量加入样品前后质量变化，得出低黏度羟基氟硅油的加入量 m，再用注射器注入 2.0 mL 反应液，摇匀后静置 10 min。按照 A.4.3.1

仪器条件测试，测试结果需扣除空白平均值，得到峰面积 y。

A.4.3.4　羟基含量的计算

通过标准曲线查得待测样品峰面积 y 对应的羟基质量 x。

根据公式（2）计算低黏度羟基氟硅油中羟基含量。

$$\alpha_{OH} = \frac{x}{m} \times 100\% \qquad\qquad\qquad\qquad\qquad\qquad (2)$$

式中：

α_{OH}——羟基含量，%；

　x——羟基质量，mg；

　m——低黏度羟基氟硅油的质量，mg。

A.4.3.5　精密度

同一样品重复两次测试结果的绝对差值不应超过算术平均值的 10%。

硅树脂

压敏胶用甲基 MQ 硅树脂

Methyl MQ silicone resin for pressure sensitive adhesive

前 言

本文件按照 GB/T 1.1—2009 给出的规则起草。

请注意本文件的某些内容可能涉及专利。本文件的发布机构不承担识别这些专利的责任。

本文件由中国氟硅有机材料工业协会提出。

本文件由中国氟硅有机材料工业协会标准化委员会归口。

本文件起草单位：广东标美硅氟新材料有限公司、山东东岳有机硅材料股份有限公司、浙江衢州建橙有机硅有限公司、浙江润禾有机硅新材料有限公司、浙江新安化工集团股份有限公司、江西蓝星星火有机硅有限公司、扬州晨化新材料股份有限公司、中蓝晨光化工研究设计院有限公司、中蓝晨光成都检测技术有限公司。

本文件主要起草人：伍锦枢、高飞英、伊港、文贞玉、彭艳、刘继、张生、于子洲、陈敏剑、张彦君、刘海龙、何邦友、黄振宏。

本文件版权归中国氟硅有机材料工业协会。

本文件由中国氟硅有机材料工业协会标准化委员会解释。

本文件为首次制定。

压敏胶用甲基 MQ 硅树脂

1 范围

本文件规定了压敏胶用甲基 MQ 硅树脂的要求、试验方法、检验规则以及标志、包装、运输和贮存。

本文件适用于以硅酸钠或硅酸酯/聚硅酸酯为 Q 链节来源的单体材料制得的压敏胶用甲基 MQ 硅树脂粉体。

结构通式：$[(CH_3)_3 SiO_{1/2}]_a [SiO_2]_b$，$(a+b=1)$。

本文件性能指标为压敏胶用甲基 MQ 硅树脂的典型指标。

2 规范性引用文件

下列文件中的内容通过文中的规范性引用而构成本文件必不可少的条款。其中，注日期的引用文件，仅该日期对应的版本适用于本文件；不注日期的引用文件，其最新版本（包括所有的修改单）适用于本文件。

GB/T 6679 固体化工产品采样通则

GB/T 6682 分析实验室用水规格和试验方法

GB/T 8170 数值修约规则与极限数值的表示和判定

GB/T 10247—2008 粘度测量方法

GB/T 21863 凝胶渗透色谱法（GPC）用四氢呋喃做淋洗液

GB/T 23771 无机化工产品中堆积密度的测定

3 要求

3.1 外观

白色粉体，无可见机械杂质。

3.2 技术要求

压敏胶用甲基 MQ 硅树脂的技术要求应符合表 1 要求。

表 1 压敏胶用甲基 MQ 硅树脂的技术要求

序号	项目		指标
1	60%二甲苯溶液的运动黏度/(mm²/s)		5.0～25.0
2	堆积密度/(g/cm³)		0.45～0.75
3	重均分子量 M_w		3500～8500
4	挥发分 (150 ℃, 3 h) /%	≤	2.00

4 试验方法

4.1 外观的测定

取约 10 g 样品倒入清洁、干燥、无色透明的表面皿中，在日光灯或日光下目测。

4.2 60%二甲苯溶液的黏度

配制60%二甲苯样品溶液：准确称取30 g样品，置于干燥烧杯中，加入20 g分析纯二甲苯，用干净的玻璃棒充分搅拌至完全溶解，静置2 h，待测。

将上述60%二甲苯样品溶液按照GB/T 10247—2008中方法2毛细管法测试其黏度值，试验结果保留到小数点后一位。

4.3 堆积密度

堆积密度按照GB/T 23771规定的方法进行测试，试验结果保留到小数点后两位。

4.4 重均分子量（M_w）的测定

4.4.1 试剂

4.4.1.1 甲苯（色谱纯）。

4.4.1.2 聚合物窄标（分子量分布PD<1.05）：聚苯乙烯。

4.4.2 样品

样品处理：称取5 mg样品溶于1 mL色谱纯甲苯（4.4.1.1）中，震荡使其完全溶解，待样品溶液澄清时，用0.2 μL针式滤头过滤样品溶液。

4.4.3 仪器

4.4.3.1 凝胶色谱仪：配有示差折光检测器（RID）。

4.4.3.2 色谱柱：混合型色谱柱，柱子孔径5 μm。

4.4.4 试验条件

4.4.4.1 流动相：甲苯，使用前超声脱气30 min。

4.4.4.2 流速1 mL/min。

4.4.4.3 柱温35 ℃。

4.4.4.4 检测温度35 ℃。

4.4.4.5 检测时间15 min。

4.4.4.6 进样量20 μL。

4.4.5 试验方法

按GB/T 21863规定的方法进行测定及计算，测定时测试条件按4.4.4进行，可直接测得样品的重均分子量M_w，样品平行测试三次。

4.4.6 结果处理

试验结果取三次平均值，结果的判定按GB/T 8170中修约值比较法进行，试验结果保留至整数位。

4.5 挥发分的测定

4.5.1 仪器

4.5.1.1 分析天平，感量0.1 mg。

4.5.1.2 电热恒温干燥箱，不鼓风。

4.5.1.3 玻璃称量瓶，$\phi 50\ mm \times 30\ mm$。

4.5.1.4 玻璃干燥器，底部装有干燥硅胶。

4.5.2 试验步骤

将已恒重的称量瓶（4.5.1.3）放入分析天平（4.5.1.1）中称量，称取 1 g±0.1 g 样品（精确至 0.0001 g）于称量瓶中并使之平铺在称量瓶中。将装有试样的称量瓶置于 150 ℃±2 ℃的不鼓风恒温干燥箱（4.5.1.2）内，放置搁板应位于干燥箱顶部的 2/3 处，经不鼓风加热干燥 3 h 后取出，放入干燥器（4.5.1.4）内冷却至室温，称量。

4.5.3 分析结果的表述

挥发分 W 结果以质量分数表示，按公式（1）计算：

$$W = \frac{m_2 - m_3}{m_2 - m_1} \times 100\% \qquad\qquad\qquad (1)$$

式中：

W——挥发分的含量，%；

m_1——称量皿的质量，g；

m_2——干燥前试样与称量皿的质量，g；

m_3——干燥后试样与称量皿的质量，g。

4.5.4 允许误差

同时作平行试验，两次平行测试的试验结果的绝对差值应不大于 0.5%，取两次平行测试的算术平均值作为测试结果，结果保留小数点后两位。

5 检验规则

5.1 检验分类

压敏胶用甲基 MQ 硅树脂检验分为出厂检验和型式检验。

5.2 出厂检验

压敏胶用甲基 MQ 硅树脂需经生产厂的质量检验部门按本文件检验合格并出具合格证后方可出厂。出厂检验项目为：

    a）外观；

    b）60%二甲苯溶液的黏度；

    c）堆积密度；

    d）挥发分。

5.3 型式检验

压敏胶用甲基 MQ 硅树脂型式检验为本文件第 3 章要求的所有项目。有下列情况之一时，应进行型式检验：

    a）新产品试制或老产品转厂生产的试制定型检定；

    b）产品正式生产后，其结构设计、材料、工艺以及关键的配套元器件有较大改变，可能影响产品性能时；

c) 正常生产，定期或积累一定产量后，应周期性进行一次检验；

d) 产品长期停产后，恢复生产时；

e) 出厂检验结果与上次型式检验结果有较大差异时；

f) 国家质量监督机构提出进行型式检验要求时。

5.4 组批和抽样规则

5.4.1 以相同原料、相同配方、相同工艺生产的产品为一检验组批，其最大组批量不超过 2000 kg。

5.4.2 依照 GB/T 6679 进行抽样，每批随机抽产品 0.5 kg，作为出厂检验样品。随机抽取产品 0.5 kg，作为型式检验样品。

5.5 判定规则

5.5.1 型式检验所有项目合格，则判该批产品合格。

5.5.2 若检验结果有任何一项不符合本文件要求时，应重新自该批产品中取双倍样品对不合格项目进行复检，如复检结果符合本文件要求时，则判该批产品为合格品，反之，则判该批产品为不合格品。

5.6 仲裁检验

当供需双方对产品质量发生争议时，由双方协商解决由法定质量检测部门进行仲裁。

6 标志、包装、运输和贮存

6.1 标志

压敏胶用甲基 MQ 硅树脂包装上应有清晰、牢固的标志，标志包括以下内容：生产厂名称及厂址、产品名称、型号、批号等。

6.2 包装

压敏胶用甲基 MQ 硅树脂应包装在清洁、干燥、密封良好的带塑料内袋的纸桶或大口铁桶中。

包装件上应有清晰、牢固的标签，标签上应注明：产品名称、型号、批号、净重、执行标准、生产日期、生产厂名称及厂址等。

6.3 运输

压敏胶用甲基 MQ 硅树脂按非危险品运输，运输、装卸工作过程，应轻装轻卸，防止撞击，避免包装破损，防止日晒、雨淋，应按照货物运输规定进行。

6.4 贮存

压敏胶用甲基 MQ 硅树脂应存放在通风、干燥的库房内，防止日光直接照射，并应隔离火源。在符合本文件包装、运输和贮存条件下，本产品自生产之日起，贮存期为二年。逾期可重新检验，检验结果符合本文件要求时，仍可继续使用。

硅橡胶

电力电气用液体硅橡胶绝缘材料 第1部分：复合绝缘用

Liquid silicone rubber insulating material for electric and electrical application——Part 1：composite insulating

前　言

TB/T FSI 001《电力电气用液体硅橡胶绝缘材料》分为四个部分：

——第1部分：复合绝缘用

——第2部分：极柱固封用

——第3部分：电缆附件用

——第4部分：通用绝缘灌封用

本文件为 TB/T FSI 001 的第1部分。

本文件按照 GB/T 1.1—2009 给出的规则起草。

本文件由中国氟硅有机材料工业协会提出。

本文件由中国氟硅有机材料工业协会标准化委员会归口。

本文件参加起草单位：中蓝晨光化工研究设计院有限公司、中蓝晨光成都检测技术有限公司、成都拓利科技股份有限公司、广州天赐有机硅科技有限公司、新亚强硅化学股份有限公司、广东聚合科技股份有限公司、蓝星有机硅（上海）有限公司、中国科学院化学研究所。

本文件主要起草人：王韵然、夏志伟、陈敏剑、郑林丽、杨思广、初亚军、谢荣斌、贾丽亚、汪倩、张志杰、马汉喜、杨化彪、赵平。

本文件版权归中国氟硅有机材料工业协会。

本文件为首次制定。

电力电气用液体硅橡胶绝缘材料
第1部分：复合绝缘用

1　范围

本文件规定了复合绝缘用液体硅橡胶绝缘材料的术语和定义、要求、试验方法、检验规则、标志、包装、运输、贮存。

本文件适用于复合绝缘制品中所使用的液体硅橡胶绝缘材料。

2　规范性引用文件

下列文件中的内容通过文中的规范性引用而构成本文件必不可少的条款。其中，注日期的引用文件，仅该日期对应的版本适用于本文件；不注日期的引用文件，其最新版本（包括所有的修改单）适用于本文件。

GB/T 9881　橡胶术语

GB/T 2900.5　电工术语　绝缘固体、液体和气体

GB/T 2900.8　电工术语　绝缘子

GB/T 2900.19　电工术语　高电压试验技术和绝缘配合

GB/T 2941　橡胶物理试验方法试样制备和调节通用程序

GB/T 191　包装储运图示标志

GB/T 528　硫化橡胶或热塑性橡胶　拉伸应力应变性能的测定

GB/T 529　硫化橡胶或热塑性橡胶　撕裂强度的测定（裤形、直角形和新月形试样）

GB/T 531.1　硫化橡胶或热塑性橡胶　压入硬度试验方法　第1部分：邵氏硬度计法（邵尔硬度）

GB/T 533　硫化橡胶和热塑性橡胶　密度的测定

GB/T 1692　硫化橡胶　绝缘电阻率的测定

GB/T 1693　硫化橡胶　介电常数和介质损耗角正切值的测定方法

GB/T 1695　硫化橡胶　工频击穿电压强度和耐电压的测定方法

GB/T 2794　胶黏剂黏度的测定　单圆筒旋转黏度计法

GB/T 6553　严酷环境条件下使用的电气绝缘材料　评定耐电痕化和蚀损的试验方法

3　术语和定义

下列术语和定义适用于本文件。

3.1

液体硅橡胶　liquid silicone rubber

以含活性官能团的液体聚硅氧烷为基础聚合物，通过交联反应形成橡胶弹性体的一类材料。

3.2

绝缘材料　insulating material

用于防止导电元件之间导电的材料。

4 要求

4.1 外观

复合绝缘用液体硅橡胶绝缘材料为颜色均匀的均质流体、无明显的机械杂质和凝胶颗粒。

4.2 技术要求

产品技术要求应满足表1的规定。

表1 电力电气用液体硅橡胶绝缘材料技术要求

序号	项目	指标
1	A组分黏度/Pa·s B组分黏度/Pa·s	≤1000 ≤1000
2	密度/（g/cm³）	1.05~1.2
3	邵氏硬度（Shore A）	≥30
4	拉伸强度/MPa	≥5
5	断裂伸长率/％	≥300
6	撕裂强度（直角形）/（kN/m）	≥10
7	体积电阻率/Ω·cm	≥1.0×10^{14}
8	电气强度/（kV/mm）	≥20
9	介电常数（50 Hz）	≤4
10	介质损耗角正切（50 Hz）	≤1×10^{-2}
11	耐漏电起痕	≥1 A3.5 级
12	加速老化试验	供应商与客户协商开展

5 试验方法

5.1 试样制备

a) 试样配制：在配料容器中分别按比例称量待测液体胶 A、B 两组分，均匀搅拌并真空脱泡，待用。

b) 试片制作：把配好的液体硅橡胶分别倒入模具中，在平板硫化机上加压硫化成型，硫化条件 175 ℃×10 min。

c) 将制好的试片在 150 ℃±5 ℃ 烘箱中恒温处理 1 h，取出冷却。

5.2 试验方法

5.2.1 外观

目测法，将适量的液体硅橡胶样品倒入透明烧杯中，胶料体积不少于烧杯容积的 1/3。在倒入时避免产生气泡，若气泡已经产生且不能自行消除，应通过抽真空或其他合适的方法除去气泡。将装有样品的烧杯放在自然光下或比色箱中目视观察胶体的色泽、有无机械杂质，然后用玻璃棒挑起烧杯内部的胶体查看有无凝胶物等。

5.2.2 黏度

按照 GB/T 2794 的规定进行测试。

5.2.3 密度

按 GB/T 533 的规定进行测试，采用浸渍法。

5.2.4 邵氏硬度

按 GB/T 531.1 的规定测试。

5.2.5 拉伸强度和断裂伸长率

按 GB/T 528 的规定测试。

5.2.6 撕裂强度（直角形）

按 GB/T529 的规定测试。

5.2.7 体积电阻率

按 GB/T 1692 的规定测试，试样厚度为 1 mm。

5.2.8 电气强度

按 GB/T 1695 的规定测试，试样厚度为 1 mm。

5.2.9 介电常数和介质损耗因数

按 GB/T 1693 的规定测试，频率 50 Hz。

5.2.10 耐漏电起痕

按 GB/T 6553 的规定测试，采用恒定电痕化电压法和终点判断标准 A。

6 检验规则

6.1 检验分类

检验分为出厂检验和型式检验。

6.2 出厂检验

产品需经公司质检部门按本文件检验合格并出具合格证后方可出厂。出厂检验项目为：

a) 外观；

b) 黏度；

c) 邵氏硬度；

d) 拉伸强度；

e) 断裂伸长率；

f) 撕裂强度（直角形）；

g) 电气强度；

h) 体积电阻率；

i) 耐漏电起痕。

6.3 型式检验

型式检验为本文件第 4 章要求的所有项目。有下列情况之一时，应进行型式检验：

a) 首次生产时；

b) 主要原材料或工艺方法有较大改变时；

c) 正常生产满一年时；

d) 停产半年以上，恢复生产时；

e) 出厂检验结果与上次型式检验有较大差异时；

f) 质量监督机构提出要求或供需双方发生争议时。

6.4 组批与抽样规则

液体硅橡胶产品按批次进行检验。产品以同一批原料、同一种配方、同一种工艺生产的产品为一批。每批次数量最多不超过 5000 kg。对每批次产品应按照表 1 进行抽样试验。

6.5 判定规则

所有检验项目合格，则产品合格；若出现不合格项，允许加倍抽样对不合格项进行复检。若复检合格，则判该批产品合格；若复检仍不合格，则判该批产品为不合格。

7 标志、包装、运输和贮存

7.1 标志

产品外包装应有下列清晰标志：产品名称、型号（牌号）、商标、生产批号、生产日期、净质量、生产单位名称及厂址等。

需要运输的外包装应按 GB/T 191 中的规定做好标志。

7.2 包装

产品应包装在密闭容器中，每一包装件应有合格证或合格标识，批检验应有出厂检验单。

7.3 运输

产品为非易燃易爆品，可按一般非危险品运输。

产品在运输装卸中应防止日晒、雨淋，防止撞击、防止倒置和挤压产品包装。

7.4 贮存

产品应贮放在通风干燥处，并应隔绝火源，远离热源，堆积高度不超过 2 m。

产品在 -5 ℃～40 ℃ 条件下（或按生产商要求），自生产之日起，保质期不少于 6 个月。超过保质期，可按本文件规定进行复验，若复验结果仍符合本文件要求，则仍可使用。

电子电器用加成型耐高温硅橡胶胶黏剂

High temperature resistant addition-curable silicone rubber adhesives for electrical and electronic application

前　言

本文件按照 GB/T 1.1—2009 给出的规则起草。

本文件由中国氟硅有机材料工业协会提出。

本文件由中国氟硅有机材料工业协会标准化委员会归口。

本文件参加起草单位：成都拓利科技股份有限公司、中国蓝星（集团）股份有限公司、新亚强硅化学股份有限公司、中蓝晨光成都检测技术有限公司、广东聚合科技股份有限公司、蓝星有机硅（上海）有限公司、中国科学院化学研究所、中蓝晨光化工研究设计院有限公司。

本文件主要起草人：郑林丽、刘才彬、初亚军、彭斌、陈敏剑、瞿琼丽、贾丽亚、汪倩、张志杰、马汉喜。

本文件版权归中国氟硅有机材料工业协会。

本文件为首次制定。

电子电器用加成型耐高温硅橡胶胶黏剂

1 范围

本文件规定了电子电器用加成型耐高温硅橡胶胶黏剂的产品分类、要求、试验方法、检验规则、标志、包装、运输和贮存。

本文件适用于受耐温度为 220 ℃～250 ℃，以聚硅氧烷、填料、交联剂和催化剂等为主要成分的用于电子电器行业的加成型耐高温硅橡胶胶黏剂。

2 规范性引用文件

下列文件中的内容通过文中的规范性引用而构成本文件必不可少的条款。其中，注日期的引用文件，仅该日期对应的版本适用于本文件；不注日期的引用文件，其最新版本（包括所有的修改单）适用于本文件。

GB/T 191　包装储运图示标志

GB/T 528—2009　硫化橡胶或热塑性橡胶拉伸应力应变性能的测定

GB/T 531.1—2008　硫化橡胶或热塑性橡胶 压入硬度试验方法 第 1 部分：邵氏硬度计法（邵尔硬度）

GB/T 1692—2008　硫化橡胶绝缘电阻率的测定

GB/T 1695—2005　硫化橡胶 工频击穿电压强度和耐电压的测定方法

GB/T 2408—2008　塑料 燃烧性能试验方法 水平法和垂直法

GB/T 2794—2013　胶黏剂黏度的测定 单圆筒旋转黏度计法

GB/T 7123.1—2015　多组分胶粘剂可操作时间的测定

GB/T 7124—2008　胶粘剂 拉伸剪切强度的测定（刚性材料对刚性材料）

GB/T 13477.3—2002　建筑密封材料试验方法 第 3 部分：使用标准器具测定密封材料挤出性的方法

3 产品分类

按包装形式可分为单组分和双组分加成型耐高温硅橡胶胶黏剂。

4 要求

4.1 外观

色泽均匀、无凝胶、无机械杂质。

4.2 技术要求

产品技术要求应符合表 1 的规定。

表 1　电子电器用加成型耐高温硅橡胶胶黏剂技术要求

序号	项目			指标
1	硫化前	黏度（25 ℃）/mPa·s		供需双方商定
2		可操作时间/min		供需双方商定
3	硫化后	邵氏硬度（Shore A）		≤80
4		拉伸强度/MPa		≥1.5
5		断裂伸长率/%		≥100
6		剪切强度（Al-Al）/MPa		≥1.5
7		体积电阻率/Ω·cm		≥$1.0×10^{14}$
8		电气强度/（kV/mm）		≥18
9		燃烧性能		不低于 V-2 级
10		高低温循环处理后性能要求	硬度变化率/%	≤20
			剪切强度变化率/%	≤20
			90°对折	未开裂、未断裂
			180°对折	未开裂、未断裂
11		热空气老化处理后性能要求	硬度变化率/%	≤20
			剪切强度变化率/%	≤40
			90°对折	未开裂、未断裂
			180°对折	未开裂、未断裂

5　试验方法

5.1　试样制备

5.1.1　试样制备

双组分 A、B 样品均应在试验条件下放置 24 h，低温贮存的单组分样品应在试验条件下密闭放置 4 h。单组分样品可直接挤出制样，双组分样品按产品规定比例混合均匀后制样。制片可选用模压法升温硫化和自流平室温（或升温）硫化方式，所制样品应保证无气泡。

5.1.2　状态调节

除特殊规定外，试验均应在标准条件下（温度为 23 ℃±2 ℃，湿度为 50%±10%）调节至少 24 h。

5.2　试验方法

5.2.1　外观

目测法，将一定量的样品倒入 100 mL 透明烧杯中，胶体高度不低于 5 cm，在倒入时避免产生气泡，若气泡已经产生且不能自行消除，应通过抽真空或其它合适的方法除去气泡。将装有样品的烧杯放在自然光下或比色箱中目视观察胶体的色泽、有无机械杂质，然后用玻璃棒挑起烧杯内部的胶体查看有无凝胶物等。

5.2.2 黏度

单组分产品直接测试黏度,双组分产品应分别测定各组分的黏度。

黏度小于400 Pa·s的硅橡胶胶黏剂应按GB/T 2794—2013中旋转黏度计法的规定进行测定。

黏度大于400 Pa·s的硅橡胶胶黏剂应按GB/T 13477.3—2002中的规定测定:采用聚乙烯挤胶筒,装填容量为300 mL(直径50 mm,长270 mm),挤胶气压为0.40 MPa±0.02 MPa,根据有关产品标准的规定或各方的商定选用喷口,以0.40 MPa±0.02 MPa的压力从挤胶筒中挤出50 g~100 g,记录挤出时间,称取挤出试样的质量,精确至0.1 g,并计算在单位时间里硅橡胶胶黏剂的挤出量(g/min)。

注:喷口挤出孔内径有0.90 mm(型号18 G)、1.25 mm(型号16 G)、1.69 mm(型号14 G)或2.64 mm(型号11 G)。

5.2.3 可操作时间

按GB/T 7123.1—2015的规定进行,黏度升高至初始黏度的两倍时为试验的终点。

5.2.4 邵氏硬度

按GB/T 531.1—2008中4.1的规定测定。

5.2.5 拉伸强度和断裂伸长率

按GB/T 528—2009的规定测定,采用2型试样。

5.2.6 剪切强度

按GB/T 7124—2008的规定测定,采用铝对铝试板。

5.2.7 体积电阻率

按GB/T 1692—2008的规定测定,试样厚度为1 mm。

5.2.8 电气强度

按GB/T 1695—2005的规定测定,试样厚度为1 mm。

5.2.9 燃烧性能

按GB/T2408—2008方法B的规定测定,试样厚度为5 mm。

5.2.10 高低温循环试验

将试样置于试验箱中,高低温循环处理试验条件如下:
a) 在−40 ℃的低温环境中放置2 h;
b) 以3 ℃/min的升温速率升至150 ℃;
c) 在150 ℃的高温环境中放置2 h;
d) 以3 ℃/min的降温速率降至−40 ℃;
e) 重复步骤a)至步骤d)8次;
f) 重复步骤a)至步骤c),然后以3 ℃/min的降温速率降至室温。

5.2.11 热空气老化试验

在250 ℃的干燥鼓风箱中放置24 h后,自然冷却至室温。

5.2.12 90°对折和180°对折

将样片（尺寸为 25 mm×95 mm×3 mm）在实验台上铺平，然后将直径为 25 mm、表面洁净光滑的玻璃圆棒或不锈钢圆棒置于试样上，圆棒轴线与试样的任意边平行，将试样以圆棒为轴线缠绕 90°或 180°，观察样片是否发生断裂或产生裂纹。

6 检验规则

6.1 检验分类

检验分出厂检验和型式检验。

6.2 出厂检验

产品需经公司质检部门按本文件检验合格并出具合格证后方可出厂。出厂检验项目为：

- a) 外观；
- b) 黏度；
- c) 可操作时间；
- d) 邵氏硬度；
- e) 拉伸强度；
- f) 断裂伸长率；
- g) 剪切强度。

6.3 型式检验

型式检验为本文件第 4 章要求的所有项目。有下列情况之一时，应进行型式检验：

- a) 首次生产时；
- b) 主要原材料或工艺方法有较大改变时；
- c) 正常生产满一年时；
- d) 停产半年以上，恢复生产时；
- e) 出厂检验结果与上次型式检验有较大差异时；
- f) 质量监督机构提出要求或供需双方发生争议时。

6.4 组批与抽样规则

以相同原料、相同配方、相同工艺生产的产品为一检验组批，其最大组批量不超过 5000 kg，每批随机抽产品 1 kg，作为出厂检验样品。从出厂检验合格的产品中随机抽取产品 2 kg，作为型式检验样品。

6.5 判定规则

所有检验项目合格，则产品合格；若出现不合格项，允许加倍抽样对不合格项进行复检。若复检合格，则判该批产品合格；若复检仍不合格，则判该批产品为不合格。

7 标志、包装、运输和贮存

7.1 标志

产品外包装应有下列清晰标志：产品名称、型号（牌号）、商标、生产批号、生产日期、净质量、生产单位名称及厂址等。

需要运输的外包装应按 GB/T 191 中的规定做好标志。

7.2 包装

产品应包装在密闭容器中，每一包装件应有合格证或合格标识，批检验应有出厂检验单。

7.3 运输

产品为非易燃易爆品，可按一般非危险品运输。

产品在运输装卸中应防止日晒、雨淋，防止撞击、防止倒置和挤压产品包装。有低温贮存要求的产品在运输过程中应采用制冷设备以保证所运货物对温度的要求。

7.4 贮存

产品应贮放在通风干燥处，并应隔绝火源，远离热源，堆积高度不超过 2 m。

加成型双组分产品在 −5 ℃～40 ℃条件下（或按生产商要求），自生产之日起，保质期不少于 6 个月。加成型单组分产品在 −5 ℃～5 ℃条件下（或按生产商要求），自生产之日起，保质期不少于 6 个月。超过保质期，可按本文件规定进行复验，若复验结果仍符合本文件要求，则仍可使用。

动力电池组灌封用液体硅橡胶

Silicone potting compound for power battery pack

前 言

本文件按照 GB/T 1.1-2009 给出的规则起草。

请注意本文件的某些内容可能涉及专利。本文件的发布机构不承担识别这些专利的责任。

本文件由中国氟硅有机材料工业协会提出。

本文件由中国氟硅有机材料工业协会标准化委员会归口。

本文件参加起草单位：浙江凌志新材料有限公司、成都拓利科技股份有限公司、广州市白云化工实业有限公司、成都硅宝科技股份有限公司、广州市高士实业有限公司、山东飞度胶业科技股份有限公司、杭州硅畅科技有限公司、浙江新安化工集团股份有限公司、扬州晨化新材料股份有限公司、中蓝晨光成都检测技术有限公司、唐山三友硅业有限责任公司、中蓝晨光化工研究设计院有限公司。

本文件主要起草人：陈世龙、郑林丽、牛蓉、张春晖、谢林、曾军、张宝华、丁胜元、刘才彬、曾容、李志芳、叶世胜、于子洲、陈敏剑、徐菁、郑宁、贾海侨、王二龙、向理、季壮、黄正安。

本文件版权归中国氟硅有机材料工业协会。

本文件准由中国氟硅有机材料工业协会标准化委员会解释。

本文件为首次制定。

动力电池组灌封用液体硅橡胶

1 范围

本文件规定了动力电池组灌封用液体硅橡胶的要求、试验方法、检验规则、标志、包装、运输和贮存。

本文件适用于交通工具动力电池组灌封所用的液体硅橡胶。

2 规范性引用文件

下列文件中的内容通过文中的规范性引用而构成本文件必不可少的条款。其中，注日期的引用文件，仅该日期对应的版本适用于本文件；不注日期的引用文件，其最新版本（包括所有的修改单）适用于本文件。

GB/T 191　包装储运图示标志

GB/T 528　硫化橡胶或热塑性橡胶　拉伸应力应变性能的测定

GB/T 531.1 硫化橡胶或热塑性橡胶　压入硬度试验方法 第 1 部分：邵氏硬度计法（邵尔硬度）

GB/T 1692—2008　硫化橡胶　绝缘电阻率的测定

GB/T 1695—2005　硫化橡胶　工频击穿电压强度和耐电压的测定方法

GB/T 2794—2013　胶黏剂黏度的测定　单圆筒旋转黏度计法

GB/T 2941　橡胶物理试验方法试样制备和调节通用程序

GB/T 7123.1—2015　多组分胶粘剂可操作时间的测定

GB/T 10707—2008　橡胶燃烧性能的测定

GB/T 13477.2—2002　建筑密封材料试验方法　第 2 部分：密度的测定

GB/T 13477.19—2017　建筑密封材料试验方法　第 19 部分：质量与体积变化的测定

ISO 22007—2：2015　塑料 导热率和热扩散率的测定　第 2 部分：瞬态平面热源（热盘）法［Plastics-Determination of thermal conductivity and thermal diffusivity-Part 2：Transient plane heat source (hot disc) method］

3 要求

3.1 外观

产品为双组分且带黏稠性的可流动液体，无结皮、无杂质、无刺激性气味。

3.2 技术要求

产品的技术要求应符合表 1 的规定。

表 1　动力电池组灌封用液体硅橡胶技术要求

序号	项目			技术指标	
				A 组分	B 组分
1	硫化前物理性能	黏度（23 ℃±0.5 ℃）/mPa·s		≤2000（两组分黏度差≤30%）	
2		密度/（g/cm³）	高密度型	≥1.30	
3			低密度型	＜1.30	
4	操作性能	A 组分：B 组分（质量比）		1：1	
5		可操作时间/min		≥10	
6		23 ℃下，12 h 后的硬度变化率/%		≤50	
7	硫化后物理性能	邵氏硬度（Shore A）		商定值±5	
8		拉伸强度/MPa		≥0.5	
9		拉断伸长率/%		≥50	
10		导热系数/［W/（m·K）］		≥0.40	
11		体积电阻率/Ω·cm		≥1013	
12		电气强度/（kV/mm）		≥18	
13		阻燃等级		FV-0	
14		质量损失率/%		≤0.5	
15		硬度变化率（高低温循环）/%		≤10	

4　试验方法

4.1　试验基本要求

4.1.1　标准试验条件

温度 23 ℃±2 ℃、相对湿度 50%±5%。有特殊规定的除外。

4.1.2　试验样品的准备

所有试验样品应以包装状态在 4.1.1 标准试验条件下放置 24 h。A、B 两组分的混合比例应符合 3.2 中表 1 的规定。混合时物料温度不得超过 40 ℃，混合时间约 3 min，建议混合在抽真空环境（真空度不低于－0.08 MPa）下进行。

4.2　外观

目测检查。

4.3　黏度

按 GB/T 2794—2013 的规定进行测试。

4.4　密度

按 GB/T 13477.2—2002 的规定进行测试。

4.5　第12小时硬度变化率

在 23 ℃±2 ℃、相对湿度 50％±5％的室温条件下，将 A、B 料按照比例 1∶1 混合，混合均匀后，将混合液体倒入耐腐蚀的金属框中成型，并记录初始时间。

按照 GB/T 531.1 的方法，测试第 12 个小时的胶体硬度，并记录原始数据 5 次，取中值；之后每隔 24 小时测试，待硬度不再上升时，即为该样品的最终硬度，并记录原始数据 5 次，取中值。

第 12 小时硬度变化率计算公式如公式（1）所示：

$$\Delta H = \left| \frac{H_2 - H_1}{H_1} \right| \times 100\% \qquad\qquad\cdots\cdots\cdots\cdots\cdots\cdots\cdots\cdots (1)$$

式中：

ΔH——第 12 小时硬度变化率，％；

H_2——第 12 小时后的硬度；

H_1——最终固化后的硬度。

4.6　可操作时间

按 GB/T 7123.1—2015 中方法一的要求进行测试，规定黏度值为初始黏度的两倍。

4.7　硬度

按 GB/T 531.1 的要求进行试样的制备和测试。在 23 ℃±2 ℃时，采取瞬时 3 s 读数。

4.8　拉伸强度及拉断伸长率

样条按 GB/T 528 中的哑铃型 2 型试样要求制备，状态条件按 GB/T 2941 的要求进行。按 GB/T 528 的要求进行测试。

4.9　导热系数

按 ISO 22007-2：2015 的规定进行测试。

4.10　体积电阻率

按 GB/T 1692—2008 的规定进行测试。

4.11　电气强度

按 GB/T 1695—2005 的规定进行测试。

4.12　阻燃等级

按 GB/T 10707—2008 的规定进行测试。

4.13　质量损失率

按 GB/T 13477.19—2017 的规定进行测试。

4.14　硬度变化率

将试样置于试验箱中，高低温循环处理试验条件如下：

a)　在－40 ℃的低温环境中放置 2 h；

b) 以 3 ℃/min 的升温速率升至 80 ℃；

c) 在 80 ℃的高温环境中放置 2 h；

d) 以 3 ℃/min 的降温速率降至－40 ℃；

e) 重复步骤 a)～步骤 d) 8 次；

f) 重复步骤 a)～步骤 c)，然后以 3 ℃/min 的降温速率降至室温。

随后，按 GB/T 531.1 进行制样、检测，在 23 ℃±2 ℃时，采取瞬时 3 s 读数。

5 检验规则

5.1 检验分类

动力电池组灌封用液体硅橡胶检验分为出厂检验和型式检验。

5.2 出厂检验

动力电池组灌封用液体硅橡胶需经生产厂的质量检验部门按本文件检验合格并出具合格证后方可出厂。出厂检验项目为：

a) 外观；

b) 黏度；

c) 密度；

d) 可操作时间；

e) 硬度；

f) 阻燃等级。

5.3 型式检验

动力电池组灌封用液体硅橡胶型式检验为本文件第 3 章要求的所有项目。有下列情况之一时，应进行型式检验：

a) 首次生产时；

b) 主要原材料或工艺方法有较大改变时；

c) 正常生产满一年时；

d) 停产后又恢复生产时；

e) 出厂检验结果与上次型式检验有较大差异时；

f) 质量监督机构提出要求或供需双方发生争议时。

5.4 组批和抽样规则

以相同原料、相同配方、相同工艺生产的产品为一检验组批，其最大组批量不超过 5000 kg，每批随机抽取产品 4 kg，作为出厂检验样品。随机抽取产品 4 kg，作为型式检验样品。

5.5 判定规则

所有检验项目合格，则产品合格；若出现不合格项，允许加倍抽样对不合格项进行复检。若复检合格，则判该批产品合格；若复检仍不合格，则判该批产品为不合格。

6 标志、包装、运输和贮存

6.1 标志

动力电池组灌封用液体硅橡胶的包装容器上的标志，根据 GB/T 191 的规定，在包装外侧应有"防雨""防潮""防日晒""防撞击"标志。

每批出厂产品均应附有一定格式的质量证明书，其内容包括：生产厂名称、地址、电话号码、产品名称、高密度型或低密度型、批号、净质量或净容量、生产日期、保质期、注意事项和标准编号。

6.2 包装

动力电池组灌封用液体硅橡胶采用清洁、干燥、密封良好的铁桶或塑料桶包装。净含量可根据用户要求包装。

6.3 运输

动力电池组灌封用液体硅橡胶运输、装卸工作过程，应轻装轻卸，防止撞击，避免包装破损，防止日晒、雨淋，应按照货物运输规定进行。

本文件规定的动力电池组灌封用液体硅橡胶为非危险品。

6.4 贮存

动力电池组灌封用液体硅橡胶应贮存在阴凉、干燥、通风的场所。防止日光直接照射，并应隔绝火源，远离热源。

在符合本文件包装、运输和贮存条件下，本产品自生产之日起，贮存期为一年。逾期可重新检验，检验结果符合本文件要求时，仍可继续使用。

电子电器用阻燃型发泡硅橡胶型材

Flame retardant silicone rubber foams profile for electronic and electrical appliances

前　言

本文件按照 GB/T 1.1—2009 给出的规则起草。

请注意本文件的某些内容可能涉及专利。本文件的发布机构不承担识别这些专利的责任。

本文件由中国氟硅有机材料工业协会提出。

本文件由中国氟硅有机材料工业协会标准化委员会归口。

本文件参加起草单位：浙江凌志新材料有限公司、中蓝晨光化工研究设计院有限公司、中蓝晨光成都检测技术有限公司、浙江新安化工集团股份有限公司、广东标美硅氟新材料有限公司。

本文件主要起草人：张春晖、张宝华、陈敏剑、王二龙、叶世胜、黄振宏、陈世龙、黄正安、向理。

本文件版权归中国氟硅有机材料工业协会。

本文件准由中国氟硅有机材料工业协会标准化委员会解释。

本文件为首次制定。

电子电器用阻燃型发泡硅橡胶型材

1 范围

本文件规定了电子电器用阻燃型发泡硅橡胶型材的分类和标记、要求、试验方法、检验规则、包装、标志、运输和贮存。

本文件适用于以聚有机硅氧烷为基础聚合物，加入适量的添加剂配制而成的用于电子电器行业的阻燃型发泡硅橡胶型材。

2 规范性引用文件

下列文件中的内容通过文中的规范性引用而构成本文件必不可少的条款。其中，注日期的引用文件，仅该日期对应的版本适用于本文件；不注日期的引用文件，其最新版本（包括所有的修改单）适用于本文件。

GB/T 191 包装储运图示标志

GB/T 528—2009 硫化橡胶或热塑性橡胶 拉伸应力应变性能的测定

GB/T 533—2008 硫化橡胶或热塑性橡胶 密度的测定

GB/T 1692—2008 硫化橡胶 绝缘电阻率的测定

GB/T 1695—2005 硫化橡胶 工频击穿电压强度和耐电压的测定方法

GB/T 6342 泡沫塑料与橡胶 线性尺寸的测定

GB/T 10707—2008 橡胶燃烧性能的测定

GB/T 18944.1 高聚物多孔弹性材料 海绵与多孔橡胶制品 第1部分：片材

JJF 1070—2005 定量包装商品净含量计量检验规则

3 分类和标记

3.1 分类

产品按其用途可分为：减震填充用和密封用两种。

Ⅰ类——减震填充用；

Ⅱ类——密封用。

3.2 标记

产品按分类进行标记。

示例： 密封用的电子电器用阻燃型发泡硅橡胶型材可标记为：Ⅱ-×××××（标准号）。

4 要求

4.1 外观

4.1.1 产品应为外观均匀的型材，无杂质。产品颜色应与供需双方商定的颜色相符。

4.1.2 产品的形状可以为片材、卷材或异形件，具体形状由供需双方协商确定。

4.2 技术要求

电子电器用阻燃型发泡硅橡胶型材的各项性能应符合表1的要求。片材或卷材的长宽和厚度公差应符合表2的要求。对于发泡硅橡胶异形件，尺寸公差在 GB/T 18944.1 的基础上由供需双方协商确定。

表1 技术要求

序号	项　目		技术要求	
			Ⅰ型	Ⅱ型
1	密度/(g/cm^3)	≤	0.40	0.60
2	压缩永久形变（压缩50%，100 ℃，168 h）/%	≤	20	5
3	25%压缩变形应力/kPa		商定值±15%	商定值±15%
4	拉伸强度/kPa	≥	100	500
5	断裂伸长率/%	≥	50	80
6	吸水率/%	≤	20	5
7	体积电阻率/Ω·cm	≥	$1.0×10^{14}$	$1.0×10^{14}$
8	电气强度/(kV/mm)	≥	2.0	2.0
9	阻燃性		FV-0	FV-0

表2 尺寸公差　　　　　　　　　　　　　　　　　　　单位为毫米

厚度	允许公差	长度或宽度	允许公差
h ≤3	±0.2	L ≤150	±1
3< h ≤6	±0.3	150< L ≤500	±2
6< h ≤9	±0.5	500< L ≤750	±2.5
9< h ≤13	±0.8	750< L ≤1000	±3
13< h ≤20	±1.0	1000< L ≤1500	±4
20< h ≤30	±1.5	L >1500	0.2%

5　试验方法

5.1　试验基本要求

5.1.1　标准试验条件

温度 23 ℃±2 ℃、相对湿度 50%±5%。

5.1.2　试验样品的准备

所有试验样品应以包装状态在 5.1.1 标准试验条件下放置 24 h。

5.2 外观

使用目测法检查有无杂质。

5.3 尺寸

按 GB/T 6342 的规定进行测试。

5.4 密度

按 GB/T 533—2008 中方法 A 的规定进行测试。

5.5 压缩永久形变

按 GB/T 18944.1 的规定进行测试。

5.6 25%压缩变形应力

按 GB/T 18944.1 的规定进行测试。

5.7 拉伸强度及断裂伸长率

按 GB/T 528—2009 采用 1 型哑铃型试样，试验速度 500 mm/min±50 mm/min，进行检测。

5.8 吸水率

取 50 mm×50 mm 片材，测其吸水前质量，将其浸入温度为 23 ℃±2 ℃ 、深度为 15 mm 的水中 24 h 后取出，用吸水纸蘸干表面水分，停留时间不超过 10 s，测其吸水后质量。取三块试样进行测试，取结果的最大值。

吸水率计算如公式（1）所示：

$$W_\mathrm{b} = \frac{m_2 - m_1}{m_1} \times 100\% \qquad\cdots\cdots\cdots\cdots\cdots\cdots\cdots\cdots (1)$$

式中：

W_b—— 吸水率，%；

m_1——吸水前试样质量，g；

m_2——吸水后试样质量，g。

5.9 体积电阻率

按 GB/T 1692—2008 的规定进行测试。

5.10 电气强度

按 GB/T 1695—2005 的规定进行测试。

5.11 阻燃等级

按 GB/T 10707—2008 的规定进行测试。

6 检验规则

6.1 检验分类

电子电器用阻燃型发泡硅橡胶型材检验分为出厂检验和型式检验。

6.2 出厂检验

出厂检验项目包括：

a) 外观；

b) 尺寸；

c) 密度；

d) 25%压缩变形应力。

6.3 型式检验

电子电器用阻燃型发泡硅橡胶型材型式检验为本文件第4章要求的所有项目。有下列情况之一时，应进行型式检验：

a) 首次生产时；

b) 主要原材料或工艺方法有较大改变时；

c) 正常生产满一年时；

d) 停产后又恢复生产时；

e) 出厂检验结果与上次型式检验有较大差异时；

f) 质量监督机构提出要求或供需双方发生争议时。

6.4 组批

对于片材或卷材，以同一品种、同一级别的产品每100 m² 为一批进行检验，不足100 m² 也可为一批；对于异形件，以100 kg 为一批进行检验，不足100 kg 也可为一批。

6.5 判定规则

6.5.1 单项判定

出厂检验项目包括：外观、尺寸、密度、25%压缩变形应力。所有检验项目合格，则该批产品合格。有一项或几项不合格，则该批产品不合格。

6.5.2 综合判定

在型式检验的结果中，有两项以上不符合文件规定时，则判该批产品不合格。有一项检验结果不符合文件规定时，允许在该批产品中抽取相同数量的产品进行复检，合格则判该批产品合格，如仍有不合格项则判该批产品不合格。

7 标志、包装、运输和贮存

7.1 标志

电子电器用阻燃型发泡硅橡胶型材的包装容器上的标志，根据 GB/T 191 的规定，在包装外侧应有

"防雨""防潮""防日晒""防撞击"标志。

电子电器用阻燃型发泡硅橡胶型材最小包装上应有牢固的不褪色标志，内容包括：

a) 产品名称；

b) 产品标记，按 3.2 节的规定进行标记；

c) 生产日期、批号及保质期；

d) 数量；

e) 制造方名称；

f) 商标；

g) 使用说明及注意事项。

7.2 包装

电子电器用阻燃型发泡硅橡胶型材采用纸箱包装。净含量按照 JJF 1070—2005 的规定或根据用户要求包装。

7.3 运输

电子电器用阻燃型发泡硅橡胶型材运输、装卸工作过程，应轻装轻卸，防止撞击，避免包装破损，防止日晒、雨淋，应按照货物运输规定进行。

本文件规定的电子电器用阻燃型发泡硅橡胶型材为非危险品。

7.4 贮存

电子电器用阻燃型发泡硅橡胶型材应贮存在阴凉、干燥、通风的场所。防止日光直接照射，并应隔绝火源，远离热源。

在符合本文件包装、运输和贮存条件下，本产品自生产之日起，贮存期为一年。逾期可重新检验，检验结果符合本文件要求时，仍可继续使用。

水族馆玻璃粘结用有机硅密封胶

Silicone sealant for aquarium glass

前　言

本文件按照 GB/T 1.1—2009 给出的规则起草。

请注意本文件的某些内容可能涉及专利。本文件的发布机构不承担识别这些专利的责任。

本文件由中国氟硅有机材料工业协会提出。

本文件由中国氟硅有机材料工业协会标准化委员会归口。

本文件参加起草单位：成都硅宝科技股份有限公司、江西蓝星星火有机硅有限公司、中蓝晨光化工研究设计院有限公司、辽宁吕氏化工（集团）有限公司、浙江新安化工集团股份有限公司。

本文件主要起草人：王天强、王小会、何丹丹、陈敏剑、吕征阳、舒莺、李文辉、王慧、季壮。

本文件版权归中国氟硅有机材料工业协会。

本文件由中国氟硅有机材料工业协会标准化委员会解释。

本文件为首次制定。

水族馆玻璃粘结用有机硅密封胶

1 范围

本文件规定了水族馆玻璃粘结用有机硅密封胶的分类、要求、试验方法、检验规则、标志、包装、运输和贮存。

本文件适用于以（改性）聚硅氧烷为基胶，加入补强填料及助剂配制而成的用于水族馆玻璃间结构粘结密封用有机硅密封胶。

2 规范性引用文件

下列文件中的内容通过文中的规范性引用而构成本文件必不可少的条款。其中，注日期的引用文件，仅该日期对应的版本适用于本文件；不注日期的引用文件，其最新版本（包括所有的修改单）适用于本文件。

GB/T 191 包装储运图示标志

GB/T 529 硫化橡胶或热塑性橡胶 撕裂强度的测定（裤形、直角形和新月形试样）

GB/T 13477.1 建筑密封材料试验方法 第1部分：试验基材的规定

GB/T 13477.5 建筑密封材料试验方法 第5部分：表干时间的测定

GB/T 13477.6 建筑密封材料试验方法 第6部分：流动性的测定

GB/T 13477.8 建筑密封材料试验方法 第8部分：拉伸粘结性的测定

GB 16776 建筑用硅酮结构密封胶

JC/T 485 建筑窗用弹性密封胶

IEC 62321-4 电工产品中的相关物质的测定-第4部分：使用 CV-AAS，CV-AFS，ICP-OES，ICP-MS 确定聚合物，金属和电子材料中的汞

IEC 62321-5 电工产品中的相关物质的测定-第5部分：使用 AAS，AFS，ICP-OES，ICP-MS 确定聚合物和电子材料中的镉，铅和铬；以及确认金属材料中的镉和铅

3 要求

3.1 外观

细腻、均匀膏状物，无气泡、结块、凝胶、结皮，也无难以分散的析出物。

3.2 技术要求

技术要求应符合表1的规定。

表 1　技术要求

序号	项目			要求
1	下垂度	垂直放置/mm	≤	3
		水平放置		不变形
2	挤出性/s		≤	5
3	表干时间/h		≤	2.0
4	邵氏硬度（Shore A）			20～40
5	撕裂强度/（kN/m）		≥	4
6	拉伸粘结性	23 ℃拉伸粘结强度/MPa	≥	0.6
		23 ℃粘结破坏面积/%	≤	5
		高温浸水拉伸粘结强度/MPa	≥	0.5
		高温浸水粘结破坏面积/%	≤	10
		水-紫外线光照后拉伸粘结强度/MPa	≥	0.5
		水-紫外线光照后粘结破坏面积/%	≤	10
7	有害物质	镉（Cd）/（mg/kg）	≤	2.0
		铅（Pb）/（mg/kg）	≤	5.0
		汞（Hg）/（mg/kg）	≤	2.0
		铬（Cr）/（mg/kg）	≤	10

4　试验方法

4.1　试验要求

4.1.1　标准试验条件

温度 23 ℃±2 ℃、相对湿度 50％±5％。

4.1.2　样品制备

所有试验样品制备前应以包装状态在 4.1.1 标准条件下放置 24 h 以上。

4.2　外观

目测法。

4.3　测试方法

4.3.1　下垂度

按 GB/T 13477.6 中 6.1 规定的方法进行测试。试验模具的槽内尺寸为宽 20 mm、深 10 mm，试件在 50 ℃±2 ℃的烘箱内放置 4 h。

4.3.2　挤出性

按 GB 16776 中 6.4 规定的方法进行测试。选用聚乙烯挤胶筒，装填容量为 177 mL，不安装挤胶嘴，挤胶气压为 0.34 MPa，测定一次将全部样品挤出所需的时间，精确至 0.1 s，试验次数为一次。

4.3.3 表干时间

按 GB/T 13477.5 规定的方法进行测试，型式检验采用 A 法试验，出厂检验可采用 B 法试验。

4.3.4 邵氏硬度

在 PE 膜上平放内框尺寸 130 mm×40 mm×6.5 mm 的金属模框，将试验样品挤注在模框内，刮平后除去模框在标准条件下放置 21 d，揭去 PE 膜，制备好的试样按 GB/T 531.1 中规定的方法进行测试。

4.3.5 撕裂强度

采用 2.0 mm±0.2 mm 厚的无割口直角试样，在标准条件下养护 14 d 后，按 GB/T 529 规定的方法进行测试。

4.3.6 拉伸粘结性

4.3.6.1 基材

a) 基材应符合 GB/T 13477.1 规定；
b) 按产品适用基材类别选用清洁、无镀膜浮法玻璃，厚度不小于 5 mm。

4.3.6.2 试件

4.3.6.2.1 按 GB/T 13477.8 规定制备试件，每 5 块为一组。试件形状如图 1 所示：

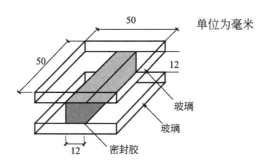

图 1 试件形状

4.3.6.2.2 制备后的试件按以下条件养护：
a) 产品的试件在 4.1.1 试验条件下放置 21 d；
b) 养护期间在不损坏密封胶试件条件下，应尽快分离挡块。

4.3.6.3 23 ℃拉伸粘结强度

试验温度 23 ℃±2 ℃，按 GB/T 13477.8 规定的方法进行测试。

4.3.6.4 高温浸水拉伸粘结强度

养护好的试件放恒温水浴锅中，其水浴锅温度设定为 85 ℃±1 ℃，试件在 85 ℃±1 ℃下放置 7 d 后取出，在标准试验条件下放置 2 h，按 GB/T 13477.8 规定的方法进行测试。

4.3.6.5 水-紫外线光照后拉伸粘结强度

按 JC/T 485 中 5.12 规定对试件（4.3.5.2）进行老化，将试件放入蒸馏水或去离子水中连续紫外光照射 336 h 后，在标准试验条件下放置 2 h 后，按 GB/T 13477.8 规定的方法进行测试。

4.3.6.6 粘结破坏面积

试件在各种环境条件试验后，按 GB 16776 中 6.8.3 规定的方法进行测试。

4.3.7 有害物质

胶样在 4.1.1 标准试验条件下养护 21 d 后，按 IEC 62321-4 测定汞的含量；按 IEC 62321-5 测定镉、铅、铬的含量。

5 检验规则

5.1 检验分类

水族馆玻璃粘结用有机硅密封胶检验分出厂检验和型式检验。

5.2 出厂检验

水族馆玻璃粘结用有机硅密封胶需经生产厂的质量检验部门按本文件检验合格并出具合格证后方可出厂。

 a) 外观；

 b) 下垂度；

 c) 挤出性；

 d) 表干时间；

 e) 邵氏硬度；

 f) 23 ℃拉伸粘结强度与粘结破坏面积；

 g) 撕裂强度。

5.3 型式检验

水族馆玻璃粘结用有机硅密封胶型式检验为本文件第 3 章要求的所有项目。有下列情况之一时，应进行型式检验：

 a) 首次生产时；

 b) 主要原材料或工艺方法有较大改变时；

 c) 正常生产满一年时；

 d) 停产后又恢复生产时；

 e) 出厂检验结果与上次型式检验有较大差异时；

 f) 质量监督机构提出要求或供需双方发生争议时。

5.4 组批与抽样

以相同原料、相同配方、相同工艺生产的产品为一检验组批，最大组批不超过 3 t。每批随机抽产品 1.5 kg，作为出厂检验样品。随机抽取产品 3 kg，作为型式检验样品。

5.5 判定规则

所有检验项目合格，则产品合格；若出现不合格项，允许加倍抽样对不合格项进行复检。若复检合格，则判该批产品合格；若复检仍不合格，则判该批产品为不合格。

6 标志、包装、运输和贮存

6.1 标志

水族馆玻璃粘结用有机硅密封胶的包装容器上的标志，根据 GB/T 191 的规定，在包装外侧注明怕雨、怕晒标志。

每批出厂产品均应附有一定格式的质量证明书，其内容包括：生产厂名称、地址、电话号码、产品名称、型号、批号、净质量或净容量、生产日期、保质期、注意事项和标准编号。

6.2 包装

水族馆玻璃粘结用有机硅密封胶采用支装或桶装，包装容器应密闭。净含量可根据用户要求包装。

6.3 运输

水族馆玻璃粘结用有机硅密封胶在运输装卸中应防止日晒、雨淋，防止撞击、挤压。

水族馆玻璃粘结用有机硅密封胶按非危险品运输。

6.4 贮存

水族馆玻璃粘结用有机硅密封胶应放置在干燥、通风、阴凉的场所贮存，远离火源及热源，防止阳光直接照射，堆积高度不超过 2 m，保质期应不少于 1 年。

建筑用高性能硅酮结构密封胶

High performance structural silicone sealant for building

前 言

本文件按照 GB/T 1.1—2009 给出的规则起草。

请注意本文件的某些内容可能涉及专利。本文件的发布机构不承担识别这些专利的责任。

本文件由中国氟硅有机材料工业协会提出。

本文件由中国氟硅有机材料工业协会标准化委员会归口。

本文件参加起草单位：成都硅宝科技股份有限公司、江西纳森科技有限公司、山东飞度胶业科技股份有限公司、中天东方氟硅材料有限公司、浙江新安化工集团股份有限公司、中蓝晨光成都检测技术有限公司。

本文件主要起草人：王有治、王天强、魏雪山、丁胜元、周菊梅、章娅仙、刘芳铭、霍江波、王小会。

本文件版权归中国氟硅有机材料工业协会。

本文件由中国氟硅有机材料工业协会标准化委员会解释。

本文件为首次制定。

建筑用高性能硅酮结构密封胶

1 范围

本文件规定了建筑用高性能硅酮结构密封胶的分类和标记、要求、试验方法、检验规则、标志、包装、运输和贮存。

本文件适用于高层（建筑高度大于 27 m 的住宅建筑和建筑高度大于 24 m 的非单层厂房、仓库和其他民用建筑）、超高层（建筑高度大于 100 m 的民用建筑）建筑幕墙及其他结构粘接装配用高性能硅酮结构密封胶。

2 规范性引用文件

下列文件中的内容通过文中的规范性引用而构成本文件必不可少的条款。其中，注日期的引用文件，仅该日期对应的版本适用于本文件；不注日期的引用文件，其最新版本（包括所有的修改单）适用于本文件。

GB/T 191　包装储运图示标志

GB/T 528　硫化橡胶或热塑性橡胶　拉伸应力应变性能的测定

GB/T 531.1　硫化橡胶或热塑性橡胶　压入硬度试验方法　第 1 部分：邵氏硬度计法（邵尔硬度）

GB/T 10125　人造气氛腐蚀试验 盐雾试验

GB/T 13477.1　建筑密封材料试验方法　第 1 部分：试验基材的规定

GB/T 13477.3　建筑密封材料试验方法　第 3 部分：使用标准器具测定密封材料挤出性的方法

GB/T 13477.5　建筑密封材料试验方法　第 5 部分：表干时间的测定

GB/T 13477.6　建筑密封材料试验方法　第 6 部分：流动性的测定

GB/T 13477.8　建筑密封材料试验方法　第 8 部分：拉伸粘结性的测定

GB/T 16422.2　塑料 实验室光源暴露试验方法　第 2 部分：氙弧灯

GB 16776—2005　建筑用硅酮结构密封胶

JG/T 475—2015　建筑幕墙用硅酮结构密封胶

3 分类和标记

3.1 分类

产品按组成分为单组分型（1）和双组分型（2）。

产品按适用的基材分为铝材（AL）、玻璃（G）、其他金属（M）。

3.2 标记

产品按下列顺序标记：名称、分类、标准编号。

示例：铝材和玻璃基材用双组分高性能硅酮结构密封胶标记为：

建筑用高性能硅酮结构密封胶 2 ALG××××××

4 要求

4.1 一般要求

建筑用高性能硅酮结构密封胶应明确规定使用条件及保持的性能特征。

4.2 外观

4.2.1 建筑用高性能硅酮结构密封胶应为细腻、均匀膏状物或黏稠体，不应有气泡、结块、结皮或凝胶，搅拌后应无不易分散的析出物。

4.2.2 双组分建筑用高性能硅酮结构密封胶的各组分的颜色应有明显差异。产品的颜色也可由供需双方商定，产品的颜色与供需双方商定的样品相比，不应有明显差异。

4.3 物理力学性能

产品物理力学性能应符合表1的要求。

表1 物理力学性能

序号	项目			技术指标
1	下垂度/mm	垂直		≤3
		水平		无变形
2	表干时间/h			≤3
3	挤出性[a]/s			≤10
4	适用期[b]/min			≥20
5	邵氏硬度（Shore A）			20~60
6	拉伸粘结性	23 ℃拉伸粘结强度/MPa		≥0.90
		最大拉伸粘结强度时伸长率/%		≥100
		拉伸粘结强度/MPa	90 ℃	≥0.60
			−30 ℃	≥0.60
			水-紫外线光照	≥0.60
			NaCl盐雾	≥0.60
			清洗剂	≥0.60
			疲劳循环	≥0.60
		粘结破坏面积（所有拉伸粘结性项目）/%		≤5
7	剪切性能	剪切强度/MPa	23 ℃	≥0.90
			90 ℃	≥0.60
			−30 ℃	≥0.60
8	撕裂强度/MPa			≥0.90
9	热老化	龟裂		无
		粉化		无
		热失重/%		≤5.0
[a] 仅适用于单组分产品。				
[b] 仅适用于双组分产品。				

4.4 相容性

4.4.1 建筑用高性能硅酮结构密封胶与结构装配系统用附件的相容性应符合 GB 16776—2005 附录 A 的规定。

4.4.2 建筑用高性能硅酮结构密封胶与实际工程用基材的粘结性应符合 GB 16776—2005 中附录 B 的规定。

4.4.3 建筑用高性能硅酮结构密封胶与相邻接触材料的相容性应符合附录 A 的规定。

5 试验方法

5.1 基本规定

5.1.1 标准试验条件

实验室的标准试验条件：温度 23 ℃±2 ℃，相对湿度 50％±5％。

5.1.2 粘结性试件制备

5.1.2.1 试件制备准备

制备试件前，用于试验的建筑用高性能硅酮结构密封胶应在标准条件下放置 24 h 以上。试验基材应用清洁剂清洁。

5.1.2.2 试件形状、尺寸和基材

试件应符合图 1 的规定，应按产品适用的基材类别选用基材，基材应具有足够的强度以防止弯曲变形破损。基材尺寸可以不同于图 1，但应保持建筑用高性能硅酮结构密封胶粘结体的尺寸为（12 ± 1）mm×（12 ± 1）mm×（50 ± 1）mm；

　　AL 类——符合 GB/T 13477.1 要求，阳极氧化铝板厚度不小于 3 mm；

　　G 类——符合 GB/T 13477.1 要求，清洁、无镀膜的浮法玻璃，厚度不小于 5 mm；

　　M 类——供方要求的其他金属基材。

单位为毫米

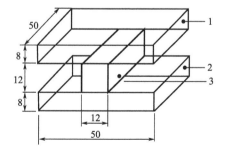

标引序号说明：

1,2——基材；

3 ——建筑用高性能硅酮结构密封胶。

图 1　粘结性试件示意图

5.1.2.3 试件制备

试件应按下列方式制备：

a) 应按 GB/T 13477.8 制备试件，并应按生产商要求使用底涂料；

b) 双组分建筑用高性能硅酮结构密封胶应均匀无分层，双组分试样应按生产商要求的比例混合，且应充分混合，真空搅拌（真空度：≥0.095 MPa），混合时间约为 5 min。无特殊要求时，混合后应在 10 min 内完成注模和修整；

c) 每个试件应有一面选用 G 类基材，在生产商没有规定时，另一面采用 Al 基材；

d) 试验基材应进行有效清洁。可按生产商指定的清洁剂及清洁方式清洁，也可采用以下方式清洁：

——将试验基材放入无水丙酮（分析纯）中浸泡至少 2 h；

——用脱脂纱布蘸取新鲜、洁净的无水丙酮（分析纯）将基材表面擦拭 2 遍；

——用脱脂纱布蘸取新鲜、洁净的无水乙醇（分析纯）将基材表面擦拭 2 遍；

——在无水乙醇挥发干涸前用干净的脱脂纱布擦拭 1 遍。

5.1.2.4 试件养护

试件应按下列方式养护：

a) 制备后的试件，单双组分均在标准试验条件下放置 28 d；

b) 在不损坏结构胶试件条件下，养护期间应尽早分离挡块。

5.1.2.5 试件数量

粘结性试件数量见表 2。

表 2　粘结性试件数量

序号	项目			试件数量/个
1	拉伸粘结性	拉伸粘结强度	23 ℃	5
			90 ℃	5
			−30 ℃	5
			水-紫外线光照	5
			NaCl 盐雾	5
			清洗剂	5
			疲劳循环	5
2	剪切性能	剪切强度	23 ℃	5
			90 ℃	5
			−30 ℃	5
3	撕裂强度			5

5.1.3　拉伸粘结强度标准值计算

每个试件的拉伸粘结强度应按 GB/T 13477.8 计算，拉伸粘结强度标准值按公式（1）计算。

$$R_{u,5} = X_{mean} - \tau_{\alpha\beta} S \qquad \cdots\cdots\cdots\cdots\cdots\cdots (1)$$

式中：

$R_{u,5}$——75% 置信度时给定的强度标准值（又称强度特征值），95% 试验结果将高于该值，MPa；

X_{mean}——23 ℃拉伸粘结强度试验结果平均值，MPa；

$\tau_{\alpha\beta}$——具有 75% 的置信度，5% 偏差时因子，可按表 3 取值；

S——试验结果的标准偏差 [见公式（2）]，MPa。

$$S = \left\{ \frac{1}{n-1} \sum_{i=1}^{n} (X_i - X_{\text{mean}})^2 \right\}^{1/2} \quad \cdots\cdots\cdots\cdots \quad (2)$$

式中：

n——每组试件数量。

表3　$\tau_{\alpha\beta}$ 因子与试件数量的关系表

试件数量	5	6	7	8	9	10	15	30	∞
$\tau_{\alpha\beta}$ 因子	2.46	2.33	2.25	2.19	2.14	2.10	1.99	1.87	1.64

当23℃粘结性试验结果的变异系数（变异系数＝标准偏差/平均值×100％）超过10％时，该试验结果作废，重新制备试件，进行试验。

5.2　外观

将试样刮平后目测。

5.3　下垂度

按 GB/T 13477.6 试验，下垂度模具槽内宽度为 20 mm，试件在 50℃±2℃的鼓风干燥箱中放置 4 h。

5.4　表干时间

按 GB/T 13477.5 试验，型式检验采用 A 法试验，出厂检验可采用 B 法试验。

5.5　挤出性

按 GB/T 16776—2005 中 6.4 的规定进行。

5.6　适用期

按 GB/T 16776—2005 中 6.5 的规定进行。

5.7　硬度

按 JG/T 475—2015 中 5.7 的规定进行。

5.8　拉伸粘结性

5.8.1　23℃时的拉伸粘结性、拉伸模量

5.8.1.1　取一组按 5.1.2 制备的试件，试验温度 23℃±2℃，按 GB/T 13477.8 进行试验，记录应力应变曲线。

5.8.1.2　粘结破坏面积测量应在拉伸粘结试件两破坏面上覆盖印制有 1 mm×1 mm 网格线的透明膜片，测量较大破坏面上粘结破坏面积占有的网格数，精确到 1 格（不足半格不计），粘结破坏面积以粘结破坏面占有格数的百分比表示，试验结果取所有试件的平均值。

5.8.1.3　分别记录并报告伸长率为 10％、20％、40％时的拉伸粘结强度，作为相应的拉伸模量。

5.8.2　90℃时的拉伸粘结性

取一组按 5.1.2 制备的试件，在 90℃±2℃条件下放置 24 h±4 h 后，在该温度按 5.8.1 试验。

5.8.3　-30℃时的拉伸粘结性

取一组按 5.1.2 制备的试件，在-30℃±2℃条件下放置 24 h±4 h 后，在该温度按 5.8.1 试验。

5.8.4　水-紫外线光照后的拉伸粘结性

按 JG/T 475—2015 中 5.9.4 的规定进行。

5.8.5　NaCl 盐雾处理后的拉伸粘结性

按 JG/T 475—2015 中 5.9.5 的规定进行。

5.8.6　清洁剂处理后的拉伸粘结性

按 JG/T 475—2015 中 5.9.7 的规定进行。

5.8.7　疲劳循环后的拉伸粘结性

按 JG/T 475—2015 中 5.12 的规定进行。

5.9　剪切性能

5.9.1　23℃剪切强度

按 JG/T 475—2015 中 5.10.1 的规定，按 5.8.1.2 计算粘结破坏面积。

5.9.2　90℃剪切强度

取一组按 5.1.2 制备的试件，在 90℃±2℃条件下放置 24 h±4 h 后，在该温度按 5.9.1 进行试验。

5.9.3　-30℃剪切强度

取一组按 5.1.2 制备的试件，在-30℃±2℃　条件下放置 24 h±4 h 后，在该温度按 5.9.1 进行试验。

5.10　撕裂强度

按 JG/T 475—2015 中 5.11 的规定进行。

5.11　热老化

按 GB 16776—2005 中 6.9 的规定进行。

5.12　相容性

5.12.1　附件与建筑用高性能硅酮结构密封胶相容性试验按 GB 16776—2005 附录 A 进行。

5.12.2　实际工程用基材与建筑用高性能硅酮结构密封胶粘结性按 GB 16776—2005 附录 B 进行。

5.12.3　相邻材料的相容性按附录 A 进行。

6 检验规则

6.1 检验分类

6.1.1 出厂检验

出厂检验项目包括：外观、下垂度、挤出性或适用期、表干时间、23 ℃拉伸粘结性。

6.1.2 型式检验

型式检验项目包括 4.2 和 4.3 要求的全部项目。一般在有下列情况之一时，应进行型式检验：
a) 新产品试制或老产品转厂生产的试制定型检定；
b) 产品的配方、原材料、工艺及生产装备有较大改变，可能影响产品质量时；
c) 正常生产时，每年至少进行一次；
d) 产品停产 6 个月以上，恢复生产时；
e) 出厂检验结果与上次型式检验有较大差异时；
f) 国家质量监督机构提出进行型式检验要求时。

6.2 组批

间断生产每釜为一批，连续生产时每 20 t 为一批，不足 20 t 也可为一批。

6.3 抽样

产品随机取样，出厂检验样品总量为 4 kg，型式检验样品总量为 8 kg 或满足检测要求，样品分为两份，一份试验，一份作为备用。双组分产品取样后应立即分别密封包装。

6.4 判定规则

6.4.1 单项判定

6.4.1.1 下垂度、表干时间测试时，每个试件都符合标准规定，则判该项合格。
6.4.1.2 其余项目试验结果符合标准规定，判该项合格。

6.4.2 综合判定

6.4.2.1 出厂检验项目全部符合要求时，则判该批产品合格。
6.4.2.2 型式检验项目符合 4.2、4.3 要求时，则判该批产品合格。
6.4.2.3 外观质量不符合标准规定时，则判该批产品不合格。
6.4.2.4 若检验结果有两项及两项以上指标不符合标准规定时，则判该批产品不合格。
6.4.2.5 在外观质量合格的条件下，其他的检验结果若仅有一项不符合标准规定时，用备用样品对该项进行单项检验，合格则判该批产品合格，否则判该批产品不合格。

7 标志、包装、运输和贮存

7.1 标志

产品外包装应有如下标志：生产单位名称及地址、产品名称、产品型号、产品生产批号/生产日期、标准代号、贮存期、包装产品净容量，警示标记、储运图示标志。

7.2 包装

产品应采用坚固、耐用的包装材料，以防止泄漏。

7.3 运输

产品在运输装卸中应防止日晒、雨淋，防止撞击、挤压。本产品为非易燃易爆材料，可按一般非危险品运输。

7.4 贮存

产品应贮存于阴凉通风干燥处，远离火源及热源，防止阳光直接照射，堆积高度不超过 2 m，贮存期不少于 6 个月。

附　录　A
（规范性附录）
与相邻接触材料的相容性

A.1　范围

本附录适用于评估建筑用高性能硅酮结构密封胶与其他相邻接触材料，如：建筑用高性能硅酮结构密封胶、耐候密封胶、隔离材料、铝材、玻璃，也有制造商使用的其他材料（如预处理和清洁产品）的相容性，可以通过变色来鉴别。

A.2　原理

通过无紫外线加热方法和有紫外线光照两种试验方法来检验相容性，紫外线暴露在使用中的危险应被足够地考虑，在某些情况可能有必要采取两种试验方法。

A.3　无紫外方法

A.3.1　试件

如图 A.1 准备 7 个试件，试件可采用符合图 A.1 的密封胶试件，在温度 60 ℃±2 ℃和相对湿度 95％±5％条件下养护，5 个试件养护 28 d，剩下 2 个试件养护 56 d。

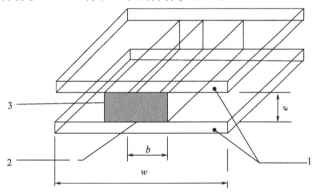

标引序号说明：
1 ——粘结基材；
2 ——建筑用高性能硅酮结构密封胶；
3 ——衬垫、密封胶、其他材料；
b ——建筑用高性能硅酮结构密封胶宽度；
e ——建筑用高性能硅酮结构密封胶厚度；
w ——基材宽度。

图 A.1　相容性试验的典型试件示意图

A.3.2　试验步骤

A.3.2.1　强度

养护 28 d 后的 5 个试件根据 5.9.1 进行拉伸试验，用于相容性试验的材料应在拉伸试验之前移除，使结果仅与建筑用高性能硅酮结构密封胶和玻璃之间的粘结，与建筑用高性能硅酮结构密封胶自身相关。如果样品中两材料不能在无破坏的情况下分离，需要新增 5 个试件用于试验对比，第二组材料无须进行 A.3.1 的处理。

A.3.2.2 颜色

两个试件在整个 56 d 养护周期内每 14 d 检查颜色变化。

A.3.3 试验结果

A.3.3.1 试验后的 $R_{u.5}$ 不小于初始的 $0.85 R_{u.5}$。

A.3.3.2 无颜色变化。

A.4 紫外线光照方法

A.4.1 试件

如图 A.2 准备 5 个试件，密封胶厚度 6 mm～9 mm，试件应在标准试验条件下按 5.1.2 养护，或与密封胶制造商规定相一致。图 A.2 中的密封胶 2 和 3 是与建筑用高性能硅酮结构密封胶 1 进行相容性检测的密封胶。

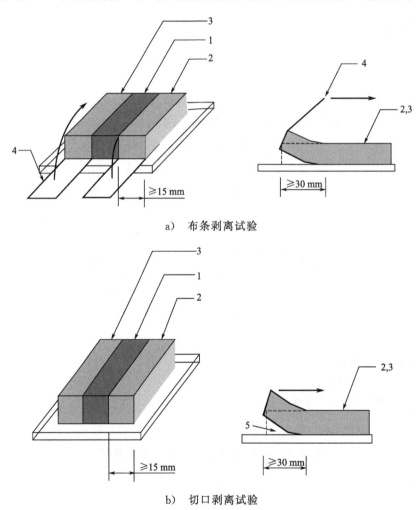

a) 布条剥离试验

b) 切口剥离试验

图 A.2 剥离试验——密封胶间试件示意图

标引序号说明：

1——建筑用高性能硅酮结构密封胶；

2——密封胶；

3——密封胶；

4——布条作用力；

5——切割部位。

A.4.2 试验步骤

A.4.2.1 不同的产品在养护 1 d～3 d 后，试件应置于紫外灯泡下辐射；

光源：符合 GB/T 16422.2 规定的氙灯或同等光源；

辐照强度：样品表面 60 W/m² ±5 W/m² （300 nm～400 nm）

温度：60 ℃±2 ℃；

时间：504 h±4 h。

A.4.3 试验结果

A.4.3.1 布条剥离试验将试件置于拉伸试验机，夹住布条从基材上 180°剥离。

A.4.3.2 切口剥离试验在基材和产品 2 和 3 界面的开切口，密封胶条手动从基材上 180°剥离。

A.4.3.3 记录在密封胶中的任何污染变色。

建筑用高性能硅酮耐候密封胶

High performance weatherproofing silicone sealant for building

前　言

本文件按照 GB/T 1.1—2009 给出的规则起草。

请注意本文件的某些内容可能涉及专利。本文件的发布机构不承担识别这些专利的责任。

本文件由中国氟硅有机材料工业协会提出。

本文件由中国氟硅有机材料工业协会标准化委员会归口。

本文件参加起草单位：成都硅宝科技股份有限公司、中蓝晨光成都检测技术有限公司、山东飞度胶业科技股份有限公司、中天东方氟硅材料有限公司、浙江新安化工集团股份有限公司。

本文件主要起草人：袁素兰、柴明侠、陈敏剑、丁胜元、周菊梅、吴军、刘芳铭、和晨峰。

本文件版权归中国氟硅有机材料工业协会。

本文件由中国氟硅有机材料工业协会标准化委员会解释。

本文件为首次制定。

建筑用高性能硅酮耐候密封胶

1 范围

本文件规定了建筑用高性能硅酮耐候密封胶的术语、分类和标记、要求、试验方法、检验规则、标志、包装、运输和贮存。

本文件适用于高层（建筑高度大于 27 m 的住宅建筑和建筑高度大于 24 m 的非单层厂房、仓库和其他民用建筑）、超高层（建筑高度大于 100 m 的民用建筑）建筑幕墙及其他建筑接缝用高性能硅酮耐候密封胶。

本文件不适用于建筑幕墙工程中结构性装配用密封胶。

2 规范性引用文件

下列文件中的内容通过文中的规范性引用而构成本文件必不可少的条款。其中，注日期的引用文件，仅该日期对应的版本适用于本文件；不注日期的引用文件，其最新版本（包括所有的修改单）适用于本文件。

GB/T 191 包装储运图示标志

GB/T 13477.1 建筑密封材料试验方法 第 1 部分：试验基材的规定

GB/T 13477.3 建筑密封材料试验方法 第 3 部分：使用标准器具测定密封材料挤出性的方法

GB/T 13477.5 建筑密封材料试验方法 第 5 部分：表干时间的测定

GB/T 13477.6 建筑密封材料试验方法 第 6 部分：流动性的测定

GB/T 13477.8 建筑密封材料试验方法 第 8 部分：拉伸粘结性的测定

GB/T 13477.10 建筑密封材料试验方法 第 10 部分：定伸粘结性的测定

GB/T 13477.13 建筑密封材料试验方法 第 13 部分：冷拉-热压后粘结性的测定

GB/T 13477.17 建筑密封材料试验方法 第 17 部分：弹性恢复率的测定

GB/T 13477.19 建筑密封材料试验方法 第 19 部分：质量与体积变化的测定

GB/T 14682 建筑密封材料术语

GB/T 22083 建筑密封胶分级和要求

JC/T 485 建筑窗用弹性密封剂

3 术语

GB/T 14682 确立的术语和定义适用于本文件。

4 分类和标记

4.1 级别

密封胶按位移能力分为 100/50、50、35 三个级别，见表 1。

表 1 密封胶级别

级　别	试验拉压幅度/%	位移能力/%
100/50	+100/−50	100/50
50	±50	50
35	±35	35
注：参照 GB/T 22083 中表 A.1。		

4.2 次级别

密封胶按拉伸模量分为低模量（LM）和高模量（HM）两个级别。

4.3 产品标记

产品按下列方式进行标记：

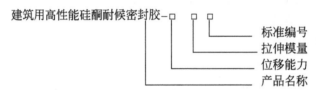

建筑用高性能硅酮耐候密封胶−□　□　□
　　　　　　　　　　　　　　　　标准编号
　　　　　　　　　　　　　　　　拉伸模量
　　　　　　　　　　　　　　　　位移能力
　　　　　　　　　　　　　　　　产品名称

示例： 建筑用高性能硅酮耐候密封胶-50-LM-XXX-201 X 表示位移能力为 50%，拉伸模量为低模量，符合 XXX 标准的建筑用高性能硅酮耐候密封胶。

5 要求

5.1 外观

外观为细腻、均匀膏状物，无气泡、结块、凝胶、结皮，无不易分散的析出物。

5.2 技术要求

技术要求应符合表 2 的规定。

表 2 技术要求

序号	项　目		技术指标					
			100/50 LM	100/50 HM	50 LM	50 HM	35 LM	35 HM
1	下垂度/mm		≤3					
2	挤出性/(mL/min)		≥150					
3	表干时间/h		≤3					
4	弹性恢复率/%		≥80					
5	最大拉伸粘结强度时伸长率/%		≥200					
6	100%拉伸模量/MPa	23 ℃	≤0.4 和	>0.4 或	≤0.4 和	>0.4 或	≤0.4 和	>0.4 或
		−20 ℃	≤0.6	>0.6	≤0.6	>0.6	≤0.6	>0.6
7	定伸粘结性		无破坏					
8	冷拉-热压后粘结性		无破坏					
9	浸水光照后的定伸粘结性		无破坏					
10	23 ℃拉伸压缩循环后粘结性		无破坏					
11	质量损失率/%		≤6					

6 试验方法

6.1 试验要求

6.1.1 标准试验条件

温度：23 ℃±2 ℃，相对湿度：50%±5%。

6.1.2 试验基材

试验基材应符合 GB/T 13477.1 的规定；选用清洁的浮法玻璃。根据需要也可选用其它基材，但粘结试件一侧需选用浮法玻璃。当基材需要涂覆底涂料时，应按生产厂要求进行。

6.1.3 试件制备

所有试验样品制备前应在 6.1.1 标准试验条件下放置 24 h 以上。试验基材应按 GB/T 13477.8 的要求清洁和干燥。制备时，用挤胶枪从包装容器中直接挤出注模，使试样充满模具内腔，避免形成气泡，挤出与修整的动作应尽快完成，防止试样在成型完毕前结膜。

粘结试件数量及制备方法见表 3。

表 3　粘结试件数量和制备方法

试验项目		试件数量/个		制备方法
		试验组	备用组	
弹性恢复率		3	—	GB/T 13477.17
最大拉伸粘结强度时伸长率		3	—	GB/T 13477.8
拉伸模量	23 ℃	3	—	GB/T 13477.8
	−20 ℃	3	—	
定伸粘结性		3	3	GB/T 13477.10
冷拉-热压后粘结性		3	3	GB/T 13477.13
浸水光照后的定伸粘结性		3	3	GB/T 13477.10
23 ℃拉伸压缩循环后粘结性		3	3	GB/T 13477.12

6.1.4 试件养护

制备好的试件应在标准试验条件下放置 28 d。

6.2 外观

目测法。

6.3 理化指标

6.3.1 下垂度

按 GB/T 13477.6 中 6.1 规定的方法进行测试。试验模具的槽内尺寸为宽 20 mm、深 10 mm，试件在 50 ℃±2 ℃的烘箱内放置 4 h。

6.3.2 挤出性

按 GB/T 13477.3 规定的方法进行测试，挤出孔径为 6 mm。

6.3.3 表干时间

按 GB/T 13477.5 规定的方法进行测试，型式检验采用 A 法试验，出厂检验可采用 B 法试验。

6.3.4 弹性恢复率

按 GB/T 13477.17 规定的方法进行测试。

6.3.5 最大拉伸粘结强度时伸长率

按 GB/T 13477.17 规定的方法测试 23 ℃±2 ℃条件下，最大拉伸粘结强度时的伸长率。

6.3.6 拉伸模量

拉伸模量以相应伸长率时的强度表示，按 GB/T 13477.8 规定的方法进行测试，测定并计算试件拉伸至表 4 规定的相应伸长率时的强度（MPa），其平均值修约至一位小数。

表 4　试验伸长率

项　　目		级别		
		100/50	50	35
伸长率[a]/%	弹性恢复率	100	100	100
	拉伸模量	100	100	100
	定伸粘结性	100	100	100
	浸水光照后定伸粘结性	100	100	100
拉-压幅度/%	23 ℃拉伸压缩循环后粘结	＋100/－50	±50	±35
	冷拉-热压后粘结性	＋100/－50	±50	±35
[a]伸长率（%）为相对原始宽度的比例：伸长率＝［（最终宽度－原始宽度）/原始宽度］×100%。				

6.3.7 定伸粘结性

按 GB/T 13477.10 规定的方法进行测试。

6.3.8 冷拉、热压后粘结性

按 GB/T 13477.13 规定的方法进行测试。

6.3.9 浸水光照后的定伸粘结性

按 JC/T 485 规定的方法进行测试，浸水光照试验时间 300 h。

6.3.10 23 ℃拉伸压缩循环后粘结性

按 GB/T 13477.12 规定的方法进行测试。

6.3.11 质量损失率

按 GB/T 13477.19 规定的方法进行测试。

7 检验规则

7.1 检验分类

检验分出厂检验和型式检验。

7.2 出厂检验

产品需经公司质检部门按本文件检验合格并出具合格证后方可出厂。

7.2.1 检验项目

外观、下垂度、挤出性、表干时间、拉伸模量、定伸粘结性。

7.2.2 组批与抽样

间断生产每釜为一批，连续生产时每 20 t 为一批，不足 20 t 也可为一批。随机抽取 1 kg 作出厂检验样品。

7.2.3 判定规则

要求的所有检验项目合格，则产品合格；若出现不合格项，允许加倍抽样对不合格项进行复检。若复检合格，则判该批产品合格；若复检仍不合格，则判该批产品为不合格。

7.3 型式检验

一般在有下列情况之一时，应进行型式检验：
a) 新产品试制或老产品转厂生产的试制定型检定；
b) 产品的配方、原材料、工艺及生产装备有较大改变时，可能影响产品质量时；
c) 正常生产时，每年至少进行一次；
d) 产品停产 6 个月以上，恢复生产时；
e) 出厂检验结果与上次型式检验有较大差异时；
f) 国家质量监督机构提出进行型式检验要求时。

7.3.1 检验项目

本文件第 5 章全部项目。

7.3.2 抽样

从出厂检验合格的产品中随机抽取 2 kg 作为型式检验样品。

7.3.3 判定规则

所有检验项目合格，则产品合格；若出现不合格项，允许加倍抽样对不合格项进行复检。若复检合格，则判该批产品合格；若复检仍不合格，则判该批产品为不合格。

8 标志、包装、运输和贮存

8.1 标志

产品外包装应有如下标志：生产单位名称及地址、产品名称、产品型号、产品生产批号/生产日期、标准代号、贮存期、包装产品净容量，警示标记、储运图示标志应符合 GB/T 191 规定。

8.2 包装

产品应采用坚固、耐用的包装材料，以防止泄漏。

8.3 运输

产品在运输装卸中应防止日晒、雨淋，防止撞击、挤压。本产品为非易燃易爆材料，可按一般非危险品运输。

8.4 贮存

产品应贮存于阴凉通风干燥处，远离火源及热源，防止阳光直接照射，堆积高度不超过 2 m，贮存期不少于 6 个月。

电子电器用加成型高导热有机硅灌封胶

Addition-type high thermal conductive silicone potting compound used for electric and electronic applications

前 言

本文件按照 GB/T 1.1—2009 给出的规则起草。

请注意本文件的某些内容可能涉及专利。本文件的发布机构不承担识别这些专利的责任。

本文件由中国氟硅有机材料工业协会提出。

本文件由中国氟硅有机材料工业协会标准化委员会归口。

本文件参加起草单位：成都拓利科技股份有限公司、中蓝晨光化工研究设计院有限公司、广州市白云化工实业有限公司。

本文件主要起草人：陶云峰、罗兴成、陈敏剑、付子恩、张彦君、庞文健、刘备辉。

本文件版权归中国氟硅有机材料工业协会。

本文件由中国氟硅有机材料工业协会标准化委员会解释。

本文件为首次制定。

电子电器用加成型高导热有机硅灌封胶

1 范围

本文件规定了电子电器用加成型高导热有机硅灌封胶的要求、试验方法、检验规则、标志、包装、运输和贮存。

本文件适用于导热系数≥1.5 W/(m·K)，以聚硅氧烷、填料等为主要成分的用于电子电器行业的双组分加成型高导热绝缘液体硅橡胶，单组分也可参照使用。

2 规范性引用文件

下列文件中的内容通过文中的规范性引用而构成本文件必不可少的条款。其中，注日期的引用文件，仅该日期对应的版本适用于本文件；不注日期的引用文件，其最新版本（包括所有的修改单）适用于本文件。

GB/T 191 包装储运图示标志

GB/T 531.1—2008 硫化橡胶或热塑性橡胶 压入硬度试验方法 第1部分：邵氏硬度计法（邵尔硬度）

GB/T 1036—2008 塑料−30 ℃～30 ℃线膨胀系数的测定 石英膨胀计法

GB/T 1692—2008 硫化橡胶 绝缘电阻率的测定

GB/T 1695—2005 硫化橡胶 工频击穿电压强度和耐电压的测定方法

GB/T 2408—2008 塑料 燃烧性能的测定 水平法和垂直法

GB/T 2794—2013 胶黏剂黏度的测定 单圆筒旋转黏度计法

GB/T 7123.1—2015 多组分胶粘剂可操作时间的测定

GB/T 27761—2011 热重分析仪失重和剩余量的试验方法

ISO 11359-2—1999 塑料热力学分析（TMA），线性热膨胀系数和玻璃化转变温度的测定

ISO 22007-2—2015 塑料导热率和热扩散率的测定 第2部分：瞬态平面热源（热盘）法

3 要求

3.1 外观

外观为黏稠性液体，无结皮、无杂质、无不易分散的析出物。

3.2 技术要求

产品性能应满足表1的规定。

表1 产品技术要求

序号	项目	技术指标
1	A/B组分黏度（25 ℃）/mPa·s	1000～100000
2	A/B组分液态密度/(g/cm³)	≥1.6
3	流平性/mm	≥26
4	可操作时间/min	≥10
5	邵氏硬度ᵃ（Shore A）	商定值±5
6	导热系数/[W/(m·K)]	≥1.5
7	线膨胀系数/℃⁻¹	≤2.0×10⁻⁴
8	热失重/%	≤1.0
9	阻燃性能	≤FV-1级
10	体积电阻率/Ω·cm	≥1.0×10¹²
11	电气强度/(kV/mm)	≥18
ᵃ 对于硬度小于20 Shore A的硅橡胶可用Shore A0表示，对于硬度大于80 Shore A的硅橡胶可用Shore D表示。			

4 试验方法

4.1 试验制备

双组分A/B样品均应在试验条件下放置24 h，按产品规定比例混合均匀后制样。制片可选用模压法升温硫化和自流平室温（或升温）硫化方式，所制样品应保证无气泡。

4.2 状态调节

除特殊规定外，试验均应在标准条件下（温度为23 ℃ ±2 ℃，湿度为50% ±10%）调节至少24 h。

4.3 外观

目测。

4.4 黏度

按GB/T 2794—2013的规定进行。样品温度控制在23 ℃ ±2 ℃，选择合适的转子及转速，使读数在最大量程的20%～90%。

4.5 液态密度

按GB/T 13354—992的规定进行。样品温度控制在23 ℃ ±1 ℃。

4.6 流平性

将A/B组分按使用比例混合均匀（控制混合和排泡时间共2 min）后，立即称量3.00 g±0.1 g的样品在水平玻璃板平面上自然流开并计时，到10 min时，测量形成的圆形胶液直径（如果是椭圆，则取其长短轴的平均数），用于表征产品的流平性。

4.7 可操作时间

按 GB/T 7123.1—2015 的规定进行，黏度升高至初始黏度的两倍时为试验的终点。

4.8 邵氏硬度

按 GB/T 531.1—2008 的规定测定。

4.9 导热系数

按 ISO 22007-2—2015 的规定测定。

4.10 线膨胀系数

4.10.1 方法 A：按照 GB/T 1036—2008 的规定测定。测定温度为 0 ℃～100 ℃。试样长度在 50 mm～125 mm 之间，试样截面为圆形、正方形或矩形，一般为直径 12.5 mm 或 12.5 mm×6.3 mm。

4.10.2 方法 B：按照 ISO 11359-2—1999 规定测定。采用的标准试样为长度在 5 mm～10 mm 之间、宽度为 5 mm 的矩形试样，测试条件按照 6.1 节内容进行。

4.11 阻燃性能

按 GB/T 2408—2008 规定的方法 B 垂直燃烧试验测定。试样厚度为 3.00 mm±0.25 mm。

4.12 热失重

按 GB/T 27761—2011 的规定测定。使用热重分析仪进行测试，用纯度为 99.9% 以上的氮气，氮气流量 50 mL/min～（100±5）mL/min 条件下，以 10 ℃/min 的升温速率将 A/B 组分按使用比例混合均匀完全固化后的试样从 25 ℃ 加热至 120 ℃，并在 120 ℃ 下加热 24 h。24 h 时的热失重值表征为产品的热失重。

4.13 体积电阻率

按 GB/T 1692—2008 的规定测定，试样厚度为 1.0 mm±0.1 mm。

4.14 电气强度

按 GB/T 1695—2005 的规定测定，试样厚度为 1.0 mm±0.1 mm。

5 检验规则

5.1 检验分类

电子电器用加成型高导热液体硅橡胶检验分为出厂检验和型式检验。

5.2 出厂检验

电子电器用加成型高导热液体硅橡胶需经生产厂的质量检验部门按本文件检验合格并出具合格证后方可出厂。出厂检验项目为：

　　a) 外观；
　　b) 黏度；

c) 液态密度；

d) 流平性；

e) 可操作时间；

f) 邵氏硬度；

g) 导热系数。

5.3 型式检验

电子电器用加成型高导热液体硅橡胶型式检验为本文件第 3 章要求的所有项目。一般在有下列情况之一时，应进行型式检验：

a) 新产品试制或老产品转厂生产的试制定型检定；

b) 产品正式生产后，其结构设计、材料、工艺以及关键的配套元器件有较大改变，可能影响产品性能时；

c) 正常生产，定期或积累一定产量后，应周期性进行一次检验；

d) 产品长期停产后，恢复生产时；

e) 出厂检验结果与上次型式检验结果有较大差异时；

f) 国家质量监督机构提出进行型式检验要求时。

5.4 组批和抽样规则

以相同原料、相同配方、相同工艺生产的产品为一检验组批，其最大组批量不超过 7000 kg。每批随机抽产品 4 kg，作为出厂检验样品。随机抽取产品 4 kg，作为型式检验样品。

5.5 判定规则

所有检验项目合格，则产品合格；若出现不合格项，允许加倍抽样对不合格项进行复检。若复检合格，则判该批产品合格；若复检仍不合格，则判该批产品为不合格。

6 标志、包装、运输和贮存

6.1 标志

电子电器用加成型高导热液体硅橡胶的包装容器上的标志，根据 GB/T 191 的规定，在包装外侧应有"防雨""防潮""防日晒""防撞击"标志。

每批出厂产品均应附有一定格式的质量证明书，其内容包括：生产厂名称、地址、电话号码、产品名称、型号、批号、净质量或净容量、生产日期、保质期、注意事项和标准编号。

6.2 包装

电子电器用加成型高导热液体硅橡胶采用清洁、干燥、密封良好的铁桶或塑料桶包装。净含量可根据用户要求包装。

6.3 运输

运输、装卸工作过程，应轻装轻卸，防止撞击，避免包装破损，防止日晒、雨淋，应按照货物运输规定进行。

本文件规定的电子电器用加成型高导热液体硅橡胶为非危险品。

6.4 贮存

电子电器用加成型高导热液体硅橡胶应贮存在阴凉、干燥、通风的场所。防止日光直接照射，并应隔绝火源，远离热源。

在符合本文件包装、运输和贮存条件下，本产品自生产之日起，贮存期为一年。逾期可重新检验，检验结果符合本文件要求时，仍可继续使用。

7 安全（下述安全内容为提示性内容但不仅限于下述内容）

警告——使用本文件的人员应熟悉实验室的常规操作。本文件未涉及与使用有关的安全问题。使用者有责任建立适宜的安全和健康措施并确保首先符合国家的相关规定。

8 其他：标准中涉及危化品内容的规定

当标准的主体产品是危险化学品时，需将产品的 MSDS 说明书作为资料性附录，并在附录前加入如下声明：

"本产品 XXX 属于危险化学品，见《危险化学品目录》（2015 版），序号为 XXX，CAS 号为 XXX

下列信息摘录自 XXX 的 MSDS 说明书，附录中信息供标准使用者参考。本标准未涉及所有与使用有关的安全、环境和健康问题。使用者有责任建立适宜的环境处置和健康保护措施并确保首先符合国家的相关规定。"

低黏度室温硫化甲基硅橡胶

Low viscosity room temperature vulcanized silicone rubber

前 言

本文件按照 GB/T 1.1—2009 给出的规则起草。

请注意本文件的某些内容可能涉及专利。本文件的发布机构不承担识别这些专利的责任。

本文件由中国氟硅有机材料工业协会提出。

本文件由中国氟硅有机材料工业协会标准化委员会归口。

本文件起草单位：湖北兴瑞硅材料有限公司、浙江衢州建橙有机硅有限公司、江西蓝星星火有机硅有限公司、浙江新安化工集团股份有限公司、中蓝晨光化工研究设计院有限公司、中蓝晨光成都检测技术有限公司。

本文件主要起草人：李书兵、龚兆鸿、文贞玉、贺志江、郑智、陈敏剑、张彦君、何邦友、吕玉霞、孙刚。

本文件版权归中国氟硅有机材料工业协会。

本文件由中国氟硅有机材料工业协会标准化委员会解释。

本文件为首次制定。

低黏度室温硫化甲基硅橡胶

1 范围

本文件规定了低黏度室温硫化甲基硅橡胶的要求、试验方法、检验规则、标志、包装、运输和贮存。

本文件适用于低黏度室温硫化甲基硅橡胶，该产品由二甲基硅氧烷混合环体、二甲基二氯硅烷水解物、羟基封端聚二甲基硅氧烷线性体为原料缩合而成。

2 规范性引用文件

下列文件中的内容通过文中的规范性引用而构成本文件必不可少的条款。其中，注日期的引用文件，仅该日期对应的版本适用于本文件；不注日期的引用文件，其最新版本（包括所有的修改单）适用于本文件。

GB/T 5750.4—2006 生活饮用水标准检验方法 感官性状和物理指标

GB/T 6678 化工产品采用总则

GB/T 6680 液体化工产品采样通则

GB/T 8170 数值修约规则与极限数值的表示和判定

GB/T 10247—2008 粘度测量方法

3 术语和定义

下列术语和定义适用于本文件。

3.1

低黏度室温硫化甲基硅橡胶 low viscosity room temperature vulcanized silicone rubber

以二甲基硅氧烷混合环体、二甲基二氯硅烷水解物、羟基封端聚二甲基硅氧烷线性体为原料制备而成的，黏度小于等于 2000 mPa·s 的特种硅橡胶产品。其化学结构式如下：

$$HO \text{—} [Si(CH_3)_2O]_n H$$

4 型号

低黏度室温硫化甲基硅橡胶的型号由英文简称、代号和黏度代码顺序三部分组成。

示例：

L-RTV-107-T005，其中 L-RTV-107 表示低黏度室温硫化甲基硅橡胶，T005 表示常温下（25 ℃）黏度为 500 mPa·s。

5 要求

5.1 外观

产品外观为无色透明液体。

5.2 技术要求

低黏度室温硫化甲基硅橡胶的技术要求见表1。

表1 技术要求

项目	指标					
	L-RTV-107-T003	L-RTV-107-T005	L-RTV-107-T008	L-RTV-107-T010	L-RTV-107-T015	L-RTV-107-T020
黏度（25 ℃）/mPa·s	350±35	500±50	750±75	1000±100	1500±150	2000±200
浊度（NTU）≤	3.0	3.0	3.0	3.0	3.0	3.0
挥发分（150 ℃，3 h）/% ≤	1.0	1.0	1.0	1.0	1.0	1.0
表面硫化时间/min	供需双方协商确定					
注：除以上规格外，特殊规格由供需双方协商确定。						

6 试验方法

警告——使用本文件的人员应熟悉实验室的常规操作。本文件未涉及与使用有关的安全问题。使用者有责任建立适宜的安全和健康措施，并确保首先符合国家的相关规定。

6.1 外观

将样品放入透明试管中，采用目测法进行测试。

6.2 黏度

按 GB/T 10247—2008 中第4章（旋转法）规定的方法进行测试。

6.3 浊度

根据 GB/T 5750.4—2006 中 2.1（散射法-福尔马肼标准）规定的方法，按照散射式浑浊度仪的操作规程进行操作测试，测试结果保留小数点后一位。

样品测试之前应排除气泡。

6.4 挥发分

6.4.1 仪器设备

6.4.1.1 称量瓶：60 mm×30 mm。

6.4.1.2 干燥器。

6.4.1.3 分析天平：感量为 0.0001 g。

6.4.1.4 电热鼓风干燥箱：控温精度±2 ℃。

6.4.2 测定方法

用已恒重的称量瓶称取约 5 g±0.5 g 试样，将其放入 150 ℃±2 ℃的电热鼓风干燥箱中，恒温 3 h 后，取出放入干燥器中冷却至室温，称重，以上各次称量均精确至 0.0002 g。

6.4.3 结果计算

试样的挥发分含量（质量分数）X 的计算见公式（1）：

$$X = \frac{m_2 - m_3}{m_2 - m_1} \times 100\% \qquad\qquad\qquad (1)$$

式中：

X——挥发分含量，%；

m_1——称量瓶的质量，g；

m_2——烘前试样和称量瓶的质量，g；

m_3——烘后试样和称量瓶的质量，g。

平行测定两次结果之差应不大于 0.1%。取其算术平均值为测定结果，保留两位有效数字。

6.5 表面硫化时间的测定

6.5.1 试剂与材料

6.5.1.1 二月桂酸二丁基锡：锡含量 18.5%～19.0%，水分不大于 0.4%。

6.5.1.2 正硅酸乙酯：分析纯。

6.5.2 仪器设备

6.5.2.1 分析天平：感量为 0.0001 g。

6.5.2.2 玻璃培养皿：直径 80 mm～90 mm。

6.5.2.3 玻璃棒：直径 6 mm～8 mm。

6.5.2.4 温湿度计（表）：0 ℃～50 ℃。

6.5.3 测定方法

称取约 5 g 试样于玻璃培养皿中，加入 3%（质量分数）的二月桂酸二丁基锡和 6%（质量分数）的正硅酸乙酯，混合均匀后置于温度 23 ℃±2 ℃，相对湿度 60%～70%的环境中，用玻璃棒时常轻触胶料表面，从胶料混合开始计时至玻璃棒上不再粘有胶料为止的这段时间为表面硫化时间，精确至 1 min。

6.5.4 分析结果的表述

表面硫化时间用胶料开始混合至玻璃棒上不再粘有胶料这段时间表示，单位为分（min）。

7 检验规则

7.1 检验分类

低黏度室温硫化甲基硅橡胶检验分为出厂检验和型式检验。

7.2 出厂检验

低黏度室温硫化甲基硅橡胶需经生产厂的质量检验部门按本文件检验合格并出具合格证后方可出厂。出厂检验项目为：

a) 黏度；

b) 浊度；

c) 挥发分。

7.3 型式检验

低黏度室温硫化甲基硅橡胶型式检验为本文件第5章要求的所有项目。有下列情况之一时，应进行型式检验：

a) 新产品试制或老产品转厂生产的试制定型检定；

b) 产品正式生产后，其结构设计、材料、工艺以及关键的配套元器件有较大改变，可能影响产品性能时；

c) 正常生产，定期或积累一定产量后，应周期性进行一次检验；

d) 产品长期停产后，恢复生产时；

e) 出厂检验结果与上次型式检验结果有较大差异时；

f) 国家质量监督机构提出进行型式检验要求时。

7.4 组批和抽样规则

以相同原料、相同配方、相同工艺生产的产品为一检验组批，其最大组批量不超过50 t，每批随机抽产品1 kg，作出厂检验样品。随机抽取产品1 kg，作为型式检验样品。

7.5 判定规则

所有检验项目合格，则产品合格；若出现不合格项，允许加倍抽样对不合格项进行复检。若复检合格，则判该批产品合格；若复检仍不合格，则判该批产品为不合格。

8 标志、包装、运输和贮存

8.1 标志

产品包装上应有清晰、牢固的标志，至少有如下内容：

a) 生产厂名称、商标；

b) 生产厂地址；

c) 产品名称、型号；

d) 批号；

e) 净质量或净容量；

f) 生产日期；

g) 执行的标准号。

8.2 包装

低黏度室温硫化甲基硅橡胶可用清洁、干燥、密封良好的钢桶、塑料桶包装，也可根据用户要求包装。

8.3 运输

本产品按非危险品运输，运输、装卸应轻装轻卸，防止撞击，避免包装破损，防止日晒、雨淋。

8.4 贮存

本产品应贮存在阴凉、干燥、通风的场所。防止日光直接照射，远离热源。

在符合本文件包装、运输和贮存条件下，本产品自生产之日起，贮存期为一年。逾期重新检验，检验结果符合本文件要求时，仍可继续使用。

改性硅材料

建筑用硅烷改性聚醚密封胶

Silane modified polyether sealant for building

前　言

本文件按照 GB/T 1.1—2009 给出的规则起草。

请注意本文件的某些内容可能涉及专利。本文件的发布机构不承担识别这些专利的责任。

本文件由中国氟硅有机材料工业协会提出。

本文件由中国氟硅有机材料工业协会标准化委员会归口。

本文件参加起草单位：中天东方氟硅材料有限公司、江西纳森科技有限公司、山东飞度胶业科技股份有限公司、浙江新安化工集团股份有限公司、中蓝晨光成都检测技术有限公司。

本文件主要起草人：周菊梅、杨庆红、魏雪山、丁胜元、刘继、张彦君、霍江波、向理、朱雪锋。

本文件版权归中国氟硅有机材料工业协会。

本文件由中国氟硅有机材料工业协会标准化委员会解释。

本文件为首次制定。

建筑用硅烷改性聚醚密封胶

1 范围

本文件规定了建筑用硅烷改性聚醚密封胶的术语和定义、分类、要求、试验方法、检验规则、标志、包装、运输和贮存。

本文件适用于建筑接缝、干缩位移接缝和其它装饰装修用硅烷改性聚醚密封胶。

2 规范性引用文件

下列文件中的内容通过文中的规范性引用而构成本文件必不可少的条款。其中，注日期的引用文件，仅该日期对应的版本适用于本文件；不注日期的引用文件，其最新版本（包括所有的修改单）适用于本文件。

GB/T 13477.1 建筑密封材料试验方法 第 1 部分：试验基材的规定

GB/T 13477.2 建筑密封材料试验方法 第 2 部分：密度的测定

GB/T 13477.3—2017 建筑密封材料试验方法 第 3 部分：使用标准器具测定密封材料挤出性的方法

GB/T 13477.5—2002 建筑密封材料试验方法 第 5 部分：表干时间的测定

GB/T 13477.6—2002 建筑密封材料试验方法 第 6 部分：流动性的测定

GB /T 13477.8—2017 建筑密封材料试验方法 第 8 部分：拉伸粘结性的测定

GB/T 13477.10—2017 建筑密封材料试验方法 第 10 部分：定伸粘结性的测定

GB/T 13477.11—2017 建筑密封材料试验方法 第 11 部分：浸水后定伸粘结性的测定

GB /T 13477.13—2002 建筑密封材料试验方法 第 13 部分：冷拉-热压后粘结性的测定

GB/T 13477.17—2017 建筑密封材料试验方法 第 17 部分：弹性恢复率的测定

GB/T 13477.19 建筑密封材料试验方法 第 19 部分：质量与体积变化的测定

GB/T 14682—2006 建筑密封材料术语

GB/T 22083—2008 建筑密封胶分级和要求

GB/T 14683—2017 硅酮和改性硅酮建筑密封胶

GB/T 528—2009 硫化橡胶或热塑性橡胶 拉伸应力应变性能的测定

3 术语

GB/T 14682 界定的以及下列术语和定义适用于本标准。

3.1

建筑用硅烷改性聚醚密封胶 silane modified polyether sealant for building
以硅烷封端聚醚聚合物为主要成分，室温固化的单组分和多组分建筑密封胶。

4 分类

4.1 类型

4.1.1 产品按组分分为单组分（Ⅰ）和多组分（Ⅱ）两个类型。

4.1.2 产品按用途分为三类：

    a)   F 类——建筑接缝用；

    b)   R 类——干缩位移接缝用，常见于装配式预制混凝土外挂墙板接缝；

    c)   Qn 类——其它装饰装修用。

4.2 级别

产品按位移能力分为 25、20 两个级别，见表 1。

表 1 密封胶级别

级别	试验拉压幅度/%	位移能力/%
25	±25	25
20	±20	20

4.3 次级别

按 GB/T 22083—2008 中规定将产品的拉伸模量分为高模量（HM）和低模量（LM）两个次级别。

5 标记

产品按名称、标准编号、类型、级别、次级别顺序标记。标记示例：

以符合 T/ FSI XXX-XXXX，多组分，干缩位移接缝用，20 级，低模量的建筑用硅烷改性聚醚建筑密封胶标记为：建筑用硅烷改性聚醚密封胶（MS）T/ FSI XXX-XXXX-Ⅱ-R-20 LM。

6 要求

6.1 外观

产品应为细腻、均匀膏状物，无气泡、结皮和凝胶。

6.2 技术要求

建筑用硅烷改性聚醚密封胶的技术要求应符合表 2 规定。

表 2　技术要求

序号	项目		技术指标				
			25 LM	25 HM	20 LM	20 HM	20 LM-R
1	密度/(g/cm³)		规定值±0.1				
2	下垂度/mm		≤1				
3	表干时间/h		≤10				
4	挤出性ᵃ/(mL/min)		≥150				
5	适用期ᵇ/min		≥60				
6	弹性恢复率/%		≥70	≥70	≥60	≥60	—
7	定伸永久变形/%		—	—	—	—	>50
8	断裂拉伸强度/MPa		≥0.60	≥1.20	≥0.60	≥1.20	≥0.60
9	断裂伸长率/%		≥500	≥300	≥500	≥300	≥500
10	拉伸模量/MPa	23 ℃	≤0.4 和 ≤0.6	>0.4 或 >0.6	≤0.4 和 ≤0.6	>0.4 或 >0.6	≤0.4 和 ≤0.6
		−20 ℃					
11	定伸粘结性		无破坏				
12	浸水后定伸粘结性		无破坏				
13	冷拉-热压后粘结性		无破坏				
14	质量损失率/%		≤5				

　　ᵃ　仅适用于单组分产品。
　　ᵇ　仅适用于多组分产品；允许采用供需双方商定的其他标值。

7　试验方法

7.1　试验基本要求

7.1.1　标准试验条件

　　试验室标准试验条件：温度 23 ℃±2 ℃，相对湿度 50%±5%。

7.1.2　试件基材

　　试验基材的材质和尺寸应符合 GB/T 13477.1 的规定，Qn 类产品选用玻璃基材，也可选用铝合金基材；F 类产品选用水泥砂浆和/或铝合金基材和/或玻璃基材；R 类产品选用水泥砂浆基材。水泥砂浆基材的粘结表面不应有气孔。

　　当基材需要涂覆底涂料时，应按生产商要求进行。

7.1.3　试件制备

　　制备前，样品应在标准试验条件下放置 24 h 以上。

　　制备时，单组分试样应用挤枪从包装筒（膜）中直接挤出注模，使试样充满模具内腔，不得带入气泡。挤注后应及时修整，防止试样在成型完毕前结膜。

　　多组分应按生产商标明的比例混合均匀，避免混入气泡。若事先无特殊要求，混合后应在 30 min 内完成注模和修整。

粘结试件的数量见表3。

表3 粘结试件数量和处理条件

序号	项目		试件数量/个		处理条件
			试验组	备用组	
1	弹性恢复率		3	3	GB/T 13477.17—2017 8.2 A法
2	拉伸模量	23 ℃	3	—	GB/T 13477.8—2017 8.2 A法
		−20 ℃	3	—	
3	定伸粘结性		3	3	GB/T 13477.10—2017 8.2 A法
4	浸水后定伸粘结性		3	3	GB/T 13477.11—2017 8.2 A法
5	冷拉-热压后粘结性		3	3	GB/T 13477.13—2002 8.1 A法
6	定伸永久变形		3	3	GB/T 13477.17—2017 8.2 A法

7.2 外观

从包装中挤出样品，刮平后目测。

7.3 密度

按GB/T 13477.2的规定进行试验。

7.4 下垂度

按GB/T 13477.6—2002中6.1的规定进行试验。试件在50 ℃±2 ℃的恒温箱内放置4 h。

7.5 表干时间

按GB/T 13477.5—2002的规定进行试验。型式检验应采用A法试验，出厂检验应采用B法试验。

7.6 挤出性

按GB/T 13477.3—2017中8.2的规定进行试验。挤出孔直径为4 mm，样品试验温度为23 ℃±2 ℃。

7.7 适用期

按GB/T 13477.3—2017中8.3的规定进行试验。挤出孔直径为4 mm，样品试验温度为23 ℃±2 ℃。测定3个试样，每个试样挤出3次，每个适当时间挤出一次。按GB/T 13477.3—2017中第9章计算挤出率，绘制体积挤出率的算术平均值与混合后经历时间的曲线图，读取挤出率为50 mL/min时对应的时间，即为适用期。精确至0.5 h。

7.8 弹性恢复率

按GB/T 13477.17—2017中的规定进行试验，试验伸长率见表4。

7.9 拉伸模量

按GB/T 13477.8—2017的规定进行试验，测定并计算试件拉伸至本文件表4规定的相应伸长率时的正割拉伸模量（MPa）。

表 4　试验伸长率及拉压幅度

序号	项目		25LM	25HM	20LM	20HM	20LM−R
1	伸长率/%	弹性恢复率	100	100	60	60	—
2		拉伸模量	100	100	60	60	60
3		定伸粘结性	100	100	60	60	60
4		浸水后定伸粘结性	100	100	60	60	60
5		定伸永久变形	—	—	—	—	30
6	拉压幅度/%	冷拉-热压后粘结性	±25	±25	±20	±20	±20

7.10　断裂拉伸强度和断裂伸长率

试样的制备按 GB/T 528—2009 标准中规定的 1 型试样进行，按 GB/T 528—2009 的规定进行试验。

7.11　定伸粘结性

按 GB/T 13477.10—2017 的规定进行试验，样品试验温度为 23 ℃±2 ℃。试验伸长率见本文件表 4。试验结束后，按 CB/T 22083—2008 中 7.1 检查条件，按本文件 7.10 进行试件破坏的评定。

7.12　浸水后定伸粘结性

按 GB/T 13477.11—2017 的规定进行试验，试验伸长率见本文件表 4。试验结束后，按 CB/T 22083—2008 中 7.1 检查条件，按本文件 7.10 进行试件破坏的评定。

7.13　冷拉-热压后粘结性

按 GB/T 13477.13—2002 的规定进行试验，试验的拉压幅度见本文件表 4。试验结束后，按 CB/T 22083—2008 中 7.1 检查条件，按本文件 7.10 进行试件破坏的评定。

7.14　质量损失率

按 GB/T 13477.19 的规定进行试验。

7.15　定伸永久变形

7.15.1　试验器具

7.15.1.1　拉力试验机：能以 5.5 mm/min±0.7 mm/min 的速度拉伸试件。

7.15.1.2　定位垫块：用于被拉伸的试件宽度，能使试件保持伸长率为初始宽度的 30%。

7.15.1.3　游标卡尺：分度值为 0.1 mm。

7.15.2　试验步骤

将制备养护好的试件（7.1.3）除去隔离垫块，测量每一试件两端的初始宽度 W_i。将试件放入拉力试验机，以 5.5 mm/min±0.7 mm/min 的速度拉伸试件，拉伸伸长率为初始宽度的 30%（拉伸至 15.6 mm），用 W_e 表示伸长后的宽度。用合适的定位垫块使试件在 23 ℃条件下保持拉伸状态 48 h。

试件定伸结束后，在标准试验条件下放置 1 h。然后去除定位垫块，恢复 30 min 后，在每个试件两端的同一位置测量恢复后的宽度 W_s，分别计算在每个试件两端测得的 W_i、W_e 和 W_s 的算术平均值。

7.15.3 结果计算

每个试件的定伸永久变形按公式（1）计算，以百分数表示：

$$\theta = \frac{(W_s - W_i)}{(W_e - W_i)} \times 100\% \qquad \cdots\cdots\cdots\cdots\cdots\cdots\cdots\cdots\cdots \quad (1)$$

式中：

θ——定伸永久变形，mm；

W_s——试件恢复后的宽度，mm；

W_i——试件的初始宽度，mm；

W_e——试件拉伸后的宽度，mm。

计算 3 个试件定伸永久变形后的算术平均值，精确到 1%。

8 检验规则

8.1 检验分类

产品检验分为出厂检验和型式检验。

8.1.1 出厂检验

出厂检验项目包括外观、下垂度、表干时间、挤出性（或适用期）、拉伸模量、定伸粘结性。

8.1.2 型式检验

型式检验项目包括本文件第 6 章的全部要求。有下列情况之一时，应进行型式检验：

a) 新产品试制或老产品转厂生产的试制定型检定；

b) 产品的配方、原材料、工艺及生产装备有较大改变时，可能影响产品质量时；

c) 正常生产时，每年至少进行一次；

d) 产品停产 6 个月以上，恢复生产时；

e) 出厂检验结果与上次型式检验有较大差异时；

f) 国家质量监督机构提出进行型式检验要求时。

8.1.3 组批和抽样规则

a) 组批

以同一类型、同一级别的产品每 5 t 为一批进行检验，不足 5 t 也作为一批。

b) 抽样

单组分产品由该批产品中随机抽取 3 件包装箱，从每件包装箱中随机抽取 4 支样品，共 12 支。

多组分产品按配比随机抽样，共抽取 6 kg，取样后应立即密封包装。

取样后，将样品均分为两份，一份检验，另一份备用。

8.2 判定规则

8.2.1 单项判定

在进行试样检验单项的判定时，可依据以下四条规则：

a) 表干时间、下垂度、定伸粘结性、浸水后定伸粘结性、冷拉-热压后粘结性试验；

b) 每个试件均符合规定，则判该项合格；其余项目试验结果符合标准规定，则判该项合格；

c) 高模量产品在 23 ℃和−20 ℃的拉伸模量有一项符合表 2 中指标规定时，则判定该项合格；

d) 低模量产品在 23 ℃和−20 ℃的拉伸模量均符合表 2 中指标规定时，则判定该项合格。

8.2.2 综合判定

在进行试样检验综合判定时，可依据以下三条规则：

a) 检验结果符合第 6 章全部要求时，则判该批产品合格；

b) 外观质量不符合 6.1 规定时，则判定该批产品不合格；

c) 有两项或两项以上指标不符合规定时，则判该批产品为不合格；若有一项指标不符合规定时，用备用样品进行单项复验，如该项仍不合格，则判该批产品为不合格。

9 标志、包装、运输和贮存

9.1 标志

产品最小包装上应用牢固的不褪色标志，内容包括：

a) 产品名称（含组分名称和组分固化体系类型）；

b) 产品标记；

c) 生产日期、批号及保质期；

d) 净含量；

e) 生产商名称和地址；

f) 商标；

g) 使用说明及注意事项。

9.2 包装

产品采用支装或桶装，包装容器应密闭。

包装箱或包装桶除应有 9.1 标志外，还应有防雨、防潮、防日晒、防撞击标志。产品出厂时应附有产品合格证。

9.3 运输

运输时应防止日晒、雨淋，防止撞击、挤压包装，产品按非危险品运输。

9.4 贮存

产品应在干燥、通风、阴凉的场所贮存，贮存温度不宜超过 27 ℃，产品自生产之日起，保质期应不少于 6 个月。

第四部分：产品标准——氟材料

第四部分：产品篇——染料

氟碳化合物

工业用YH222制冷剂

YH222 refrigerating fluid for industry

前　言

本文件按照 GB/T 1.1—2009 给出的规则起草。

本文件由中国氟硅有机材料工业协会提出。

本文件由中国氟硅有机材料工业协会标准化委员会归口。

本文件参加起草单位：浙江永和制冷股份有限公司、中蓝晨光成都检测技术有限公司、中蓝晨光化工研究设计院有限公司。

本文件主要起草人：柯雪梅、徐菁、袁灵红、陈敏剑、杜恒。

本文件版权归中国氟硅有机材料工业协会。

本文件为首次制定。

工业用 YH222 制冷剂

1 范围

本文件规定了工业用 YH222 制冷剂的要求、试验方法、检验规则、标志、包装、运输和贮存以及安全。

本文件适用于以 R125、R290、R134a、R152a 为原料按特定的比例均匀混配而成，主要替代 R22 应用于制冷系统。

2 规范性引用文件

下列文件中的内容通过文中的规范性引用而构成本文件必不可少的条款。其中，注日期的引用文件，仅该日期对应的版本适用于本文件；不注日期的引用文件，其最新版本（包括所有的修改单）适用于本文件。

GB 190 危险货物包装标志

GB/T 191 包装储运图示标志

GB/T 601 化学试剂 标准滴定溶液的制备

GB/T 603 化学试剂 试验方法中所用制剂及制品的制备

GB/T 6681-2003 气体化工产品采样通则

GB/T 7373-2006 工业用二氟一氯甲烷（HCFC-22）

GB/T 7376-2008 工业用氟代烷烃中微量水分的测定

GB/T 8170 数值修约规则与极限数值的表示和判定

GB/T 9722 化学试剂 气相色谱法通则

GB/T 10248 气体分析 校准用混合气体的制备 静态体积法

GB 14193 液化气体气瓶充装规定

GB/T 31400 氟代烷烃 不凝性气体（NCG）的测定 气体色谱法

GB/T 31401 氟代烷烃氯化物（Cl⁻）的测定 浊度法

TSG R0006 气瓶安全技术监察规程（特种设备安全技术规范）

TSG R4002 移动式压力容器充装许可规则

3 要求

3.1 性状

容器内压强大于或等于 YH222 饱和蒸气压时，呈无色透明液体，无可见固体颗粒。

3.2 技术要求

工业用制冷剂 YH222 应符合表 1 所示的技术要求。

表 1 技术要求

序号	项目	指标	
		优等品	合格品
1	YH222（R125/R290/R134 a/R152 a）的质量分数/%	≥99.9	≥99.6
2	R125/R290/R134 a/R152 a 的质量分数/%	58.0～62.0/2.5～4.5/25.0～29.0/7.5～10.5	
3	水的质量分数/%	≤0.0010	≤0.0030
4	酸度（以 HCl 计，质量分数）/%	≤0.0001	
5	蒸发残留物的质量分数/%	≤0.010	
6	氯化物（Cl⁻）试验	通过试验	
7	气相中不凝性气体（体积分数，25 ℃）/%	≤1.5	

4 试验方法

警告： 本标准规定的一些试验过程可能导致危险情况，使用者应采取适当的安全和健康防护措施。

4.1 性状

取约 10 mL 液相试样于 50 mL 干燥比色管内，用干燥的布擦干比色管外壁附着的霜或湿气，横向透视观察试样颜色、有无可见固体颗粒。

4.2 YH222 及各组分含量的测定

4.2.1 方法提要

用气相色谱法，在选定的工作条件下通过毛细管色谱柱使试样中各组分分离，用火焰离子化检测器检测，校正面积归一化法计算 YH222 的含量。

4.2.2 仪器

4.2.2.1 气相色谱仪：配有氢火焰检测器（FID），可进行毛细管色谱柱分析。整机灵敏度应符合 GB/T 9722 的规定，线性范围满足分析要求。

4.2.2.2 记录仪：色谱数据处理机或工作站。

4.2.2.3 进样器：1 mL 气密型注射器。

4.2.2.4 取样钢瓶：双阀型不锈钢小钢瓶，容积不小于 150 mL，工作压力大于 3.0 MPa。

4.2.2.5 取样导管：1/8″冷媒加液管。

4.2.2.6 气体取样袋：0.5 L，由铝塑复合膜或聚乙烯制成。

4.2.3 试剂

4.2.3.1 氮气：纯度（体积分数）大于 99.995%。

4.2.3.2 氢气：纯度（体积分数）大于 99.995%。

4.2.3.3 空气：经硅胶与分子筛干燥、净化。

4.2.4 色谱分析条件

推荐的色谱条件见表 2，其他能达到同等分离程度的色谱条件均可使用。

表 2　推荐的色谱条件

项目	参数
色谱柱	Gs-GasPro，60 m×0.32 mm
汽化温度/℃	200
检测温度/℃	250
柱温	初始温度 50 ℃保持 4 min，以 10 ℃/min 从 50 ℃升温至 120 ℃，保持 1 min，以 20 ℃/min 从 120 ℃升温至 180 ℃，保持 3 min
分流比	40：1
载气（N₂）流量/(mL/min)	3.5
氢气流量/(mL/min)	40
空气流量/(mL/min)	450
尾吹气（N₂）流量/(mL/min)	45

4.2.5　分析步骤

4.2.5.1　相对质量校正因子的测定

4.2.5.1.1　校准用标准样品的配制

4.2.5.1.1.1　使用恰当的方法测定 R125、R290、R152 a 和 R134 a 含量，其中各组分的含量要求应大于 99.9%，本方法计算结果可不予以修正，否则应予以修正。

4.2.5.1.1.2　称重干燥且已抽真空的标准样品钢瓶质量，精确至 0.01 g。

4.2.5.1.1.3　标称组分样品按沸点由高到低依次注入标准样品钢瓶中，组分 i 的质量 W_i，单位为 g，按公式（1）计算：

$$W_i = \frac{0.9 \times \omega_i \times V_{标}}{\sum \dfrac{\omega_i}{\rho_i}} \qquad\qquad\qquad (1)$$

式中：

0.9——标准样品钢瓶的安全负载系数；

ω_i——组分 i 的期望质量百分比，i 代表 R125、R290、R152 a 和 R134 a；

$V_{标}$——标准样品钢瓶的体积，mL；

ρ_i——组分 i 在 25 ℃下的液相密度，其中 ρ_{R125} 以 1.190 g/mL 计，ρ_{R290} 以 0.493 g/mL 计，$\rho_{R152\,a}$ 以 0.901 g/mL 计，$\rho_{R134\,a}$ 以 1.210 g/mL 计；

$\sum\dfrac{\omega_i}{\rho_i}$——组分 i 的期望质量百分比除以对应组分 i 在 25 ℃下的液相密度的总和。

4.2.5.1.1.4　进样前用最先加入的组分（如：R152 a 是高沸点物质），先清除接管中的空气，然后将接管与钢瓶相连。加 R152 a 到钢瓶，称重，精确至 0.01 g（如 R152 a 加入量少于期望值，继续加 R152 a；如 R152 a 加入量大于期望值，打开钢瓶阀门直至获得期望的 R152 a 量）。打开钢瓶阀门只允许在加第一组分时进行。

4.2.5.1.1.5　记录装有 R152 a 的钢瓶质量，以该质量值减去钢瓶的皮重即得所加 R152 a 的质量。

4.2.5.1.1.6　在冰水中冷却钢瓶，然后以同样方式加入 R134 a。以此时钢瓶质量减去步骤 4.2.5.1.1.5 中装有 R152 a 的钢瓶质量即得所加 R134 a 的质量。

注：为避免R134a加入量大于期望值，慢慢加入R134a。在最终称量前，使钢瓶和内容物达到室温。

4.2.5.1.1.7 同步骤4.2.5.1.1.5方式加入R290。以此时钢瓶质量减去步骤4.2.5.1.1.6中装有R152a和R134a的钢瓶质量即得所加R290的质量。

4.2.5.1.1.8 同步骤4.2.5.1.1.5方式加入R125。以此时钢瓶质量减去步骤4.2.5.1.1.7中装有R152a、R134a和R290的钢瓶质量即得所加R125的质量。

4.2.5.1.1.9 R125加入完毕后，滚动标准样钢瓶30 min。各组分的质量百分比可由加入量计算得到。在钢瓶标签上记下各组分的质量百分比、制备日期和标准样总质量。

4.2.5.1.1.10 YH222标准样可以开始使用，直至标准样钢瓶中标准样液相体积少于60%的钢瓶内容积，这时需重新制备标准样。这是为了避免钢瓶中细微的标准样气液相平衡变化和标准样液相组分变化。

4.2.5.1.2 测定

取一定量的校准用液相标准样品，按表2给的条件测定。

以R125为参照物，其余组分i的相对质量校正因子f_i按公式（2）计算。

$$f_i = \frac{W_i A_R}{A_i W_R} \quad\quad\quad\quad\quad\quad\quad (2)$$

式中：

W_i——校准中标准样品组分i的质量分数，%；

A_i——组分i的面积；

W_R——参照物R的质量分数，%；

A_R——参照物R的峰面积。

4.2.5.2 样品的测定

用高纯氮气反复置换、清洗取样袋并抽真空。倒置取样钢瓶，缓慢打开取样钢瓶的阀门，放出试样以置换连接系统。将气体取样袋与取样钢瓶连接，打开阀门，让适量的液体样品完全汽化到气体取样袋中（使袋中气体压力不高于1个大气压）。待仪器操作条件稳定后，用气密性注射器从气体取样袋中抽取试样2～3次，清洗气密性注射器，然后抽取气体试样0.1 mL进样，或用自动进样阀进样。以校正面积归一化法定量。

4.2.5.2.1 结果计算

以ω_i表示各组分的含量，按公式（3）计算：

$$\omega_i = \frac{f_i A_i}{\sum f_i A_i} \quad\quad\quad\quad\quad\quad\quad (3)$$

式中：

f_i——组分i的质量校正因子；

A_i——组分i的峰面积。

以ω_{YH222}表示工业用制冷剂YH222含量，按公式（4）计算：

$$\omega_{YH222} = \omega_{R125} + \omega_{R290} + \omega_{R134a} + \omega_{R152a} \quad\quad\quad\quad (4)$$

式中：

ω_{R125}，ω_{R290}，ω_{R134a}，ω_{R152a}——各自组分的含量。

取两次平行测定结果的算术平均值为测定结果，两次平行测定结果的绝对差值不大于0.20%。

4.3 水分的测定

按GB/T 7376—2008中5.3的规定进行。

取两次平行测定结果的算术平均值为测定结果，两次平行测定结果的绝对差值不大于这两个测定值的算术平均值的 20％。

4.4 酸度（以 HCl 计）的测定

按 GB/T 7373—2006 中 4.6 的规定进行。

取两次平行测定结果的算术平均值为测定结果，两次平行测定结果的绝对差值不大于这两个测定值的算术平均值的 40％。

4.5 蒸发残留物的测定

按 GB/T 7373—2006 中 4.7 的规定进行。

取两次平行测定结果的算术平均值为测定结果，两次平行测定结果的绝对差值不大于 0.002％。

4.6 氯化物（Cl⁻）试验

按 GB/T 31401 的规定进行。

在酸性条件下进样，进样量约 34 g，样品中氯化物与饱和硝酸银溶液反应生成氯化银沉淀，以观察不到混浊为试验通过。

4.7 气相中不凝性气体含量的测定

按 GB/T 31400 的规定进行。

取连续测定结果的算术平均值为测定结果，连续两次测定结果的绝对差值不大于这两个测定值的算术平均值的 10％。

5 检验规则

5.1 型式检验

本文件要求中规定的所有项目均为型式检验项目。正常生产情况下，每月至少进行一次型式检验。有下列情况时之一时，也应进行型式检验：

 a) 更新关键生产工艺；

 b) 产品配方、原料或工艺有较大变化时；

 c) 产品停产半年以上，恢复生产时；

 d) 与上次型式检验结果有较大差异时；

 e) 国家质量监督检验机构提出进行型式检验要求时；

 f) 合同规定。

5.2 出厂检验

本文件中要求的性状、各组分含量、水分和气相中不凝性气体为出厂检验项目。

5.3 组批

工业用 YH222 制冷剂以同等质量的均匀产品为一批。钢瓶装产品以不大于 50 t 为一批，或以一贮罐、一槽罐的产量为一批。

5.4 采样

5.4.1 采样按 GB/T 6681—2003 中 7.10 的规定进行,采样的总量应保证检验的需要。

5.4.2 取样钢瓶和取样管道应经真空干燥,样品应以液相(气相中不凝性气体除外)进入取样钢瓶,用取样钢瓶导管的排放阀调节试样量,使液态样品不超过取样钢瓶内容积的 80%。

5.4.3 气相中不凝性气体应以包装容器中的气相样品进入取样钢瓶,达到压力平衡为宜。

5.4.4 取样钢瓶贴上标签,注明产品名称(注明气相样品、液相样品)、批号、采样日期及采样人姓名,供检验用。

5.4.5 钢瓶包装的采样单元数应符合表3的要求。允许生产厂在使用非重复性或一次性包装出厂产品时,在产品包装前采样。

表 3 钢瓶包装的采样单元数

产品包装单元数/瓶			抽样数量/瓶
400 kg 及以上包装	100 kg～400 kg	1 kg～100 kg	
≤5	≤5	≤50	1
6～20	6～30	51～200	2
21～40	31～80	201～500	3
>40	81～150	501～1000	5
—	>150	1001～5000	10
—	—	>5000	20

5.5 检验判定

检验结果的判定按 GB/T 8170 中的修约值比较法进行。检验结果有一项指标不符合本文件要求时,钢瓶装产品应重新自两倍数量的包装单元中采样进行检验,贮罐装产品及槽罐装产品应重新采样进行检验。重新检验的结果即使只有一项指标不符合本文件要求,则整批产品为不合格。

6 标志、包装、运输和贮存

6.1 标志

工业用 YH222 制冷剂包装容器上应有牢固清晰的标志,内容包括:

a) 产品名称;

b) 生产厂厂名、厂址;

c) 批号或生产日期;

d) 净含量;

e) 标准编号;

f) GB 190 规定的"非易燃无毒气体"标志、GB/T191 规定的"怕晒"标志。

6.2 包装

6.2.1 工业用 YH222 制冷剂采用槽车包装,应符合 TSG R4002 的规定。

6.2.2 工业用 YH222 制冷剂采用专用钢瓶包装。重复使用的钢瓶外涂铝白色涂料,并用黑色涂料标注产品名称、皮重等信息。非重复使用的钢瓶外涂绿色涂料或按用户要求涂色。

6.2.3 每批出厂的产品包装内都应附有一定格式的质量证明书，内容包括：

    a) 生产厂名称；

    b) 产品名称、等级；

    c) 生产日期或批号；

    d) 产品质量检验结果或检验结论；

    e) 标准编号等。

6.2.4 钢瓶充装应符合 GB 14193 的规定，YH222 的充装系数不大于 0.78 kg/L，并按要求张贴充装标志。

6.2.5 首次使用的槽车和钢瓶应确保槽车、钢瓶内干燥与清洁。对重复使用的槽车和钢瓶，在产品使用后槽车和钢瓶内应保持正压。

6.3 运输

装有工业用制冷剂 YH222 的槽车和钢瓶为带压容器，在装卸、运输过程中应轻装轻卸，严禁撞击、拖拉、摔落和直接暴晒。运输过程中应符合中华人民共和国铁路、公路的对危险货物运输的相关规定，并应附有"化学品安全技术说明书"和"化学品安全标签"。

6.4 贮存

工业用制冷剂 YH222 应贮存在阴凉、干燥的地方，不得靠近热源，严禁日晒、雨淋。

7 安全

7.1 工业用 YH222 制冷剂为非易燃无毒气体。密闭操作，注意通风。防止蒸气泄漏到工作场所空气中。具窒息性，应急处理人员应佩戴正压自给式呼吸器。

7.2 当人体吸入时，应迅速脱离现场至空气新鲜处。保持呼吸道通畅。如呼吸困难，给输氧。如呼吸、心跳停止，立即进行人工呼吸，就医。

7.3 当皮肤接触时可引起冻伤，如果发生冻伤，将患部浸泡于保持在 38 ℃～42 ℃ 的温水中复温。不要涂擦。不要使用热水或辐射。使用清洁、干燥的辅料包扎。如有不适感，就医。

7.4 当眼睛接触时，立即提起眼睑，用大量流动清水或生理盐水彻底冲洗。如有不适感，就医。

7.5 工业用 YH222 制冷剂钢瓶包装，若遇高热，容器内压力增大，有开裂和爆炸的危险。

附 录 A

（规范性附录）

工业用YH222制冷剂中各组分含量测定的典型色谱图及相对保留时间

A.1 工业用YH222制冷剂中各组分含量测定的典型色谱图

典型色谱图见图A.1。

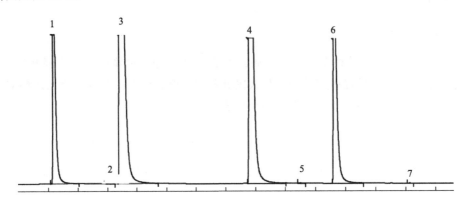

标引序号说明：

1——丙烷（HC-290）；

2——一氯五氟乙烷（CFC-115）；

3——1,1,1,2,2-五氟乙烷（HFC-125）；

4——1,1,1,2-四氟乙烷（HFC-134 a）；

5——正丁烷（HC-600）；

6——1,1-二氟乙烷（HFC-152 a）；

7——1-丁烯（HC-1390）。

图 A.1 工业用 YH222 中各组分测定的典型色谱图

A.2 工业用YH222中各组分的相对保留时间

各组分的相对保留时间见表A.1。

表 A.1 相对保留时间

峰 序	组分名称	相对保留时间	保留时间/min
1	丙烷（HC-290）	0	8.594
2	一氯五氟乙烷（CFC-115）	0.945	9.536
3	1,1,1,2,2-五氟乙烷（HFC-125）	1.122	9.716
4	1,1,1,2-四氟乙烷（HFC-134 a）	3.312	11.906
5	正丁烷（HC-600）	4.153	12.747
6	1,1-二氟乙烷（HFC-152 a）	4.718	13.312
7	1-丁烯（HC-1390）	5.968	14.562

工业用八氟环丁烷

Octafluorocyclobutane for industry use

前　言

本文件按照 GB/T 1.1—2009 给出的规则起草。

请注意本文件的某些内容可能涉及专利。本文件的发布机构不承担识别这些专利的责任。

本文件由中国氟硅有机材料工业协会提出。

本文件由中国氟硅有机材料工业协会标准化委员会归口。

本文件参加起草单位：山东东岳高分子材料有限公司、浙江巨化股份有限公司氟聚厂、上海三爱富新材料科技有限公司、中蓝晨光成都检测技术有限公司。

本文件主要起草人：陈越、董光辉、王志辉、苏琴、王泊恩、邢艳萍、余兰仙、杨岱。

本文件版权归中国氟硅有机材料工业协会。

本文件由中国氟硅有机材料工业协会标准化委员会解释。

本文件为首次制定。

工业用八氟环丁烷

1 范围

本文件规定了工业用八氟环丁烷的要求、试验方法、检验规则以及标志、包装、运输、贮存和安全。

本文件适用于由四氟乙烯及六氟丙烯生产过程中的副产物粗八氟环丁烷经精馏、干燥等过程得到的八氟环丁烷。

分子式：C_4F_8

相对分子量：200

CAS 号：115-25-3

2 规范性引用文件

下列文件中的内容通过文中的规范性引用而构成本文件必不可少的条款。其中，注日期的引用文件，仅该日期对应的版本适用于本文件；不注日期的引用文件，其最新版本（包括所有的修改单）适用于本文件。

GB 190 危险货物包装标志

GB/T 191 包装储运图示标志

GB/T 601 化学试剂 标准滴定溶液的制备

GB/T 603 化学试剂 试验方法中所用制剂及制品的制备

GB/T 5831—2011 气体中微量氧的测定 比色法

GB/T 6680 液体化工产品采样通则

GB/T 6682 分析实验室用水规格和试验方法

GB/T 7373—2006 工业用二氟一氯甲烷（HCFC-22）

GB/T 7376—2008 工业用氟代烷烃中微量水分的测定

GB/T 9722 化学试剂 气相色谱法通则

GB 13690 化学品分类及危险性公示 通则

GB 14193 液化气体气瓶充装规定

GB 15258 化学品安全标签编写规定

3 要求

3.1 外观

工业用八氟环丁烷外观应是无色透明、不浑浊液体。

3.2 技术要求

工业用八氟环丁烷各项性能应符合表 1 中规定的各项技术指标。

表 1 技术要求

序号	项目		技术要求		
			优级品	一级品	合格品
1	八氟环丁烷的质量分数/ ％	≥	99.99	99.95	99.90
2	水的质量分数/％	≤	0.0010	0.0020	0.0040
3	酸度（以 HF 质量分数计）/％	≤	0.00001	0.0001	
4	蒸发残留物的质量分数/％	≤	0.005		
5	气相中氧的体积分数/％	≤	0.0020		0.0050

4 试验方法

警示：试验方法规定的一些实验过程可能导致危险情况。操作者应采取适当的安全和健康防护措施。

4.1 一般规定

本文件所用试剂和水，在没有注明要求时均指分析纯和 GB/T 6682 中规定的三级水。分析中所用标准滴定溶液、制剂和制品，在没有注明其他要求时，均按 GB/T 601 和 GB/T 603 的规定制备。

4.2 外观的测定

按 GB/T 7373—2006 中 4.3 的规定进行。

4.3 八氟环丁烷含量的测定

4.3.1 方法提要

用气相色谱法，在选定的工作条件下通过毛细管色谱柱，使欲测定的诸组分分离，用氢火焰离子化检测器检测，测得的各色谱峰以面积归一化法进行计算。

4.3.2 仪器

气相色谱仪：配有进样阀，带有热导检测器。整机灵敏度符合 GB/T 9722 的规定；

色谱工作站或数据处理机；

色谱柱：填充柱为 3 m×3 mm（内径）不锈钢柱或其他适宜材料，固定相为 Porapack Q，粒径 0.15 mm～0.18 mm；

进样器：六通阀；

取样钢瓶：双阀型不锈钢小钢瓶，容积不小于 150 mL，工作压力 3 MPa；

温度计：−20 ℃～50 ℃，分刻度 0.2 ℃。

4.3.3 试剂

氮气：体积分数≥99.99％；

氢气：体积分数≥99.99％；

空气：净化空气。

4.3.4 色谱操作条件

推荐的色谱条件见表 2。典型色谱图及相对保留值见附件 A，其他能达到同等分离程度的色谱柱及色谱操作条件均可使用。

表 2　推荐色谱操作条件

项　目	操作条件
色谱柱	填充柱为 3 m×3 mm（内径）不锈钢柱或其他适宜材料，固定相为 Pora-pack Q，粒径 0.15 mm～0.18 mm
汽化温度/℃	100
检测温度/℃	150
柱温/℃	90
载气（N$_2$）流量/(mL/min)	20
进样量/mL	0.15

4.3.5 分析步骤

在上述操作条件下，待仪器基线稳定后，用 1.0 mL 注射器取样 0.2 mL 迅速注入色谱仪中，待各组分出峰完毕后，记录峰面积。

4.3.6 结果计算

八氟环丁烷质量分数以 X_i（%）计，按公式（1）计算：

$$X_i(\%) = \frac{A_i}{\sum A_i} \times 100\% \qquad\qquad \cdots\cdots\cdots\cdots\cdots (1)$$

式中：

A_i——待测组分 i 的峰面积；

$\sum A_i$——各组分峰面积的总和。

4.3.7 允许误差

取两次平均测定结果的算术平均值为测定结果。工业用八氟环丁烷两次平均测定结果的绝对差值：当工业用八氟环丁烷含量大于等于 99.99% 时为不大于 0.01%；当工业用八氟环丁烷含量小于 99.99% 时为不大于 0.05%。含氟饱和烃和其他含氟饱和烃两次平行测定结果的绝对差值不大于其算术平均值的 10%。

4.4　水分的测定

按 GB/T 7376—2008 中 5.2 的规定进行测定。

4.5　酸度的测定

按 GB/T 7373—2006 中 4.6 的规定进行测定。

4.6　蒸发残留物的测定

按 GB/T 7373—2006 中 4.7 的规定进行测定。

4.7 气相氧体积分数的测定

按 GB/T 5831—2011 的规定进行测定。

5 检验规则

5.1 出厂检验

工业用八氟环丁烷应由生产单位质量检验部门逐批检验合格并附有一定格式的产品质量证明书后方可出厂。其内容包括：生产单位名称、产品名称、生产日期（或批号）、标准编号、检验日期、检验人以及检验结果等。

出厂检验项目为外观、八氟环丁烷含量、水含量、气相氧体积分数。

5.2 型式检验

型式检验项目为标准规定的全部项目，在正常生产情况下每月至少进行一次型式检验。有下列情况之一时，应进行型式检验：

    a) 更新关键生产工艺时；

    b) 产品配方、原料或工艺有较大变化时；

    c) 产品停产半年以上，恢复生产时；

    d) 与上次型式检验有较大差异时；

    e) 国家质量监督检验机构提出进行型式检验要求时；

    f) 合同规定。

5.3 组批

以同一班组生产的同等质量的产品或每一储罐为一批。按 GB/T 6680 的规定取样，钢瓶包装产品的采样单元数按 GB/T 7373—2006 的规定确定，每批产品取样总量应保证检验的需要，取样钢瓶和取样导管在烘箱内干燥，样品应以液相进入取样钢瓶，用取样钢瓶导管的排放阀调节试样量，使液态样品不超过钢瓶内容积的 80％。取样钢瓶贴上标签并注明：产品名称、批号、采样日期及采样人等，供检验用。

5.4 判定

检验结果全部符合本文件要求时判定为合格。检验结果中如有指标不符合本文件要求时，钢瓶装产品应重新自两倍量的包装中取样复检，贮槽装及集装罐装产品应重新加倍取样复检，复检结果全部符合本文件要求时判定为合格，复检结果中仍有指标不符合本文件要求，则判该批产品为不合格。

6 标志、包装、运输和贮存

6.1 标志

工业用八氟环丁烷包装容器上应有牢固清晰的标志，内容包括：生产单位名称和地址、产品名称、商标、生产日期或批号、等级、净含量、标准编号、GB 190 中"不燃非毒性气体"及 GB/T 191 中"怕晒"标志等，并应有符合 GB 15258 规定的安全标签。

6.2 包装

工业用八氟环丁烷采用专用钢瓶或专用集装罐密封包装。重复使用的钢瓶外涂铝白色，钢瓶外壁打上钢印号。非重复使用的钢瓶外涂绿色，钢瓶外壁用黑色油漆标明产品名称、皮重。

产品充装在钢瓶中，其充装系数不大于 1.31 kg/L。产品的充装应符合 GB 14193 的规定。

6.3 运输

工业用八氟环丁烷在运输过程中，应防高温、防泄漏，严禁撞击、拖拉、摔落，并应符合危险货物运输的有关规定。

6.4 贮存

工业用八氟环丁烷应贮存在阴凉干燥的地方，不得靠近热源，严禁日晒、雨淋。

7 安全

按 GB 13690 的规定，八氟环丁烷为第 2 类的压缩气体和液化气体。装有产品的钢瓶为带压容器，若遇高热，容器内压力增大，有开裂和爆炸的危险。

当皮肤接触时，应用肥皂水和清水彻底冲洗皮肤至少 15 min，眼睛接触时，提起眼睑，用流动清水或生理盐水冲洗，就医。

附　录　A
（规范性附录）
工业用八氟环丁烷、含氟饱和烃和其他含氟饱和烃含量测定的
典型色谱图（图 A.1）及各组分相对保留值（表 A.1）

A.1　工业用八氟环丁烷含量的测试方法

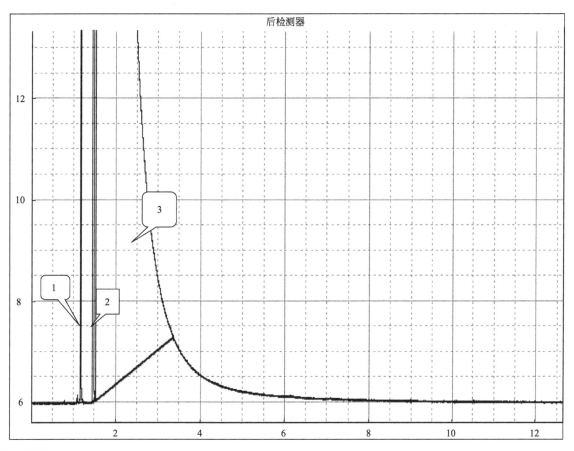

标引序号说明：

1——四氟乙烯

2——六氟丙烯

3——八氟环丁烷

图 A.1　工业用八氟环丁烷典型气相色谱图

表 A.1　工业用八氟环丁烷相对保留时间

峰序	组分名称	保留时间/min
1	四氟乙烯	1.201
2	六氟丙烯	1.511
3	八氟环丁烷	1.652

附 录 B

（资料性附录）

工业用八氟环丁烷安全技术说明书

工业用工八氟环丁烷属于危险化学品，见《危险化学品目录》（2015 版），序号为 38，CAS 号为 115-25-3。

下列信息摘录自八氟环丁烷的安全技术说明书 MSDS，附录中信息供标准使用者参考。本文件未涉及所有与使用有关的安全、环境和健康问题。使用者有责任建立适宜的环境处置和健康保护措施并确保首先符合国家的相关规定。

B.1 危险性概述

紧急情况概述：若遇高温容器内压力增大，有开裂和爆炸的危险。

物理化学危险：若遇高热，容器内压增大，有开裂和爆炸的危险。

健康危害：目前未见职业中毒的报道，但热解时能放出高毒的氟化氢。

环境危害：对环境有危害，对大气可造成污染，对大气臭氧层有极强破坏力。

GHS 危险性类别：根据《化学品分类和危险性公示通则》（GB 13690—2009）及化学品分类、警示标签和警示性说明规范系列标准，该产品属于高压气体/压力下气体，类别液化气体。

标签要素：象形图见图 B.1。

图 B.1 象形图

警示词：警告

危险信息：内装高压气体，遇热可能爆炸。

预防措施：密闭操作，注意通风，远离高热。操作人员必须经过专门培训，阅读并了解所有预防措施。按要求使用个体防护装备。严格遵守操作规程，严禁超温超压。

事故响应：如发生泄漏，首先切断泄漏源，对泄漏区域合理通风，加速扩散。漏气容器要妥善处理，修复、检验后再用。

皮肤接触：易冻伤，受伤部位用温水冲洗，使其恢复温度并就医。

眼睛接触：提起眼睑，用流动清水或生理盐水冲洗，及时就医。

吸入：迅速脱离现场至空气新鲜处，保持呼吸道通畅。如呼吸困难，给输氧；如呼吸停止，立即进行人工呼吸，并就医。

安全储存：保持容器密闭，储存于阴凉、干燥、通风的库房，避免暴晒，远离火种、热源。严禁与氧化剂、易燃物混储。废弃处置：将物料吸收至专用容器内，再回收或运至废物处理场所处置。

B.2 成分/组成信息

该物质为混合物，组成信息见表 B.1。

表 B.1 组成信息

危险组分	浓度/%	CAS 号
八氟环丁烷	99.8	115-25-3

B.3 急救措施

皮肤接触：不会通过该途径接触。如果发生冻伤，将患部浸泡于保持在 38 ℃～42 ℃ 的温水中复温。不要涂擦。不要使用热水或辐射热。使用清洁、干燥的敷料包扎。如有不适感，就医。

眼睛接触：提起眼睑，用流动清水或生理盐水冲洗至少 15 min，就医。

吸入：迅速脱离现场至空气新鲜处。保持呼吸道通畅。如呼吸困难，给输氧。呼吸、心跳停止，立即进行心肺复苏术。就医。

食入：不会通过该途径接触。

对施救者的忠告：如发生上述危害，施救者应按上述急救措施对患者进行急救，并及时就医，遵医嘱。

医生的特别提示：穿好防护服，避免吸入。

B.4 消防措施

特别危险性：若遇高温容器内压力增大，有开裂和爆炸的危险。

灭火方法及灭火剂：本品不燃，根据具体的着火物质选择合适的灭火剂。

特殊灭火方法：无资料。

保护消防人员的防护装备：消防人员必须佩戴空气呼吸器，穿全身防护服，在上风向灭火，用雾状水保护消防人员。

B.5 泄漏应急处理

作业人员防护措施、防护装备和应急处置程序：消除所有点火源。迅速撤离泄漏污染区人员至安全区，并进行隔离，严格限制出入。建议应急处理人员戴自给正压式呼吸器，穿防寒工作服。不要直接接触泄漏物。尽可能切断泄漏源，合理通风、加速扩散。如有可能，及时将泄漏的物料吸收至专用容器内，再回收或运至废物处理场所处置。漏气容器要妥善处理，修复、检验后再用。

环境保护措施：防止泄漏气体进入下水道。

泄漏化学品的收容、清除方法及所使用的处置材料：如发生少量泄漏，尽可能切断泄漏源。对泄漏区域合理通风，加速扩散。大量泄漏时，将泄漏的物料吸收至专用容器内，再回收或运至废物处理场所处置。漏气容器要妥善处理，修复、检验后再用。

防止发生次生危害的预防措施：现场警戒，禁止无关人员进入。

B.6 操作处置与贮存

操作处置：操作人员必须经过培训，严格遵守操作规程。建议工作人员穿好工作服，戴好工作帽、防护面罩及手套，远离明火、热源，工作场所严禁烟火。搬运时轻装轻卸，防止钢瓶及附件破损。配备泄漏应急处理设备。倒空的容器可能残留有害物。避免与易燃物或可燃物、氧化剂接触。

贮存：不燃性压缩气体。贮存于阴凉、通风仓间内。仓内温度不宜超过 30 ℃，相对湿度不超过 80%。远离火种、热源，防止阳光直射。应与氧化剂、易燃物分开存放。贮区应备有泄漏应急处理设备。

B.7 接触控制/个体防护

职业接触限值：无资料。

监测方法：无资料。

生物限值：无资料。

监测方法：无资料。

工程控制方法：密闭操作，注意通风。尽可能机械化、自动化。

呼吸系统防护：空气中浓度较高时，应视污染气体浓度的高低和作业环境中是否缺氧来选择过滤式防毒面具（半面罩）或空气呼吸器。

眼睛防护：一般不需要特殊防护。

皮肤和身体防护：穿一般作业防护工作服。

手防护：戴一般作业防护手套。

特殊防护措施：工作现场严禁烟火，工作前避免饮用酒精性饮料。避免高浓度吸入。工作后，淋浴更衣。进行就业前和定期体检。进入罐、限制性空间或其它高浓度区作业，须有人监护。

B.8 理化特性

理化特性见表 B.2。

表 B.2 理化特性

外观与性状：无色无臭气体	气味：无味
pH 值：无资料	熔点/凝固点：−41.4 ℃
沸点：6.04 ℃	闪点：无意义
爆炸上限：无意义	爆炸下限（V/V）：无意义。
蒸气压：无资料	蒸气密度（空气＝1）：7.0
相对密度（水＝1）：1.51（21.1 ℃）	溶解性：微溶于乙醇、乙醚
辛醇/水分配系数：无资料	自燃温度：无意义
分解温度：无资料	气味阈值：无资料
蒸发速率：无资料	易燃性：不燃
临界温度：115.22	临界压力：2.778 MPa

B.9 稳定性和反应性

稳定性：稳定。

危险反应：无资料。

应避免的条件：高温、暴晒。

不相容的物质：强氧化剂。

危险的分解产物：氟化氢。

B.10 毒理学资料

急性毒性：小鼠吸入 LC_{50}（mg/m^3）：78 pph/2 h［LCLO］。

皮肤刺激或腐蚀：无资料。

眼睛刺激或腐蚀：无资料。

呼吸或皮肤过敏：无资料。

生殖细胞突变性：无资料。

致癌性：无资料。

生殖毒性：无资料。

特异性靶器官系统毒性——一次性接触：无资料。

特异性靶器官系统毒性——反复接触：无资料。

吸入危害：无资料。

毒代动力学、代谢和分布信息：无资料。

B.11 生态学资料

生态毒性：无资料。

持久性和降解性：无资料。

潜在的生物累积性：无资料。

土壤中的迁移性：无资料。

B.12 废弃处置

废弃处置方法：

—产品：将物料吸收至专用容器内，再回收或运至废物处理场所处置。

—不洁的包装：建议与生产厂商联系，将空的容器返还给生产商。

废弃注意事项：该废弃物对环境有危害，特别注意对大气的污染，做回收处理，禁止排放。

B.13 运输信息

联合国危险货物编号（UN 号）：1976。

联合国运输名称：八氟环丁烷。

联合国危险性分类：2.2 类。

包装标志：不燃气体。

包装类别：Ⅲ类。

包装方法：罐车；钢质气瓶。

海洋污染物：否。

运输注意事项：铁路运输时应严格按照铁道部《危险货物运输规则》中的危险货物配装表进行配装。起运时包装要完整，装载应稳妥。采用钢瓶运输时必须戴好钢瓶上的安全帽。钢瓶一般平放，并应将瓶口朝同一方向，不可交叉；高度不得超过车辆的防护栏板，并用三角木垫卡牢，防止滚动。应与氧化剂、易燃物分开存放。运输时运输车辆应配备泄漏应急处理设备。夏季应早晚运输，防止日光暴晒。铁路运输时要禁止溜放。

B.14　法规信息

法规信息：下列法律、法规、规章和标准，对化学品的安全生产、使用、储存、运输、装卸、分类和标志、包装、职业危害等方面作了相应的规定：《中华人民共和国安全生产法》（2002 年 6 月 29 日中华人民共和国主席令第 70 号公布）、《中华人民共和国职业病防治法》（2001 年 10 月 27 日第九届全国人大常委会第二十四次会议通过）、《危险化学品安全管理条例》（2011 年 2 月 16 日国务院第 144 次常务会议修订通过，自 2011 年 12 月 1 日起施行）、《工作场所安全使用化学品规定》（〔1996〕劳部发 423 号）、《危险化学品登记管理办法》（国家安监总局第 53 号令）、《化学品安全技术说明书 内容和项目顺序》（GB/T 16483—2008）、《危险货物运输包装通用技术条件》（GB 12463—2009）、《危险货物包装标志》（GB 190—2009）、《危险货物运输包装类别划分方法》（GB/T 15098—2008）、《危险货物分类和品名编号》（GB 6944—2012）、《危险货物品名表》（GB 12268—2012）、《工作场所有害因素职业接触限值化学有害因素》（GBZ 2.1—2007）、《化学品分类和危险性公示 通则》（GB 13690—2009）、《剧毒化学品目录》（2002 年版）及化学品分类、警示标签和警示性说明安全规范系列标准（GB 20576～20602—2006，不包括 GB 20600—2006）等。《危险化学品名录》（2002 年版）将该物质划为第 2.2 类不燃气体。

2,2,3,3-四氟丙醇

2,2,3,3-Tetrafluoropropanol

前 言

本文件按照 GB/T 1.1—2009 给出的规则起草。

请注意本文件的某些内容可能涉及专利。本文件的发布机构不承担识别这些专利的责任。

本文件由中国氟硅有机材料工业协会提出。

本文件由中国氟硅有机材料工业协会标准化委员会归口。

本文件参加起草单位：浙江巨圣氟化学有限公司、中蓝晨光成都检测技术有限公司、中蓝晨光化工研究设计院有限公司。

本文件主要起草人：余兰仙、王志辉、陈敏剑、王永桂、周厚高。

本文件版权归中国氟硅有机材料工业协会。

本文件由中国氟硅有机材料工业协会标准化委员会解释。

本文件为首次制定。

2,2,3,3-四氟丙醇

1 范围

本文件规定了 2,2,3,3-四氟丙醇的要求、试验方法、检验规则、标志、包装、运输、贮存和安全。

本文件适用于由四氟乙烯与甲醇调聚后精馏得到的 2,2,3,3-四氟丙醇。

分子式：$C_3H_4F_4O$

结构式：

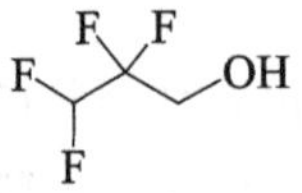

相对分子量：132.07（按 2016 年国际相对原子质量）

2 规范性引用文件

下列文件中的内容通过文中的规范性引用而构成本文件必不可少的条款。其中，注日期的引用文件，仅该日期对应的版本适用于本文件；不注日期的引用文件，其最新版本（包括所有的修改单）适用于本文件。

GB/T 191　包装储运图示标志

GB/T 601　化学试剂　标准滴定溶液的制备

GB/T 603　化学试剂　试验方法中所用制剂及制品的制备

GB/T 6324.8　有机化工产品试验方法　第 8 部分：液体产品水分测定 卡尔·费休库仑电量法

GB/T 6680—2003　液体化工产品采样通则

GB/T 6682　分析实验室用水规格和试验方法

GB/T 7484　水质　氟化物的测定 离子选择电极法

GB/T 8170　数值修约规则与极限数值的表示和判定

GB/T 8325　聚合物和共聚物水分散体　pH 值测定方法

GB/T 9721　化学试剂　分子吸收分光光度法通则（紫外和可见光部分）

GB/T 9722　化学试剂　气相色谱法通则

3 要求

3.1 外观

无色透明液体。

3.2 技术要求

2,2,3,3-四氟丙醇的质量应符合表 1 所示的技术要求。

表 1 技术要求

序号	项目	指 标		
		优等品	一等品	合格品
1	2,2,3,3-四氟丙醇（质量分数）/%	≥99.95	≥99.90	≥99.50
2	pH 值	5.0～8.0		
3	水分（质量分数）/%	≤0.015	≤0.020	≤0.025
4	氟化物（以 F⁻ 计）/(mg/L)	≤1.0	≤1.0	≤2.0
5	紫外吸收光度（254 nm）	≤0.03		

4 试验方法

4.1 一般规定

本文件所用试剂和水，在没有注明要求时均指分析纯试剂和 GB/T 6682 中规定的三级水。分析中所用标准滴定溶液、制剂和制品，在没有注明其它要求时，均按 GB/T 601 和 GB/T 603 的规定制备。

4.2 外观的测定

将样品放置到 25 mL 比色管内，在自然光线下目视观察。

4.3 2,2,3,3-四氟丙醇含量的测定

4.3.1 方法原理

本方法利用气相色谱仪，以毛细管柱分离组分，通过氢火焰检测器检测，采用面积归一化法确定组分含量。

4.3.2 材料和试剂

符合 GB/T 9722 的有关规定。

4.3.3 仪器、设备

4.3.3.1 气相色谱仪：配有毛细管系统、分流装置、程序升温装置和氢火焰离子化检测器。整机灵敏度和稳定性符合 GB/T 9722 中的有关规定，仪器的线性范围满足分析要求。

4.3.3.2 色谱工作站或数据处理机。

4.3.3.3 进样器：1 μL 的微量注射器。

4.3.4 色谱操作条件

推荐的色谱操作条件见表 2。典型色谱图及相对保留值见附录 A。其它能达到同等分离程度的色谱柱及色谱操作条件均可使用。

表 2 推荐色谱条件

参数	条件
色谱柱	毛细管柱，30 m×0.25 mm×0.25 μm（柱长×柱内径×膜厚）
固定相	键合和改性的交联聚乙二醇
汽化温度/ ℃	200
柱箱温度/ ℃	90
检测温度/ ℃	250
载气（N$_2$）流速/(mL/min)	1.5
氢气流速/(mL/min)	40
空气流速/(mL/min)	400
进样量/μL	0.4
分流比	40∶1

4.3.5 分析步骤

启动仪器，待选定的色谱工作条件稳定后，用微量注射器取 0.4 μL 样品，通过色谱仪进样口进样。以面积归一化法定量。重复进样 2 次。

4.3.6 结果计算

2,2,3,3-四氟丙醇的质量分数，按公式（1）计算

$$\omega = \frac{A}{\sum A_i} \times 100\% \qquad\qquad\qquad (1)$$

式中：

A ——2,2,3,3-四氟丙醇的色谱峰面积；

$\sum A_i$——样品中各组分的色谱峰面积的总和。

4.3.7 允许误差

取两次平行测定结果的算术平均值为最终测定结果，两次平行测定结果的绝对差值不超过 0.02%。

4.4 pH 值的测定

按 GB/T 8325 的规定进行，其中试样的制备方法为：用量筒量取 25 mL 蒸馏水，然后在量筒中慢慢倾入 25 mL 2,2,3,3-四氟丙醇产品，混合均匀后倒入 100 mL 烧杯中作为试样。

4.5 水分的测定

按 GB/T 6324.8 的规定进行。

4.6 氟化物（以 F$^-$ 计）的测定

4.6.1 测定方法

按 GB/T 7484 的规定进行，其中：

a) 量取 50.0 mL 样品置于 100 mL 容量瓶中，用乙酸钠或盐酸调至近中性，用水稀释至刻度，摇匀后备用，若试样含氟不高，可用高浓度酸、碱调至中性后直接测定。

b) 取三只聚乙烯烧杯，测定前使三只烧杯中试样温度相同，均为室温。各加入 20.00 mL TISABI 缓冲液，然后分别加入 20.00 mL 氟化物标液 B（1.00μg/mL）、试样、氟化物标液 A（10.0μg/mL）。以甘汞电极作参比电极，氟离子选择电极为指示电极，分别读取三种溶液的电位值。

4.6.2 结果计算

氟化物（以 F⁻ 计）的浓度 c 按公式（3）计算：

$$T = \frac{E_x - E_B}{E_A - E_B}$$

$$\cdots\cdots\cdots\cdots\cdots\cdots\cdots\cdots\cdots \text{ (2)}$$

$$c = n \times 10^T$$

$$\cdots\cdots\cdots\cdots\cdots\cdots\cdots\cdots\cdots \text{ (3)}$$

式中：

c——氟化物浓度，mg/L；

n——稀释倍数；

E_x——样品溶液电位值，mV；

E_B——氟化物标液 B 的电位值，mV；

E_A——氟化物标液 A 的电位值，mV。

4.7 紫外吸光度（254 nm）的测定

按 GB/T 9721 的规定进行，以去离子水为参比，用 1 cm 石英比色皿，直接测定样品在 254 nm 处的吸光度。

5 检验规则

5.1 检验分类

2,2,3,3-四氟丙醇检验分为出厂检验和型式检验。

5.2 出厂检验

四氟丙醇需经生产厂的质量检验部门按本文件检验合格并出具合格证后方可出厂。出厂检验项目为：

a) 外观；

b) 2,2,3,3-四氟丙醇；

c) pH 值；

d) 水分。

5.3 型式检验

2,2,3,3-四氟丙醇型式检验为本文件第 3 章要求的所有项目。有下列情况之一时，也应进行型式检验：

a) 首次生产时；

b) 主要原材料或工艺方法有较大改变时；

c) 正常生产满三个月时；

d) 停产后又恢复生产时；

e) 出厂检验结果与上次型式检验有较大差异时；

f) 质量监督机构提出要求或供需双方发生争议时。

5.4　组批和抽样规则

以相同原料、相同配方、相同工艺生产的产品为一检验组批，其最大组批量不超过 10000 kg，或以一贮槽的产品量为一批。采样按 GB/T 6680—2003 中 2.2.1 的规定进行，采样量不少于 200 mL，分装在两只带塞密封瓶中，其中一瓶用于检验，另一瓶留样备查，保留期为六个月，样品瓶上应注明：产品名称、批号、生产日期、取样日期、取样人等。

5.5　判定规则

检验结果的判定按 GB/T 8170 规定的修约值比较法进行。所有检验项目合格，则产品合格；若出现不合格项，允许加倍抽样对不合格项进行复检。若复检合格，则判该批产品合格；若复检仍不合格，则判该批产品为不合格。

6　标志、包装、运输和贮存

6.1　标志

2,2,3,3-四氟丙醇产品的包装容器上应有产品名称、批号、产品净含量、生产日期、标准编号、商标、生产单位、厂址及 GB/T 191 规定的"怕晒""怕雨"标识。

每批出厂产品均应附有一定格式的质量合格证明，其内容包括：生产厂名称、地址、产品名称、批号、等级、净含量、生产日期和标准编号。

6.2　包装

2,2,3,3-四氟丙醇产品采用清洁干燥的密封钢桶包装，每桶净含量为 250 kg。也可以根据用户要求包装。

6.3　运输

运输、装卸工作过程，应轻装轻卸，防止撞击，避免包装破损，防止日晒、雨淋，防高温，中途停留时应远离火种、热源、高温区。严禁与氧化剂、碱类等混装混运。

6.4　贮存

2,2,3,3-四氟丙醇产品应贮存在阴凉、干燥、通风的场所。防止日光直接照射，并应隔绝火源，远离热源。保持容器密封。应与氧化剂、碱类分开存放，切忌混储。采用防曝型照明、通风设施。禁止使用易产生火花的机械设备和工具。

在符合本文件包装、运输和贮存条件下，本产品自生产之日起，贮存期为一年。逾期应重新检验，检验结果符合本文件要求时，仍可继续使用。

7　安全（下述安全内容为提示性内容但不仅限于下述内容）

警告——使用本文件的人员应熟悉实验室的常规操作。本文件未涉及与使用有关的安全问题。使用者有责任建立适宜的安全和健康措施并确保首先符合国家的相关规定。

7.1　危险警告

2,2,3,3-四氟丙醇易燃，低毒性。其蒸气与空气可形成爆炸性混合物，遇明火、高热能引起燃烧爆炸。与氧化剂可发生反应。与氢氧化钾、氢氧化钠反应剧烈。受高热分解放出有毒的气体。其蒸气比空气重，能在较低处扩散到相当远的地方，遇火源会着火回燃。若遇高热，容器内压增大，有开裂和爆炸的危险。

7.2 安全措施

7.2.1 急救措施

  a) 皮肤接触：脱去污染的衣着，用大量流动清水冲洗。

  b) 眼睛接触：提起眼睑，用流动清水或生理盐水冲洗。就医。

  c) 吸入：迅速脱离现场至空气新鲜处。保持呼吸道通畅。如呼吸困难，给输氧；如呼吸停止，立即进行人工呼吸。就医。

  d) 食入：饮足量温水，催吐，就医。

7.2.2 消防措施

  消防人员须佩戴防毒面具、穿全身消防服。灭火剂雾状水、泡沫、干粉、二氧化碳、沙土。

附 录 A
（规范性附录）
2，2，3，3-四氟丙醇含量测定典型色谱图及各组分相对保留值

A.1 2，2，3，3-四氟丙醇含量测定典型色谱图

典型色谱图见图 A.1。

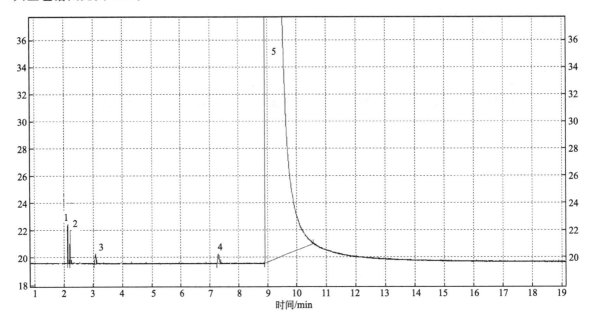

标引序号说明：

1——甲醇；

2——丙酮；

3——叔丁醇；

4——未知物；

5——2，2，3，3-四氟丙醇。

图 A.1 2，2，3，3-四氟丙醇含量测定典型色谱图

A.2 各组分的相对保留值

各组分的相对保留值见表 A.1。

表 A.1 各组分相对保留值

峰序号	名称	出峰时间/min	相对保留值
1	甲醇	2.137	0.238
2	丙酮	2.220	0.247
3	叔丁醇	3.099	0.345
4	未知物	7.330	0.816
5	2,2,3,3-四氟丙醇	8.983	1

含氟精细化学品

二氟乙酸乙酯

Ethyl difluoracetate

前　言

本文件按照 GB/T 1.1—2009 给出的规则起草。

请注意本文件的某些内容可能涉及专利。本文件的发布机构不承担识别这些专利的责任。

本文件由中国氟硅有机材料工业协会提出。

本文件由中国氟硅有机材料工业协会标准化委员会归口。

本文件参加起草单位：浙江巨化汉正新材料有限公司、中蓝晨光化工研究设计院有限公司、中蓝晨光成都检测技术有限公司。

本文件主要起草人：徐碧涛、段仲刚、陈敏剑、谢鹏、刘明生。

本文件版权归中国氟硅有机材料工业协会。

本文件由中国氟硅有机材料工业协会标准化委员会解释。

本文件为首次制定。

二氟乙酸乙酯

1 范围

本文件规定了二氟乙酸乙酯的要求、试验方法、检验规则、标志、包装、运输、贮存和安全。

本文件适用于以四氟乙烯为原料合成的二氟乙酸乙酯。

CAS 号：454-31-9

结构式：

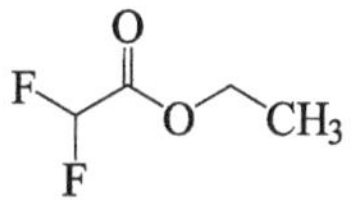

相对分子量：124.09（按 2016 年国际相对原子质量）

2 规范性引用文件

下列文件中的内容通过文中的规范性引用而构成本文件必不可少的条款。其中，注日期的引用文件，仅该日期对应的版本适用于本文件；不注日期的引用文件，其最新版本（包括所有的修改单）适用于本文件。

GB 190 危险货物包装标志

GB/T 191 包装储运图示标志

GB/T 601 化学试剂 标准滴定溶液的制备

GB/T 603 化学试剂 试验方法中所用制剂及制品的制备

GB/T 5009.18—2003 食品中氟的测定

GB/T 6283—2008 化工产品中水分含量的测定 卡尔·费休法（通用方法）

GB/T 6680—2003 液体化工产品采样通则

GB/T 6682 分析实验室用水规格和试验方法

GB/T 8170 数值修约规则与极限数值的表示和判定

GB/T 9722 化学试剂 气相色谱法通则

GB/T 14827—1993 有机化工产品酸度、碱度的测定方法 容量法

3 要求

3.1 外观

无色透明液体。

3.2 技术要求

二氟乙酸乙酯应符合表 1 所示的技术要求。

表1 二氟乙酸乙酯的技术要求

序号	项 目		指标	
			优等品	一等品
1	二氟乙酸乙酯的质量分数/%	≥	99.5	99.0
2	二氟乙酸甲酯的质量分数/%	≤	0.30	0.50
3	水分（质量分数）/%	≤	0.10	0.10
4	总酸度（以硫酸计，质量分数）/%	≤	0.10	0.10
5	氢氟酸的质量分数/%	≤	0.001	0.005

4 试验方法

4.1 一般规定

本文件所用试剂和水，在没有注明其他要求时，均指分析纯试剂和 GB/T 6682 中规定的三级水。

分析中所用标准滴定溶液、制剂和制品，在没有注明其他要求时，均按 GB/T 601、GB/T 603 的要求制备。

4.2 外观的测定

取 50 mL 试样于 100 mL 无色透明比色管中，在自然光或日光灯下目视观察。

4.3 二氟乙酸乙酯及二氟乙酸甲酯含量的测定

4.3.1 方法原理

试样汽化后通过色谱柱，将各组分分离，用氢火焰离子化检测器检测，以面积归一化法计算各组分含量。

4.3.2 试剂

4.3.2.1 氮气：体积分数大于 99.99%。

4.3.2.2 氢气：体积分数大于 99.99%。

4.3.2.3 空气：经硅胶及 5A 分子筛干燥、净化。

4.3.3 仪器

4.3.3.1 气相色谱仪：配氢火焰离子化检测器，性能符合 GB/T 9722 的规定。

4.3.3.2 色谱工作站。

4.3.3.3 进样装置：1 μL 进样针。

4.3.4 色谱柱及色谱操作条件

本文件推荐的色谱柱及色谱操作条件见表 2，典型色谱图见附录 A。其他能达到同等分离程度的色谱柱及色谱操作条件也可使用。

表 2 色谱柱及色谱操作条件

项　目	参　数
色谱柱固定相	5%-苯基-95%聚二甲基硅氧烷
色谱柱规格	长 60 m×柱内径 0.53 mm×膜厚 3μm
柱温	50 ℃保持 2 min，10 ℃/min升至 250 ℃，保持 2 min
汽化温度/ ℃	200
检测温度/ ℃	250
载气（N₂）流速/(mL/min)	5.0
氢气流速/(mL/min)	40
空气流速/(mL/min)	400
分流比	50∶1
进样量/μL	0.2

4.3.5 分析步骤

4.3.5.1 样品测定

按照表 2 给出的色谱操作条件调整仪器，基线稳定后，用微量进样器吸取 0.2 μL 试样进样分析，测量各组分峰面积，计算含量。

4.3.5.2 分析结果的表述

组分 i 的质量分数 w_i，按公式（1）计算：

$$w_i = \frac{A_i}{\sum A_i} \times 100\%　\qquad\qquad \cdots\cdots\cdots\cdots\cdots\cdots\cdots\cdots（1）$$

式中：

A_i—— 组分 i 的峰面积数值；

$\sum A_i$——试样中各组分峰面积之和的数值。

4.3.6 允许误差

取两次平行测定结果的算术平均值为测定结果，二氟乙酸乙酯两次平行测定结果的绝对差值不大于 0.2%，二氟乙酸甲酯两次平行测定结果的绝对差值不大于 0.02%。

4.4 水分的测定

按 GB/T 6283—2008 中第 8 章的规定进行，其中样品取 3 g 左右。

取两次测定结果的算术平均值为测定结果，两次平行测定结果的绝对差值不得大于 0.01%。

4.5 总酸度的测定

按 GB/T 14827—1993 中 3.2 的规定进行，具体操作步骤及结果表述如下。

4.5.1 分析步骤

称取 1.5 g～2.0 g 样品（精确至 0.0002 g）于 100 mL 锥形瓶中，加入 50 mL 无水乙醇溶解，滴加 3～5 滴溴甲酚绿-甲基红溶液作指示剂，以氢氧化钾-乙醇标准滴定溶液滴至溶液黄色消失，刚开始出现绿色即为终点。整个滴定过程需在冰水浴中进行，控制溶液温度 0 ℃～10 ℃。

4.5.2 分析结果的表述

二氟乙酸乙酯总酸度的质量分数 w_2（以硫酸计），按公式（2）计算：

$$w_2 = \frac{cVM}{2 \times m \times 1000} \times 100\%$$ ....（2）

式中：

V——试样消耗的氢氧化钾-乙醇标准滴定溶液的体积，mL；

c ——氢氧化钾-乙醇标准滴定溶液的浓度，mol/L；

m ——试样质量，g；

M——硫酸的摩尔质量（$M=98.078$），g/mol。

4.5.3 允许误差

取两次平行测定结果的算术平均值为测定结果，两次平行测定结果的绝对差值不大于 0.02%。

4.6 氢氟酸含量测定

按 GB/T 5009.18—2003 中第三法 氟离子选择电极法进行。

4.6.1 样品处理

称取约 5 g 样品（精确至 0.0002 g）于 50 mL 容量瓶，加水定容，摇匀放置 10 min。取上层清液 10.0 mL 测定。

4.6.2 分析结果表述

氢氟酸的质量分数 w_3，按公式（3）计算：

$$w_3 = \frac{A \times 50 \times 50 \times M_2}{10 \times m \times M_1 \times 10^6} \times 100\%$$ ....（3）

式中：

A ——由校准曲线表中查得的氟离子浓度，μg/mL；

m ——样品质量，g；

M_1——氟离子的摩尔质量，g/mol（$M=19$）；

M_2——氟化氢的摩尔质量，g/mol（$M=20.01$）。

4.6.3 允许误差

取两次平行测定结果的算术平均值作为测定结果，两次平行测定结果的绝对差值不大于 0.001%。

5 检验规则

5.1 出厂检验

第 3 章规定的所有项目均为出厂检验项目，应逐批检验合格后方可出厂。

5.2 组批和抽样规则

以相同原料、相同工艺生产的质量均匀的产品为一批，其最大组批量不超过 50 t。采样方法按 GB/T 6680—2003 中 7.1 的规定进行，采样总量不少于 200 mL。分装于两个清洁、干燥的样品瓶中。瓶上应贴标签并注明：产品名称、批号、采样日期和采样人姓名。一瓶用于检验，另一瓶保存备查。

5.3 判定规则

检验结果的判定按 GB/T 8170 中的修约值比较法进行。若检验结果有任何一项指标不符合本文件要求时，应重新自该批产品中取双倍采样单元数的样品进行复检，复检结果即使只有一项指标不符合本文件要求，则整批产品为不合格。

6 标志、包装、运输和贮存

6.1 标志

二氟乙酸乙酯包装容器上应有牢固清晰的标志，标明生产厂家、厂址、产品名称、净含量、批号或生产日期、标准编号及 GB 190 规定的"易燃"标志、GB/T 191 规定的"怕雨""怕晒"标志，并加贴危化品安全标签。

每批出厂产品均应附有一定格式的质量证明书，其内容包括：生产厂名称、地址、产品名称、批号、净含量和标准编号。

6.2 包装

二氟乙酸乙酯采用 200 L 的 PP 或 PE 塑料容器密封包装，在包装过程中采用氮气保护，也可根据用户要求进行包装。

6.3 运输

二氟乙酸乙酯按危险化学品运输，运输和装卸工作过程应轻装轻卸，防止撞击，避免包装破损，防止日晒、雨淋。

6.4 贮存

二氟乙酸乙酯应贮存在阴凉、干燥、通风的场所。防止日光直接照射，并应隔绝火源，远离热源。

在符合本文件包装、运输和贮存条件下，本产品自生产之日起，贮存期为一年。逾期可重新检验，检验结果符合本文件要求时，仍可继续使用。

7 安全

7.1 安全警告

7.1.1 二氟乙酸乙酯属于易燃液体，其蒸气与空气可形成爆炸性混合物，遇明火、高热能引起燃烧爆炸。与氧化剂接触剧烈反应。

7.1.2 二氟乙酸乙酯可造成严重皮肤灼伤和眼损伤，口服可引起消化道烧伤以致溃疡形成。

7.2 安全措施

7.2.1 急救措施

a) 眼睛接触：立即提起眼睑，用流动清水或生理盐水冲洗至少 15 min。如有不适感，就医。

b) 皮肤接触：立即脱去污染的衣着，用流动清水冲洗 15 min。如有不适感，就医。

c) 吸入：脱离现场至空气新鲜处。保持呼吸道畅通。如呼吸困难，给输氧；呼吸停止，立即进行心肺复苏。就医。

d) 食入：用水漱口，给饮牛奶或蛋清。就医。

7.2.2 消防措施

可用抗溶性泡沫、二氧化碳、干粉、沙土灭火。

附 录 A
（资料性附录）
二氟乙酸乙酯典型色谱图

A.1 二氟乙酸乙酯及二氟乙酸甲酯含量测定的典型色谱图

二氟乙酸乙酯及二氟乙酸甲酯含量测定的典型色谱图见图 A.1。

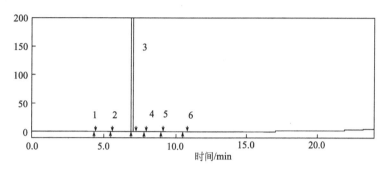

标引序号说明：

1——乙醇；

2——二氟乙酸甲酯；

3——二氟乙酸乙酯；

4,6——未知物；

5——三乙胺。

图 A.1　典型色谱图

A.2 各组分的相对保留值

各组分的相对保留值见表 A.1

表 A.1　各组分的相对保留值

峰序号	组分名称	相对保留值
1	乙醇	0.63
2	二氟乙酸甲酯	0.79
3	二氟乙酸乙酯	1
4	未知物	1.13
5	三乙胺	1.28
6	未知物	1.52

通用氟树脂

水性交联型三氟共聚乳液

Water-based cross-linked emulsion of trifluorochlor compolymer

前　言

本文件按照 GB/T 1.1—2009 给出的规则起草。

请注意本文件的某些内容可能涉及专利。本文件的发布机构不承担识别这些专利的责任。

本文件由中国氟硅有机材料工业协会提出。

本文件由中国氟硅有机材料工业协会标准化委员会归口。

本文件参加起草单位：山东华夏神舟新材料有限公司、陕西宝塔山油漆股份有限公司、中蓝晨光成都检测技术有限公司、巨化集团技术中心、中国蓝星（集团）股份有限公司、中蓝晨光化工研究设计院有限公司、中昊晨光化工研究院有限公司、北京华通瑞驰材料科技有限公司。

本文件主要起草人：王汉利、刘宪文、徐菁、张庆华、马慧荣、王娅丽、石慧、彭斌、张秀文、陈敏剑、孙芳、唐颖、赵纯。

本文件版权归中国氟硅有机材料工业协会。

本文件为首次制定。

水性交联型三氟共聚乳液

1　范围

本文件规定了水性交联型三氟共聚乳液的术语、定义、要求、试验方法、检验规则、包装、运输和贮存。

本文件适用于以涂料为主要用途的，以水为溶剂环境下，以三氟氯乙烯和乙烯基单体共聚的水性交联型三氟共聚乳液。

本文件不适用于其工艺过程中含有苯、甲苯、二甲苯、乙苯、全氟辛酸等的水性交联型三氟共聚乳液。

2　规范性引用文件

下列文件中的内容通过文中的规范性引用而构成本文件必不可少的条款。其中，注日期的引用文件，仅该日期对应的版本适用于本文件；不注日期的引用文件，其最新版本（包括所有的修改单）适用于本文件。

GB/T 1725—2007　色漆、清漆和塑料　不挥发物含量的测定

GB/T 1766—2008　色漆和清漆　涂层老化的评级方法

GB/T 1771—2007　色漆和清漆　耐中性盐雾性能的测定

GB/T 2794—2013　胶黏剂黏度的测定　单圆筒旋转黏度计法

GB/T 3186—2006　色漆、清漆和色漆用原材料　取样

GB 8325—1987　聚合物和共聚物水分散体 pH 值测定方法

GB/T 12008.3—2009　塑料　聚醚多元醇　第 3 部分：羟值的测定

GB/T 9267—2008　涂料用乳液和涂料、塑料用聚合物分散体　白点温度和最低成膜温度的测定

GB/T 9278—2008　涂料试样状态调节和试验的温湿度

GB/T 11175—2002　合成树脂乳液试验方法

GB/T 13491　涂料产品包装通则

GB/T 19077—2016　粒度分布　激光衍射法

GB/T 18582—2008　室内装饰装修材料、内墙涂料中有害物质限量

GB/T 20623—2006　建筑涂料用乳液

GB/T 23987—2009　色漆和清漆　涂层的人工气候老化曝露　曝露于荧光紫外线和水

HG/T 3792—2014　交联型氟树脂涂料

HJ 2537—2014　环境标志产品技术要求　水性涂料

JJF 1070—2005　国家质量监督检验检疫总局（2005）第 75 号《定量包装商品监督管理方法》

3　术语和定义

水性交联型三氟共聚乳液（water-based cross-linked emulsion of trifluorochlor compolymer）：是指以三氟氯乙烯和乙烯基单体共聚而成的水性交联型三氟共聚乳液。

4 要求

4.1 技术要求

技术要求应符合表 1 的规定。

表 1 水性交联型三氟共聚乳液技术要求

序号	试 验 项 目		技 术 指 标
1	外观		乳白色均匀流体，无杂质、无沉淀、不分层
2	黏度/mPa·s		商定
3	不挥发物含量/%	≥	40
4	氟含量（140 ℃±2 ℃，固体）/%	≥	18
5	pH 值		6～9
6	羟值/(mgKOH/g)		商定值
7	钙离子稳定性		无分层、无沉淀、无絮凝
8	机械稳定性		不破乳，无明显絮凝物
9	贮存稳定性		无硬块，无絮凝，无明显分层和结皮
10	稀释稳定性/% 　上层清液（U） 　下层沉淀（P）	 ≤ ≤	 5 5
11	冻融稳定性		无异常
12	残余单体含量/%	≤	2.0
13	最低成膜温度/℃		商定值
14	挥发性有机化合物的含量（VOC）/(g/L) ≤		80
15	粒径/nm		50～300
16	耐盐雾性		不起泡、不生锈、不脱落
17	耐 UV 老化 　色差值（ΔE^*） 　保光率/%	 ≤ ≥	不起泡、不脱落、不开裂、不粉化 3.0 80

4.2 其他要求

当产品用于水性涂料和配用腻子时，尚应符合现行国家强制性标准 HJ 2753—2014 的要求。

5 试验方法

5.1 取样

按 GB/T 3186—2006 所规定的方法取样或按商定方法取样。取样量根据检验需要。

5.2　试验环境

按 GB/T 9278—2008 的规定进行，样品放置在 23 ℃±2 ℃下 1 h 以上再进行试验，试验前用玻璃棒将样品搅拌均匀。

5.3　外观

打开包装容器，目视观察有无分层，搅拌后观察有无沉淀，用搅棒将混匀后的试样在清洁的玻璃板上涂布成均匀的薄层后观察有无机械杂质。

5.4　黏度

按 GB/T 2794—2013 的规定进行。

5.5　不挥发物含量

按 GB/T 1725—2007 的规定进行。

5.6　氟含量

按 HG/T 3792—2014 中附录 A 的规定进行。

5.7　pH 值

按 GB 8325—2007 的规定进行。

5.8　羟值

按 GB/T 12008.3—2009 的规定进行。

5.9　钙离子稳定性

按 GB/T 20623—2006 规定进行。

5.10　机械稳定性

按 GB/T 20623—2006 中 4.10 的规定进行，转速为 2500 r/min。

5.11　贮存稳定性

按 GB/T 20623—2006 中 4.9 的规定进行，测试温度为 50 ℃±2 ℃。

5.12　稀释稳定性

按 GB/T 20623—2006 中 4.8 的规定进行，稀释至 3%。

5.13　冻融稳定性

按 GB/T 20623—2006 中 4.7 的规定进行。

5.14　残余单体含量

碘量瓶中称取 1 g～2 g 乳液（精确至 0.1 mg）和 30 mL 0.5% 的十二烷基硫酸钠溶液，加入 50 mL 0.05 mol/L 溴化钾-溴酸钾溶液，摇匀后加入 10 mL 6 mol/L 盐酸溶液，充分摇荡后加入 20 mL 10% 的碘化钾溶液和 2 mL 0.5% 的淀粉指示剂，用浓度为 0.1 mol/L 的硫代硫酸钠溶液滴定至溶液蓝色消失，变为无色。同时做一空白试验。

残余单体含量 $X_1(\%)$ 按公式（1）计算：

$$X_1(\%) = \{[(V_0 - V) \times c \times 79.9]/(10 \times m)\} \times 10 \qquad \cdots\cdots (1)$$

式中：

X_1——水性交联型三氟共聚乳液残余单体含量，%；

V_0——空白试验消耗硫代硫酸钠标准溶液的体积，mL；

V——滴定试样消耗硫代硫酸钠标准溶液的体积，mL；

c——硫代硫酸钠标准溶液的浓度，mol/L；

m——试样质量，g；

79.9——每摩尔 1/2（Br_2）相当之克数。

取三次平行试验的平均值为结果。

5.15 最低成膜温度

按 GB/T 9267—2008 的规定进行。

5.16 粒径

按 GB/T 19077—2016 的规定进行。

5.17 挥发性有机化合物含量（VOC）

按 HJ 2537—2014 的规定进行。

5.18 耐盐雾性

按 GB/T 1771—2007 的规定制样（试板不划板），底材采用铝板，如出现起泡、生锈、脱落等涂膜病态现象，按 GB/T 1766—2008 进行描述。老化时间为 1500 h。其中，涂膜厚度按照 GB/T 13452.2 规定的非破坏性方法之一测定，以微米计。

5.19 耐紫外老化性

按 GB/T 23987—2009 规定制样（试板不划板），底材采用铝板，如出现起泡、生锈、脱落等涂膜病态现象，按 GB/T 1766—2008 的规定进行描述。老化时间为 1500 h。其中，涂膜厚度按照 GB/T 13452.2 规定的非破坏性方法之一测定，以微米计。

5.20 净含量及允许误差

按 JJF 1070—2005 的规定执行。

6 检验规则

6.1 检验分类

水性交联型三氟共聚乳液检验分为出厂检验和型式检验。

6.2 出厂检验

水性交联型三氟共聚乳液需经生产厂的质量检验部门按本文件检验合格并出具合格证后方可出厂。

出厂检验项目为外观、黏度、不挥发物含量、pH 值、氟含量、羟值。

6.3 型式试验

水性交联型三氟共聚乳液的型式检验为本文件第 4 章要求的所有项目。有下列情况之一时，应进行型式检验：

a) 首次生产时；

b) 主要原材料或工艺方法有较大改变时；

c) 正常生产满一年时；

d) 停产后又恢复生产时；

e) 出厂检验结果与上次型式检验有较大差异时；

f) 质量监督机构提出要求或供需双方发生争议时。

在正常生产情况下，粒径、耐盐雾性、耐紫外老化性可根据需要进行检验；钙离子稳定性、稀释稳定性、机械稳定性、冻融稳定性、贮存稳定性每 6 个月检测一次；残余单体含量、最低成膜温度、VOC 含量每年至少检测一次。

6.4 组批和抽样规则

以相同原料、相同配方、相同工艺生产的产品为一检验组批，其最大组批量不超过 1000 kg，每批随机抽产品 1 kg，作为出厂检验样品。随机抽取产品 2 kg，作为型式检验样品。

6.5 判定和仲裁规则

所有检验项目合格，则产品合格；若出现不合格项，允许加倍抽样对不合格项进行复检。若复检合格，则判该批产品合格；若复检仍不合格，则判该批产品为不合格。

供需双方发生质量争议时，应协商选定有法定检验资格的检验机构按本文件进行全项检验。

7 标志、包装、运输和贮存

7.1 标志

水性交联型三氟共聚乳液的包装容器上的标志，根据 GB/T 191 的规定，在包装外侧注明"小心轻放、朝上、防晒、怕湿"标志。

每批出厂产品均应附有一定格式的质量证明书，其内容包括：生产厂名称、地址、电话号码、产品名称、型号、批号、净质量或净容量、生产日期、保质期、注意事项和标准编号。

7.2 包装

按 GB/T 13491 中二级包装要求的规定进行。

7.3 运输

产品在运输时应防止雨淋、日晒，远离热源和火源，并应符合运输部门的有关规定。

本文件规定的水性交联型三氟共聚乳液为非危险品。

7.4 贮存

产品应存放于阴凉、通风、干燥的库房内，防止日光直接照射，并应隔绝火源，夏季气温超过 38 ℃

时应采取降温措施。在规定条件下，产品自生产之日起有效贮存期为一年。若产品超过贮存期，应按本文件规定进行检验，若符合技术要求，仍可使用。

8 安全（下述安全内容为提示性内容但不仅限于下述内容）

警告——使用本文件的人员应熟悉实验室的常规操作。本文件未涉及与使用有关的安全问题。使用者有责任建立适宜的安全和健康措施并确保首先符合国家的相关规定。

高压缩比聚四氟乙烯分散树脂

High-reduction ratio polytetrafluoroethylene
(PTFE) resin produced from dispersion

前　言

本文件按照 GB/T 1.1—2009 给出的规则起草。

请注意本文件的某些内容可能涉及专利。本文件的发布机构不承担识别这些专利的责任。

本文件由中国氟硅有机材料工业协会提出。

本文件由中国氟硅有机材料工业协会标准化委员会归口。

本文件参加起草单位：山东东岳高分子材料有限公司、上海三爱富新材料科技有限公司、浙江巨圣氟化学有限公司、中蓝晨光成都检测技术有限公司。

本文件主要起草人：陈越、韩淑丽、杨岱、叶怀英、陈敏剑、韩桂芳、沈青、周厚高。

本文件版权归中国氟硅有机材料工业协会。

本文件由中国氟硅有机材料工业协会标准化委员会解释。

本文件为首次制定。

高压缩比聚四氟乙烯分散树脂

1 范围

本文件规定了高压缩比聚四氟乙烯分散树脂产品的命名、要求、试验方法、检验规则以及标志、包装、运输和贮存。

本文件适用于分散聚合法生产而成的压缩比 R：R≥1000：1 的糊状挤出用聚四氟乙烯分散树脂。

2 规范性引用文件

下列文件中的内容通过文中的规范性引用而构成本文件必不可少的条款。其中，注日期的引用文件，仅该日期对应的版本适用于本文件；不注日期的引用文件，其最新版本（包括所有的修改单）适用于本文件。

GB/T 191　包装储运图示标志

HG/T 2899—1997　聚四氟乙烯材料命名

HG/T 2900—1997　聚四氟乙烯树脂体积密度试验方法

HG/T 2901—1997　聚四氟乙烯树脂粒径试验方法

HG/T 2902—1997　模塑用聚四氟乙烯树脂

HG/T 3028—1999　糊状挤出用聚四氟乙烯树脂

3 术语与定义

3.1

压缩比 reduction ratio

指挤出机圆筒部分横截面积与成型出口面积之比；而与之相对应的另一个压缩比是指挤出机圆筒部分与挤出烧结后的横截面积之比。

［ASTM D4895-2010 中 10.8.2.2 条款］

3.2

高压缩比聚四氟乙烯分散树脂 high-reductionratio polytetrafluoroethylene (PTFE) resin produced from dispersion

用分散聚合法生产的压缩比 R：R≥1000：1 的聚四氟乙烯分散树脂。

4 要求

4.1 外观

高压缩比聚四氟乙烯分散树脂的外观应为表面洁白、质地均匀、不允许夹带任何杂质。

4.2 技术要求

产品控制指标应符合表 1 的技术要求。

表 1 技术要求

序号	项 目		要求	
			优等品	合格品
1	挤出压力/MPa		10～75	
2	含水率/%	≤	0.03	
3	标准相对密度		2.160～2.200	2.140～2.220
4	拉伸强度/MPa	≥	26.0	24.0
5	断裂伸长率/%	≥	300	
6	平均粒径 /μm		300～575	
7	体积密度/(g/L)		375～550	
8	热不稳定指数	≤	50	
9	熔点/ ℃		327±10	
10	介电常数（10^6 Hz）	≤	2.1	
11	介电损耗因数	≤	$4.0×10^{-4}$	

5 试验方法

警告——使用本文件的人员应熟悉实验室的常规操作。本文件未涉及与使用有关的安全问题。使用者有责任建立适宜的安全和健康措施并确保首先符合国家的相关规定。

5.1 试样制备

按 HG/T 2902—1997 中 5.2.1 和 5.2.2 的方法制备，用无水乙醇作为脱模剂，并要求模具在总压力达到 13.8 MPa 后保压 3 min。

注意——烧结温度不得高于 400 ℃。

5.2 外观

取 5.1 制备的试样，试样与灯的距离为 10 cm～15 cm，在 20 W～40 W 日光灯透射下目测。

5.3 挤出压力

按 HG/T 2899—1997 中附录 A 的规定进行，其中压缩比 R∶R＝1000∶1。

5.4 含水率

按 HG/T 2902—1997 中 5.7 的规定进行测定。

5.5 标准相对密度

按 HG/T 2902—1997 中 5.8 的规定进行测定。

5.6 拉伸强度和断裂伸长率

按 HG/T 2902—1997 的规定进行测定。

5.7 平均粒径

按 HG/T 2901—1997 的规定进行测定。

5.8 体积密度

按 HG/T 2900—1997 的规定进行测定。

5.9 热不稳定性指数

按 HG/T 2902—1997 的规定进行测定。

5.10 熔点

按 HG/T 2902—1997 的规定进行测定。

5.11 介电常数、介电损耗因数

按 HG/T 3028—1999 的规定进行测定。

6 检验规则

高压缩比聚四氟乙烯分散树脂的检验分为出厂检验和型式检验。

6.1 出厂检验

高压缩比聚四氟乙烯分散树脂需经生产厂的质量检验部门按本文件检验合格并出具合格证后方可出厂。

出厂检验内容包括外观、挤出压力、含水率、标准相对密度和拉伸强度。

6.2 型式检验

高压缩比聚四氟乙烯分散树脂的型式检验为本文件第 4 章要求的所有项目。在正常生产情况下，熔点、介电常数、介质损耗因数为每年抽检一次，其它项目每 50 批抽测一次。

有下列情况之一时，应进行型式检验：

a) 首次生产时；

b) 主要原材料或工艺方法有较大改变时；

c) 正常生产满一年时；

d) 停产后又恢复生产时；

e) 出厂检验结果与上次型式检验有较大差异时；

f) 质量监督机构提出要求或供需双方发生争议时；

g) 合同规定时。

6.3 组批和取样

相同原料、相同配方、相同工艺生产的高压缩比聚四氟乙烯分散树脂为一检验组批，其最大组批量不超过 5000 kg。按 HG/T 2902—1997 中 5.1 的规定取样。

6.4 判定

检验结果全部符合本文件要求时，判定为合格。检验结果如有指标不符合本文件要求时，应重新自两倍量的包装中采样进行复检，复检结果全部符合本文件要求时，则该批产品为合格。若仍有指标不符合本文件要求，则该批产品为不合格。

7 标志、包装、运输和贮存

7.1 标志

高压缩比聚四氟乙烯分散树脂的外包装上应有 GB/T 191 中规定的"怕晒""怕雨""向上""禁止滚动"等标志。

每批出厂产品均应附有一定格式的质量证明书，其内容包括：生产厂名称、地址、电话号码、产品名称、型号、批号、净质量或净容量、生产日期、保质期、注意事项和标准编号。

7.2 包装

高压缩比聚四氟乙烯分散树脂应采用清洁、干燥、密封良好的铁桶或塑料桶包装。净含量可根据要求包装。

7.3 运输

高压缩比聚四氟乙烯分散树脂在运输过程中，应防止日晒、雨淋，防止剧烈震动，禁止滚动。

7.4 贮存

高压缩比聚四氟乙烯分散树脂应贮存在清洁、阴凉、干燥的场所，应防止尘土、水汽等杂物的混入。

8 安全

加工现场严禁明火和吸烟。

聚偏氟乙烯树脂

Polyvinylidene fluoride resin

前　言

本文件按照 GB/T 1.1—2009 给出的规则起草。

请注意本文件的某些内容可能涉及专利。本文件的发布机构不承担识别这些专利的责任。

本文件由中国氟硅有机材料工业协会提出。

本文件由中国氟硅有机材料工业协会标准化委员会归口。

本文件参加起草单位：上海三爱富新材料科技有限公司、山东华夏神舟新材料有限公司、山东德宜新材料有限公司、浙江巨化股份有限公司、中蓝晨光成都检测技术有限公司。

本文件主要起草人：苏琴、杨岱、王汉利、徐德华、韩金铭、陈敏剑、沈青、李秀芬、赵军山、吴志刚、罗晓霞、祝龙信、张冠韬、陈艳艳。

本文件版权归中国氟硅有机材料工业协会。

本文件由中国氟硅有机材料工业协会标准化委员会解释。

本文件为首次制定。

聚偏氟乙烯树脂

1 范围

本文件规定了聚偏氟乙烯树脂的分类与命名、技术要求、试验方法、检验规则、标志、包装、运输和贮存。

本文件适用于以偏氟乙烯单体为原料，经乳液聚合法或悬浮聚合法制得的聚偏氟乙烯树脂。

2 规范性引用文件

下列文件中的内容通过文中的规范性引用而构成本文件必不可少的条款。其中，注日期的引用文件，仅该日期对应的版本适用于本文件；不注日期的引用文件，其最新版本（包括所有的修改单）适用于本文件。

GB/T 191 包装储运图示标志

GB/T 1033.1—2008 塑料非泡沫塑料密度的测定 第1部分浸渍法、液体比重瓶法和滴定法

GB/T 1040.1—2018 塑料 拉伸性能的测定 第1部分：总则

GB/T 1040.3—2006 塑料 拉伸性能的测定 第3部分：薄膜和薄片的试验条件

GB/T 1632.1—2008 塑料 使用毛细管黏度计测定聚合物稀溶液黏度 第1部分：通则

GB/T 1844.1—2008 塑料 符号和缩略语 第1部分：基础聚合物及其特征性能

GB/T 2411—2008 塑料和硬橡胶 使用硬度计测定压痕硬度（邵氏硬度）

GB/T 2918—2018 塑料 试样状态调节和试验的标准环境

GB/T 3682.1—2018 塑料 热塑性塑料熔体质量流动速率（MFR）和熔体体积流动速率（MVR）的测定 第1部分：标准方法

GB/T 6753.1—2007 色漆、清漆和印刷油墨研磨细度的测定

GB/T 19466.3—2004 塑料 差示扫描量热法（DSC） 第3部分：熔融和结晶温度及热焓的测定

GB/T 30514—2014 玻璃毛细管运动黏度计 规格和操作说明

HG/T 2902—1997 模塑用聚四氟乙烯树脂

3 分类与命名

3.1 固定名称

按照GB/T 1844.1—2008中的规定，聚偏氟乙烯树脂的缩写代号以PVDF表示。

3.2 命名规则

聚偏氟乙烯树脂的命名以下列五项内容组成，具体内容和代码见表1。固定名称、聚合方法、加工方法的代码用空格隔开，表示MFR范围和MFR测试负载的代码间用短横线"-"隔开。

PVDF X XX X-X

- 表示MFR测试负载（阿拉伯数字）
- 表示MFR范围（阿拉伯数字）
- 表示加工方法（字母）
- 表示聚合方法（字母）
- 表示聚偏氟乙烯树脂

3.3 项目代号

聚偏氟乙烯树脂命名中各项目对应代码见表1。

表1 聚偏氟乙烯树脂命名中各项目对应代码

聚合方法		应用方向		性能			
代码	方法	代码	应用方向	熔体质量流动速率（MFR）			
				代码	g/10 min	代码	负载/kg
S	悬浮聚合	M	模压用	1	MFR＜0.5	1	2.16
D	分散聚合	E	注塑挤出用	2	0.5≤MFR＜1.0	2	5
		F	微孔滤膜用	3	1.0≤MFR＜2.0	3	10
		B	电池类用	4	2.0≤MFR＜5.0	4	12.5
		CP	粉末涂料用	5	5.0≤MFR＜10.0	5	21.6
		CS	溶剂型涂料	6	10.0≤MFR＜20.0		
				7	20.0≤MFR＜50.0		
				8	MFR＞50.0		

3.4 命名举例

悬浮法聚合生产，适用于模压加工，熔体质量流动速率为15 g/10 min，测试使用负载为12.5 kg的聚偏氟乙烯树脂，应命名为：PVDF S M 6-4。

4 要求

4.1 外观

聚偏氟乙烯树脂按照应用类型区分的外观要求应符合表2的规定。

表2 聚偏氟乙烯树脂外观要求

序号	应用类型	要求
1	M	白色粉末或白色半透明颗粒，无可见杂质
2	E	白色粉末或白色半透明颗粒，无可见杂质
3	F	白色粉末，无可见杂质
4	B	白色粉末，无可见杂质
5	CP	白色粉末，无可见杂质
6	CS	白色粉末，无可见杂质

4.2 技术要求

聚偏氟乙烯树脂的技术要求应符合表 3 的规定。

表 3　聚偏氟乙烯技术要求

序号	项目	要求					
		M	E	F	B	CP	CS
1	溶解性	—	—	溶液澄清透明、无杂质	溶液澄清透明、无杂质	—	溶液澄清透明、无杂质
2	细度/μm　≤	—	—	—	—	—	25
3	熔体质量流动速率（MFR）/（g/10 min）	6.0～25.0	8.0～30.0	—	—	5.0～15.0	0.5～2.0
4	标准相对密度	1.77～1.79	1.77～1.79	1.75～1.77	1.75～1.77	1.77～1.79	1.75～1.77
5	熔点/ ℃	164～172	165～175	160～168	160～180	165～175	156～165
6	含水率/%　≤	—	—	0.1	0.1	0.1	0.1
7	热分解温度/ ℃　≥	—	—	—	—	—	380
8	旋转黏度/Pa·s　≥	—	—	0.45	3.5	—	—
9	特性黏度/（10^2 mL/g）	—	—	1.40～1.90	—	—	—
10	拉伸强度/MPa　≥	25	25	—	—	—	—
11	断裂伸长率/%　≥	20	20	—	—	—	—
12	硬度（邵氏 D）　≥	70	70	—	—	—	—

5　试验方法

警示——使用本文件的人员应有正规实验室工作的实践经验。本文件并未指出所有可能的安全问题。使用者有责任采取适当的安全和健康措施，并保证符合国家相关法规规定的条件。

5.1　外观

在自然光线下，目测检查。

5.2　试片

5.2.1　模具

采用图 1 所示的板框式模具。

图 1　板框式模具

模具的规格尺寸见表 4。

表 4 模具规格尺寸

材料	Ⅰ	Ⅱ	Ⅲ
	耐热模具钢		
模板尺寸/mm	170×170×3	170×170×5	100×100×5
模框外尺寸/mm	170×170	170×170	100×100
模框内尺寸/mm	120×120	120×120	60×60
模框厚度/mm	1	0.75	3

5.2.2 试片制备

5.2.2.1 标准相对密度用试片（除 E 型和 M 型树脂）

称取 26 g±1 g 树脂，放入板框式模具里（见图 1），模具尺寸为Ⅰ型（见表 4），在模板与树脂间铺垫一层厚度 0.07 mm 的退火铝箔，将模具放在已加热恒温至 230 ℃±5 ℃的液压机的下平板上，将液压机上平板降至与模具接触、不加压保持 10 min，慢慢升高压力至 8 MPa～10 MPa，保持 3 min 后取出模具，放入冷压机平板上，闭合上下平板，施加 4 MPa～6 MPa 的压力，冷却至室温后打开模具，取出试样，制成厚度为 1 mm 的试片，供测定标准相对密度用。

5.2.2.2 E 型和 M 型树脂标准相对密度和拉伸性能用试片

称取 22 g±1 g 树脂，放入板框式模具里（见图 1），模具尺寸为Ⅱ型（见表 4），在模板与树脂间铺垫一层厚度 0.07 mm 的退火铝箔，将模具放在已加热恒温至 202 ℃±2 ℃的液压机的下平板上，将液压机上平板降至与模具接触、不加压保持 5 min，慢慢升高压力至 5 MPa，并保持 5 min 后取出模具，立即用冷水淬火，冷却 1 min 后从模具中取出试片，剥掉铝箔制成的厚度为 0.75 mm 试片，供测定标准相对密度用。

5.2.2.3 测试拉伸性能用试片

将按 5.2.2.2 所制得的试片，按照 HG/T 2902—1997 规定的如图 2 试样冲切而成。

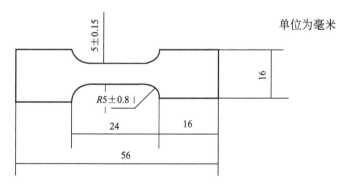

图 2 拉伸性能试样尺寸

5.2.2.4 硬度用试片

称取 80 g±1 g 树脂，放入板框式模具里（见图 1），模具尺寸为Ⅲ型（见表 4），在模板与树脂间铺垫一层厚度 0.07 mm 的退火铝箔，将模具放在已加热恒温至 200 ℃±5 ℃的液压机的下平板上，将液压机上平板降至与模具接触、不加压保持 5 min，慢慢升高压力至 5 MPa，并保持 1 min 后取出模具，放入冷压机平板上，闭合上下平板，施加 5 MPa 的压力，冷却至 60 ℃ 以下，从模具中取出试片剥掉铝箔。制成厚度为 3 mm 试片，试样大小应保证每个测量点与试样边缘距离不小于 6 mm，各测量点之间距离不小于 6 mm，供测定硬度用。

5.3 溶解性

按照表 5 的试验参数进行测试。准确称取试样，放入干燥的烧杯内，用无分度吸管准确吸取经 2—1 砂芯漏斗过滤的溶剂注入烧杯内，在室温下用磁力搅拌器搅拌 60 min。在 30 ℃±1 ℃下用磁力搅拌器搅拌至溶解。搅拌结束后在自然光线下，目测观察。

表 5 溶解性试验参数

项目	产品型号		
	F	B	CS
溶剂种类（分析纯）	二甲基乙酰胺（DMAC）	N-甲基吡咯烷酮（NMP）	N-甲基吡咯烷酮（NMP）
称取试样质量/g	5.0000±0.001	10.2800±0.001	10.2800±0.001
溶剂体积/mL	50.00	100.00	100.00
试验温度/℃	30	30	30

5.4 细度

5.4.1 试验仪器

5.4.1.1 搅拌砂磨分散多用机。

5.4.1.2 低温冷却液循环泵。

5.4.1.3 刮板细度计（0μm～100μm）、刮板细度计（0μm～50μm）、刮板细度计（0μm～25μm）。

5.4.1.4 基料：丙烯酸树脂：二甲苯：异氟尔酮=8：12：35（质量比）。

5.4.2 试样制备

开启低温冷却液循环泵开关，温度设置为 10 ℃，使搅拌砂磨分散多用机料缸温度保持在 10 ℃。称取 138 g±0.2 g 已配好的基料（5.4.1.4）置于搅拌砂磨分散多用机料缸中，安装分散叶片，并将分散叶片完全浸没于内基料内。开启多用机电源，使其低速转动，将已称取好的 112 g±0.2 g 样品慢慢倒入料缸，完全倒入后调节转速，在转速 3000 r/min±100 r/min 下分散样品 30 min。

5.4.3 试验步骤

按 GB/T 6753.1—2007 的规定测定 5.4.2 分散好基料的细度。

5.5 熔体质量流动速率

参照 GB/T 3682—2000 的规定进行实验，具体试验参数见表 6。

表6 熔体质量流动速率试验参数

项目	产品型号		
	M	E	CP/CS
样品质量/g	6～8		
温度/℃	230±2		
口模内径/mm	2.095±0.005		
口模长度/mm	8.000±0.025		
负载/kg	12.5	5	10
恒温时间/min	4		

5.6 标准相对密度

按 GB/T 1033.1—2008 中 A 法规定进行。试样根据型号要求选择按照 5.2.2.1 或 5.2.2.2 制备的试片冲切而成,试样尺寸为 25 mm×38 mm。

5.7 熔点

熔点按照 GB/T 19466.3—2004 的规定进行测定。称取约 10 mg±0.5 mg 样品,在氮气流速为 20 mL/min 的气氛下,以 10 ℃/min 的速率升(从室温开始)至 200 ℃,保持 10 min,以 10 ℃/min 的速率冷却至 50 ℃,保持 5 min。然后再以 10 ℃/min 的速率升温至 190 ℃,记录第二次熔融峰值,试验结果以整数表示。

5.8 含水率

按 HG/T 2902—1997 中 5.7 的规定进行测试和计算。

5.8.1 试验步骤

在已恒重的带盖称量皿中称取树脂(精确至 0.0001 g),将称量皿放入干燥箱中,按表 7 中的试验参数设定试验条件,干燥后取出称量皿,盖上盖,放入干燥器至少冷却 30 min 后再进行称量,计算树脂在干燥过程中的质量损失。

表7 含水率试验参数

项目	参数
样品质量/g	30±1
真空度/MPa	≤0.06
烘箱温度/℃	110±1
烘干时间/h	2

5.8.2 试验结果计算

水的质量分数按公式(1)计算:

$$X = \frac{m_1 - m_3}{m_1 - m_2} \times 100\% \qquad\qquad (1)$$

式中：

X——水的质量分数，%；

m_1——干燥前树脂、称量皿和盖的质量，g；

m_2——称量皿和盖的质量，g；

m_3——干燥后树脂、称量皿和盖的质量，g。

5.9 热分解温度的测定

5.9.1 试验仪器

热重分析仪（TGA）。

5.9.2 方法提要

CS 型树脂在热天平内，以等速升温过程中质量损失为 1% 时的温度作为样品的热分解温度。

5.9.3 试验步骤

称取 2 mg～5 mg（精确至 0.1 mg）样品，置于坩埚中，在氮气气氛中，以 10 ℃/min 的速率等速升温至样品完全分解，测得样品的温度-失重曲线。

5.9.4 试验结果与表示

根据温度-失重曲线得出样品质量损失 1% 时对应的温度即为样品的热分解温度。

5.10 旋转黏度

5.10.1 试验仪器

5.10.1.1 旋转式黏度计：带有同轴圆筒测量系统的旋转式黏度计。

5.10.1.2 单圆筒旋转黏度计。

5.10.1.3 恒温水浴槽：温度控制精度为 ±0.5 ℃。

5.10.2 试验步骤一（适用于 F 型）

将树脂按表 8 溶解后的样品置于恒温的测试容器中，调整至测试温度 30 ℃±0.5 ℃，确保时间充分达到测试温度，然后将合适测量范围的同轴测量的圆筒放入测量容器内，试验参数如表 8 所示。并完全浸没，开启仪器，待仪器稳定后，读取示值。

5.10.3 试验步骤二（适用于 B 型、CS 型）

将树脂按表 8 溶解后的样品置于恒温的测试容器中，调整至测试温度 30 ℃±0.5 ℃，确保时间充分达到测试温度，选择合适的转子和转速。试验如表 8 所示，将转子放入测量容器内，并完全浸没，开启仪器，待仪器稳定后，读取示值。

5.10.4 试验结果和表示

旋转黏度值直接从测定仪器上读取数据。同一样品测定两次，两次测量间隔 5 min。结果取其算术平均值。

表 8　旋转黏度试验参数

项目	产品型号		
	F	B	CS
旋转黏度计型号	5.10.1.1	5.10.1.2	5.10.1.2
溶剂	二甲基乙酰胺（DMAC）	N-甲基吡咯烷酮（NMP）	N-甲基吡咯烷酮（NMP）
样品质量/g	5.0000±0.001	10.2800±0.001	10.2800±0.001
溶剂体积/mL	50.00	100.00	100.00
溶剂浓度/(g/mL)	0.1	—	—
溶剂浓度/(g/g)	—	0.1	0.1

5.11　特性黏度

特性黏度的实验步骤按 GB/T 1632.1—2008 的第 8 章中的规定进行，做如下补充规定：

5.11.1　溶剂：二甲基乙酰胺。

5.11.2　试验温度：30.0 ℃±0.1 ℃。

5.11.3　溶液的制备：称取 105 ℃干燥 2 h 后试样 0.1650 g～0.1700 g（称准至 0.0001 g），置于 50 mL 容量瓶中，然后加入约 30 mL 经 2$^\#$砂芯漏斗过滤的二甲基乙酰胺隔夜溶解，待试样完全溶解后，将容量瓶移至 30 ℃±0.1 ℃的恒温水浴中至恒温后补加已恒温的 30 ℃的二甲基乙酰胺至刻度，摇匀。

5.11.4　黏度计采用图 3 稀释型乌氏黏度计，除贮液球体积增大外，其余尺寸参数符合 GB/T 30514—2014 表 B.4 中的 1 型黏度计。

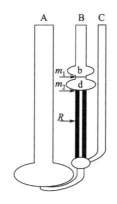

图 3　稀释型乌氏黏度计

5.11.5　四点法测试：浓度为起始浓度 c_0 的 1、2/3、1/2、1/3 倍。

5.11.6　试验结果的计算。

特性黏度按公式（2）计算：

$$\eta_r = t/t_0$$
$$n_{sp} = \eta_r - 1$$
$$[\eta] = [n_{sp}/c]c \rightarrow 0$$
$$= [\ln\eta_r/c]c \rightarrow 0 \quad \cdots\cdots\cdots\cdots\cdots\cdots (2)$$

式中：

η_r—— 相对黏度；

t ——F 型溶液流出毛细管时间，s；

t_0 —— 二甲基乙酰胺溶剂流出毛细管时间，s；

n_{sp}——增比黏度；

$[\eta]$——特性黏度，10^2 mL/g；

n_{sp}/c——比浓黏度，mL/g；

$\ln\eta_r/c$——比浓对数黏度，mL/g；

c——F 型溶液浓度，g/mL。

$[\eta]$ 可以由 4 个浓度的溶液的比浓黏度或比浓对数黏度在方格坐标纸上作图，通过各点作直线，外推至 $c \to 0$ 求得。此时，纵轴截距即为特性黏度 $[\eta]$（如图 4）。以两直线的纵轴截距的算术平均值作为特性黏度 $[\eta]$。

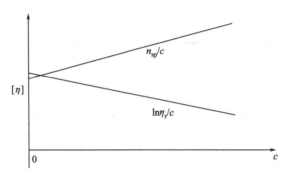

图 4　外推法测定特性黏度示意图

5.12　拉伸强度和断裂伸长率

5.12.1　试样

用 5.2.2.3 制备的试片。

5.12.2　状态调节

按 GB/T 2918—1998 规定的标准环境进行调节，调节时间至少 4 h。

5.12.3　操作步骤

按 GB/T 1040.1—2006 的规定进行，试验条件为：

a) 试验环境温度为 23 ℃±2 ℃；

b) 拉伸速度为 50 mm/min±5 mm/min。

5.13　硬度的测定

试样按 5.2.2.4 制备而成。

试样按 GB/T 2918—1998 规定的标准环境进行调节，调节时间至少 4 h。

使用邵氏 D 硬度计，按 GB/T 2411—2008 规定的步骤进行测试，测试 5 个值，并计算其平均值。

6　检验规则

6.1　检验分类

聚偏氟乙烯树脂检验分为出厂检验和型式检验。

6.2 出厂检验

聚偏氟乙烯树脂需经生产厂的质量检验部门按本文件检验合格并出具合格证后方可出厂。出厂检验按表9项目进行逐批检验。

表9 产品出厂检验项目汇总

项目	产品牌号					
	M	E	F	B	CP	CS
外观	检验	检验	检验	检验	检验	检验
溶解性	—	—	检验	检验	—	检验
细度	—	—	—	—	—	检验
熔体质量流动速率/(g/10 min)	检验	检验	—	—	—	检验
标准相对密度	检验	检验	—	—	—	检验
熔点/℃	—	—	—	—	—	—
含水率/%	—	—	检验	检验	检验	检验
热分解温度/℃	—	—	—	—	—	—
旋转黏度/Pa·s	—	—	检验	检验	检验	—
特性黏度/(10^2 mL/g)	—	—	检验	—	—	—
拉伸强度/MPa	—	—	—	—	—	—
断裂伸长率/%	—	—	—	—	—	—
硬度（邵氏 D）	—	—	—	—	—	—

6.3 型式检验

聚偏氟乙烯树脂型式检验为本文件第4章要求的所有项目。有下列情况之一时，应进行型式检验：

a) 新产品或老产品转厂生产的试制定型检定；

b) 正式生产后，如配方、原料、工艺改变，可能影响产品性能时；

c) 正常生产时，每年或根据客户需求进行一次检验；

d) 产品长期停产后，恢复生产时；

e) 出厂检验结果与上次型式检验结果有较大差异时；

f) 质量监督机构提出进行型式检验的要求时。

6.4 组批和抽样规则

以相同原料、相同配方、相同工艺生产的产品为一检验组批，其最大组批量不超过 5000 kg，每批随机抽取产品 1 kg，作为出厂检验样品。随机抽取产品 2 kg，作为型式检验样品。

6.5 判定规则

聚偏氟乙烯树脂所有检验项目合格，则产品合格；若出现不合格项，允许加倍抽样对不合格项进行复检。若复检合格，则判该批产品合格；若复检仍不合格，则判该批产品为不合格。

7 标志、包装、运输和贮存

7.1 标志

包装容器上的标志，根据 GB/T 191 的规定，在包装外侧有"怕晒""怕雨""向上""禁止滚动"等标志。

每批产品应附有质量检验报告单，每一包装件应有合格证，并标明：

a) 生产厂名称、地址、电话号码；

b) 产品名称、型号、批号；

c) 生产日期、保质期；

d) 净含量；

e) 生产单位、地址、邮编；

f) 产品标准号；

g) 注意事项。

7.2 包装

采用清洁、干燥、密封良好的铁桶、纸箱或塑料桶包装或根据客户要求进行包装。净含量可根据用户要求包装。

7.3 运输

运输、装卸工作过程，应轻装轻卸，防止撞击，避免包装破损，防止日晒、雨淋，应按照货物运输规定进行。

本文件规定的聚偏氟乙烯树脂为非危险品。

7.4 贮存

聚偏氟乙烯树脂应贮存在阴凉、干燥、通风的场所。防止日光直接照射，并应隔绝火源，远离热源。

在符合本文件包装、运输和贮存条件下，本产品自生产之日起，贮存期为两年。逾期可重新检验，检验结果符合本文件要求时，仍可继续使用。

氟碳共聚树脂溶液

Fluoroethylene and vinyl ester（ether）copolymer solution

前　言

本文件按照 GB/T 1.1—2009 给出的规则起草。

请注意本文件的某些内容可能涉及专利。本文件的发布机构不承担识别这些专利的责任。

本文件由中国氟硅有机材料工业协会提出。

本文件由中国氟硅有机材料工业协会标准化委员会归口。

本文件参加起草单位：山东华夏神舟新材料有限公司、陕西宝塔山油漆股份有限公司、上海三爱富新材料科技有限公司、中蓝晨光成都检测技术有限公司。

本文件主要起草人：王汉利、马慧荣、刘宪文、杨岱、陈敏剑、候兴志、王娅丽、沈青。

本文件版权归中国氟硅有机材料工业协会。

本文件由中国氟硅有机材料工业协会标准化委员会解释。

本文件为首次制定。

氟碳共聚树脂溶液

1 范围

本文件规定了氟碳共聚树脂溶液的技术术语、定义、技术要求、试验方法、检验规则、标志、包装、运输和储存。

本文件适用于以三氟氯乙烯或四氟乙烯或其它含氟烯烃与乙烯基单体共聚生产的氟碳共聚树脂溶液。

2 规范性引用文件

下列文件中的内容通过文中的规范性引用而构成本文件必不可少的条款。其中，注日期的引用文件，仅该日期对应的版本适用于本文件；不注日期的引用文件，其最新版本（包括所有的修改单）适用于本文件。

GB/T 191　包装储运图示标志

GB/T 1722—1992　清漆、清油及稀释剂颜色测定法

GB/T 1725—2007　色漆、清漆和塑料　不挥发物含量的测定

GB/T 2794—2013　胶黏剂黏度的测定　单圆筒旋转黏度计法

GB/T 3186—2006　色漆、清漆和色漆用原材料 取样

GB/T 6743—2008　塑料用聚酯树脂、色漆和清漆用漆基部分酸值和总酸值的测定

GB/T 9278—2008　涂料试样状态调节和试验的温湿度

GB/T 9750—1998　涂料产品包装标志

GB/T 12008.3—2009　塑料　聚醚多元醇　第2部分：羟值的测定

GB/T 13491—1992　涂料产品包装通则

GB 18581.1—2020　木器涂料中有害物质限量

HG/T 2458—1993　涂料产品检验、运输和贮存通则

HG/T 3792—2014　交联型氟树脂涂料

HJ 2537—2014　环境标志产品技术要求 水性涂料

JJF 1070—2005　定量包装商品含量计量检验规则

3 术语和定义

3.1

氟碳共聚树脂溶液　fluoroethylene and vinyl ester（ether）copolymer solution

三氟氯乙烯或四氟乙烯或其他含氟烯烃与乙烯基单体共聚得到的树脂溶液。

4 要求

4.1 外观

氟碳共聚树脂溶液的外观应为微黄透明液体，无可见机械杂质。

4.2 技术要求

技术要求应符合表1的规定。

表1 氟碳共聚树脂溶液技术要求

序号	试 验 项 目		技 术 指 标
1	不挥发物含量/%	≥	50
2	溶剂可溶物氟含量/%	≤	20
3	酸值（树脂液）/(mg/g)	≤	7
4	羟值（树脂液）/(mg/g)	≥	20
5	色度（铁-钴比色）	<	1
6	挥发性有机化合物（VOC）/(g/L)	≤	420
7	卤代烃（以二氯甲烷计）/(mg/kg)	≤	50
8	苯、甲苯、二甲苯、乙苯的总量/(mg/kg)	≤	50
9	游离甲醛/%	≤	0.5
10	游离甲醇/%	≤	0.3

5 试验方法

5.1 试料取样

产品按 GB/T 3186—2006 中 3.1 规定的生产批取样，即在同一条件下生产的一定数量的物料，使用取样勺取样。也可按商定方法取样。取样量根据检验需要确定。

5.2 试验环境

按 GB/T 9278—2008 的规定进行，样品放置在 23 ℃±2 ℃下 1 h 以上再进行试验，试验前用玻璃棒将样品搅拌均匀。

5.3 外观

打开包装容器，目视观察有无凝胶，用搅拌棒将混匀后的试样在清洁的玻璃板上涂布成均匀的薄层后观察有无可见机械杂质。

5.4 不挥发物含量

按 GB/T 1725—2007 的规定进行。其中，称量时选用 10 mL 的不带针头的注射器，用减量法称取试样（精确至 1 mg）至皿中。

5.5 溶剂可溶物氟含量

按 HG/T 3792—2005 中附录 B 的规定进行。

5.6 酸值

按 GB/T 6743—2008 中方法 A 的规定进行，方法 A 的计算中，本文件取 8.1.1 试样的部分酸值

（PAV）的计算，其中，树脂溶液的总质量作为试样质量 m_1。

5.7 羟值

按 GB/T 12008.3—2009 中方法 A 的规定进行，其中，4.6.1 结果的计算与表示中，本文件取树脂溶液的总质量作为试料的质量 m。

5.8 色度（铁钴比色）

按 GB/T 1722—1992 的规定进行，使用甲法（铁-钴比色法）进行测试，即以目视法将试样与一系列标有色阶标号的铁钴标准色阶溶液进行比较来评定结果。

5.9 挥发性有机化合物含量（VOC）

按 GB 18581—2009 中附录 A 的规定检测。

5.10 卤代烃（以二氯甲烷计）

按 HJ 2537—2014 的规定检测，即按 GB 18583—2008 中附录 E 的规定进行。

5.11 苯、甲苯、二甲苯、乙苯的总量

按 HJ 2537—2014 的规定检测，即按 GB 18582—2008 中附录 A 的规定进行，测试结果的计算按附录 A 中 A.7.3 进行。

5.12 游离甲醛含量

按 HJ 2537—2014 的规定检测，即按 GB 18582—2008 中附录 C 的规定进行。

5.13 游离甲醇含量

按 GB 18581—2009 中附录 B 的规定检测。

6 检验规则

6.1 出厂检验

氟碳共聚树脂溶液需经生产厂的质量检验部门按本文件检验合格并出具合格证后方可出厂。出厂检验项目包括：

    a）外观；

    b）不挥发物含量；

    c）溶剂可溶物氟含量；

    d）酸值；

    e）羟值；

    f）色度。

6.2 型式检验

氟碳共聚树脂溶液型式检验为本文件第 4 章要求的所有项目。有下列情况之一时，应进行型式检验：

    a）首次生产时；

b) 主要原材料或工艺方法有较大改变时；

c) 正常生产满一年时；

d) 停产后又恢复生产时；

e) 出厂检验结果与上次型式检验有较大差异时。

6.3 组批和抽样规则

以相同原料、相同配方、相同工艺生产的产品为一检验组批，其最大组批量不超过 1000 kg，每批随机抽产品 500 g，作为出厂检验样品。随机抽取产品 500 g，作为型式检验样品。

6.4 判定规则

氟碳共聚树脂溶液的所有检验项目合格，则产品合格；若出现不合格项，允许加倍抽样对不合格项进行复检。若复检合格，则判该批产品合格；若复检仍不合格，则判该批产品为不合格。

7 标志、包装、运输和贮存

7.1 标志

氟碳共聚树脂溶液的包装容器上的标志，根据 GB/T191 的规定，在包装外侧注明"向上""怕晒""怕雨"标志。

每批出厂产品均应附有一定格式的质量证明书，其内容包括：生产厂名称、地址、电话号码、产品名称、型号、批号、净质量或净容量、生产日期、保质期、注意事项和标准编号。

7.2 包装

氟碳共聚树脂溶液采用清洁、干燥、密封良好的衬塑钢桶包装。净含量及允许误差按 JJF 1070—2005 的规定执行。

7.3 运输

运输、装卸工作过程，应轻装轻卸，防止撞击，避免包装破损，防止日晒、雨淋，应按照货物运输规定进行。

本文件规定的氟碳共聚树脂溶液为危险化学品。

7.4 贮存

氟碳共聚树脂溶液应贮存在阴凉、干燥、通风的场所。防止日光直接照射，并应隔绝火源，远离热源。

在符合本文件包装、运输和贮存条件下，本产品自生产之日起，贮存期为一年。逾期可重新检验，检验结果符合本文件要求时，仍可继续使用。

聚全氟乙丙烯树脂

Perfluorinated ethylene-propylene copolymer

前 言

本文件按照 GB/T 1.1—2009 给出的规则起草。

请注意本文件的某些内容可能涉及专利。本文件的发布机构不承担识别这些专利的责任。

本文件由中国氟硅有机材料工业协会提出。

本文件由中国氟硅有机材料工业协会标准化委员会归口。

本文件参加起草单位：山东华夏神舟新材料有限公司、浙江巨化股份有限公司氟聚厂、上海三爱富新材料科技有限公司、中蓝晨光成都检测技术有限公司。

本文件主要起草人：王汉利、徐清钢、陈伟峰、杨岱、陈敏剑、李秀芬、周厚高、沈青。

本文件版权归中国氟硅有机材料工业协会。

本文件由中国氟硅有机材料工业协会标准化委员会解释。

本文件为首次制定。

聚全氟乙丙烯树脂

1 范围

本文件规定了聚全氟乙丙烯树脂的产品分类、要求、试验方法、检验规则以及标志、包装、运输和贮存。

本文件适用于由四氟乙烯和六氟丙烯为原料制得的聚全氟乙丙烯树脂。

2 规范性引用文件

下列文件中的内容通过文中的规范性引用而构成本文件必不可少的条款。其中，注日期的引用文件，仅该日期对应的版本适用于本文件；不注日期的引用文件，其最新版本（包括所有的修改单）适用于本文件。

GB/T 191—2008 包装储运图示标志

GB/T 1040.1—2006 塑料 拉伸性能的测定 第 1 部分：总则

GB/T 1033.1—2008 塑料 非泡沫塑料宽度的测定 第 1 部分：浸渍法、液体比重法和滴定法

GB/T 1409—2006 测量电气绝缘材料在工频、音频、高频（包括米波波长在内）下电容率和介质损耗因数的推荐方法

GB/T 1844.1—2008 塑料 符号和缩略语 第 1 部分：基础聚合物及其特征性能

GB/T 2408—2008 塑料 燃烧性能的测定 水平法和垂直法

GB/T 2918—2018 塑料 试样状态调节和试验和标准环境

GB/T 3682.1—2018 塑料 热塑性塑料熔体质量流动速率（MFR）和熔体体积流动速率（MVR）的测定 第 1 部分：标准方法

GB/T 7141—2008 塑料热老化试验方法

GB/T 19466.1—2004 塑料 差示扫描量热法（DSC） 第 1 部分：通则

HG/T 2904—1997 模塑和挤塑用聚全氟乙丙烯树脂

3 命名与分型

3.1 基本名称

按 GB/T 1844 的规定，聚全氟乙丙烯的缩写为 FEP。

3.2 格式

聚全氟乙丙烯树脂命名格式如下：

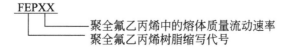

示例：

熔体质量流动速率为 0.8 g/10 min～2.0 g/10 min 的聚全氟乙丙烯树脂命名为：

FEP01
├── 聚全氟乙丙烯中的熔体质量流动速率
└── 聚全氟乙丙烯树脂缩写代号

3.3 分型规则

聚全氟乙丙烯树脂按熔体质量流动速率的不同分为 FEP01、FEP02、FEP03、FEP04、FEP05、FEP06 六个型号，其分型规则见表 1。

表 1　分型规则

型号	FEP01	FEP02	FEP03	FEP04	FEP05	FEP06
熔体质量流动速率/(g/10 min)	0.8～2.0	2.1～5.0	5.1～12.0	12.1～20.0	20.1～28.0	＞28.0

4　技术要求

聚全氟乙丙烯树脂的理化性能指标应符合表 2 的要求。

表 2　聚全氟乙丙烯树脂技术要求

序号	项目		要求					
			FEP01	FEP02	FEP03	FEP04	FEP05	FEP06
1	外观		聚全氟乙烯树脂的外观要求应为半透明颗粒，含有可见黑点的颗粒数不超过 1%					
2	熔体质量流动速率/(g/10 min)		0.8～2.0	2.1～5.0	5.1～12.0	12.1～20.0	20.1～28.0	＞28.0
3	拉伸强度/MPa	≥	30.0	26.5	22.0	20.0	18.0	16.0
4	断裂伸长率/%	≥	300	310	310	295	275	275
5	相对密度		2.12～2.17					
6	熔点/℃		260±10					
7	介电常数（10^6 Hz）	≤	2.15					
8	介质损耗角正切（10^6 Hz）	≤	$7.0×10^{-4}$					
9	挥发分/%	≤	0.6					
10	耐热应力开裂试验		不裂	不裂	—			
11	老化性能（拉伸强度残留率）/% ≥		75					
12	老化性能（断裂伸长率残留率）/% ≥		75					
13	阻燃性		V-0					

5 试验方法

5.1 试片制备

5.1.1 模具

采用图 1 所示的板框式模具，其技术条件如下：

图 1 板框式模具示意图

a) 材料：耐热模具钢；

b) 模板尺寸：170 mm×170 mm×2 mm；

c) 模框外尺寸：170 mm×170 mm；

d) 模框内尺寸：120 mm×120 mm；

e) 模框厚度：0.7 mm、1.5 mm、2.0 mm、3.0 mm。

5.1.2 操作步骤

a) 称取 51 g±1 g 聚全氟乙丙烯树脂，放入模框厚度为 1.5 mm 的模具内。

b) 在模板和聚全氟乙丙烯树脂间铺垫一层厚度约 0.07 mm 的退火铝箔，将模具放在已加热至 325 ℃±10 ℃ 的液压机的下平板上，将液压机上平板下降至与模具接触，不加压保持 2 min～4 min，加 1 MPa 的压力，保持 1 min～5 min。然后，施加 2 MPa～4 MPa 的压力，保持 1 min～5 min。液压机平板温度始终保持 325 ℃±10 ℃。取出模具放入冷压机平板上，闭合上下平板，施加 2 MPa～4 MPa 的压力，在冷却至 200 ℃ 之前，须维持此压力。当模具冷却至 50 ℃～60 ℃ 时，从模具中取出试片剥掉铝箔。

5.1.2.1 制成的厚度为 1.5 mm±0.2 mm 的试片，供测定拉伸强度、断裂伸长率、老化性能、相对密度和阻燃性能用。

5.1.2.2 称取 68 g±1 g 聚全氟乙丙烯树脂，放入模框厚度为 2.0 mm 的模具内，重复 5.1.2 中 b) 的操作步骤，制成厚度为 2.0 mm±0.2 mm 的试片，供测定电性能用。

5.1.2.3 称取 102 g±1 g 聚全氟乙丙烯树脂，放入模框厚度为 3.0 mm 的模具内，重复 5.1.2 中 b) 的操作步骤，制成厚度为 3.0 mm±0.2 mm 的试片，供测定耐热应力开裂和阻燃性能用。

5.2 外观

取约 500 粒树脂在自然光下目测检验含可见的黑点粒子数，按公式（1）计算其百分数。

$$N = \frac{n}{500} \times 100\% \qquad \cdots\cdots\cdots\cdots\cdots\cdots\cdots\cdots\cdots (1)$$

式中：

N——含可见黑点的粒子百分数，%；

n——含可见黑点的粒子数。

5.3 熔体质量流动速率

按 GB/T 3682 的规定进行，其中：

a) 温度：372 ℃±1 ℃；

b) 负荷：5 kg；

c) 口模内径：2.095 mm±0.005 mm。

切样时间间隔和取样条数，如表3所示。

表3 切样条件

熔体质量流动速率/(g/10 min)	时间间隔/s	切取样条数
0.8~2.0	40	5
2.1~5.0	20	5
5.1~12.0	10	5
12.1~20.0	3	5
20.1~28.0	3	5
>28.0	3	5

5.4 拉伸强度和断裂伸长率

5.4.1 试样

试样由5.1.2.1制得的试片冲切而成，其尺寸如图2所示。

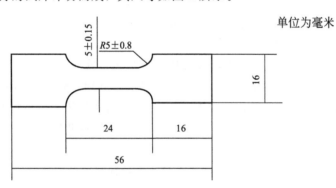

图2 拉伸试样尺寸

5.4.2 状态调节

按GB/T 2918规定的标准环境进行调节，调节时间至少4 h。

5.4.3 操作步骤

按GB/T 1040规定的进行，其中：

a) 试验环境温度为23 ℃±2 ℃；

b) 拉伸速度为50 mm/min±5 mm/min；

c) 夹具夹持试样两段的长度相等，夹具间距为24 mm。

断裂伸长率按公式（2）计算：

$$\varepsilon_t = \frac{L - L_0}{L_0} \times 100\% \qquad \cdots\cdots\cdots\cdots\cdots (2)$$

式中：

ε_t——断裂伸长率，%；

L_0——试样初始长度，mm；

L ——试样断裂时的长度，mm。

实验结果以每组试样的算术平均值表示，每个试验值的相对偏差不得超过±10％，若超过±10％则将该值舍去，舍去后试样个数不少于 3 个。

5.5　相对密度

按 GB/T 1033.1—2008 中 A 法规定进行，试样由 5.1.2.1 制备的试片冲切而成，其尺寸为 38 mm×25 mm。

5.6　熔点

按 GB/T 19466.1—2001 的规定进行测定，其中试样质量为 20 mg±0.5 mg。

5.7　介电常数和介质损耗角正切

按 GB/T 1409—2006 的规定进行测定，测定频率为 10^6 Hz，试样由 5.1.2.2 制备的试片冲切而成。

5.8　挥发分

挥发分系指样品在规定温度下保持一定的时间后的质量损失百分比。

5.8.1　操作步骤

a)　样品处理：将待测样品去足量置于一只铝盒中放于干燥器中保持 2 h 做预处理，以除去样品表面的水分；

b)　在已恒重的铝盒中精确称量 3.6 g±0.1 g 聚全氟乙丙烯树脂（精确至 0.0001 g）；

c)　将铝盒放入已恒温至 385 ℃±1 ℃ 的烧结炉内保持 30 min；

d)　时间到达立即从烧结炉中取出小铝盒，放入干燥器冷却至室温，冷却时间至少 30 min 以上；

e)　冷却完成后进行称量，计算树脂在干燥过程中的质量损失（精确至 0.0001 g）。

5.8.2　结果计算

挥发分按公式（3）计算：

$$V=\frac{m_2-m_3}{m_2-m_1}\times100\%$$ ·····················（3）

式中：

V——挥发分，％；

m_1——加热前铝盒质量，g；

m_2——加热前铝盒和树脂质量，g；

m_3——加热后铝盒和树脂质量，g。

试验结果以两个试样的算术平均值表示，取小数点后两位数字。

5.9　耐热应力开裂试验

按照 HG/T 2904—1997 中 5.10 的规定进行测定。

5.10　老化性能

按 GB/T 7141—2008 中 8.0 规定的试验步骤进行测试，测试温度为 232 ℃±1 ℃，恒温时间为 168 h，试样由 5.1.2.1 制备的试片冲切而成,试片尺寸参照 5.4.1 试片尺寸。

拉伸强度老化残留率试验结果按公式(4)计算:

$$R_m = \frac{R_{m1} - R_{m0}}{R_{m1}} \times 100\%$$ ....(4)

式中:

R_m——拉伸强度老化残留率,%;

R_{m0}——老化后拉伸强度,MPa;

R_{m1}——老化前拉伸强度,MPa。

断裂伸长率老化残留率试验结果按公式(5)计算:

$$\varepsilon_t = \frac{\varepsilon_{t1} - \varepsilon_{t0}}{\varepsilon_{t1}} \times 100\%$$ ....(5)

式中:

ε_t——断裂伸长率老化残留率,%;

ε_{t0}——老化后断裂伸长率,%;

ε_{t1}——老化前断裂伸长率,%。

试验结果以每组试样的算术平均值表示,每个试验值的相对偏差不得超过±10%,若超过10%则将该值舍去,舍去后试样个数不少于3个,试验结果取小数点后一位数字。

5.11 阻燃性

按 GB/T 2408—2008 中第9节试验方法 B-垂直燃烧法进行测定。试样由 5.1.2.1 制备的试片冲切而成,试片长度 125 mm,宽度 13 mm,厚度 1.5 mm 和 3 mm。

阻燃性等级判定标准见表4。

表4 垂直燃烧级别

阻燃等级	条件				
	单个试样余焰燃烧时间/s	任一状态调节的一组试样总的余焰时间/s	第二次施加火焰后单个试样的余焰加上余辉时间/s	余焰和(或)余辉是否蔓延到夹具	火焰颗粒或滴落物是否引燃棉垫
V-0	≤10	≤50	≤30	否	否
V-1	≤30	≤250	≤60	否	否
V-2	≤30	≤250	≤60	否	是

6 检验规则

6.1 检验分类

聚全氟乙丙烯树脂检验分为出厂检验和型式检验。

6.2 出厂检验

聚全氟乙丙烯树脂需经生产厂的质量检验部门按本文件出厂检验合格并出具合格证后方可出厂。出厂检验项目为:

a) 外观;

b) 熔体质量流动速率；

c) 拉伸强度和拉断伸长率。

6.3 型式检验

聚全氟乙丙树脂型式检验为本文件第 4 章要求的所有项目。有下列情况之一时，应进行型式检验：

a) 首次生产时；

b) 主要原材料或工艺方法有较大改变时；

c) 正常生产满一年时；

d) 停产后又恢复生产时；

e) 出厂检验结果与上次型式检验有较大差异时；

f) 质量监督机构提出要求或供需双方发生争议时。

6.4 组批和抽样规则

以相同原料、相同配方、相同工艺生产的产品为一检验组批，其最大组批量不超过 5000 kg，每批随机抽产品 0.5 kg，作为出厂检验样品。随机抽取产品 0.5 kg，作为型式检验样品。

6.5 判定规则

所有检验项目合格，则产品合格；若出现不合格项，允许加倍抽样对不合格项进行复检。若复检合格，则判该批产品合格；若复检仍不合格，则判该批产品为不合格。

7 标志、包装、运输和贮存

7.1 标志

聚全氟乙丙烯树脂的包装容器上的标志，根据 GB/T191 的规定，在包装外侧注明"防雨""防晒""轻放"标志。

每批出厂产品均应附有一定格式的质量证明书，其内容包括：生产厂名称、地址、电话号码、产品名称、型号、批号、净质量或净容量、生产日期、保质期、注意事项和标准编号。

7.2 包装

聚全氟乙丙烯树脂采用清洁、干燥、密封良好的聚乙烯塑料袋包装或根据用户要求。净质量可根据用户要求包装。

7.3 运输

运输、装卸工作过程，应轻装轻卸，防止撞击，避免包装破损，防止日晒、雨淋，应按照货物运输规定进行。

本文件规定的聚全氟乙丙树脂为非危险品。

7.4 贮存

聚全氟乙丙树脂应贮存在阴凉、干燥、通风的场所。防止日光直接照射，并应隔绝火源，远离热源。

在符合本文件包装、运输和贮存条件下，本产品自生产之日起，贮存期为一年。逾期可重新检验，检验结果符合本文件要求时，仍可继续使用。

聚全氟乙丙烯浓缩分散液

Perfluorinated ethylene-propylene dispersion

前 言

本文件按照 GB/T 1.1—2009 给出的规则起草。

请注意本文件的某些内容可能涉及专利。本文件的发布机构不承担识别这些专利的责任。

本文件由中国氟硅有机材料工业协会提出。

本文件由中国氟硅有机材料工业协会标准化委员会归口。

本文件参加起草单位：山东华夏神舟新材料有限公司、上海三爱富新材料科技有限公司、浙江巨化股份有限公司氟聚厂、中蓝晨光成都检测技术有限公司。

本文件主要起草人：王汉利、徐清钢、苏琴、叶怀英、陈敏剑、李秀芬、杨岱、余兰仙。

本文件版权归中国氟硅有机材料工业协会。

本文件由中国氟硅有机材料工业协会标准化委员会解释。

本文件为首次制定。

聚全氟乙丙烯浓缩分散液

1 范围

本文件规定了聚全氟乙丙烯浓缩分散液的要求、试验方法、检验规则以及标志、包装、运输和贮存。

本文件适用于由四氟乙烯与六氟丙烯共聚而成的聚全氟乙丙烯浓缩分散液。

2 规范性引用文件

下列文件中的内容通过文中的规范性引用而构成本文件必不可少的条款。其中，注日期的引用文件，仅该日期对应的版本适用于本文件；不注日期的引用文件，其最新版本（包括所有的修改单）适用于本文件。

GB/T 191—2008　包装储运图示标志

GB/T 3682.1—2018　塑料　热塑性塑料熔体质量流动速率（MFR）和熔体体积流动速率（MVR）的测定　第1部分：标准方法

GB/T 6678—2003　化工产品采样总则

GB/T 6680—2003　液体化工产品采样通则

GB/T 9724—2007　化学试剂　pH值测定通则

3 分型与命名

3.1 分型规则

聚全氟乙丙烯浓缩分散液分为环保型和常规型。为了表示区分，将环保型定为Ⅰ级，常规型定为Ⅱ级。

注：环保型是鼓励的，常规型的是近期内可行的但是逐年会根据政策淘汰的。

在环保型和常规型两个种类的产品中，分别根据熔体流动速率的不同又各自分型。

环保型（Ⅰ级）的聚全氟乙丙浓缩分散液分型规则如表1所示。Ⅰ型产品的定义为生产中不使用全氟辛酸类助剂和NP-10\OP-10\TX-10等含苯聚氧乙烯醚类助剂。

表1　环保型的聚全氟乙丙浓缩分散液分型规则

型号	熔体质量流动速率/(g/10 min)
FEP-I-D1	2.0～5.0
FEP-I-D2	5.1～8.0

常规型（Ⅱ级）的聚全氟乙丙浓缩分散液分型规则如表2所示。

表2　常规型的聚全氟乙丙浓缩分散液分型规则

型号	熔体质量流动速率/(g/10 min)
FEP-Ⅱ-D1	2.0～5.0
FEP-Ⅱ-D2	5.1～8.0

3.2 命名示例

聚全氟乙丙烯浓缩分散液命名格式如下：

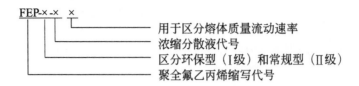

示例：

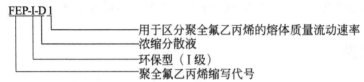

该命名代表是环保型的、熔体流动速率在 2.0 g/10 min～5.0 g/10 min 之间的聚全氟乙丙烯浓缩分散液。

4 要求

4.1 外观

聚全氟乙丙烯浓缩分散液的外观应为乳白色或淡黄色半透明水分散液。

4.2 技术要求

聚全氟乙丙烯浓缩分散液理化性能指标应符合表 3 的要求。

表 3 聚全氟乙丙烯浓缩分散液技术要求

序号	项目	技术要求			
		FEP-X-D1		FEP-X-D2	
		Ⅰ	Ⅱ	Ⅰ	Ⅱ
1	固含量/%	50.0±2.0			
2	表面活性剂质量分数/%	6.0±1.0			
3	pH 值	7.5-10.5			
4	熔体质量流动速率/(g/10 min)	2.0～5.0		5.1～8.0	
5	PFOA 含量	不得检出	待定	不得检出	待定

5 试验方法

5.1 外观

外观的测试采用目测法。

5.2 固含量及表面活性剂质量分数

5.2.1 仪器

——铝盒；

——干燥器；

——烧结炉；

——烘箱。

5.2.2 操作步骤

用已烘干至恒重的铝盒称取试样 10 g（精确至 0.0001 g）放于烘箱中，在 120 ℃±2 ℃下烘干至恒重（约 60 min），取出放入干燥器中冷却至室温，称重，将称重后的铝盒放入恒温至 320 ℃±2 ℃的烧结炉中至恒重（约 60 min），取出放入干燥器中至室温并称重。

5.2.3 计算

以质量分数表示的固含量 X_1（%）按公式（1）计算：

$$X_1 = \frac{m_2}{m} \times 100\%$$ .... （1）

以质量分数表示的表面活性剂含量 X_2（%）按式（2）计算：

$$X_2 = \frac{m_1 - m_2}{m} \times 100\%$$ .... （2）

式中：

m ——试样质量，g；

m_1 ——烘干后试样质量，g；

m_2 ——烧结后试样质量，g。

5.2.4 允许误差

取平行测定结果的算术平均值作为试样结果，平行测定结果之差应不大于 0.3%。

5.3 pH 值

按 GB/T 9724—2007 的规定进行。

5.4 熔体质量流动速率

5.4.1 制样

a) 破乳：用干净的量筒取 200 mL 乳液和 400 mL 纯水，加入容积为 1 L 的捣碎桶中。将捣碎桶盖盖好后，在 10000 r/min 转速下，搅拌 60 s 后，充分破乳，停止搅拌。

b) 洗涤：将其桶内水分大部分倒掉后，重新量取 400 mL 纯水，加入捣碎桶中，在 10000 r/min 转速下，搅拌 30 s，进行洗涤 1 次。

c) 烘干：洗涤结束后，将捣碎桶内粉料倒入 80 目尼龙滤袋中，去除明水。然后取 20 g 无明水的粉料放置在铝盒内，放入 120 ℃烘箱内，烘干 2 h，恒重后取出，放干燥器中自然降温至室温，得到的干燥样品用于熔体质量流动速率的测定。

5.4.2 测定

按 GB/T 3682—2000 的规定进行，其中：

a) 温度 372 ℃±1 ℃；

b) 负荷：5 kg；

c) 口模内径：2.095 mm±0.005 mm；

d) 切样时间间隔和取样条数，如表 4 所示。

表 4 切样条件

熔体质量流动速率/(g/10 min)	时间间隔/s	切取样条数
2.0～5.0	10	5
5.1～8.0	10	5

6 检验规则

6.1 检验分类

聚全氟乙丙烯浓缩分散液检验分为出厂检验和型式检验。

6.2 出厂检验

聚全氟乙丙烯浓缩分散液需经生产厂的质量检验部门按本文件检验合格并出具合格证后方可出厂。出厂检验项目为：

a) 外观；

b) 固含量；

c) 表面活性剂质量分数；

d) pH 值；

e) 熔体流动速率。

6.3 型式检验

聚全氟乙丙烯浓缩分散液型式检验为本文件第 4 章要求的所有项目。有下列情况之一时，应进行型式检验：

a) 首次生产时；

b) 主要原材料或工艺方法有较大改变时；

c) 正常生产满一年时；

d) 停产后又恢复生产时；

e) 出厂检验结果与上次型式检验有较大差异时；

f) 质量监督机构提出要求或供需双方发生争议时。

6.4 组批和抽样规则

以相同原料、相同配方、相同工艺生产的产品为一检验组批，其最大组批量不超过 3000 kg，每批随机抽产品 500 mL，作为出厂检验样品。随机抽取产品 500 mL，作为型式检验样品。

6.5 判定规则

所有检验项目合格，则产品合格；若出现不合格项，允许加倍抽样对不合格项进行复检。若复检合格，则判该批产品合格；若复检仍不合格，则判该批产品为不合格。

7 标志、包装、运输和贮存

7.1 标志

聚全氟乙丙烯浓缩分散液的包装容器上的标志，根据 GB/T 191 的规定，在包装外侧注明"怕雨""向上"标志。

每批出厂产品均应附有一定格式的质量证明书，其内容包括：生产厂名称、地址、电话号码、产品名称、型号、批号、净质量或净容量、生产日期、保质期、注意事项和标准编号。

7.2 包装

聚全氟乙丙烯浓缩分散液采用清洁、密封塑料桶包装或根据客户要求包装。净含量可根据用户要求包装。

7.3 运输

为防止浓缩液发生凝聚沉淀，在运输过程中应避免剧烈振荡、防止撞击，避免高温、日晒、严寒、冰冻，应按照货物运输规定进行，并尽可能做到满桶包装。

本文件规定的聚全氟乙丙烯浓缩分散液为非危险品。

7.4 贮存

聚全氟乙丙烯浓缩分散液应在环境温度 5 ℃～30 ℃下贮存，应防止冰冻，并保持环境整洁。防止日光直接照射，并应隔绝火源，远离热源。为防止聚全氟乙丙烯浓缩分散液沉淀，每月至少应摇动容器或将乳液缓缓搅动两次。

在符合本文件包装、运输和贮存条件下，本产品自生产之日起，贮存期为 0.5 年。逾期后弃用。

涂料用聚四氟乙烯分散乳液

Polytetrafluoroethylene resin for coating

前 言

本文件按照 GB/T 1.1—2009 给出的规则起草。

请注意本文件的某些内容可能涉及专利。本文件的发布机构不承担识别这些专利的责任。

本文件由中国氟硅有机材料工业协会提出。

本文件由中国氟硅有机材料工业协会标准化委员会归口。

本文件参加起草单位：浙江巨圣氟化学有限公司、中蓝晨光化工研究设计院有限公司、中蓝晨光成都检测技术有限公司。

本文件主要起草人：陈伟峰、余兰仙、陈敏剑、谢鹏、叶怀英。

本文件版权归中国氟硅有机材料工业协会。

本文件由中国氟硅有机材料工业协会标准化委员会解释。

本文件为首次制定。

涂料用聚四氟乙烯分散乳液

1 范围

本文件规定了涂料用聚四氟乙烯分散乳液的技术要求、试验方法、检验规则、标志、包装、运输、贮存和安全。

本文件适用于四氟乙烯经分散聚合制备的不含全氟辛酸（PFOA）的聚四氟乙烯分散乳液。主要用于不粘涂料。

2 规范性引用文件

下列文件中的内容通过文中的规范性引用而构成本文件必不可少的条款。其中，注日期的引用文件，仅该日期对应的版本适用于本文件；不注日期的引用文件，其最新版本（包括所有的修改单）适用于本文件。

GB/T 191　包装储运图示标志

GB/T 2794　胶黏剂黏度的测定　单圆筒旋转黏度计法

GB/T 6680　液体化工产品采样通则

GB/T 8170　数值修约规则与极限数值的表示和判定

GB/T 8325　聚合物和共聚物水分散体　pH 值测定方法

GB/T 28606　涂料中全氟辛酸及其盐的测定　高效液相色谱-串联质谱法

ASTM D4441-15　聚四氟乙烯水分散液标准规范

3 技术要求

涂料用聚四氟乙烯分散乳液控制指标应符合表 1 的技术要求。

表 1　技术要求

检验项目	质量指标
外观	乳白色或淡黄色水分散液
固含量（质量分数）/%	60±2
表面活性剂含量（质量分数）/%	4.0～7.5
pH 值	8～10
黏度/mPa·s	10～100
全氟辛酸（PFOA）（质量分数）/%	不得检出

4 试验方法

4.1 外观的测定

自然光线下目测。

4.2 固含量与表面活性剂含量的测定

按 ASTM D4441—15 中 8.3 的规定进行测定。

4.3 pH 值的测定

按 GB/T 8325 的规定进行测定。

4.4 黏度的测定

按 GB/T 2794 的规定进行测定：
水浴温度 25 ℃±1 ℃；
高型烧杯：250 mL；
试样：200 mL。

4.5 全氟辛酸（PFOA）的测定

按 GB/T 28606 的规定进行测定。

5 检验规则

5.1 检验分类

涂料用聚四氟乙烯分散乳液检验分为出厂检验和型式检验。

5.2 出厂检验

涂料用聚四氟乙烯分散乳液需经生产厂的质量检验部门按本文件检验合格并出具合格证后方可出厂。
出厂检验项目为：

    a) 外观；

    b) 固含量；

    c) 表面活性剂含量；

    d) pH 值；

    e) 黏度。

5.3 型式检验

涂料用聚四氟乙烯分散乳液型式检验为本文件第 3 章要求的所有项目。有下列情况之一时，应进行型式检验：

    a) 首次生产时；

    b) 主要原材料或工艺方法有较大改变时；

    c) 正常生产满一年时；

d) 停产后又恢复生产时；

e) 出厂检验结果与上次型式检验有较大差异时；

f) 质量监督机构提出要求或供需双方发生争议时。

5.4 组批和抽样规则

以相同原料、相同配方、相同工艺生产的产品为一检验组批，每批产品按 GB/T 6680 中多相液体采样的要求，随机选取取样单元。取样量约为 500 mL，小心混合均匀，然后贴上有产品名称、批号、生产日期等的标签。

5.5 判定规则

检验结果的判定按 GB/T 8170 规定的修约值比较法进行。所有检验项目合格，则产品合格；若出现不合格项，允许加倍抽样对不合格项进行复检。若复检合格，则判该批产品合格；若复检仍不合格，则判该批产品为不合格。

6 标志、包装、运输和贮存

6.1 标志

本产品的包装桶上应有牢固清晰的标识，标明生产厂名、产品名称、商标、生产单位、GB/T 191 规定的"怕晒"标志等。

每一包装桶上应有产品合格证，内容包括：产品名称、批号、产品标准号、净含量、生产日期、标准编号等。

6.2 包装

涂料用聚四氟乙烯分散乳液应包装在密封的聚乙烯塑料桶中，每桶净含量为 25 kg，还可以根据用户的要求进行包装。

6.3 运输

本产品按非危险品运输，运输时应避免剧烈振动、高温、日晒、严寒、冰冻。

6.4 贮存

本产品的适宜贮存温度为 5 ℃～25 ℃。

7 安全

警告——使用本文件的人员应熟悉实验室的常规操作。本文件未涉及与使用有关的安全问题。使用者有责任建立适宜的安全和健康措施并确保首先符合国家的相关规定。

反复浸渍用聚四氟乙烯分散浓缩液

Polytetrafluoroethylene（PTFE）dispersion for impregnating repeatedly

前 言

本文件按照 GB/T 1.1—2020《标准化工作导则 第 1 部分：标准化文件的结构和起草规则》给出的规定起草。

请注意本文件的某些内容可能涉及专利。本文件的发布机构不承担识别这些专利的责任。

本文件由中国氟硅有机材料工业协会提出。

本文件由中国氟硅有机材料工业协会标准化委员会归口。

本文件起草单位：山东东岳高分子材料有限公司、上海华谊三爱富新材料有限公司、浙江巨圣氟化学有限公司、中蓝晨光成都检测技术有限公司、中蓝晨光化工研究设计院有限公司。

本文件主要起草人：陈越、隋晓嫒、杨岱、孟庆文、陈敏剑、张彦君、苏琴、余兰仙、董光辉。

本文件版权归中国氟硅有机材料工业协会。

本文件由中国氟硅有机材料工业协会标准化委员会解释。

本文件为首次制定。

反复浸渍用聚四氟乙烯分散浓缩液

1 范围

本文件规定了反复浸渍用聚四氟乙烯分散浓缩液的技术要求、试验方法、检验规则、标志、包装、运输和贮存。

本文件适用于分散聚合法制得的反复浸渍用聚四氟乙烯分散浓缩液。

2 规范性引用文件

下列文件中的内容通过文中的规范性引用而构成本文件必不可少的条款。其中，注日期的引用文件，仅该日期对应的版本适用于本文件；不注日期的引用文件，其最新版本（包括所有的修改单）适用于本文件。

GB/T 191 包装储运图示标志

GB/T 3880.1 一般工业用铝及铝合金板、带材 第 1 部分：一般要求

GB/T 6678 化工产品采样总则

GB/T 6680 液体化工产品采样通则

GB/T 8170 数值修约规则与极限数值的表示和判定

GB/T 9271 色漆和清漆 标准试板

GB/T 22592 水处理剂 pH 值测定方法通则

3 术语和定义

下列术语和定义适用于本文件。

3.1

二次涂覆性 performance of the second time coating

在一次浸渍、烧结完成的聚四氟乙烯涂层表面再次浸渍聚四氟乙烯分散浓缩液，目视观察第二次浸渍面的外观能否完全浸渍上分散浓缩液。

4 技术要求

反复浸渍用聚四氟乙烯分散浓缩液应符合表 1 的技术要求。

表 1 技术要求

序号	特性	特性值	试验方法
1	外观	白色或微黄色乳液	5.1
2	固含量/%	60±2	5.2
3	表面活性剂含量/%	4.0~8.0	5.3
4	pH 值	9.0~11.0	5.4
5	黏度（25 ℃±1 ℃）/mPa·s	12.0~30.0	5.5
6	二次涂覆性	合格	5.6

5 试验方法

5.1 外观

在自然光线下目视检查。

5.2 固含量的测定

5.2.1 比重计测定法

5.2.1.1 仪器设备

a) 玻璃比重计，量程为 1.400~1.600，精度为±0.001；
b) 量筒，量程 250 mL±2 mL。

5.2.1.2 试验步骤

a) 试验前，将聚四氟乙烯分散浓缩液在 22 ℃~25 ℃状态下至少调节 2 h；
b) 首先，将搅拌均匀的聚四氟乙烯分散浓缩液慢慢倒入干燥的量筒中，量取 250 mL±2 mL，加入过程应放慢速度，避免产生过多的气泡；然后，将玻璃比重计慢慢放入装有聚四氟乙烯分散浓缩液的量筒中，使比重计能够飘起，待稳定 1 min~3 min 后，方可读数，读数精确到 0.001；最后根据表 2 相对密度与固含量的关系转换为聚四乙烯分散浓缩液的固含量。

表 2 相对密度与固含量的关系

相对密度	固含量/%
1.484~1.496	59
1.497~1.507	60
1.508~1.520	61
1.521~1.532	62

5.2.2 热失重测定法

5.2.2.1 仪器设备

a) 铝称量皿；

b) 烘箱，精度为±1 ℃；

c) 天平，精度为±0.0001 g。

5.2.2.2 试验步骤

首先，称量已恒重的铝称量皿质量为 m_0，将约 10.0 g±0.2 g 的聚四氟乙烯分散浓缩液倒入铝称量皿中，立即称量试样与铝称量皿的质量为 m_1；然后将铝称量皿放入烘箱中，在 110 ℃±5 ℃下干燥 2 h，取出，放入干燥器内至少冷却 30 min，称量试样与铝盘的质量为 m_2；最后将铝盘再次放入烘箱中，在 380 ℃±5 ℃下烧结 35 min±1 min 后降到室温后，取出，放入干燥器内至少冷却 30 min，称量试样与铝盘的质量为 m_3。

5.2.2.3 结果计算

以质量分数表示的固含量 X_1（％），按公式（1）计算：

$$X_1 = \frac{m_3 - m_0}{m_1 - m_0} \times 100\% \quad\quad\quad\cdots\cdots\cdots\cdots\cdots\cdots\cdots (1)$$

式中：

m_1——干燥前试样与铝盘的质量，g；

m_3——烧结后试样与铝盘的质量，g；

m_0——铝盘的质量，g。

5.3 表面活性剂含量的测定

5.3.1 仪器设备

同 5.2.2.1。

5.3.2 试验步骤

同 5.2.2.2。

5.3.3 结果计算

表面活性剂质量分数 X_2（％），按公式（2）计算：

$$X_2 = \frac{m_2 - m_3}{m_3 - m_0} \times 100\% \quad\quad\quad\cdots\cdots\cdots\cdots\cdots\cdots\cdots (2)$$

式中：

m_2——干燥后试样与铝盘的质量，g；

m_3——烧结后试样与铝盘的质量，g；

m_0——铝盘的质量，g。

两次平行测定结果的绝对差值应不大于 0.5％，两次的算术平均值为报告值。

5.4 pH值测定

按照 GB/T 22592 中规定的方法进行测定。

5.5 黏度测定

5.5.1 仪器设备

a) 旋转式黏度计，测量范围：1 mPa·s～6×10⁶ mPa·s，测量精度±1%；
b) 恒温水浴，精度为±0.5 ℃。

5.5.2 试验步骤

将试样慢慢倒入约 250 mL 的专用长颈烧杯中，通过恒温水浴调节试样温度为 25 ℃±1 ℃，然后将旋转式黏度计的 1# 转子安装到转轴上，使 1# 转子能完全浸入试样中至转子杆上的凹槽处，然后在 60 r/min 的转速下测定试样的黏度，待读数稳定后，读出黏度数值。

平行测定两次，两次平行测定结果的绝对差值应不大于 0.5 mPa·s，两次的算术平均值为报告值。

5.6 二次涂覆性的测定

5.6.1 仪器设备

a) 铝板，符合 GB/T 3880.1—2012 规定的技术要求，表面处理按 GB/T 9271—2008 要求进行；
b) 烧杯，100 mL；
c) 烘箱，精度为±2 ℃。

5.6.2 试验步骤

a) 用丙酮擦拭干净铝板的涂抹面，备用；
b) 将固含量为 60%±2% 的聚四氟乙烯分散浓缩液用 0.074 mm 的滤布进行过滤，除去滤布上的凝聚物，得到过滤后的浓缩液备用；
c) 在 100 mL 的烧杯中，首先加入过滤后的分散浓缩液 50 g±0.5 g，然后再加入水 10 g±0.5 g，配制得到固含量为 50%±2% 的分散浓缩液；
d) 将铝板浸渍于固含量为 50%±2% 的分散浓缩液中，取出后，在 23 ℃±2 ℃ 下垂直放置 2 h 以上，然后将铝板放入烘箱中，在 110 ℃±5 ℃ 下干燥 2 h，380 ℃±5 ℃ 下烧结 10 min 后自然冷却至室温；然后按照同样的方法将烧结后的铝板在固含量为 50%±2% 的分散浓缩液中进行第二次浸渍，待浸渍完成后，取出，垂直放置，目视观察第二次浸渍面的外观，如果铝板表面能够完全浸渍上分散浓缩液，则判为合格；如果铝板表面部分无法浸渍或者几乎不能浸渍上分散浓缩液，则判为不合格。

6 检验规则

6.1 检验分类

反复浸渍用聚四氟乙烯分散浓缩液检验分为出厂检验和型式检验。

6.2 出厂检验

6.2.1 出厂检验项目

反复浸渍用聚四氟乙烯分散浓缩液需经生产厂的质量检验部门按本文件检验合格并出具合格证后方可出厂。出厂检验项目为：外观、固含量、表面活性剂含量、pH 值和黏度。

6.2.2 组批和抽样

以相同原料、相同配方、相同工艺浓缩的一槽分散液为一批，其最大组批量不超过 5000 kg，每批随机抽产品 1.5 kg，作出厂检验样品。

6.2.3 判定规则

按照 GB/T 8170 规定的修约值比较法判定检验结果是否符合本文件。

所有检验项目合格，则产品合格；若出现不合格项，允许加倍抽样对不合格项进行复检。若复检合格，则判该批产品合格；若复检仍不合格，则判该批产品为不合格。

6.3 型式检验

6.3.1 检验时机

有下列情况之一时，应进行型式检验：
a) 新产品试制或老产品定型检定时；
b) 正常生产时，定期或积累一定产量后，应周期性进行一次检验；
c) 产品结构设计、材料、工艺以及关键的配套元器件有较大改变，可能影响产品性能时；
d) 产品长期停产后，恢复生产时；
e) 出厂检验结果与上次型式检验结果有较大差异时；
f) 产品停产 6 个月以上恢复生产时；
g) 国家质量监督机构提出进行型式检验要求时。

6.3.2 检验项目

反复浸渍用聚四氟乙烯分散浓缩液的型式检验为本文件第 4 章要求的所有项目。

6.3.3 组批和抽样

以相同原料、相同配方、相同工艺浓缩的一槽分散液为一批，其最大组批量不超过 5000 kg，每批随机抽产品 2.0 kg，作为型式检验样品。

6.3.4 判定规则

按照 GB/T 8170 规定的修约值比较法判定检验结果是否符合本文件。

所有检验项目合格，则产品合格；若出现不合格项，允许加倍抽样对不合格项进行复检。若复检合格，则判该批产品合格；若复检仍不合格，则判该批产品为不合格。

7 标志、产品随行文件

7.1 标志

7.1.1 标志内容

7.1.1.1 产品与生产者标志

产品或者包装、说明书上标注的内容应包括以下几方面：
a) 产品的自身属性。内容包括产品的名称、产地、生产日期、规格型号、批号、等级、净含量、所执行标准的代号等。
b) 生产者相关信息。内容包括生产者的名称、地址、联系方式等。

7.1.1.2 储运图示标志

产品包装容器上应有"怕晒""怕雨""向上"和"禁止翻滚"等图示标志，标志相关要求可参见 GB/T 191，还应有注意和提示事项，内容包括：贮存条件、使用说明、加工条件、运输条件等。

7.1.2 标志的表示方法

可以使用标签、印记、颜色或条形码等方式。

7.2 产品随行文件的要求

出厂产品应附有一定格式的随行文件，内容包括：
a) 产品合格证，参见 GB/T 14436；
b) 产品说明书；
c) 装箱单；
d) 试验报告；
e) 其他有关资料。

8 包装、运输和贮存

8.1 包装

反复浸渍用聚四氟乙烯分散浓缩液应采用清洁、干燥、密封良好的塑料桶包装。净含量可根据用户要求包装。

8.2 运输

运输、装卸工作过程，应轻装轻卸，防止撞击，避免包装破损，防止日晒、雨淋，如遇严寒天气，应采取相应的保温措施，保证产品的温度在 5 ℃ 以上。

本文件规定的反复浸渍烧结用聚四氟乙烯分散浓缩液为非危险品。

8.3 贮存

产品应贮存在阴凉、干燥、通风的场所。防止日光直接照射，并应隔绝火源，远离热源。适宜的贮存温度为 5 ℃～30 ℃，并应定期进行缓慢搅拌，防止产品产生沉淀现象。

高强度聚四氟乙烯悬浮树脂

High strength polytetrafluoroethylene（PTFE）molding powder

前 言

本文件按照 GB/T 1.1—2020《标准化工作导则 第 1 部分：标准化文件的结构和起草规则》给出的规定起草。

请注意本文件的某些内容可能涉及专利。本文件的发布机构不承担识别这些专利的责任。

本文件由中国氟硅有机材料工业协会提出。

本文件由中国氟硅有机材料工业协会标准化委员会归口。

本文件起草单位：山东东岳高分子材料有限公司、上海华谊三爱富新材料有限公司、浙江巨圣氟化学有限公司、中蓝晨光化工研究设计院有限公司、中蓝晨光成都检测技术有限公司。

本文件主要起草人：陈越、付师庆、杨岱、孟庆文、张彦君、王二龙、苏琴、叶怀英、王玉。

本文件版权归中国氟硅有机材料工业协会。

本文件由中国氟硅有机材料工业协会标准化委员会解释。

本文件为首次制定。

高强度聚四氟乙烯悬浮树脂

1 范围

本文件规定了高强度聚四氟乙烯悬浮树脂的技术要求、试验方法、检验规则、标志、包装、运输和贮存。

本文件适用于由悬浮聚合法生产并经粉碎制得拉伸强度≥45.0 MPa 的白色粉状聚四氟乙烯悬浮树脂。

2 规范性引用文件

下列文件中的内容通过文中的规范性引用而构成本文件必不可少的条款。其中，注日期的引用文件，仅该日期对应的版本适用于本文件；不注日期的引用文件，其最新版本（包括所有的修改单）适用于本文件。

GB/T 191 包装储运图示标志

GB/T 1040 塑料 拉伸性能的测定

GB/T 2918 塑料 试样状态调节和试验的标准环境

GB/T 6678 化工产品采样总则

GB/T 8170 数值修约规则与极限数值的表示和判定

GB/T 19077 粒度分布 激光衍射法

HG/T 2900 聚四氟乙烯树脂体积密度试验方法

HG/T 2902 模塑用聚四氟乙烯树脂

HG/T 2903 模塑用细颗粒聚四氟乙烯树脂

3 术语和定义

下列术语和定义适用于本文件。

3.1

清洁度 cleanliness

聚四氟乙烯悬浮树脂被杂质污染的程度，用规定的方法从本文件制备的车削膜上观测到的杂质颗粒的大小和数量来表示。

4 技术要求

高强度聚四氟乙烯悬浮树脂的技术要求应符合表 1 要求。

表 1 技术要求

编号	特性		特性值	试验方法
1	清洁度		膜面洁白、质地均匀,杂质总数≤2 个	5.3
2	拉伸强度/MPa	≥	45.0	5.4
3	断裂伸长率/%	≥	300	5.4
4	中值粒径/μm		16.0～60.0	5.5
5	含水率/%	≤	0.030	5.6
6	电气强度/(MV/m)	≥	100	5.7
7	体积密度/(g/L)		300～500	5.8
8	标准相对密度		2.140～2.170	5.9
9	热不稳定指数	≤	10	5.9
10	熔点/℃		327±5	5.10

5 试验方法

5.1 试样的制备

5.1.1 清洁度测试用的试样制备

称取高强度聚四氟乙烯悬浮树脂 1700.0 g±1.0 g,均匀地加入双面受压的外径为 108.00 mm、内径为 38.00 mm 的模具的模腔内,刮平、合模后,放在液压机的下平板上缓慢加压,起始压力为 1.6 MPa 并保压 1.0 min～2.0 min,然后,在 3.0 min～5.0 min 内平稳升压至 20.0 MPa±0.5 MPa,保压 10.0 min 后,卸压,从模腔的垂直方向取出预制品,修光毛边擦净,送入具有强烈热风循环、带旋转工作盘的烧结炉内,按表 2 中方法 B 烧结,烧结后的毛坯冷却至室温,以特制刀具车削成厚度为 0.45 mm±0.05 mm、长度为 15.0 m 的薄膜。

5.1.2 拉伸强度和断裂伸长率测试用的试样制备

按 HG/T 2903 中 5.2.3 进行制备,按表 2 中方法 B 烧结,烧结后的毛坯冷却至室温,以特制刀具车削成厚度为 0.45 mm±0.05 mm 的薄膜。

5.1.3 标准相对密度和热不稳定指数测试用的试样制备

按 HG/T 2903 中 5.2.2 进行制备,标准相对密度试样按表 2 中方法 A 烧结,热不稳定性指数用的广义相对密度试样按表 2 中方法 C 烧结。

5.2 试样的烧结条件

警告——当加热到 260 ℃以上时,聚四氟乙烯树脂会释放出少量气态产物,其中一些气体是有害的。因此,每当树脂被加热到该温度以上时,都必须使用排气通风。

表 2　试样的烧结条件

烧结条件	方法 A	方法 B	方法 C
	标准相对密度试样	φ108 mm 与 φ57 mm 棒试样	广义相对密度试样
起始温度ᵃ/℃	290	238	290
升温速率/(℃/h)	120±10	60±5	120±10
保温温度/℃	380±6	371±6	380±6
保温时间/min	30±2	240±15	360±5
降温速率/(℃/h)	60±5	60±5	60±5
第二次保温温度/℃	294±6	238±6	294±6
第二次保温时间/min	24.0±0.5	—ᵇ	24.0±0.5
冷却至室温时间/h　＞	0.5	6	0.5

ᵃ　起始温度前自由升温。

ᵇ　第二次保温时间由生产厂家自定。

5.3　清洁度

取 5.1.1 制备的薄膜试样，试样与灯的距离为 10 cm～15 cm，在 20 W～40 W 日光灯透射下目测，累计杂质总数，其中杂质个数的判定规则为：直径大于等于 0.50 mm 的杂质计为杂质个数 1.0，直径小于 0.50 mm 的杂质计为杂质个数 0.5。

5.4　拉伸强度和断裂伸长率

5.4.1　试样

用 5.1.2 制备的薄膜冲切拉伸试样，试样尺寸如图 1 所示。同一试样厚度偏差不超过±0.05 mm，每组试样不少于 5 个。

单位为毫米

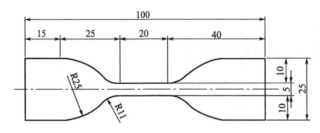

图 1　拉伸试样尺寸

5.4.2　试验步骤

a)　试样按 GB/T 2918 规定，在 23 ℃±2 ℃下状态调节至少 2 h；

b)　采用 GB/T 1040 中规定的方法进行测定。夹具夹持试样两端，上下位置对称，间距为 40.00 mm，试验速率为 200 mm/min±20 mm/min。

5.4.3　结果计算

a)　拉伸强度按 GB/T 1040 规定计算；

b)　断裂伸长率按公式（1）计算：

$$\varepsilon = \frac{L-L_0}{L_0} \times 100\% \quad \cdots\cdots\cdots\cdots\cdots\cdots\cdots\cdots (1)$$

式中：

ε ——断裂伸长率，%；

L_0——试样初始长度，mm；

L ——试样断裂时的长度，mm。

c)　试验结果以每组试样的算术平均值表示，若某一试样测定值低于规定标准时，按下述方法进行数据处理：每个试验的测定值与平均值之间的偏差不超过 10%，超过 10% 的舍去。舍去后剩下的试样不得少于 3 个。

5.5　中值粒径

按照 GB/T 19077 中规定的方法进行测试。

注 1：中值粒径是指累计 50% 时粒子的尺寸，也就是占总体积 50% 的颗粒直径小于中值粒径。

注 2：液体分散介质为异丙醇（分析纯）。

5.6　含水率

按 HG/T 2903 中 5.7 规定的方法进行测试。

5.7　电气强度

按 HG/T 2903 中 5.11 规定的方法进行测试。

5.8　体积密度

按 HG/T 2900 中规定的方法进行测试。

5.9　标准相对密度和热不稳定指数

按 HG/T 2902 中 5.9 和 5.10 规定的方法进行测试。

5.10　熔点

按 HG/T 2903 中 5.8 规定的方法进行测试。

6　检验规则

6.1　检验分类

高强度聚四氟乙烯悬浮树脂检验分为出厂检验和型式检验。

6.2　出厂检验

6.2.1　出厂检验项目

高强度聚四氟乙烯悬浮树脂需经生产厂的质量检验部门按本文件检验合格并出具合格证后方可出厂。出厂检验项目为：清洁度、拉伸强度、断裂伸长率、中值粒径、含水率、体积密度和标准相对密度。

6.2.2 组批和抽样

以相同原料、相同配方、相同工艺生产的一釜树脂为一检验组批，其最大组批量不超过 5000 kg，每批随机抽产品 2.3 kg，作为出厂检验样品。

6.2.3 判定规则

按照 GB/T 8170 规定的修约值比较法判定检验结果是否符合本文件。

所有检验项目合格，则产品合格；若出现不合格项，允许加倍抽样对不合格项进行复检。若复检合格，则判该批产品合格；若复检仍不合格，则判该批产品为不合格。

6.3 型式检验

6.3.1 检验时机

型式检验项目为本文件的全部项目，正常生产情况下，除出厂检验项目外，熔点为每年抽检一次；电气强度、热不稳定指数每 30 批抽检一次。有下列之一情况下时，应进行型式检验：

  a) 新产品试制或老产品定型检定时；
  b) 正常生产时，定期或积累一定产量后，应周期性进行一次检验；
  c) 产品结构设计、材料、工艺以及关键的配套元器件有较大改变，可能影响产品性能时；
  d) 产品长期停产后，恢复生产时；
  e) 出厂检验结果与上次型式检验结果有较大差异时；
  f) 产品停产 6 个月以上恢复生产时；
  g) 国家质量监督机构提出进行型式检验要求时。

6.3.2 检验项目

高强度聚四氟乙烯悬浮树脂的型式检验为本文件第 4 章要求的所有项目。

6.3.3 组批和抽样

以相同原料、相同配方、相同工艺生产的一釜树脂为一检验组批，其最大组批量不超过 5000 kg，每批随机抽取产品 3.0 kg，作为型式检验样品。

6.3.4 判定规则

按 GB/T 8170 规定的修约值比较法判定检验结果是否符合本文件。

所有检验项目合格，则产品合格；若出现不合格项，允许加倍抽样对不合格项进行复检。若复检合格，则判该批产品合格；若复检仍不合格，则判该批产品为不合格。

7 标志、产品随行文件

7.1 标志

7.1.1 标志内容

7.1.1.1 产品与生产者标志

产品或者包装、说明书上标注的内容应包括以下几方面：

a) 产品的自身属性。内容包括产品的名称、产地、生产日期、规格型号、批号、等级、净含量、所执行标准的代号等。

b) 生产者相关信息。内容包括生产者的名称、地址、联系方式等。

7.1.1.2 储运图示标志

包装容器上应有"怕晒""怕雨""向上"和"禁止翻滚"等图示标志，标志相关要求可参见 GB/T 191，还应有注意和提示事项，内容包括：贮存条件、使用说明、加工条件、运输条件等。

7.1.2 标志的表示方法

可以使用标签、印记、颜色或条形码等方式。

7.2 产品随行文件的要求

出厂产品应附有一定格式的随行文件，内容包括：

a) 产品合格证，参见 GB/T 14436；

b) 产品说明书；

c) 装箱单；

d) 试验报告；

e) 其他有关资料。

8 包装、运输和贮存

8.1 包装

高强度聚四氟乙烯悬浮树脂应采用清洁、干燥、密封良好的塑料桶或硬纸桶包装。净含量可根据用户要求包装。

8.2 运输

运输、装卸工作过程，应轻装轻卸，防止撞击，避免包装破损，防止日晒、雨淋，应按照货物运输规定进行。

本文件规定的高强度聚四氟乙烯悬浮树脂为非危险品。

8.3 贮存

高强度聚四氟乙烯悬浮树脂应贮存在阴凉、干燥、通风的场所。防止日光直接照射，并应隔绝火源，远离热源。

低蠕变聚四氟乙烯悬浮树脂

Polytetrafluoroethylene（PTFE）molding powder of low creep

前　言

本文件按照 GB/T 1.1—2020《标准化工作导则　第 1 部分：标准化文件的结构和起草规则》给出的规定起草。

请注意本文件的某些内容可能涉及专利。本文件的发布机构不承担识别这些专利的责任。

本文件由中国氟硅有机材料工业协会提出。

本文件由中国氟硅有机材料工业协会标准化委员会归口。

本文件起草单位：山东东岳高分子材料有限公司、浙江巨圣氟化学有限公司、上海华谊三爱富新材料有限公司、中蓝晨光成都检测技术有限公司、中蓝晨光化工研究设计院有限公司。

本文件主要起草人：陈越、韩桂芳、孟庆文、王强、陈敏剑、张彦君、叶怀英、刘长海。

本文件版权归中国氟硅有机材料工业协会。

本文件由中国氟硅有机材料工业协会标准化委员会解释。

本文件为首次制定。

低蠕变聚四氟乙烯悬浮树脂

1 范围

本文件规定了低蠕变聚四氟乙烯悬浮树脂的技术要求、试验方法、检验规则、标志、包装、运输和贮存。

本文件适用于由悬浮聚合法生产并经粉碎制得的低蠕变（压缩永久变形≤6.00%）聚四氟乙烯悬浮树脂。

2 规范性引用文件

下列文件中的内容通过文中的规范性引用而构成本文件必不可少的条款。其中，注日期的引用文件，仅该日期对应的版本适用于本文件；不注日期的引用文件，其最新版本（包括所有的修改单）适用于本文件。

GB/T 191　包装储运图示标志
GB/T 2918　塑料 试样状态调节和试验的标准环境
GB/T 6678　化工产品采样总则
GB/T 8170　数值修约规则与极限数值的表示和判定
GB/T 19077　粒度分布激光衍射法
HG/T 2900　聚四氟乙烯树脂体积密度试验方法
HG/T 2902　模塑用聚四氟乙烯树脂
HG/T 2903　模塑用细颗粒聚四氟乙烯树脂

3 术语和定义

下列术语和定义适用于本文件。

3.1
清洁度 cleanliness
聚四氟乙烯悬浮树脂被杂质污染的程度，用规定的方法从本文件制备的车削膜上观测到的杂质颗粒的大小和数量来表示。

3.2
压缩永久变形 compression set
聚四氟乙烯悬浮树脂试样的初始高度与在规定温度下按规定负荷、规定时间压缩后，再经规定时间恢复后的最终厚度的差值，与初始高度之比。

4 技术要求

低蠕变聚四氟乙烯悬浮树脂的技术要求应符合表1要求。

表 1 技术要求

编号	特性		特性值
1	清洁度		膜面洁白、质地均匀，杂质总数≤2 个
2	拉伸强度/MPa	≥	30.0
3	断裂伸长率/%	≥	400
4	中值粒径/μm		16～60
5	含水率/%	≤	0.03
6	电气强度/(MV/m)	≥	100
7	体积密度/(g/L)		300～500
8	标准相对密度		2.150～2.180
9	热不稳定指数	≤	10
10	熔点/℃		327±5
11	压缩永久变形/%	≤	6.00

5 试验方法

5.1 试样的制备

5.1.1 清洁度测试用的试样制备

称取聚四氟乙烯悬浮树脂 1700.0 g±1.0 g，均匀加入外径为 108.00 mm、内径为 38.00 mm 的双面受压的模具模腔内，刮平、合模后，放在液压机的下平板上缓慢加压，起始压力为 1.6 MPa 并保压 1.0 min～2.0 min，然后在 3.0 min～5.0 min 内平稳升压至 20.0 MPa±0.5 MPa，保压 10.0 min 后，卸压，从模腔的垂直方向取出预制品，修光毛边擦净，送入具有强烈热风循环、带旋转工作盘的烧结炉内，按表 2 中方法 B 烧结，烧结后的毛坯冷却至室温，以特制刀具车削成厚度为 0.45 mm±0.05 mm、长度为 15.0 m 的薄膜。

5.1.2 拉伸强度和断裂伸长率测试用的试样制备

按 HG/T 2903 中 5.2.1 进行制备，按表 2 中方法 A 烧结。

5.1.3 标准相对密度和热不稳定指数测试用的试样制备

按 HG/T 2903 中 5.2.2 进行制备，标准相对密度试样按表 2 中方法 A 烧结，热不稳定性指数用的广义相对密度试样按表 2 中方法 C 烧结。

5.1.4 压缩永久变形测试用的试样制备

称取聚四氟乙烯悬浮树脂 90.0 g±0.5 g，倒入内径为 28.60 mm、高度至少为 76.00 mm 的圆筒形模具的模腔内，刮平上表面，合模后将模具放在液压机中逐步加压至压力 30.0 MPa±0.5 MPa，保压 2 min，卸压，从模腔中取出预制品，修光毛边，擦净，将预制品放在适当的盘中，送入具有强烈热风循环、带旋转工作盘的烧结炉内，按表 2 中方法 D 烧结，烧结后的毛坯冷却至室温，以特制刀具车削成直径为 11.30 mm±0.02 mm、高 10.00 mm±0.20 mm 的圆柱体。

5.2 试样的烧结条件

警告——当加热到260℃以上时，聚四氟乙烯树脂会释放出少量气态产物，其中一些气体是有害的。因此，当树脂被加热到该温度以上时，必须使用排气通风。

表2 试样的烧结条件

烧结条件	方法 A	方法 B	方法 C	方法 D
	$\phi76$ mm 圆片与标准相对密度试样	$\phi108$ mm 与 $\phi57$ mm 棒试样	广义相对密度试样	压缩永久变形试样
起始温度[a]/℃	290	238	290	290
升温速率/(℃/h)	120±10	60±5	120±10	120±10
保温温度/℃	380±6	371±6	380±6	380±6
保温时间/min	30±2	240±15	360±5	120±2
降温速率/(℃/h)	60±5	60±5	60±5	60±5
第二次保温温度/℃	294±6	238±6	294±6	294±6
第二次保温时间/min	24.0±0.5	—[b]	24.0±0.5	24.0±0.5
冷却至室温时间/h >	0.5	6	0.5	0.5

　　[a] 起始温度前自由升温。
　　[b] 第二次保温时间由生产厂家自定。

5.3 清洁度

取5.1.1制备的薄膜试样，试样与灯的距离为10 cm～15 cm，在20 W～40 W日光灯透射下目测，累计杂质总数，其中杂质个数的判定规则为：直径大于等于0.50 mm的杂质计为杂质个数1.0，直径小于0.50 mm的杂质计为杂质个数0.5。

5.4 拉伸强度和断裂伸长率

按HG/T 2903中5.4规定的方法进行测试。

5.5 中值粒径

按照GB/T 19077中规定的方法进行测试。

注1：中值粒径是指累计50%时粒子的尺寸，也就是占总体积50%的颗粒直径小于中值粒径。

注2：液体分散介质为异丙醇（分析纯）。

5.6 含水率

按HG/T 2903中5.7规定的方法进行测试。

5.7 电气强度

按HG/T 2903中5.11规定的方法进行测试。

5.8 体积密度

按 HG/T 2900 中规定的方法进行测试。

5.9 标准相对密度和热不稳定指数

按 HG/T 2902 中的 5.9 和 5.10 规定的方法进行测试。

5.10 熔点

按 HG/T 2903 中 5.8 规定的方法进行测试。

5.11 压缩永久变形

5.11.1 试样

按 5.1.4 制备的直径为 11.30 mm±0.02 mm、高 10.00 mm±0.20 mm 的圆柱体。

5.11.2 仪器设备

a) 压缩蠕变仪：试验机的上下压缩板应能施加恒定的载荷；
b) 千分尺：精度为±0.001 mm。

5.11.3 试验状态调节和试验的标准环境

试验的状态调节应按 GB/T 2918 的规定进行，温度为 23 ℃~25 ℃，调节时间不少于 24 h，并在此条件下进行试验。

5.11.4 试验步骤

首先测试状态调节后的试样高度为 H_0，然后，将试样移放在压缩蠕变仪的上下压缩板之间，设置好试样的精确直径和高度，蠕变仪测试室温度为 23 ℃~25 ℃，施加预压 0.3 MPa、保持 40 s 后，施加 14.0 MPa 的压力，加载 24 h 后卸载载荷，然后将试样放置在 23 ℃~25 ℃ 的恒温箱中恒温 24 h 后，立即测试试样的高度为 H_1。

5.11.5 结果计算

试样的压缩永久变形用公式（1）计算：

$$D = \frac{H_0 - H_1}{H_0} \times 100\% \quad\quad\quad\quad\quad \cdots\cdots\cdots\cdots\cdots\cdots (1)$$

式中：

D——压缩永久变形，%；

H_0——试样初始的高度，mm；

H_1——试样卸载后恒温 24 h 后的高度，mm。

6 检验规则

6.1 检验分类

低蠕变聚四氟乙烯悬浮树脂检验分为出厂检验和型式检验。

6.2 出厂检验

6.2.1 出厂检验项目

低蠕变聚四氟乙烯悬浮树脂需经生产厂的质量检验部门按本文件检验合格并出具合格证后方可出厂。

出厂检验项目为：清洁度、拉伸强度、断裂伸长率、中值粒径、含水率、体积密度、标准相对密度和永久变形。

6.2.2 组批和抽样

以相同原料、相同配方、相同工艺生产的一釜树脂为一检验组批，其最大组批量不超过 5000 kg，每批随机抽产品 2.0 kg，作为出厂检验样品。

6.2.3 判定规则

按照 GB/T 8170 规定的修约值比较法判定检验结果是否符合本文件。

所有检验项目合格，则产品合格；若出现不合格项，允许加倍抽样对不合格项进行复检。若复检合格，则判该批产品合格；若复检仍不合格，则判该批产品为不合格。

6.3 型式检验

6.3.1 检验时机

型式检验项目为本文件的全部项目，正常生产情况下，除出厂检验项目外，熔点为每年抽检一次；电气强度、热不稳定指数每 30 批抽检一次。有下列情况之一时，应进行型式检验：

a) 新产品试制或老产品定型检定时；
b) 正常生产时，定期或积累一定产量后，应周期性进行一次检验；
c) 产品结构设计、材料、工艺以及关键的配套元器件有较大改变，可能影响产品性能时；
d) 产品长期停产后，恢复生产时；
e) 出厂检验结果与上次型式检验结果有较大差异时；
f) 产品停产 6 个月以上恢复生产时；
g) 国家质量监督机构提出进行型式检验要求时。

6.3.2 检验项目

低蠕变聚四氟乙烯悬浮树脂的型式检验为本文件第 4 章要求的所有项目。

6.3.3 组批和抽样

以相同原料、相同配方、相同工艺生产的一釜树脂为一检验组批，其最大组批量不超过 5000 kg，每批随机抽取产品 2.5 kg，作为型式检验样品。

6.3.4 判定规则

按照 GB/T 8170 规定的修约值比较法判定检验结果是否符合本文件。

所有检验项目合格，则产品合格；若出现不合格项，允许加倍抽样对不合格项进行复检。若复检合格，则判该批产品合格；若复检仍不合格，则判该批产品为不合格。

7 标志、产品随行文件

7.1 标志

7.1.1 标志内容

7.1.1.1 产品与生产者标志

产品或者包装、说明书上标注的内容应包括以下几方面：

a) 产品的自身属性。内容包括产品的名称、产地、生产日期、规格型号、批号、等级、净含量、所执行标准的代号等。

b) 生产者相关信息。内容包括生产者的名称、地址、联系方式等。

7.1.1.2 储运图示标志

产品包装容器上应有"怕晒""怕雨""向上"和"禁止翻滚"等图示标志，标志相关要求可参见GB/T 191，还应有注意和提示事项，内容包括：贮存条件、使用说明、加工条件、运输条件等。

7.1.2 标志的表示方法

可以使用标签、印记、颜色或条形码等方式。

7.2 产品随行文件的要求

出厂产品应附有一定格式的随行文件，内容包括：

a) 产品合格证，参见 GB/T 14436；

b) 产品说明书；

c) 装箱单；

d) 试验报告；

e) 其他有关资料。

8 包装、运输和贮存

8.1 包装

低蠕变聚四氟乙烯悬浮树脂应采用清洁、干燥、密封良好的塑料桶或硬纸桶包装。净含量可根据用户要求包装。

8.2 运输

运输、装卸工作过程，应轻装轻卸，防止撞击，避免包装破损，防止日晒、雨淋，应按照货物运输规定进行。

8.3 贮存

低蠕变聚四氟乙烯悬浮树脂应贮存在阴凉、干燥、通风的场所。防止日光直接照射，并应隔绝火源，远离热源。

特种氟树脂

电气用细颗粒聚四氟乙烯树脂

Polytetrafluoroethylene (PTFE) granular resin for electrical use

前　言

本文件按照 GB/T 1.1—2009 给出的规则起草。

请注意本文件的某些内容可能涉及专利。本文件的发布机构不承担识别这些专利的责任。

本文件由中国氟硅有机材料工业协会提出。

本文件由中国氟硅有机材料工业协会标准化委员会归口。

本文件参加起草单位：山东东岳高分子材料有限公司、上海三爱富新材料科技有限公司、浙江巨圣氟化学有限公司、中蓝晨光成都检测技术有限公司。

本文件主要起草人：陈越、付师庆、杨岱、周厚高、陈敏剑、王玉、苏琴、余兰仙。

本文件版权归中国氟硅有机材料工业协会。

本文件由中国氟硅有机材料工业协会标准化委员会解释。

本文件为首次制定。

电气用细颗粒聚四氟乙烯树脂

1 范围

本文件规定了电气用聚四氟乙烯树脂的要求、试验方法、检验规则以及标志、包装、运输和贮存。

本文件适用于由悬浮聚合法生产并经粉碎制得中值粒径在 $16~\mu m \sim 60~\mu m$ 的白色粉状电气用聚四氟乙烯细粉。

2 规范性引用文件

下列文件中的内容通过文中的规范性引用而构成本文件必不可少的条款。其中，注日期的引用文件，仅该日期对应的版本适用于本文件；不注日期的引用文件，其最新版本（包括所有的修改单）适用于本文件。

GB/T 191—2008 包装储运图示标志

GB/T 6678—2003 化工产品采样总则

GB/T 19077—2016 粒度分布 激光衍射法

HG/T 2900—1997 聚四氟乙烯树脂体积密度试验方法

HG/T 2902—1997 模塑用聚四氟乙烯树脂

HG/T 2903—1997 模塑用细颗粒聚四氟乙烯树脂

HG/T 3028—1999 糊状挤出用聚四氟乙烯树脂

3 要求

3.1 外观和清洁度

膜面洁白、质地均匀，厚度 $450~\mu m \pm 50~\mu m$、面积 $1.5~m^2$ 的车削膜上的杂质总数 $\leqslant 2$ 个。

3.2 技术要求

电气用细颗粒聚四氟乙烯树脂的技术要求应符合表 1 要求。

表 1　技术要求

序号	项　目		要求
1	拉伸强度/MPa	≥	35.0
2	断裂伸长率/%	≥	300
3	中值粒径/μm		16~60
4	含水率/%	≤	0.03
5	电气强度/(mV/m)	≥	100

序号	项 目		要 求
6	体积密度/(g/L)		300～480
7	标准相对密度		2.147～2.159
8	热不稳定指数	≤	10
9	熔点/℃		327±5
10	介电常数/10⁶Hz	≤	2.1

4 试验方法

警告——使用本文件的人员应熟悉实验室的常规操作。本文件未涉及与使用有关的安全问题。使用者有责任建立适宜的安全和健康措施并确保首先符合国家的相关规定。

4.1 试样的制备

4.1.1 薄膜试样制备

称取聚四氟乙烯树脂细粉1700 g，均匀地加入双面受压的外径为108 mm、内径为38 mm的模具的模腔内，刮平、合模后，放在液压机的下平板上缓慢加压，起始压力为1.57 MPa并保压1 min～2 min，然后，在3 min～5 min内平稳升压至15.69 MPa±0.5MPa，保压10 min后，卸压，从模腔的垂直方向取出预制品，修光毛边擦净，送入具有强烈热风循环、带旋转工作盘的烧结炉内，升温并按表2中B法工艺烧结，烧结后的毛坯冷却至室温，以特制刀具车削成厚度为450 μm±50 μm，重量约1400 g的薄膜。

4.1.2 拉伸强度及断裂伸长率圆片试样的制备

称取通过孔径0.9 mm（20目）金属筛的聚四氟乙烯树脂14.5g，均匀地加入清洁模具的模腔内，刮平、合模后，将模具放在液压机的下板上缓慢加压至压力34.5 MPa±0.5 MPa，保压3 min，卸压，从模腔中取出直径为76 mm的预制品，修光毛边，擦净，将预制品放在平整的金属盘中，送入具有强烈热风循环、带旋转工作盘的烧结炉内，升温按表2中A法工艺烧结。

4.1.3 标准相对密度和热不稳定指数试样制备

称取通过孔径0.9 mm（20目）金属筛的聚四氟乙烯树脂12.0 g±0.1 g，倒入内径为28.6 mm、高度至少为76 mm的圆筒形模具的模腔内，刮平上表面，合模后将模具放在液压机中逐步加压至压力34.5 MPa±0.5 MPa，保压2 min，卸压，从模腔中取出预制品，修光毛边，擦净，将预制品放在适当的盘中，送入具有强烈热风循环、带旋转工作盘的烧结炉升温（烧结温度不得高于400 ℃），标准相对密度试样按表2中A法工艺烧结；测定热不稳定指数用的广义相对密度试样按表2中C法工艺烧结。

4.2 烧结条件

按HG/T 2903—1997中表2试样的烧结条件执行，烧结温度不超过400 ℃。

表 2 烧结条件

烧结条件	A	B	C
	ϕ76 mm 圆片与标准相对密度试样	ϕ108 mm 棒试样	广义相对密度试样
起始温度[a]/℃	290	238	290
升温速率/(℃/h)	120±10	60±5	120±10
保温温度/℃	380±6	371±6	380±6
保温时间/min	30＋2	240±15	360±5
降温速率/(℃/h)	60±5	60±5	60±5
第二次保温温度/℃	294±6	238±6	294±6
第二次保温时间/min	24.0±0.5	—[b]	24.00±0.5
冷却至室温时间/h ＞	0.5	6	0.5

[a] 起始温度前自由升温。
[b] 第二次保温时间由厂家自定。

4.3 清洁度

取 4.1.1 制备的薄膜试样，试样与灯的距离为 10 cm～15 cm，在 20 W～40 W 日光灯透射下目测，累计正反两面的杂质总数（杂质总数为直径大于等于 0.5 mm 杂质个数和直径小于 0.5 mm 杂质个数的平均值）。

4.4 拉伸强度和断裂伸长率

按 HG/T 2903—1997 中 5.4 规定的方法进行。

4.5 中值粒径

按 GB/T 19077—2016 中规定的方法进行。
注 1：中值粒径是指累计 50％时粒子的尺寸，也就是占总体积 50％的颗粒直径小于中值粒径。
注 2：液体分散介质为异丙醇（分析纯）。

4.6 含水率

按 HG/T 2903—1997 中 5.7 规定的方法进行。

4.7 电气强度

按 HG/T 2903—1997 中 5.11 规定的方法进行。

4.8 体积密度

按 HG/T 2900—1997 中规定的方法进行。

4.9 标准相对密度及热不稳定指数

按 HG/T 2902—1997 中规定的方法进行。

4.10 熔点

按 HG/T 2903—1997 中 5.8 规定的方法进行。

4.11 介电常数

按 HG/T 3028—1999 中规定的方法进行。

5 检验规则

电气用细颗粒聚四氟乙烯树脂的检验分为出厂检验和型式检验。

5.1 出厂检验

电气用细颗粒聚四氟乙烯树脂需经生产厂的质量检验部门按本文件检验合格并出具合格证后方可出厂。

出厂检验项目为清洁度、拉伸强度、断裂伸长率、标准相对密度、含水率、电气强度、中值粒径。

5.2 型式检验

电气用细颗粒聚四氟乙烯树脂的型式检验为本文件第 3 章要求的所有项目。在正常生产情况下，熔点、介电常数性能为每 1 年抽检一次，其它项目每 50 批抽测一次。

有下列情况之一时，应进行型式检验：

a) 首次生产时；

b) 主要原材料或工艺方法有较大改变时；

c) 正常生产满一年时；

d) 停产后又恢复生产时；

e) 出厂检验结果与上次型式检验有较大差异时；

f) 质量监督机构提出要求或供需双方发生争议时；

g) 合同规定时。

5.3 组批和取样

相同原料、相同配方、相同工艺生产的产品为一检验组批，其最大组批量不超过 5000 kg。

采样按 GB/T 6678—2003 进行。采样单元数按 GB/T 6678—2003 中表 2 中的规定，采样单元以包装桶计。

从每个包装桶内等量抽取需用样品混合均匀，放入清洁干燥的容器里。采样应保持清洁、干燥，防止水汽、尘土等杂质引入。允许在生产线或封桶工序时进行采样，抽取均匀的、有代表性的样品。在采样容器上注明生产厂名，产品名称、型号、批号及采样日期。

5.4 判定

检验结果全部符合本文件要求时，判定为合格。检验结果如有指标不符合本文件要求时，应重新自两倍量的包装中采样进行复检，复检结果全部符合本文件要求时，则该批产品为合格。若仍有指标不符合本文件要求，则该批产品为不合格。

6 标志、包装、运输和贮存

6.1 标志

电气用细颗粒聚四氟乙烯树脂的外包装上应有 GB/T 191—2008 中规定的"怕晒""怕雨""向上"

"禁止滚动"等标志。

每批出厂产品均应附有一定格式的质量证明书，其内容包括：生产厂名称、地址、电话号码、产品名称、型号、批号、净质量或净容量、生产日期、保质期、注意事项和标准编号。

6.2 包装

电气用细颗粒聚四氟乙烯树脂应采用清洁、干燥、密封良好的包装。净含量可根据要求包装。

6.3 运输

电气用细颗粒聚四氟乙烯树脂在运输过程中，应防止日晒、雨淋，防止剧烈震动，禁止滚动。

6.4 贮存

电气用细颗粒聚四氟乙烯树脂应贮存在清洁、阴凉、干燥的仓库内，防止尘土、水汽等杂物的混入。

7 安全

电气用细颗粒聚四氟乙烯树脂加工现场严禁明火和吸烟。

可熔性聚四氟乙烯树脂

Tetrafluoroethylene perfluoroalkoxyethylene copolymer

前 言

本文件按照 GB/T 1.1—2009 给出的规则起草。

请注意本文件的某些内容可能涉及专利。本文件的发布机构不承担识别这些专利的责任。

本文件由中国氟硅有机材料工业协会提出。

本文件由中国氟硅有机材料工业协会标准化委员会归口。

本文件参加起草单位：山东华夏神舟新材料有限公司、浙江巨化股份有限公司氟聚厂、上海三爱富新材料科技有限公司、中蓝晨光成都检测技术有限公司。

本文件主要起草人：王汉利、孟祥青、陈伟峰、杨岱、陈敏剑、候兴志、周厚高、程井动、罗晓霞。

本文件版权归中国氟硅有机材料工业协会。

本文件由中国氟硅有机材料工业协会标准化委员会解释。

本文件为首次制定。

可熔性聚四氟乙烯树脂

1 范围

本文件规定了可熔性聚四氟乙烯树脂的产品分类、要求、试验方法、检验规则以及标志、包装、运输和贮存。

本文件适用于以四氟乙烯和全氟正丙基乙烯基醚为原料制得的可熔性聚四氟乙烯树脂。

2 规范性引用文件

下列文件中的内容通过文中的规范性引用而构成本文件必不可少的条款。其中，注日期的引用文件，仅该日期对应的版本适用于本文件；不注日期的引用文件，其最新版本（包括所有的修改单）适用于本文件。

GB/T 191 包装储运图示标志

GB/T 1033.1—2008 塑料 非泡沫塑料密度的测定

GB/T 1040 塑料拉伸性能的测试

GB/T 1409—2006 测量电气绝缘材料在工频、音频、高频（包括米波波长在内）下电容率和介质损耗因数的推荐方法

GB/T 1844.1 塑料 符号与缩略语 第1部分：基础聚合物及其特征性能

GB/T 2411—2008 塑料和硬橡胶使用硬度计测定压痕硬度（邵氏硬度）

GB/T 2918 塑料 试样状态调节和试验的标准环境

GB/T 3682.1—2018 塑料 热塑性塑料熔体质量流动速率（MFR）和熔体体积流动速率（MVR）的测定

GB/T 19466.1—2004 塑料 差示扫描量热法（DSC） 第1部分：通则

HG/T 2902—1997 模塑用聚四氟乙烯树脂

HG/T 2904—1997 模塑和挤塑用聚全氟乙丙乙烯树脂

3 产品命名与分型

3.1 固定名称

按照 GB/T 1844.1 的规定，可熔性聚四氟乙烯的缩写代号为 PFA。

3.2 命名

可熔性聚四氟乙烯树脂命名如下：

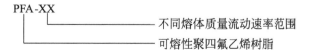

3.3 命名示例

0＜MFR≤2.0 g/10 min 的可熔性聚四氟乙烯树脂，命名如下：

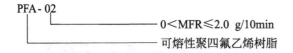

PFA-02 ──────── 0＜MFR≤2.0 g/10min
       └─────── 可熔性聚四氟乙烯树脂

3.4 分型

产品按生产工艺和熔体质量流动速率的不同分为 PFA-02、PFA-06、PFA-12、PFA-16、PFA-24、PFA-32六个型号，其分类和用途见表 1。

表 1　可熔性聚四氟乙烯树脂分型规则

型号	熔体质量流动速率/(g/10min)
PFA-02	0～2.0
PFA-06	2.1～6.0
PFA-12	6.1～12.0
PFA-16	12.1～16.0
PFA-24	16.1～24.0
PFA-32	24.1～32.0

4　要求

4.1　外观

可熔性聚四氟乙烯树脂的外观为半透明粒子，其中无可见颗粒杂质，含有可见黑点的粒子百分数不超过 2%。

4.2　技术要求

可熔性聚四氟乙烯树脂技术指标应符合表 2 的要求。

表 2　技术要求

项目	技术要求					
	PFA-02	PFA-06	PFA-12	PFA-16	PFA-24	PFA-32
熔体质量流动速率（MFR）/(g/10min)	0～2.0	2.1～6.0	6.1～12.0	12.1～16.0	16.1～24.0	24.1～32.0
拉伸强度/MPa　≥	32	30	28	26	24	24
断裂伸长率/%　≥	300					
硬度（邵氏 D）	50～60					
相对密度	2.12～2.17					
熔点/℃	300～310					
介电常数（23 ℃，10^6 Hz）　≤	3					
介质损耗角正切（23 ℃，10^6 Hz）≤	$5×10^{-4}$					
挥发分/%　≤	0.2					
含水率/%　≤	0.03					

5　试验方法

警示——使用本文件的人员应熟悉实验室的常规操作。本文件未涉及与使用有关的安全问题。使用者有责任建立适宜的安全和健康措施并确保首先符合国家的相关规定。

5.1　试片制备

5.1.1　模具

采用图 1 所示的板框式模具，其技术条件如下：

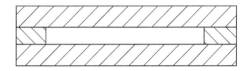

图 1　板框式模具示意图

a)　材料：耐热模具钢；

b)　模板尺寸：170 mm×170 mm×2 mm；

c)　模框外尺寸：170 mm×170 mm；

d)　模框内尺寸：120 mm×120 mm；

e)　模框厚度：1.5 mm、2.0 mm、3.0 mm。

5.1.2　操作步骤

5.1.2.1　称取 51 g±1 g 可熔性聚四氟乙烯树脂，放入模框厚度为 1.5 mm 的模具内。

5.1.2.2　在模板和可熔性聚四氟乙烯树脂间铺垫一层厚度约 0.07 mm 的退火铝箔，将模具放在已加热至 350 ℃ ±10 ℃ 的液压机的下平板上，将液压机上平板下降至与模具接触，不加压保持 2 min～4 min，加 1 MPa 的压力，保持 1 min～5 min。然后，施加 2 MPa～4 MPa 的压力，保持 1 min～5 min。液压机平板温度始终保持 350 ℃ ±10 ℃。取出模具放入冷压机平板上，闭合上下平板，施加 2 MPa～4 MPa 的压力，在冷却至 200 ℃ 之前，须维持此压力。当模具冷却至 50 ℃～60 ℃ 时，从模具中取出试片剥掉铝箔。

5.1.2.3　制成的厚度为 1.5 mm±0.2 mm 的试片，供测定拉伸强度、断裂伸长率和相对密度用。

5.1.2.4　称取 68 g±1 g 可熔性聚四氟乙烯树脂，放入模框厚度为 2.0 mm 的模具内，重复 5.1.2.2 的操作步骤，制成厚度为 2.0 mm±0.2 mm 的试片，供测定定电性能用。

5.2　外观

按 HG/T 2904—1997 中的规定进行，取约 500 粒树脂在自然光下目测检验含可见的黑点粒子数，按公式（1）计算其百分数。

$$N = \frac{n}{500} \times 100\%$$ ·························（1）

式中：

N——含可见的黑点粒子百分数，%；

n——含可见黑点的粒子数。

5.3 熔体质量流动速率

按 GB/T 3682—2000 的规定进行，其中测试条件为：

a) 温度：372 ℃±1 ℃；

b) 负荷：5 kg；

c) 口模内径：2.095 mm±0.005 mm；

d) 切样时间间隔和取样条数，如表3所示。

表3 切样条件

熔融质量流动速率/(g/10min)	时间间隔/s	切取样条数
0～2.0	40	5
2.1～6.0	20	5
6.1～12.0	10	5
12.1～16.0	3	5
16.1～24.0	3	5
24.1～32.0	3	5

5.4 拉伸强度和断裂伸长率

5.4.1 试样

试样由 5.1.2.3 制备的试片冲切而成，其尺寸如图 2 所示。

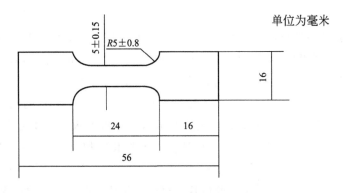

图 2 拉伸试样尺寸

5.4.2 状态调节

按 GB/T 2918 规定的标准环境进行调节，调节时间至少 4 h。

5.4.3 操作步骤

按 GB/T 1040 规定的进行，其中：

a) 试验环境温度为 23 ℃±2 ℃；

b) 拉伸速度为 50 mm/min±5 mm/min；

c) 夹具夹持试样两段的长度相等，夹具间距为 24 mm；

d) 断裂伸长率按公式（2）计算：

$$\varepsilon_t = \frac{L - L_0}{L_0} \times 100\% \quad \cdots\cdots\cdots\cdots\cdots\cdots\cdots (2)$$

式中：

ε_t——断裂伸长率，%；

L_0——试样初始长度，mm；

L——试样断裂时的长度，mm。

实验结果以每组试样的算术平均值表示，每个试验值的相对偏差不得超过±10%，若超过±10%则将该值舍去，舍去后试样个数不少于3个。

5.5　邵氏硬度的测定

按 GB/T 2411—2008 中的规定进行测定。试样的厚度至少为 4 mm，可以用较薄的几层叠合成所需的厚度。

注：由于各层之间的表面接触不完全，因此试验结果可能与单片试样所测结果不同，单独制成厚度大于4mm的试样效果更好，最好单独制片。

5.6　相对密度

按 GB/T 1033.1—2008 中方法 A 的规定进行测定，试样为除粉料以外的任何无气孔材料，由 5.1.2.3 制备的试片冲切而成，在样品与浸渍液容器之间留出足够的间隙，质量至少 1 g。

5.7　熔点

按 GB/T 19466.1—2004 的规定进行测定，其中试样质量为 20 mg±0.5 mg，保持实验温度恒定在±0.5 ℃内至少 30 min。

5.8　介电常数和介质损耗角正切

按 GB/T 1409—2006 的规定进行测定，测定频率为 10^6 Hz，试样由 5.1.2.4 制备的试片冲切而成。

5.9　挥发分

按 HG/T 2904—1997 中 5.9 的规定进行测定，试验中控制温度 380 ℃±1 ℃。

5.10　含水率

按照 HG/T 2902—1997 中 5.7 的规定进行测定。

6　检验规则

6.1　检验分类

可熔性聚四氟乙烯树脂检验分为出厂检验和型式检验。

6.2　出厂检验

可熔性聚四氟乙烯树脂需经生产厂的质量检验部门按本文件检验合格并出具合格证后方可出厂。出厂检验包括以下项目：外观、熔体流动速率、拉伸强度和断裂伸长率。

6.3　型式检验

可熔性聚四氟乙烯树脂型式检验为本文件第 4 章要求的所有项目。有下列情况之一时，应进行型式检验：

a) 新产品或老产品转厂生产的试制定型检定；

b) 正式生产后，如配方、原料、工艺改变，可能影响产品性能时；

c) 正常生产时，每年或根据客户需求进行一次检验；

d) 产品长期停产后，恢复生产时；

e) 出厂检验结果与上次型式检验结果有较大差异时；

f) 国家质量监督机构提出进行型式检验的要求时。

6.4 组批和抽样规则

以相同原料、相同配方、相同工艺生产的产品为一检验组批，其最大组批量不超过 5000 kg，每批随机抽产品 500 g，作为出厂检验样品。随机抽取产品 500 g，作为型式检验样品。

6.5 判定规则

所有检验项目合格，则产品合格；若出现不合格项，允许加倍抽样对不合格项进行复检。若复检合格，则判该批产品合格；若复检仍不合格，则判该批产品为不合格。

7 标志、包装、运输和贮存

7.1 标志

可熔性聚四氟乙烯树脂包装容器上的标志，根据 GB/T191 的规定，在包装外侧应有"轻放"标志。每批产品应附有质量检验报告单，每一包装件应有合格证，并标明：

a) 生产厂名称、地址、电话号码；

b) 产品名称、型号、批号；

c) 生产日期、保质期；

d) 净含量；

e) 生产单位、地址、邮编；

f) 产品标准号；

g) 注意事项。

7.2 包装

可熔性聚四氟乙烯树脂采用清洁、干燥、密封良好的铁桶或塑料桶包装。净含量可根据用户要求包装。

7.3 运输

运输、装卸工作过程，应轻装轻卸，防止撞击，避免包装破损，防止日晒、雨淋，应按照货物运输规定进行。

本文件规定的可熔性聚四氟乙烯树脂为非危险品。

7.4 贮存

可熔性聚四氟乙烯树脂应贮存在阴凉、干燥、通风的场所。防止日光直接照射，并应隔绝火源，远离热源。

在符合本文件包装、运输和贮存条件下，本产品自生产之日起，贮存期为 2 年。逾期可重新检验，检验结果符合本文件要求时，仍可继续使用。

超高分子量聚四氟乙烯树脂

Ultra high molecular weight of polytetrafluoroethylene resin

前 言

本文件按照 GB/T 1.1—2009 给出的规则起草。

请注意本文件的某些内容可能涉及专利。本文件的发布机构不承担识别这些专利的责任。

本文件由中国氟硅有机材料工业协会提出。

本文件由中国氟硅有机材料工业协会标准化委员会归口。

本文件参加起草单位：浙江巨圣氟化学有限公司、中蓝晨光化工研究设计院有限公司、中蓝晨光成都检测技术有限公司。

本文件主要起草人：周厚高、叶怀英、陈敏剑、黄正安、谢鹏、余兰仙。

本文件版权归中国氟硅有机材料工业协会。

本文件由中国氟硅有机材料工业协会标准化委员会解释。

本文件为首次制定。

超高分子量聚四氟乙烯树脂

1 范围

本文件规定了超高分子量聚四氟乙烯树脂技术要求、试验方法、检验规则、标志、包装、运输、贮存和安全。

本文件适用于四氟乙烯单体以分散法聚合，并经凝聚、洗涤、烘干后制得的超高分子量聚四氟乙烯树脂。

2 规范性引用文件

下列文件中的内容通过文中的规范性引用而构成本文件必不可少的条款。其中，注日期的引用文件，仅该日期对应的版本适用于本文件；不注日期的引用文件，其最新版本（包括所有的修改单）适用于本文件。

GB/T 191 包装储运图示标志

GB/T 6678—2003 化工产品采样总则

GB/T 8170 数值修约规则与极限数值的表示和判定

HG/T 2899—1997 聚四氟乙烯材料命名

HG/T 2900 聚四氟乙烯树脂体积密度试验方法

HG/T 2901—1997 聚四氟乙烯树脂粒径试验方法

HG/T 2902—1997 模塑用聚四氟乙烯树脂

3 术语和定义

本文件所采用的术语和定义按 HG/T 2902—1997 的规定。

3.1

体积密度 bulk density

试验条件下测得的 1L 体积的树脂质量（g）。

3.2

标准相对密度 standarded specific gravity

按本文件方法进行模塑和烧结的聚四氟乙烯树脂试样测得的相对密度。

4 技术要求

超高分子量聚四氟乙烯树脂产品应符合表 1 的技术要求。

表1　技术要求

序号	项目	指标
1	外观	白色粉末，无可见杂质
2	标准相对密度	<2.170
3	拉伸强度/MPa	≥28.0
4	断裂伸长率/%	≥300
5	平均粒径/μm	450～750
6	体积密度/(g/L)	375～575
7	含水率/%	≤0.030
8	熔点/℃	327±5

5　试验方法

5.1　试样的制备

5.1.1　圆片试样

按 HG/T 2902—1997 中 5.2.1 的规定制备，用无水乙醇作为脱模剂，要求模具在总压力达到 13.8 MPa 后，保压 3 min。

5.1.2　标准相对密度试样

按 HG/T 2902—1997 中 5.2.2 的规定制备，用无水乙醇作为脱模剂，要求模具在总压力达到 13.8 MPa 后，保压 2 min。

5.2　测定

5.2.1　外观的测定

自然光线下目测。

5.2.2　标准相对密度的测定

按 HG/T 2902—1997 中 5.9 的规定进行测定。

5.2.3　拉伸强度和断裂伸长率的测定

按 HG/T 2902—1997 中 5.4 的规定进行测定。

5.2.4　平均粒径的测定

按 HG/T 2901—1997 中 3.2 的规定进行测定。

5.2.5　体积密度的测定

按 HG/T 2900 的规定进行测定。

5.2.6 含水率的测定

按 HG/T 2902—1997 中 5.7 的规定进行测定。

5.2.7 熔点的测定

按 HG/T 2902—1997 中 5.8 的规定进行测定。

6 检验规则

6.1 检验分类

超高分子量聚四氟乙烯树脂检验分为出厂检验和型式检验。

6.2 出厂检验

超高分子量聚四氟乙烯树脂需经生产厂的质量检验部门按本文件检验合格并出具合格证后方可出厂。出厂检验项目为：

a) 外观；

b) 标准相对密度；

c) 拉伸强度；

d) 断裂伸长率。

6.3 型式检验

超高分子量聚四氟乙烯树脂型式检验为本文件第 4 章要求的所有项目。有下列情况之一时，应进行型式检验：

a) 首次生产时；

b) 主要原材料或工艺方法有较大改变时；

c) 正常生产满一年时；

d) 停产后又恢复生产时；

e) 出厂检验结果与上次型式检验有较大差异时；

f) 质量监督机构提出要求或供需双方发生争议时。

6.4 组批和抽样规则

以相同原料、相同配方、相同工艺生产的产品为一检验组批，每批产品中按 GB/T 6678—2003 中表 1 的规定确定取样单元。允许在包装线上抽取均匀的、有代表性的样品，取样量约 1000 g。将样品分成两份，一份用于试验，一份留样，留样时间至少三个月。混合后的试样装入干净、干燥、密封的容器内，并贴上标有批号、取样日期、取样人姓名、取样量的标签。

6.5 判定规则

检验结果的判定按 GB/T 8170 规定的修约值比较法进行。所有检验项目合格，则产品合格；若出现不合格项，允许加倍抽样对不合格项进行复检。若复检合格，则判该批产品合格；若复检仍不合格，则判该批产品为不合格。

7 标志、包装、运输和贮存

7.1 标志

本产品的包装桶（袋）上应有牢固清晰的标识，标明生产厂名、产品名称、厂址及 GB/T 191 规定的"怕晒""怕雨"等标识。

每批出厂产品均应附有一定格式的质量证明书，其内容包括：产品名称、牌号、报告日期、批号或生产日期、净含量、标准编号等。

7.2 包装

本产品应包装在密封的双层聚乙烯袋中，袋口采取专用扣捆扎，装在防潮的硬质纸桶内，每桶产品净含量 20 kg 或按用户要求进行包装。

7.3 运输

运输、装卸工作过程，应轻装轻卸，防止撞击，避免包装破损，防止日晒、雨淋，应按照货物运输规定进行。

本文件规定的超高分子量聚四氟乙烯树脂为非危险品。

7.4 贮存

本产品应贮存在清洁，阴凉、干燥的仓库内，以防止树脂发生结团现象及水汽、尘土等杂质的混入。

8 安全

警告——使用本文件的人员应熟悉实验室的常规操作。本文件未涉及与使用有关的安全问题。使用者有责任建立适宜的安全和健康措施并确保首先符合国家的相关规定。

纤维用聚四氟乙烯树脂

Polytetrafluoroethylene resin for fibre

前 言

本文件按照 GB/T 1.1—2009 给出的规则起草。

请注意本文件的某些内容可能涉及专利。本文件的发布机构不承担识别这些专利的责任。

本文件由中国氟硅有机材料工业协会提出。

本文件由中国氟硅有机材料工业协会标准化委员会归口。

本文件参加起草单位：浙江巨圣氟化学有限公司、中蓝晨光成都检测技术有限公司、中蓝晨光化工研究设计院有限公司。

本文件主要起草人：陈伟峰、余兰仙、陈敏剑、郑宁、叶怀英。

本标文件版权归中国氟硅有机材料工业协会。

本文件由中国氟硅有机材料工业协会标准化委员会解释。

本文件为首次制定。

纤维用聚四氟乙烯树脂

1 范围

本文件规定了纤维用聚四氟乙烯树脂的术语和定义、技术要求、试验方法、检验规则、标志、包装、运输、贮存和安全。

本标文件适用于四氟乙烯单体以分散法聚合，并经凝聚、洗涤、烘干后制得的聚四氟乙烯树脂。

2 规范性引用文件

下列文件中的内容通过文中的规范性引用而构成本文件必不可少的条款。其中，注日期的引用文件，仅该日期对应的版本适用于本文件；不注日期的引用文件，其最新版本（包括所有的修改单）适用于本文件。

GB/T 191　包装储运图示标志

GB/T 6678—2003　化工产品采样总则

GB/T 8170　数值修约规则与极限数值的表示和判定

HG/T 2899—1997　聚四氟乙烯材料命名

HG/T 2900　聚四氟乙烯树脂体积密度试验方法

HG/T 2901—1997　聚四氟乙烯树脂粒径试验方法

HG/T 2902—1997　模塑用聚四氟乙烯树脂

3 术语和定义

本文件所采用的术语和定义按 HG/T 2902—1997 的规定。

3.1
体积密度 bulk density
试验条件下测得的 1L 体积的树脂质量（g）。

3.2
标准相对密度 standarded specific gravity
按本文件方法进行模塑和烧结的聚四氟乙烯树脂试样测得的相对密度。

3.3
热不稳定性指数 thermal instability index
表示聚四氟乙烯树脂延长加热并按规定周期冷却后分子量下降的程度。

4 技术要求

纤维用聚四氟乙烯树脂按标准相对密度的大小分为两个型号 DR-01 和 DR-02，纤维用聚四氟乙烯树脂的技术要求应符合表 1 的规定。

表1 技术要求

序号	项目		指标	
			DR-01	DR-02
1	外观		白色粉末，无可见杂质	
2	拉伸强度/MPa		≥28.0	
3	断裂伸长率/%		≥300	
4	平均粒径/μm		400～800	
5	体积密度/(g/L)		375～575	
6	标准相对密度		2.165～2.200	2.140～2.164
7	含水率/%		≤0.030	
8	成型性	挤出压力（R：R＝100：1）/MPa	9.7±4.2	
		挤出物外观	连续、平直、光滑	
9	热不稳定性指数		≤50	
10	熔点/℃		327±5	

5 试验方法

5.1 试样的制备

5.1.1 圆片试样

按 HG/T 2902—1997 中 5.2.1 的规定制备，用无水乙醇作为脱模剂，要求模具在总压力达到 13.8 MPa 后，保压 3 min。

5.1.2 标准相对密度和热不稳定性指数试样

按 HG/T 2902—1997 中 5.2.2 的规定制备，用无水乙醇作为脱模剂，要求模具在总压力达到 13.8 MPa 后，保压 2 min。

5.2 测定

5.2.1 外观的测定

自然光线下目测。

5.2.2 拉伸强度和断裂伸长率的测定

按 HG/T 2902—1997 中 5.4 的规定进行测定。

5.2.3 体积密度的测定

按 HG/T 2900 的规定进行测定。

5.2.4 平均粒径的测定

按 HG/T 2901—1997 中 3.2 的规定进行测定。

5.2.5 含水率的测定

按 HG/T 2902—1997 中 5.7 的规定进行测定。

5.2.6 标准相对密度的测定

按 HG/T 2902—1997 中 5.9 的规定进行测定。

5.2.7 热不稳定性指数的测定

按 HG/T 2902—1997 中 5.10 的规定进行测定。

5.2.8 成型性的测定

按 HG/T 2899—1997 中附录 A 的规定进行测定。

5.2.9 熔点的测定

按 HG/T 2902—1997 中 5.8 的规定进行测定。

6 检验规则

6.1 检验分类

纤维用聚四氟乙烯树脂检验分为出厂检验和型式检验。

6.2 出厂检验

纤维用聚四氟乙烯树脂需经生产厂的质量检验部门按本文件检验合格并出具合格证后方可出厂。出厂检验项目为：
- a) 外观；
- b) 体积密度；
- c) 标准相对密度；
- d) 拉伸强度；
- e) 断裂伸长率。

6.3 型式检验

纤维用聚四氟乙烯树脂型式检验为本文件第 4 章要求的所有项目。有下列情况之一时，应进行型式检验：
- a) 首次生产时；
- b) 主要原材料或工艺方法有较大改变时；
- c) 正常生产满一年时；
- d) 停产后又恢复生产时；
- e) 出厂检验结果与上次型式检验有较大差异时；
- f) 质量监督机构提出要求或供需双方发生争议时。

6.4 组批和抽样规则

以相同原料、相同配方、相同工艺生产的产品为一检验组批，每批产品中按 GB/T 6678—2003 中表 1

的规定确定取样单元。允许在包装线上抽取均匀的、有代表性的样品，取样量约 1000 g。将样品分成两份，一份用于试验，一份留样，留样时间至少三个月。混合后的试样装入干净、干燥、密封的容器内，并贴上标有批号、取样日期、取样人姓名、取样量的标签。

6.5 判定规则

检验结果的判定按 GB/T 8170 规定的修约值比较法进行。所有检验项目合格，则产品合格；若出现不合格项，允许加倍抽样对不合格项进行复检。若复检合格，则判该批产品合格；若复检仍不合格，则判该批产品为不合格。

7 标志、包装、运输和贮存

7.1 标志

本产品的包装桶（袋）上应有牢固清晰的标识，标明生产厂名、产品名称、厂址及 GB/T 191 规定的"怕晒""怕雨"等标识。

每批出厂产品均应附有一定格式的质量证明书，其内容包括：产品名称、牌号、报告日期、批号或生产日期、净含量、标准编号等。

7.2 包装

本产品应包装在密封的双层聚乙烯袋中，袋口采取专用扣捆扎，装在防潮的硬质纸桶内，每桶产品净含量 20 kg 或按用户要求进行包装。

7.3 运输

运输、装卸工作过程，应轻装轻卸，防止撞击，避免包装破损，防止日晒、雨淋，应按照货物运输规定进行。

本文件规定的纤维用聚四氟乙烯树脂为非危险品。

7.4 贮存

本产品应贮存在清洁、阴凉、干燥的仓库内，以防止树脂发生结团现象及水汽、尘土等杂质的混入。

8 安全

警告——使用本文件的人员应熟悉实验室的常规操作。本文件未涉及与使用有关的安全问题。使用者有责任建立适宜的安全和健康措施并确保首先符合国家的相关规定。

乙烯-四氟乙烯共聚树脂

Ethylene-tetrafluoroethylene copolymer

前 言

本文件按照 GB/T 1.1—2009 给出的规则起草。

请注意本文件的某些内容可能涉及专利。本文件的发布机构不承担识别这些专利的责任。

本文件由中国氟硅有机材料工业协会提出。

本文件由中国氟硅有机材料工业协会标准化委员会归口。

本文件起草单位：上海三爱富新材料科技有限公司、山东东岳未来氢能材料有限公司、山东华氟化工有限责任公司、艾杰旭化工科技（上海）有限公司、中蓝晨光成都检测技术有限公司、中蓝晨光化工研究设计院有限公司、山东华安新材料有限公司。

本文件主要起草人：杨岱、苏琴、陈庆芬、宿梅香、王旭、郑有婧、张彦君、高彩云、魏刚、王秋丽、陆柯宇。

本文件版权归中国氟硅有机材料工业协会。

本文件由中国氟硅有机材料工业协会标准化委员会解释。

本文件为首次制定。

乙烯-四氟乙烯共聚树脂

1 范围

本文件规定了乙烯-四氟乙烯共聚树脂（以下简称 ETFE）的型号、要求、试验方法、检验规则和标志、包装、运输、贮存。

本文件适用于乙烯-四氟乙烯共聚树脂。

2 规范性引用文件

下列文件中的内容通过文中的规范性引用而构成本文件必不可少的条款。其中，注日期的引用文件，仅该日期对应的版本适用于本文件；不注日期的引用文件，其最新版本（包括所有的修改单）适用于本文件。

GB/T 191 包装储运图示标志

GB/T 1033.1—2008 塑料 非泡沫塑料密度的测定 第 1 部分：浸渍法、液体比重瓶法和滴定法

GB/T 1040.1 塑料 拉伸性能的测定 第 1 部分：总则

GB/T 1409 测量电气绝缘材料在工频、音频、高频（包括米波波长在内）下电容率和介质损耗因数的推荐方法

GB/T 2918 塑料 试样状态调节和试验的标准环境

GB/T 3682.1 塑料 热塑性塑料熔体质量流动速率（MFR）和熔体体积流动速率（MVR）的测定 第 1 部分：标准方法

GB/T 8170 数值修约规则与极限数值的表示和判定

GB/T 19466.3 塑料 差示扫描量热法（DSC） 第 3 部分：熔融和结晶温度及热焓的测定

3 型号、分级与命名

3.1 型号

按照相对标准密度、熔点，ETFE 分为两种型号：Ⅰ型、Ⅱ型。

3.2 分级

按照熔体质量流动速率，ETFE 分为 3 级：1 级、2 级、3 级。

3.3 命名

ETFE 命名中各项目对应代码见表 1。

表 1 ETFE 命名中各项目对应代码

分类指标	Ⅰ			Ⅱ		
	1	2	3	1	2	3
熔体质量流动速率/(g/10min)	2.0～16.0	8.0～28.0	25.0～48.0	6.0～9.9	10.0～19.9	20.0～40.0
标准相对密度	1.69～1.75			1.76～1.84		
熔点/℃	245～275			220～259		

命名示例:

熔体质量流动速率为 8.2 g/10 min，标准相对密度为 1.82，熔点为 230 ℃，命名为：ETFE Ⅱ 1。

4 要求

4.1 外观

ETFE 粒料为半透明颗粒，ETFE 粉料为白色粉末，无可见外来杂质。

4.2 技术要求

ETFE 性能应符合表 2 的规定。

表 2 ETFE 技术要求

序号	项目	Ⅰ			Ⅱ		
		1	2	3	1	2	3
1	熔体质量流动速率 /(g/10min)	2.0~16.0	8.0~28.0	25.0~48.0	6.0~9.9	10.0~19.9	20.0~40.0
2	相对密度	1.69~1.75			1.76~1.84		
3	熔点/℃	245~275			220~259		
4	拉伸强度/MPa	≥40.0			≥31		
5	断裂伸长率/%	≥300			≥350		
6	介电常数（1MHz）	≤2.7			≤2.7		
7	介电损耗因数（1MHz）	≤0.009			≤0.009		

5 试验方法

5.1 试样制备

5.1.1 模具

试样采用图 1 板框式模具，其规格尺寸见表 3。

图 1 板框式模具

表 3 模具规格尺寸

材 料	耐热模具钢
模板尺寸/mm	170×170×2
模框外尺寸/mm	170×170
模框内尺寸/mm	120×120
模框厚度/mm	1.5 和 2.0

5.1.2 试验步骤

5.1.2.1 称取 50.0 g±1.0 g 树脂，放入图 1 所示的板框式模具内，在模板与树脂间铺垫一层厚度 0.13 mm~0.18 mm 的退火铝箔。放入树脂前可在接触树脂一面的铝箔上喷洒高温脱模剂。

注：为了防止树脂薄片与铝箔发生粘连。

5.1.2.2 在将模具放在已加热恒温至 300 ℃±5 ℃ 的液压机的下平板上，将液压机上平板降至与模具接触、不加压保持 2 min~4 min，加 1.0 MPa 的压力，保持 1 min~1.5 min，然后施加 2.0 MPa~4.0 MPa 的压力，保持 1 min~1.5 min。

5.1.2.3 取出模具，放入两块温度低于 40 ℃、厚度为 20 mm±7 mm 的钢板之间，待树脂试样冷却至 50 ℃~60 ℃，从模具中取出试样剥掉铝箔。

注：如果温度降到室温，铝箔片会比较难剥离出来。

5.1.2.4 将 5.1.2.3 制成的厚度为 1.5 mm±0.3 mm 的试样，供测定拉伸强度、断裂伸长率和标准相对密度用。

5.1.2.5 将 5.1.2.3 制成的厚度为 2.0 mm±0.2 mm 的试样，供测定介电常数、介质损耗因数用。

5.2 外观的测定

在自然光线下，用眼睛观察检查。

5.3 熔体质量流动速率的测定

按 GB/T 3682.1 规定进行，其中：

a) 温度：297 ℃±1 ℃；

b) 负荷：5.0 kg；

c) 口模内径：2.095 mm±0.005 mm。

结果按 GB/T 8170—2008 规定的修约值比较法判定。

5.4 相对密度的测定

按 GB/T 1033.1—2008 中规定的方法 A 进行，试样由 5.1.2.1 制备的试样冲切而成，其尺寸为 38 mm×25 mm。

5.5 熔点的测定

按 GB/T 19466.3 的规定进行，其中：

a) 氮气流速：20 mL/min；

b) 升降温条件：40 ℃ $\xrightarrow{10\ ℃/min}$ 300 ℃（保持 5 min）$\xrightarrow{10\ ℃/min}$ 150 ℃（保持 5 min）$\xrightarrow{10\ ℃/min}$ 300 ℃ $\xrightarrow{50\ ℃/min}$ 40 ℃。

取第二次熔融峰的峰顶温度为 ETFE 的熔点，试验结果以整数表示。

5.6 拉伸强度和断裂伸长率的测定

5.6.1 试样

试样由 5.1.2.1 制备的试样冲切而成，其尺寸如图 2 所示。

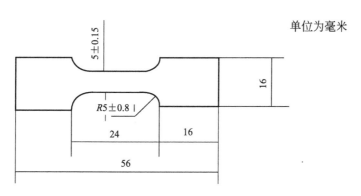

图 2　试样切割尺寸图

5.6.2　状态调节

按 GB/T 2918 规定的标准环境进行调节，调节时间至少 4 h。

5.6.3　操作步骤

按 GB/T 1040.1 的规定进行。其中：
a)　试验环境温度为 23 ℃±2 ℃；
b)　拉伸速度为 50 mm/min±5 mm/mim；
c)　夹具夹持试样两端的长度相等，夹具间距为 24 mm；
d)　断裂伸长率按公式（1）计算：

$$\varepsilon_t = \frac{L-L_0}{L_0} \times 100\%$$ ·····················（1）

式中：
ε_t——断裂伸长率，%；
L_0——试样初始长度，mm；
L ——试样断裂时的长度，mm。
e)　试验结果以每组试样的算术平均值表示，每个试验值的相对偏差不得超过±10%，若超过±10% 则将该值舍去，舍去后试样个数不少于 3 个。

5.7　介电常数、介质损耗因数的测定

按 GB/T 1409 的规定进行，测定频率为 1 MHz，试样由 5.1.2.3 制备的试样冲切而成。

6　检验规则

6.1　检验分类

ETFE 树脂检验分为出厂检验、型式检验和仲裁检验。

6.2　出厂检验

出厂检验按下列项目进行逐批检验和周期检验：

6.2.1　逐批检验

按下列项目进行逐批检验：

a) 外观；

b) 熔体质量流动速率；

c) 相对密度；

d) 熔点。

6.2.2 周期检验

按下列项目每 25 批抽检一批：

a) 拉伸强度；

b) 断裂伸长率；

c) 介电常数；

d) 介电损耗因数。

6.3 型式检验

型式检验为技术要求中规定的全部项目。有下列情况之一者，应进行型式检验：

a) 新产品或老产品转厂生产的试制定型检定；

b) 正式生产后，如配方、原料、工艺改变，可能影响产品性能时；

c) 正常生产时，每 50 批进行一次检验；

d) 产品长期停产后，恢复生产时；

e) 出厂检验结果与上次型式检验结果有较大差异时；

f) 国家质量监督机构提出进行型式检验的要求时。

6.4 仲裁检验

当供需双方对产品质量发生异议时，由供需双方协商解决或由供需双方商定的第三方质量检验机构进行仲裁检验。

6.5 组批

以相同原料、相同配方、相同工艺生产的产品为一检验组批，即生产厂每生产一釜树脂为一批，不得混料。每批随机抽产品 300 g，作为出厂检验样品。随机抽取产品 500 g，作为型式检验样品。

6.6 判定规则

6.6.1 检验结果的判定按 GB/T 8170 中修约值比较法进行。

6.6.2 所有检验项目合格，则产品合格；若出现不合格项，允许加倍抽样对不合格项进行复检。若复检合格，则判该批产品合格；若复检仍不合格，则判该批产品为不合格。

7 标志、包装、运输、贮存

7.1 标志

7.1.1 包装容器外侧应有"怕晒""怕雨""向上""禁止滚动"等标志。

7.1.2 标志应符合 GB/T 191 的规定。

7.2 包装

ETFE 应包装在聚乙烯塑料袋内或根据客户要求进行包装。净含量可按用户要求确定。每批产品应有质量检验报告单，每一包装件应附有合格证，并标明：

a) 生产厂名称、地址、电话号码；

b) 产品名称、型号、批号；

c) 生产日期、保质期；

d) 净含量；

e) 生产单位、地址、邮编；

f) 产品标准号；

g) 注意事项。

7.3 运输

ETFE 按照非危险品运输，运输和装卸时，应轻装轻卸，防止撞击，避免包装破损，防止日晒、雨淋，应按照货物运输规定进行。

7.4 贮存

ETFE 应贮存在在阴凉、干燥、通风的场所。防止日光直接照射，并应隔绝火源，远离热源。

可交联型粉末氟碳涂料树脂

Crosslinkable powder fluorocarbon coating resin

前　言

本文件依据 GB/T1.1—2009 给出的规则起草。

请注意本文件的某些内容可能涉及专利。本文件的发布机构不承担识别这些专利的责任。

本文件由中国氟硅有机材料工业协会提出。

本文件由中国氟硅有机材料工业协会标准化委员会归口。

本文件起草单位：济南华临化工有限公司、山东华夏神舟新材料有限公司、艾杰旭化工科技（上海）有限公司、中蓝晨光化工研究设计院有限公司、中蓝晨光成都检测技术有限公司、山东华安新材料有限公司。

本文件主要起草人：石养渡、赵继华、王汉利、王舒钟、陈敏剑、张彦君、李丕永、马慧荣、罗雷、张春风。

本文件版权归中国氟硅有机材料工业协会。

本文件由中国氟硅有机材料工业协会标准化委员会解释。

本文件为首次制定。

可交联型粉末氟碳涂料树脂

1 范围

本文件规定了可交联型粉末氟碳涂料树脂的要求、试验方法、检验规则、标志、包装、运输及贮存。

本文件适用于由含氟烯烃、含羟基单体、含羧基单体以及脂类或醚类单体为主要原料合成的可交联型粉末氟碳涂料树脂。

2 规范性引用文件

下列文件中的内容通过文中的规范性引用而构成本文件必不可少的条款。其中，注日期的引用文件，仅该日期对应的版本适用于本文件；不注日期的引用文件，其最新版本（包括所有的修改单）适用于本文件。

GB/T 191 包装储运图示标志
GB/T 1725 色漆、清漆和塑料 不挥发物含量的测定
GB/T 3186 色漆、清漆和色漆与清漆用原材料 取样
GB/T 6743 塑料用聚酯树脂、色漆和清漆用漆基 部分酸值和总酸值的测定
GB/T 7193 不饱和聚酯树脂试验方法
GB/T 8170 数值修约规则与极限数值的表示和判定
GB/T 12007.6 环氧树脂软化点测定方法 环球法
GB/T 19466.2 塑料 差示扫描量热法（DSC） 第2部分：玻璃化转变温度的测定

3 要求

3.1 外观

外观为白色或浅黄色固体。

3.2 技术要求

可交联型粉末氟碳涂料树脂应符合表1的要求。

表1 可交联型粉末氟碳涂料树脂技术要求

序号	项目		技术指标
1	挥发分（质量分数)%	≤	2.0
2	羟值/(mgKOH/g)	≥	30
3	酸值/(mgKOH/g)		0~10.0
4	氟含量/%	≥	20.0
5	玻璃化转变温度 T_g/℃	≥	30
6	软化点/℃	≥	50

4 试验方法

4.1 取样

样品的采取按 GB/T 3186 的规定进行。

4.2 外观

在自然光或日光灯下目视观察。

4.3 酸值

按 GB/T 6743 中"部分酸值 A 法"要求测定产品的酸值。

4.3.1 试验步骤

将试样放入甲苯和乙醇的混合溶剂中,使其完全溶解,以溴百里香酚蓝为指示剂,用氢氧化钾溶液滴定至出现蓝色,并维持 15 s 不变色为终点。

根据滴定空白和试液所耗用的氢氧化钾溶液体积之差,计算酸值。

4.3.2 结果表示

样品的酸值 A(以干基计),按公式(1)计算:

$$A = 56.10 \times \frac{(V_1 - V_0) \times c}{m_3 \times NV} \qquad\qquad\qquad (1)$$

式中:

A——酸值,mgKOH/g;

V_0——空白试验耗用氢氧化钾标准溶液的体积,mL;

V_1——试样耗用氢氧化钾标准溶液的体积,mL;

c——氢氧化钾标准溶液的浓度,mol/L;

m_3——试样的质量,g;

NV——测定的试样不挥发物的含量。

取两次平行测定结果的算术平均值为测定结果,结果保留到小数点后两位。

4.4 羟值

按 GB/T 7193 规定的方法测定产品的羟值。

4.4.1 试验步骤

以对甲苯磺酸作催化剂,在乙酸乙酯中,利用乙酸酐与羟基进行乙酰化反应。过量的乙酸酐用吡啶水混合液水解,产生的乙酸用氢氧化钾—甲醇标准溶液滴定。

4.4.2 结果表示

样品的羟值 $I_{(OH)}$(以干基计)按公式(2)及公式(3)计算:

$$I_{(OH)} = \frac{56.10 \times (V_0 - V_1) \times c}{m_4} + X \qquad\qquad (2)$$

$$m_4 = \frac{m \times NV}{100} \quad \cdots\cdots\cdots\cdots\cdots\cdots\cdots\cdots (3)$$

式中：

$I_{(OH)}$ ——样品的羟值（以干基计），mgKOH/g；

$\quad V_0$ ——空白试验耗用氢氧化钾标准溶液的体积，mL；

$\quad V_1$ ——试样耗用氢氧化钾标准溶液的体积，mL；

$\quad c$ ——氢氧化钾标准溶液的浓度，mol/L；

$\quad m$ ——液体树脂质量，g；

$\quad m_4$ ——试样树脂折干后的质量，g；

$\quad X$ ——试样的正酸值或负碱值，若此值等于或小于0.3，应予忽略。

取两次平行测定结果的算术平均值为测定结果，结果保留到小数点后两位。

4.5 氟含量

具体试验方法见附录A。

4.6 玻璃化温度

按GB/T 19466.2规定的方法测定产品的玻璃化转变温度。

4.7 软化点

按GB/T 12007.6规定的方法测定产品的软化点。

4.8 挥发分

按GB/T 1725规定的方法测定。

将玻璃、马口铁或铝盘、玻璃棒在试验温度下，放入烘箱中干燥，然后放入干燥器中在室温下冷却。称量带有玻璃棒的盘，精确到0.001 g，然后把2 g±0.2 g的待测样品放入盘中称量，精确到0.001 g，样品要均匀地布满盘子的底部。然后把带有玻璃棒的盘子及试样放入温度为140 ℃的鼓风干燥烘箱中部，1 h后取出试样及带有玻璃棒的盘子放入干燥器内，冷却至室温，然后称重，精确到0.001 g。

挥发分含量V按公式（4）计算：

$$V = \left(1 - \frac{m_2}{m_1}\right) \times 100\% \quad \cdots\cdots\cdots\cdots\cdots\cdots (4)$$

式中：

V——挥发分，%；

m_2——加热后试样质量，mg；

m_1——加热前试样质量，mg。

结果数值取小数点后两位。

5 检验规则

5.1 检验分类

可交联型粉末氟碳涂料树脂检验分为出厂检验和型式检验。

5.2 出厂检验

可交联型粉末氟碳涂料树脂需经生产厂的质量检验部门按本文件检验合格并出具合格证后方可出厂。

出厂检验项目为：

    a) 外观；

    b) 羟值；

    c) 酸值；

    d) 氟含量。

5.3　型式检验

型式检验为本文件第3章要求的所有项目。有下列情况之一时，应进行型式检验：

    a) 新产品试制或老产品转厂生产的试制定型检定；

    b) 产品正式生产后，其结构设计、材料、工艺以及关键的配套元器件有较大改变，可能影响产品性能时；

    c) 正常生产，定期或积累一定产量后，应周期性进行一次检验；

    d) 产品长期停产后，恢复生产时；

    e) 出厂检验结果与上次型式检验结果有较大差异时；

    f) 国家质量监督机构提出进行型式检验要求时。

5.4　组批和抽样规则

5.4.1　以同一原料、同一配方、同一工艺聚合的多釜树脂经后处理、造粒后为一检验组批，其最大批次量应不超过3 t。

5.4.2　按 GB/T 3186 规定的方法采集样品。

5.5　判定规则

5.5.1　检验结果的判定按 GB/T 8170 中规定的修约值比较法进行。

5.5.2　型式检验项目所有检验项目合格，则判该批产品合格。

5.5.3　若检验结果有任何一项不符合本文件规定的要求，应重新从该产品中取双倍采样单元数的样品，对于不合格项目进行复检。若复检合格，则判该批产品合格；若复检仍不合格，则判该批产品为不合格。

5.5.4　当供需双方对产品质量发生异议时，可由双方协调解决或请法定质量检验部门进行仲裁。

6　标志、包装、运输和贮存

6.1　标志

每批产品应有牢固清晰的标志，应注明厂名、厂址、产品名称、净含量、批号、生产日期、产品标准号。

6.2　包装

本产品除客户特殊要求外，应包装在聚乙烯塑料袋内，然后再封于外包装袋内或纸桶内，每袋净含量为25 kg或商定。

6.3　运输

本产品为非易燃易爆品，可按一般非危险品运输。运输、装卸应轻装轻卸，防止撞击、挤压产品包装，防止日晒、雨淋，应按照货物运输规定进行。

6.4 贮存

本产品应贮放在通风干燥处，并应隔绝火源，远离热源。在符合本文件包装、运输和贮存条件下，本产品自生产之日起，保质期为一年。逾期可重新检验，检验结果符合本文件要求时，仍可继续使用。

附　录　A

（规范性附录）

氟含量测试方法

A.1　方法原理

把含氟有机物装在铂容器中，在密闭的、充满氧气的石英瓶中燃烧分解，分解的产物转化为无机氟离子被瓶中吸收液所吸收，然后用硝酸钍滴定法对氟离子进行定量测定。这种分析方法包括分解有机氟化合物以及测定氟含量两部分。

A.2　仪器与材料

A.2.1　石英燃烧瓶，500 mL；

A.2.2　分析天平，0.0001 g；

A.2.3　移液管，25 mL 及 50 mL；

A.2.4　量杯，5 mL 及 50 mL；

A.2.5　三角烧瓶，250 mL；

A.2.6　容量瓶，500 mL 及 1000 mL；

A.2.7　棕色酸式滴定管，50 mL。

A.3　试验试剂

A.3.1　酚酞指示剂，10 g/L；

A.3.2　茜素红指示剂，1 g/L；

A.3.3　氯乙酸钠缓冲溶液，pH＝3.2～3.5；

A.3.4　稀氢氧化钠溶液，0.1 mol/L；

A.3.5　稀盐酸溶液，0.1 mol/L；

A.3.6　硝酸钍标准溶液，0.01 mol/L。

A.4　试验步骤

A.4.1　待测样品溶液的制备

取 250 mL 石英燃烧瓶，可用带有旋塞的石英燃烧瓶（见图 A.2）。瓶上配有一空心磨口塞子，瓶塞下端焊接一根粗铂金丝，铂金丝直径宜 0.5 mm～0.8 mm，铂金丝的长度依据锥形瓶的大小而定，能够伸到瓶的中央部位即可。铂金丝的下端弯成钩形，也可作成铂金片夹子或螺旋形状（见图 A.1）。

称取约 10 mg 干燥的待分析样品，记录其精确质量（精确至 0.0001 g），用无灰滤纸包好，无灰滤纸剪成约 2 cm×2 cm，尾宽 0.5 cm，长约 2 cm（见图 A.3）。

氟树脂包裹方法（见图 A.4）。包裹妥善后，将其折合部分紧紧夹在燃烧瓶瓶塞焊接的铂金丝上，滤纸尾部朝下斜方向悬在空间。

将 30 mL 蒸馏水加入燃烧瓶中，将与高纯氧气钢筒（或储氧瓶）连通的橡皮管伸入瓶中，送入高纯氧气。导气管应伸近吸收液的液面。

经过 30 s～60 s，使燃烧瓶中的空气全部为氧气所代替。

在通氧气的最后阶段，用夹在铂金丝上的氟树脂蘸取少量助燃剂，同时取小火点燃滤纸的尾部，拉出通氧气的橡皮管，迅速将瓶塞插入并且盖紧，将燃烧瓶小心倾斜倒置（见图 A.5）。

夹在铂金丝上的氟树脂在少量助燃剂的作用下在燃烧瓶中点燃。使被点燃的滤纸，充分地燃烧（见图 A.5）。温度上升，铂金丝形成白灼状态。

样品随同滤纸在氧气中分解。在燃烧初期，瓶中压力会骤然增加，此时应握紧瓶塞使瓶塞不冲出。

分解产物逐渐被吸收液所吸收，瓶中开始形成减压，瓶塞会被自动吸住。

整个燃烧过程需要大约数秒，滤纸和样品应在仪器中被完全分解。使燃烧瓶恢复原来直立位置。

如果吸收液中存在残存滤纸，则表示滤纸未被完全分解，应重做。

分解完全后，吸收液完全转移到滴定用三角烧瓶中，另加 30 mL 蒸馏水冲洗燃烧瓶内壁，同样转移至三角烧瓶中，先加入几滴酚酞指示剂（A.3.1），用稀氢氧化钠溶液（A.3.4）调至微红色，再滴加适量茜素红指示剂（A.3.2），并用稀盐酸溶液（A.3.5）调样品由红色变为淡黄色，加入 4 mL 氯乙酸钠缓冲溶液（A.3.3），摇匀待用。

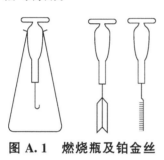

图 A.1 燃烧瓶及铂金丝

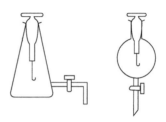

图 A.2 带有旋塞的燃烧瓶

图 A.3 包样品的滤纸

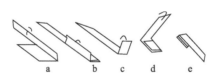

图 A.4 样品包折方式

图 A.5 样品的燃烧

A.4.2 试验步骤

A.4.2.1 空白试验

以 60 mL 蒸馏水代替样品溶液，做与样品溶液同样的处理后，用硝酸钍标准溶液（A.3.6）滴定，当溶液颜色由淡黄色突变为淡红色时，记录耗用的滴定液体积（V_0）。

A.4.2.2 样品测定

取标定好的硝酸钍标准溶液（A.3.6），滴定待测样品溶液，使溶液颜色由淡黄色突变为淡红色，记录耗用的滴定液体积（V）。

A.4.3 结果计算

氟含量按公式（A.1）进行计算，结果数值取小数点后两位：

$$F = \frac{19 \times c \times (V - V_0)}{m} \times 100\%$$ ·············（A.1）

式中：

c——硝酸钍标准溶液的浓度，mol/L；

V——空白试验消耗的硝酸钍标准溶液的体积，mL；

V_0——样品滴定消耗硝酸钍标准溶液的体积，mL；

m——称取样品干树脂的精确质量，g。

19——氟元素的摩尔质量，g/mol。

换热管用聚四氟乙烯分散树脂

Polytetrafluoroethylene（PTFE）fine powder for heat exchange tube

前　言

本文件按照 GB/T 1.1—2020《标准化工作导则　第 1 部分：标准化文件的结构和起草规则》给出的规定起草。

请注意本文件的某些内容可能涉及专利。本文件的发布机构不承担识别这些专利的责任。

本文件由中国氟硅有机材料工业协会提出。

本文件由中国氟硅有机材料工业协会标准化委员会归口。

本文件起草单位：山东东岳高分子材料有限公司、浙江巨圣氟化学有限公司、上海华谊三爱富新材料有限公司、中蓝晨光化工研究设计院有限公司、中蓝晨光成都检测技术有限公司。

本文件主要起草人：陈越、韩淑丽、孟庆文、王敏亚、张彦君、王泊恩、周厚高、周鹏飞。

本文件版权归中国氟硅有机材料工业协会。

本文件由中国氟硅有机材料工业协会标准化委员会解释。

本文件为首次制定。

换热管用聚四氟乙烯分散树脂

1 范围

本文件规定了换热管用聚四氟乙烯分散树脂的技术要求、试验方法、检验规则、标志、包装、运输和贮存。

本文件适用于分散法聚合生产的换热管用聚四氟乙烯分散树脂。

2 规范性引用文件

下列文件中的内容通过文中的规范性引用而构成本文件必不可少的条款。其中，注日期的引用文件，仅该日期对应的版本适用于本文件；不注日期的引用文件，其最新版本（包括所有的修改单）适用于本文件。

GB/T 191　包装储运图示标志

GB/T 1040　塑料　拉伸性能的测定

GB/T 6678　化工产品采样总则

GB/T 8170　数值修约规则与极限数值的表示和判定

HG/T 2899　聚四氟乙烯材料命名

HG/T 2900　聚四氟乙烯树脂体积密度试验方法

HG/T 2901　聚四氟乙烯树脂粒径试验方法

HG/T 2902　模塑用聚四氟乙烯树脂

HG/T 3028　糊状挤出用聚四氟乙烯树脂

3 术语和定义

下列术语和定义适用于本文件。

3.1

清洁度 cleanliness

聚四氟乙烯分散树脂被杂质污染的程度，用规定的方法从本文件制备的圆片上观测到的杂质颗粒的数量来表示。

3.2

拉伸含孔指数 stretching void index

按本文件方法进行制样和烧结后的圆片测得的拉伸前与拉伸后标准相对密度的变化。

4 技术要求

换热管用聚四氟乙烯分散树脂的技术要求应符合表1要求。

表 1 技术要求

编号	特性		特性值
1	清洁度		圆片洁白、质地均匀，日光灯下无肉眼可见杂质
2	体积密度/(g/L)		300～500
3	拉伸强度/MPa	≥	25.0
4	断裂伸长率/%	≥	300
5	含水率/%	≤	0.03
6	标准相对密度		2.140～2.200
7	平均粒径/μm		400～575
8	挤出压力（成型比为 400∶1）/MPa		20～40
9	热不稳定性指数	≤	10
10	拉伸含孔指数	≤	50
11	熔点/℃		327±10

5 试验方法

5.1 试样的制备

5.1.1 拉伸强度、断裂伸长率及清洁度测试用的试样制备

按 HG/T 2902 中 5.2.1 进行制备，用无水乙醇作为脱模剂，并要求模具在总压力达到 13.8 MPa 后保压 3.0 min 后卸压，按照表 2 中方法 A 烧结。

5.1.2 标准相对密度和热不稳定指数测试用的试样制备

按 HG/T 2902 中 5.2.2 进行制备，用无水乙醇作为脱模剂，并要求模具在总压力达到 13.8 MPa 后保压 2.0 min 后卸压，标准相对密度试样按表 2 中方法 A 烧结，热不稳定性指数用的广义相对密度试样按表 2 中方法 B 烧结。

5.1.3 拉伸含孔指数测试用的试样制备

按 HG/T 2902 中 5.2.1 进行制备，称取聚四氟乙烯分散树脂 29.0 g±0.1 g，用无水乙醇作为脱模剂，并要求以 3.5 MPa/min 的速度逐步加压至压力为 7.0 MPa，保压 2.0 min，然后继续以 3.5 MPa/min 的速度加压至 13.8 MPa，再保压 2.0 min 后卸压，按照表 2 中方法 A 烧结。

5.2 试样的烧结条件

警告——当加热到 260 ℃以上时，聚四氟乙烯树脂会释放出少量气态产物，其中一些气体是有害的。因此，每当树脂被加热到该温度以上时，都必须使用排气通风。

表 2 试样的烧结条件

烧结条件	方法 A	方法 B
	φ76 mm 圆片试样与标准相对密度试样	广义相对密度试样
起始温度/℃	290	290
升温速率/(℃/h)	120±10	120±10
保温温度/℃	380±6	380±6
保温时间/min	30±2	360±5
降温速率/(℃/h)	60±5	60±5
第二次保温温度/℃	294±6	294±6
第二次保温时间/min	24.0±0.5	24.0±0.5
冷却至室温时间/h ＞	0.5	0.5

5.3 清洁度

取 5 片按 5.1.1 制备的试样，试样与灯的距离为 10 cm～15 cm，在 20 W～40 W 日光灯透射下目测试样清洁度，以最差一片试样的测定结果定等级。

5.4 体积密度

按 HG/T 2900 规定的方法进行测试。

5.5 拉伸强度和断裂伸长率

按 HG/T 2902 中 5.4 规定的方法进行测试。

5.6 含水率

按 HG/T 2902 中 5.7 规定的方法进行测试。

5.7 标准相对密度

按 HG/T 2902 中 5.9 规定的方法进行测试。

5.8 平均粒径

按 HG/T 2901 中 3.2 规定的方法进行测试。

5.9 挤出压力

按 HG/T 2899 中附录 A 规定的方法进行测试，其中成型比为 R：R＝400：1。

5.10 热不稳定性指数

按 HG/T 2902 中 5.10 规定的方法进行测试。

5.11 拉伸含孔指数

5.11.1 试样

按照本文件5.1.3制备的直径为76.0 mm的圆片冲切拉伸试样，试样尺寸如图1所示，每组试样不少于5个。

单位为毫米（mm）

单位为毫米（mm）

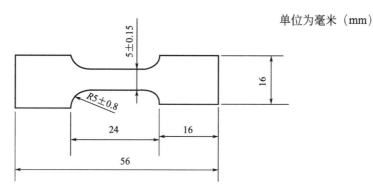

图1 拉伸试样尺寸

5.11.2 试样状态调节

试验在23 ℃～25 ℃环境温度下状态调节至少2 h。

5.11.3 操作步骤

a) 试验环境温度为23 ℃～25 ℃；

b) 试样拉伸前标准相对密度的测试按照本文件中5.7所述，测试标准相对密度的试样取自5.1.3制备的圆片；

c) 采用GB/T 1040中规定的方法进行拉伸。夹具夹持试样两端，上下位置对称，间距为24.0 mm。以5.0 mm/min的速度拉伸试样，直到试样断裂为止，如果试样断裂的时候，断裂伸长率小于200%，舍弃试验结果，再重新进行拉伸测试；

d) 从拉伸后试样的中间部位切割条状试样，然后按照本文件5.7所述方法测试拉伸后试样的标准相对密度。

5.11.4 结果计算

a) 拉伸含孔指数按公式（1）进行计算：

$$SVI = (USG - SG) \times 1000 \qquad\qquad (1)$$

式中：

SVI ——拉伸含孔指数；

USG ——拉伸前试样的标准相对密度；

SG ——拉伸后试样的标准相对密度。

b) 试验结果以每组试样的算式平均值表示，每个试样的测定值与平均值之间偏差不超过±10%，超过±10%舍去，舍去后剩下的试样不得少于3个。

5.12 熔点

按HG/T 2902中5.8规定的方法进行测试。

6 检验规则

6.1 检验分类

换热管用聚四氟乙烯分散树脂检验分为出厂检验和型式检验。

6.2 出厂检验

6.2.1 出厂检验项目

换热管用聚四氟乙烯分散树脂需经生产厂的质量检验部门按本文件检验合格并出具合格证后方可出厂。

出厂检验项目为：清洁度、体积密度、拉伸强度、断裂伸长率、含水率、标准相对密度、平均粒径和拉伸含孔指数。

6.2.2 组批和抽样

以相同原料、相同配方、相同工艺生产的一釜树脂为一检验组批，其最大组批量不超过 5000 kg，每批随机抽产品 0.5 kg，作为出厂检验样品。

6.2.3 判定规则

按 GB/T 8170 规定的修约值比较法判定检验结果是否符合本文件。

所有检验项目合格，则产品合格；若出现不合格项，允许加倍抽样对不合格项进行复检。若复检合格，则判该批产品合格；若复检仍不合格，则判该批产品为不合格。

6.3 型式检验

6.3.1 检验时机

型式检验项目为本文件的全部项目，正常生产情况下，除出厂检验项目外，熔点为每年抽检一次；热不稳定指数每 30 批抽检一次。在有下列情况之一时，应进行型式检验：
   a) 新产品试制或老产品定型检定时；
   b) 正常生产时，定期或积累一定产量后，应周期性进行一次检验；
   c) 产品结构设计、材料、工艺以及关键的配套元器件有较大改变，可能影响产品性能时；
   d) 产品长期停产后，恢复生产时；
   e) 出厂检验结果与上次型式检验结果有较大差异时；
   f) 产品停产 6 个月以上恢复生产时；
   g) 国家质量监督机构提出进行型式检验要求时。

6.3.2 检验项目

换热管用聚四氟乙烯分散树脂的型式检验为本文件第 4 章要求的所有项目。

6.3.3 组批和抽样

以相同原料、相同配方、相同工艺生产的一釜树脂为一检验组批，其最大组批量不超过 5000 kg，每批随机抽取产品 1.0 kg，作为型式检验样品。

6.3.4 判定规则

按照 GB/T 8170 规定的修约值比较法判定检验结果是否符合本文件。

所有检验项目合格，则产品合格；若出现不合格项，允许加倍抽样对不合格项进行复检。若复检合格，则判该批产品合格；若复检仍不合格，则判该批产品为不合格。

7 标志、产品随行文件

7.1 标志

7.1.1 标志内容

7.1.1.1 产品与生产者标志

产品或者包装、说明书上标注的内容应包括以下几方面：

a) 产品的自身属性。内容包括产品的名称、产地、生产日期、规格型号、批号、等级、净含量、所执行标准的代号等。

b) 生产者相关信息。内容包括生产者的名称、地址、联系方式等。

7.1.1.2 储运图示标志

产品包装容器上应有"怕晒""怕雨""向上"和"禁止翻滚"等图示标志，标志相关要求可参见 GB/T191，还应有注意和提示事项，内容包括：贮存条件、使用说明、加工条件、运输条件等。

7.1.2 标志的表示方法

可以使用标签、印记、颜色或条形码等方式。

7.2 产品随行文件的要求

出厂产品应附有一定格式的随行文件，内容包括：

a) 产品合格证，参见 GB/T 14436；

b) 产品说明书；

c) 装箱单；

d) 试验报告；

e) 其他有关资料。

8 包装、运输和贮存

8.1 包装

换热管用聚四氟乙烯分散树脂应采用清洁、干燥、密封良好的铁桶或塑料桶包装。净含量可根据用户要求包装。

8.2 运输

运输、装卸工作过程，应轻装轻卸，防止撞击，避免包装破损，防止日晒、雨淋，应按照货物运输规定进行。

本文件规定的换热管用聚四氟乙烯分散树脂为非危险品。

8.3 贮存

换热管用聚四氟乙烯分散树脂应贮存在阴凉、干燥、通风的场所。防止日光直接照射，并应隔绝火源，远离热源。

聚三氟氯乙烯树脂

Polychlorotrifluoroethylene　resin

前　言

本文件按照 GB/T 1.1—2020《标准化工作导则第 1 部分：标准化文件的结构和起草规则》的规定起草。

请注意本文件的某些内容可能涉及专利。本文件的发布机构不承担识别这些专利的责任。

本文件由中国氟硅有机材料工业协会提出。

本文件由中国氟硅有机材料工业协会标准化委员会归口。

本文件起草单位：山东华夏神舟新材料有限公司、浙江巨圣氟化学有限公司、上海华谊三爱富新材料有限公司、中蓝晨光成都检测技术有限公司。

本文件主要起草人：王汉利、杜延华、孟庆文、杨岱、陈敏剑、张彦君、周厚高、宗艳。

本文件版权归中国氟硅有机材料工业协会。

本文件由中国氟硅有机材料工业协会标准化委员会解释。

本文件为首次制定。

聚三氟氯乙烯树脂

1 范围

本文件规定了聚三氟氯乙烯树脂的要求、试验方法、检验规则、标志、包装、运输和贮存。

本文件适用于由三氟氯乙烯均聚制得的聚三氟氯乙烯树脂。

2 规范性引用文件

下列文件中的内容通过文中的规范性引用而构成本文件必不可少的条款。其中，注日期的引用文件，仅该日期对应的版本适用于本文件；不注日期的引用文件，其最新版本（包括所有的修改单）适用于本文件。

GB/T 191　包装储运图示标志

GB/T 1033.1—2008　塑料　非泡沫塑料密度的测定　第1部分：浸渍法、液体比重瓶法和滴定法

GB/T 1040.1—2006　塑料　拉伸性能的测定　第1部分：总则

GB/T 1409—2006　测量电气绝缘材料在工频、音频、高频（包括米波长在内）下电容率和介质损耗因数的推荐方法

GB/T 1844.1—2008　塑料　符号和缩略语　第1部分：基础聚合物及其特征性能

GB/T 2918—2018　塑料　试样状态调节和试验的标准环境

GB/T 3682.1—2018　塑料　热塑性塑料熔体质量流动速率（MFR）和熔体体积流动速率（MFR）的测定　第1部分：标准方法

GB/T 6284—2006　化工产品中水分测定的通用方法　干燥减量法

GB/T 6678—2003　化工产品采样总则

GB/T 6679—2003　固体化工产品采样通则

GB/T 19466.3—2004　塑料　差示扫描量热法（DSC）　第3部分：熔融和结晶温度及热焓的测定

HG/T 2167-91　聚三氟氯乙烯树脂

3 术语和定义

本文件没有需要界定的术语和定义。

4 缩略语

下列缩略语适用于本文件。

MFR　熔体质量流动速率

5 分类和命名

5.1 命名

按 GB/T 1844.1—2008 的规定，聚三氟氯乙烯的缩写为 PCTFE。命名格式如下：

命名示例：

MFR 在 0.1 g/10min～2.0 g/10min 的聚三氟氯乙烯树脂，命名为 PCTFE 02。

5.2 分型规则

聚三氟氯乙烯树脂按 MFR 的不同分为 PCTFE-02、PCTFE-05、PCTFE-12、PCTFE-20、PCTFE-20H 五个型号，其型号分类见表1。

表 1　型号分类

型号	PCTFE-02	PCTFE-05	PCTFE-12	PCTFE-20	PCTFE-20H
熔体质量流动速率/(g/10 min)	≤2.0	>2.0，≤5.0	>5.0，≤12.0	>12.0，≤20.0	>20.0
成型方法	模塑	挤塑、注塑			

6　要求

6.1　外观

白色或微黄颗粒，其中颗粒含有可见黑点数量不超过 1%。

6.2　技术要求

聚三氟氯乙烯树脂的物化性能应符合表2的要求。

表 2　聚三氟氯乙烯树脂技术要求

序号	项目		要求				
			PCTFE-02	PCTFE-05	PCTFE-12	PCTFE-20	PCTFE-20H
1	熔体质量流动速率/(g/10 min)		≤2.0	>2.0，≤5.0	>5.0，≤12.0	>12.0，≤20.0	>20.0
2	拉伸强度/MPa	≥	39	39	39	37	37
3	断裂伸长率/%	≥	35				
4	相对密度		2.10～2.15				
5	熔点/℃		210±5				
6	介电常数（10^6 Hz）	≤	2.7				
7	介电损耗角正切（10^6 Hz）	≤	0.01				
8	含水率/%	≤	0.03				
9	热稳定性/%	≤	0.2				

7　试验方法

7.1　试验环境

按照 GB/T 2918—2018 规定的标准环境进行调节，调节时间至少 4 h。制样环境温度为 23 ℃±2 ℃。

7.2 试片制备

7.2.1 模具

采用图1所示的板框式模具，其技术条件如下：

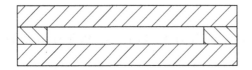

图1 板框式模具示意图

a) 材料：耐热模具钢；

b) 模板尺寸：170 mm×170 mm×2 mm；

c) 模框外尺寸：170 mm×170 mm；

d) 模框内尺寸：120 mm×120 mm；

e) 模框厚度：1.5 mm、2.0 mm。

7.2.2 操作步骤

7.2.2.1 称取 51 g±1 g 聚三氟氯乙烯树脂，放入模框厚度为 1.5 mm 的模具内。

7.2.2.2 在模板和聚三氟氯乙烯树脂间铺垫一层厚度约 0.07 mm 的退火铝箔，将模具放在已加热至 280 ℃±10 ℃ 的液压机的下平板上，将液压机上平板下降至与模具接触，不加压保持 5 min，再加 3 MPa～5 MPa 压力预压，保持 3 min～5 min，泄压 3 次，将模腔内的空气排出。然后，施加 8 MPa～ 10 MPa 的压力，保持 3 min～5 min。液压机平板温度始终保持 280 ℃±10 ℃。取出模具放入冷压机平板上，闭合上下平板，施加 2 MPa～4 MPa 的压力，在冷却至 60 ℃ 之前，须维持此压力。当模具冷却至 50 ℃ 以下时，取出试片剥掉铝箔。

7.2.2.3 制得厚度为 1.5 mm±0.2 mm 的试片，供测定拉伸强度、断裂伸长率、相对密度使用。

7.2.2.4 称取 68 g±1 g 聚三氟氯乙烯树脂，放入模框厚度为 2.0 mm 的模具内，重复 7.2.2.2 的操作步骤，制得厚度为 2.0 mm±0.2 mm 的试片，供测定电性能使用。

7.2.2.5 试片制备过程中，液压机温度严格按照上述规定范围执行，以防超温分解产生有毒气体。

7.3 外观

取约 500 个树脂颗粒在灯箱下目测，检验含可见的黑点数，按公式（1）计算其百分数：

$$N = \frac{n}{500} \times 100\% \qquad\qquad\qquad (1)$$

式中：

N——含可见黑点的粒子百分数，%；

n——含可见黑点数。

如同一颗粒中含有 1 个以上黑点，n 值按实际黑点数计。

7.4 熔体质量流动速率

按 GB/T 3682.1—2018 中方法 A 的规定进行，其中：

a) 温度：280 ℃±1 ℃；

b) 负荷：12.5 kg；

c) 口模内径：2.095 mm±0.005mm。

料桶中样品质量、切样时间间隔和切取样条数，如表3所示。

表3 切样条件

MFR/(g/10min)	料桶中样品质量/g	时间间隔/s	切取样条数
≤2.0	4	40	5
>2.0，≤5.0	6	20	5
>5.0，≤12.0	6	10	5
>12.0，≤20.0	6	3	5
>20.0	6	3	5

7.5 拉伸强度和断裂伸长率

7.5.1 试样

试样由 7.2.2.3 制得的试片冲切而成，其尺寸如图2所示。

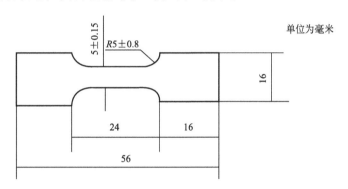

图2 拉伸试样尺寸

7.5.2 状态调节

按 GB/T 2918—2018 规定的标准环境进行调节，调节时间至少 4 h。

7.5.3 操作步骤

按 GB/T 1040.1—2006 规定的进行，其中：

a) 试验环境温度为 23 ℃±2 ℃；

b) 拉伸速度为 50 mm/min±5 mm/min；

c) 夹具夹持试样两段的长度相等，夹具间距为 24 mm。

实验结果以每组试样的算术平均值表示，每个试验值的相对偏差不得超过±10%，若超过±10%则将该值舍去，舍去后试样个数不少于 3 个。

7.6 相对密度

按照 GB/T 1033.1—2008 中 A 法规定进行，试样由 7.2.2.3 制备的试片冲切而成，尺寸为 38 mm×25 mm。

7.7 熔点

按照 GB/T 19466.3—2004 的规定进行测定，其中试样质量为 5 mg～8 mg，在氮气气氛下，以 10 ℃/min 的速率升温至 320 ℃，以 10 ℃/min 的速率冷却至 30 ℃左右，然后再以 10 ℃/min 的速率升温至 320 ℃，记录第二次熔融时峰顶温度为聚合物熔点，实验结果以整数表示。

7.8 介电常数和介电损耗角正切

按 GB/T 1409—2006 的规定进行测定，测定频率为 10^6 Hz，试样由 7.2.2.4 制备的试片冲切而成。

7.9 含水率

按 GB/T 6284—2006 的规定进行测定。

7.10 热稳定性

按 HG/T 2167—91 中 4.6 的规定进行测定，其中试样为粒料树脂，直接放入已恒重的铝盒进行测试。

8 检验规则

8.1 检验分类

聚三氟氯乙烯树脂检验分为出厂检验和型式检验。

8.2 出厂检验

聚三氟氯乙烯树脂需经生产厂的质量检验部门按本文件出厂检验合格并出具合格证后方可出厂。出厂检验项目为：
  a) 外观；
  b) 熔体质量流动速率；
  c) 拉伸强度；
  d) 断裂伸长率。

8.3 型式检验

聚三氟氯乙烯树脂型式检验为本文件第 6 章要求的所有项目。有下列情况之一时，应进行型式检验：
  a) 首次生产时；
  b) 主要原材料或工艺方法有较大改变时；
  c) 正常生产时，每年或根据客户需求进行一次检验；
  d) 停产后又恢复生产时；
  e) 出厂检验结果与上次型式检验有较大差异时；
  f) 质量监督机构提出要求或供需双方发生争议时。

8.4 组批和抽样

以同一聚合釜物料为一批。按 GB/T 6678—2003 和 GB/T 6679—2003 中的规定采样，每批产品采样总量应不少于 500 g，混匀后分装于两个清洁、干燥的试剂袋中，密封贴好标签，一袋检验，一袋留样。

8.5 判定规则

所有检验项目合格，则产品合格；若出现不合格项，允许双倍抽样对不合格项进行复检。若复检合格，则判该批产品合格；若复检仍不合格，则判该批产品为不合格。

9 标志、包装、运输和贮存

9.1 标志

聚三氟氯乙烯树脂的包装容器上的标志，根据 GB/T191 的规定，在包装外侧注明"防雨""防晒""轻放"标志。

每批出厂产品均应附有质量合格证明，其内容包括生产单位名称、地址、电话号码、产品名称、型号、批号（或生产日期）、净重、检验结果和标准编号等。

9.2 包装

聚三氟氯乙烯树脂采用清洁、干燥、密封良好的聚乙烯塑料袋包装或根据用户要求。净含量可根据用户要求包装。

9.3 运输

运输、装卸工作过程，应轻装轻卸，防止撞击，避免包装破损，防止日晒、雨淋，应按照货物运输规定进行。

9.4 贮存

聚三氟氯乙烯树脂应贮存在清洁、阴凉、干燥、通风的场所。防止日光直接照射，并应隔绝火源，远离热源。

在符合本文件包装、运输和贮存条件下，本产品自生产之日起，贮存期为两年。逾期可重新检验，检验结果符合本文件要求时，仍可继续使用。

第五部分：产品标准——氟硅材料

热硫化氟硅橡胶生胶

Heat vulcanizing fluorosilicone gum

前 言

本文件按照 GB/T 1.1—2009 给出的规则起草。

请注意本文件的某些内容可能涉及专利。本文件的发布机构不承担识别这些专利的责任。

本文件由中国氟硅有机材料工业协会提出。

本文件由中国氟硅有机材料工业协会标准化委员会归口。

本文件参加起草单位：山东华夏神舟新材料有限公司、威海新元化工有限公司、中蓝晨光化工研究设计院有限公司。

本文件主要起草人：王汉利、孟祥青、王爱卿、陈敏剑、岳广、刘晓敏、黄正安。

本文件版权归中国氟硅有机材料工业协会。

本文件由中国氟硅有机材料工业协会标准化委员会解释。

本文件为首次制定。

热硫化氟硅橡胶生胶

1 范围

本文件规定了热硫化氟硅橡胶生胶产品的性能要求、试验方法、检验规则以及标志、包装、运输和贮存。

本文件适用于以 1,3,5-三甲基-1,3,5-三（三氟丙基）环三硅氧烷为主要原料，经本体聚合制得的分子量为 60 万以上的热硫化氟硅橡胶生胶。

2 规范性引用文件

下列文件中的内容通过文中的规范性引用而构成本文件必不可少的条款。其中，注日期的引用文件，仅该日期对应的版本适用于本文件；不注日期的引用文件，其最新版本（包括所有的修改单）适用于本文件。

GB/T 191　包装储运图示标志

GB/T 533—2008　硫化橡胶或热塑性橡胶密度的测定

GB/T 601　化学试剂　标准滴定溶液的制备

GB/T 5576—1997　橡胶和乳胶命名法

GB/T 15340—2008　天然、合成生胶取样及其制样方法

GB/T 24131.1—2018　生橡胶　挥发分含量的测定

ISO 3105　玻璃毛细管运动粘度计规格和操作说明

3 命名和分型

3.1 固定名称

按 GB/T 5576—1997 的命名规则，氟硅橡胶的缩写代号为 FVMQ。

3.2 命名和分型

氟硅橡胶的命名格式如下：

3.3 分型

热硫化氟硅橡胶生胶分型按照表 1 所规定的规则。

表 1　热硫化氟硅橡胶生胶牌号分类

牌号	FVMQ-060	FVMQ-080	FVMQ-100	FVMQ-120	FVMQ-130＋
黏均分子量/万	60±10	80±10	100±10	120±10	≥130

4　要求

4.1　外观

热硫化氟硅橡胶生胶的外观为无色或微黄透明胶体状，应无机械杂质。

4.2　技术要求

产品控制项目指标应符合表 2 要求。

表 2　热硫化氟硅橡胶生胶技术要求

序号	项目	要求				
		FVMQ-060	FVMQ-080	FVMQ-100	FVMQ-120	FVMQ-130＋
1	密度/(g/cm^3)	1.28～1.32				
2	黏均分子量/万	60±10	80±10	100±10	120±10	≥130
3	乙烯基含量（摩尔分数）/%	0.02～1.00				
4	挥发分/%　　　　<	2.0				

5　试验方法

5.1　外观

将釜内的氟硅生胶从下出料口趁热放入到透明的玻璃烧杯中；或者用壁纸刀切割出来，置于透明的玻璃烧杯中，观察氟硅橡胶的外观。

5.2　密度

按 GB/T 533—2008 所规定的方法 A 进行测定。

5.3　分子量测试

5.3.1　仪器设备

5.3.1.1　附有搅拌的恒温水浴槽：温度控制精度±0.1 ℃；

5.3.1.2　秒表：精度 0.1 s；

5.3.1.3　№.2 砂芯漏斗；

5.3.1.4　乌氏黏度计：应按照 ISO 3105 中表 B.4 的 0B 型号，其毛细管孔径应为 0.46 mm±2%（符合 ISO 3105 0B 型的要求）；

5.3.1.5　移液管：10 mL；

5.3.1.6　分析天平：精度 0.0001 g。

5.3.2 试剂

乙酸乙酯（AR）：分析纯。

5.3.3 试验步骤

5.3.3.1 乙酸乙酯溶剂流出时间的测定

试验所用乌氏黏度计见图1。用移液管吸取乙酸乙酯10 mL，经№.2砂芯漏斗滤于清洁干燥的乌氏黏度计A管中（见图1），并在其B、C管口套上粗细合适的乳胶管。将该黏度计垂直放置在30 ℃±0.1 ℃的恒温水浴槽中，恒温约10 min后，封闭C管上的通大气的乳胶管，用橡皮吸球经套在B管上的乳胶管将乙酸乙酯吸至a球的二分之一处，此时，毛细管内及液面都不应有裂缝和气泡。然后停止吸液，并使B、C管都接通大气让液体自然流下，用秒表记下液体流经b球上下刻线之间的时间。这样重复测试3次，每次相差不大于0.2 s。取其算术平均值作为该黏度计乙酸乙酯溶剂的流出时间 t_0。

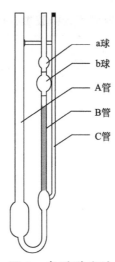

图1　乌氏黏度计

5.3.3.2 氟硅橡胶溶液流出时间的测定

称取氟硅橡胶试样0.08 g～0.20 g（称准至0.0001 g），置于25 mL容量瓶中，然后加入经№.2砂芯漏斗过滤的20 mL乙酸乙酯，静置8 h以上或置于振荡器中摇动3 h以上，使其完全溶解。然后将容量瓶移至30 ℃±0.1 ℃的恒温水浴槽中至恒温后补加乙酸乙酯至刻度，摇匀后，用№.2砂芯漏斗过滤胶液，用移液管吸取已过滤的胶液10 mL，注入乌氏黏度计，重复5.3.3.1，即测得氟硅橡胶溶液的流出时间 t。

5.3.4 结果的表述

试样的黏均分子量的计算按公式（1）～公式（4）计算：
相对黏度按公式（1）计算：

$$\eta_r = \frac{t}{t_0} \quad\quad\quad\quad\quad\quad (1)$$

式中：

η_r——相对黏度的数值；

t——氟硅橡胶溶液流出时间，s；

t_0——乙酸乙酯溶剂流出时间，s。

增比黏度 η_{sp} 按公式（2）计算：

$$\eta_{sp} = \eta_r - 1 \qquad\qquad\cdots\cdots\cdots\cdots\cdots\cdots\cdots（2）$$

式中：

η_{sp}——增比黏度。

特性黏度系数 $[\eta]$ 按公式（3）计算：

$$[\eta] = \frac{\sqrt{2(\eta_{sp} - \ln\eta_r)}}{c} \qquad\qquad\cdots\cdots\cdots\cdots\cdots\cdots（3）$$

式中：

c——氟硅橡胶溶液浓度，g/mL。

氟硅橡胶摩尔质量 $\overline{M}$ 按公式（4）计算，公式（2）由公式 $[\eta] = K\overline{M}^{\alpha}$ 推导出：

$$\overline{M} = 10^{\frac{\lg[\eta] - \lg K}{\alpha}} \qquad\qquad\cdots\cdots\cdots\cdots\cdots\cdots\cdots（4）$$

式中：

K——常数，$K = 5.92 \times 10^{-3}$；

α——特性示性指数，$\alpha = 0.7$。

5.3.5 允许误差

平行两次测定结果的绝对差值应不大于平均值的 5%，取其算术平均值为测定结果。

5.4 乙烯基含量的测定

5.4.1 仪器设备

5.4.1.1 碱式滴定管：50 mL，分度值 0.1 mL；

5.4.1.2 移液管：5 mL；

5.4.1.3 分析天平：精度 0.0001 g；

5.4.1.4 精密天平：精度 0.01 g。

5.4.2 试剂和溶液

5.4.2.1 四氯化碳：分析纯；

5.4.2.2 氯化碘溶液：质量分数为 2.5%。称取 2.50 g 氯化碘，溶入 97.50 g 四氯化碳中，置于棕色瓶中避光备用；

5.4.2.3 硫代硫酸钠标准溶液：0.01 mol/L。按 GB/T 601 的规定进行配制和标定；

5.4.2.4 乙酸汞溶液：质量分数为 3%。称取 3.00 g 乙酸汞，溶入 97.00 g 冰乙酸中，置于棕色瓶中；

5.4.2.5 碘化钾溶液：质量分数为 10%。称取 10.00 g 碘化钾，溶入 90 mL 水中，置于棕色瓶中避光备用；

5.4.2.6 淀粉指示液：质量分数为 0.25%。称取 0.25 g 淀粉，加入 5 mL 水中使之呈糊状，在搅拌下将糊状物加到 90 mL 沸水中，煮沸 1 min～2 min 后冷却，稀释至 100 mL，使用时配制；

5.4.2.7 乙酸丁酯：分析纯；

5.4.2.8 三氟三氯乙烷：分析纯。

5.4.3 测定步骤

称取 1 g（精确至 0.0001 g）左右生胶于碘量瓶中，加 30 mL 乙酸丁酯与 15 mL 三氟三氯乙烷（FC-113），充分振荡至胶料溶解。加入 5 mL 2.5% 的氯化碘溶液与 5 mL 的 3% 乙酸汞溶液，摇匀，在暗处停放半小时左右。随即加 15 mL 10%的碘化钾溶液,剧烈摇动,放置 15 min。去离子水淋洗后,用 0.01 mol/L 的标准硫代硫酸钠溶液滴定至淡黄色时加入 5 mL 的 0.25%淀粉溶液,剧烈摇动,再滴定使蓝色全部消退即为终点。记下硫代硫酸钠的体积。同时做一空白实验。

5.4.4　计算方法

氟硅橡胶的乙烯基含量按公式(5)计算,以摩尔分数表示:

$$由\ X=\frac{\dfrac{\left(\dfrac{cV_0}{2}-\dfrac{cV}{2}\right)}{1000}\times100}{3\times\dfrac{G}{M}}推导出\qquad X=\frac{(V_0-V)\times c\times7.8}{G} \qquad\cdots\cdots\cdots(5)$$

式中:

X——乙烯基含量,以摩尔分数表示,%;

V_0——空白试验消耗硫代硫酸钠标准滴定溶液的体积,mL;

V——试样消耗硫代硫酸钠标准滴定溶液的体积,mL;

c——硫代硫酸钠标准滴定溶液的浓度,mol/L;

M——3,3,3-三氟丙基甲基环三硅氧烷的摩尔质量,468 g/mol;

G——试样质量,g。

5.4.5　允许误差

5.4.5.1　乙烯基含量在 0.02%~0.2%时,两次平行测定结果的绝对差值应不大于平均值的 20%;

5.4.5.2　乙烯基含量在 0.21%~1%时,两次平行测定结果的绝对差值应不大于平均值的 10%;

5.4.5.3　取其算数平均值为测定结果。

5.5　挥发分的测定

按 GB/T 24131—2009 中烘箱法 A 测定,试样放入 150 ℃±1 ℃的烘箱中干燥 3 h。

6　检验规则

6.1　出厂检验

产品应由质量检验部门逐批检验合格,并附有产品质量证明书后方可出厂。产品质量证明书内容包括:生产单位名称、产品名称、生产日期或批号、型号、标准编号、检验日期、检验人及检验结果等。出厂检验项目为外观、密度、黏均分子量、乙烯基含量、挥发分。

6.2　型式检验

型式检验项目为本文件规定的全部项目,正常情况下每年至少一次。有下列情况之一时,也应进行型式检验:

(a)　更新关键生产工艺时;

(b)　主要原料有变化时;

(c)　停产又恢复生产时;

(d)　出厂检验结果与上次型式检验有较大差异时;

(e)　用户有要求时;

（f） 国家质量监督部门有此要求时。

6.3 组批和取样

以同一原料、同一配方、同一工艺聚合的一釜产品为一批，每批最大不超过 1000 kg。按 GB/T 15340—2008 的规定取样，每批产品取样总量应不少于 200 g。

6.4 判定

检验结果全部符合本文件要求时判定为合格。检验结果中若有指标不符合本文件要求时，则重新自两倍量的包装中取样复检。复检结果符合本文件要求时，判定为合格；复验结果仍有指标不符合本文件要求，则判定整批产品为不合格。供需双方对产品质量发生异议时，应在到货 30 日内提出。双方协商解决或由法定质量检验部门依据本文件仲裁。

7 标志、包装、运输和贮存

7.1 标志

热硫化氟硅生胶的包装容器上的标志，根据 GB/T191 的规定，在包装外侧标注"轻放""防潮"的标志。

每批出厂产品均应附有一定格式的质量证明书，其内容包括：生产厂名称、地址、电话号码、产品名称、型号、批号、净质量或净容量、生产日期、保质期、注意事项和标准编号。

7.2 包装

热硫化氟硅生胶包装在双层塑料袋或铝箔袋内，再装入纸桶或纸箱。每一个包装件中应附有产品合格证。净含量 20 kg±0.05 kg。

7.3 运输

热硫化氟硅生胶运输、装卸工作过程，应轻装轻卸，防止撞击，避免包装破损，防止日晒、雨淋，应按照货物运输规定进行。

本文件规定的热硫化氟硅生胶为非危险品。

7.4 贮存

热硫化氟硅生胶应贮存在阴凉、干燥、通风的场所。防止日光直接照射，并应隔绝火源，远离热源。

在符合本文件包装、运输和贮存条件下，本产品自生产之日起，贮存期为 2 年。逾期可重新检验，检验结果符合本文件要求时，仍可继续使用。

氟硅混炼胶

Fluorosilicone rubber

前　言

本文件按照 GB/T 1.1—2009 给出的规则起草。

请注意本文件的某些内容可能涉及专利。本文件的发布机构不承担识别这些专利的责任。

本文件由中国氟硅有机材料工业协会提出。

本文件由中国氟硅有机材料工业协会标准化委员会归口。

本文件参加起草单位：威海新元化工有限公司、中蓝晨光成都检测技术有限公司、浙江新安化工集团股份有限公司。

本文件主要起草人：王爱卿、于鹏飞、陈敏剑、章娅仙、张彦君、侯志伟。

本文件版权归中国氟硅有机材料工业协会。

本文件由中国氟硅有机材料工业协会标准化委员会解释。

本文件为首次制定。

氟硅混炼胶

1 范围

本文件规定了氟硅混炼胶的要求、试验方法、检验规则、标志、包装、运输和贮存。

本文件适用于以氟硅生胶为基础材料，添加各种填料和助剂，经混炼而制得的氟硅混炼胶。

2 规范性引用文件

下列文件中的内容通过文中的规范性引用而构成本文件必不可少的条款。其中，注日期的引用文件，仅该日期对应的版本适用于本文件；不注日期的引用文件，其最新版本（包括所有的修改单）适用于本文件。

GB/T 191　包装储运图示标志

GB/T 528　硫化橡胶或热塑性橡胶 拉伸应力应变性能的测定

GB/T 529　硫化橡胶或热塑性橡胶撕裂强度的测定（裤形、直角形和新月形试样）

GB/T 531.1　硫化橡胶或热塑性橡胶压入硬度试验方法　第1部分：邵氏硬度计法（邵尔硬度）

GB/T 1681　硫化橡胶回弹性的测定

GB/T 1690—2010　硫化橡胶或热塑性橡胶耐液体试验方法

GB/T 2941　橡胶物理试验方法试样制备和调节通用程序

GB/T6038　橡胶试验胶料配料、混炼和硫化设备及操作程序

GB/T 7759.1　硫化橡胶或热塑性橡胶 压缩永久变形的测定　第1部分：在常温及高温条件下

GB/T 8170　数值修约规则与极限数值的表示和判定

GB/T 21871—2017　橡胶配合剂　符号及缩略语

3 缩略语

下列缩略语适用于本文件

DMBHa：2,5-二甲基-2,5-双（叔丁基过氧化）己烷

［2,5-dimethyl-2,5-di-(tert-butylperoxy) hexane］

［GB/T 21871—2008,3.20］

注：硫化剂；俗称双2,5（读作双二五）

4 分类

4.1　产品按性能的不同分为：通用型、高抗撕型、低压变型、高回弹型

通用型——以 G 表示；

高抗撕型——以 T 表示；

低压变型——以 L 表示；

高回弹型——以 R 表示。

4.2 产品按硬度分为：40、50、60、70、80

示例：FVMQ 40 T

产品性能代号
硬度分级代号
氟硅橡胶简称

FVMQ40T 表示硬度为 40 的高抗撕型氟硅混炼胶。

5 要求

5.1 外观

外观为表面光滑的固体，无明显杂质。

5.2 技术要求

5.2.1 通用型氟硅混炼胶

通用型氟硅混炼胶的技术要求应符合表 1 的规定。

表 1 通用型氟硅混炼胶的技术要求

序号	项 目	指 标				
		FVMQ 40G	FVMQ 50G	FVMQ 60G	FVMQ 70G	FVMQ 80G
1	硬度（邵尔 A）	40±5	50±5	60±5	70±5	80±5
2	拉伸强度/MPa	≥8	≥8	≥8	≥8	≥6
3	拉断伸长率/%	≥400	≥350	≥300	≥200	≥150
4	撕裂强度/(kN/m)	≥15	≥15	≥15	≥15	≥15
5	压缩永久变形（177 ℃，22 h）/%	≤25	≤25	≤25	≤25	≤25
6	耐油体积变化率（参考液体 B，23 ℃，72 h）/%	≤25	≤25	≤25	≤25	≤20
7	耐油体积变化率（参考液体 C，23 ℃，72 h）/%	≤30	≤30	≤25	≤25	≤25

5.2.2 高抗撕型氟硅混炼胶

高抗撕型氟硅混炼胶的技术要求应符合表 2 的规定。

表2   高抗撕型氟硅混炼胶的技术要求

序号	项　　目	指　　标			
		FVMQ 40T	FVMQ 50T	FVMQ 60T	FVMQ 70T
1	硬度（邵尔 A）	40±5	50±5	60±5	70±5
2	拉伸强度/MPa	≥8	≥8	≥8	≥8
3	拉断伸长率/%	≥400	≥350	≥300	≥200
4	撕裂强度/(kN/m)	≥35	≥35	≥35	≥30
5	压缩永久变形（177 ℃，22 h）/%	≤25	≤25	≤25	≤25
6	耐油体积变化率（参考液体 B，23 ℃，72 h）/%	≤25	≤25	≤25	≤25
7	耐油体积变化率（参考液体 C，23 ℃，72 h）/%	≤30	≤30	≤25	≤25

5.2.3   低压变型氟硅混炼胶

低压变型氟硅混炼胶的技术要求应符合表 3 的规定。

表3   低压变型氟硅混炼胶的技术要求

序号	项　　目	指　　标				
		FVMQ 40L	FVMQ 50L	FVMQ 60L	FVMQ 70L	FVMQ 80L
1	硬度（邵尔 A）	40±5	50±5	60±5	70±5	80±5
2	拉伸强度/MPa	≥8	≥8	≥8	≥8	≥6
3	拉断伸长率/%	≥350	≥300	≥250	≥200	≥150
4	撕裂强度/(kN/m)	≥15	≥15	≥15	≥15	≥15
5	压缩永久变形（177 ℃，22 h）/%	≤12	≤12	≤12	≤12	≤15
6	耐油体积变化率（参考液体 B，23 ℃，72 h）/%	≤25	≤25	≤25	≤25	≤20
7	耐油体积变化率（参考液体 C，23 ℃，72 h）/%	≤30	≤30	≤25	≤25	≤25

5.2.4   高回弹型氟硅混炼胶

高回弹型氟硅混炼胶的技术要求应符合表 4 的规定。

表 4 高回弹型氟硅混炼胶的技术要求

序号	项　目	指　　　标				
		FVMQ 40R	FVMQ 50R	FVMQ 60R	FVMQ 70R	FVMQ80R
1	硬度（邵尔 A）	40±5	50±5	60±5	70±5	80±5
2	拉伸强度/MPa	≥8	≥8	≥8	≥8	≥6
3	拉断伸长率/%	≥350	≥300	≥250	≥200	≥120
4	撕裂强度/(kN/m)	≥15	≥15	≥15	≥15	≥15
5	压缩永久变形（177 ℃，22 h）/%	≤15	≤15	≤15	≤15	≤20
6	回弹性/%	≥35	≥35	≥35	≥30	≥30
7	耐油体积变化率（参考液体 B，23 ℃，72 h）/%	≤25	≤25	≤25	≤25	≤20
8	耐油体积变化率（参考液体 C，23 ℃，72 h）/%	≤30	≤30	≤25	≤25	≤25

6　试验方法

6.1　外观质量

在自然光线下目测。

6.2　性能

6.2.1　试样样品的制备

试样样品的制备按照附录 A 规定的进行。

6.2.2　状态调节

试样应按 GB/T 2941 进行状态调节。环境温度为 23 ℃±2 ℃，湿度为 50%±5%。

6.2.3　硬度

按 GB/T 531.1 的规定进行试样的制备和试验。

6.2.4　拉伸强度、拉断伸长率

按 GB/T 528 的规定进行检验。取 1 型试样，拉伸速度为 500 mm/min±50 mm/min。

6.2.5　撕裂强度

按 GB/T 529 的规定，采用新月形试样进行试验。

6.2.6　压缩永久变形

按 GB/T 7759.1 的规定，采用 A 型试样进行试验。试验温度为 177 ℃±2 ℃，时间为 22 h。

6.2.7 耐油体积变化率

按 GB/T 1690 的 7.1 节规定的步骤进行试验,按照 7.3 节计算体积变化率。采用 GB/T 1690 中附录 A 规定的 B 号及 C 号液体。

6.2.8 回弹性

按 GB/T 1681 的规定进行试验。

7 检验规则

7.1 检验分类

氟硅混炼胶检验分为出厂检验和型式检验。

7.2 出厂检验

氟硅混炼胶需经生产厂的质量检验部门按本文件检验合格并出具合格证后方可出厂。出厂检验项目见表5。

表 5 出厂检验项目

检验项目	外观质量	硬度	拉伸强度	拉断伸长率	撕裂强度	压缩永久变形	回弹性
通用型氟硅混炼胶	√	√	√	√	√	√	
高抗撕型氟硅混炼胶	√	√	√	√	√	√	
低压变型氟硅混炼胶	√	√	√	√	√	√	
高回弹型氟硅混炼胶	√	√	√	√	√	√	√

7.3 型式检验

氟硅混炼胶型式检验为本文件第 5 章要求的所有项目。有下列情况之一时,应进行型式检验:

a) 新产品试制或老产品转厂生产的试制定型检定;

b) 产品正式生产后,其结构设计、材料、工艺以及关键的配套元器件有较大改变,可能影响产品性能时;

c) 正常生产,定期或积累一定产量后,应周期性进行一次检验;

d) 产品长期停产后,恢复生产时;

e) 出厂检验结果与上次型式检验有较大差异时;

f) 国家质量监督机构提出进行型式检验要求时。

7.4 组批和抽样规则

以同一原料、相同工艺在同一生产周期生产的同一型号的产品为一批,抽样单元以包装箱计,随机抽取 1 kg 样品。

7.5 判定规则

按 GB/T 8170 中修约值比较法的规定对检验结果进行判定。所有检验项目合格,则产品合格;若出现不合格项，允许加倍抽样对不合格项进行复检。若复检合格，则判该批产品合格；若复检仍不合格，则判该批产品为不合格。

8 标志、包装、运输和贮存

8.1 标志

产品包装标签上应标明以下内容：

a) 厂名、厂址；

b) 产品名称；

c) 产品型号及批号；

d) 保质期；

e) 净含量；

f) 生产日期；

g) 产品执行标准编号；

h) "怕晒"和"怕雨"等标志，其标志符号应符合 GB/T 191 的规定。

8.2 包装

产品应采用干燥、清洁的聚乙烯塑料袋（或聚乙烯塑料膜）包装，外包装采用瓦楞纸箱。每件净含量20 kg，也可根据用户的要求形式包装。

8.3 运输

本产品按非危险品运输，产品在装卸和运输时，应防止猛烈撞击，避免日晒及雨淋。

8.4 贮存

本产品应贮存在阴凉、干燥、通风的场所。防止日光直接照射，并应隔绝火源，远离热源。

在符合本文件包装、运输和贮存条件下，本产品自生产之日起，贮存期为一年。逾期可重新检验，检验结果符合本文件要求时，仍可继续使用。

附　录　A
（规范性附录）
试验样品的制备

A.1　设备

开放式炼胶机、平板硫化机和模具应符合 GB/T 6038 的规定。

电热鼓风干燥箱。

A.2　混炼胶配方

制备试样所用混炼胶配方见表 A.1。

表 A.1　混炼胶配方

材料	配料量/份
氟硅混炼胶	100
硫化剂 DMBHa	0.6
合计	100.6

A.3　混炼

A.3.1　将氟硅混炼胶胶料在炼胶机上常温包辊。

A.3.2　调节辊距为 2 mm，加入硫化剂，持续混炼直到硫化剂完全混入胶料中，即表面无明显残留时，再做至少 15 个打卷，出片。

A.4　硫化

A.4.1　一段硫化：按 GB/T 6038 的硫化程序，将模具置于 170 ℃的平板硫化机中预热 1 h 后，将胶片（A.3.2）放入模具中加压硫化 15 min，硫化压力为 10 MPa～12 MPa。

A.4.2　二段硫化：将 A.4.1 一段硫化好的试片置于 200 ℃的电热鼓风干燥箱中保持 4 h。

A.4.3　硫化制得的试片应平整光洁、厚度均匀、无气泡。

端乙烯基氟硅油

Vinylterminated fluorine silicone oil

前　言

本文件按照 GB/T1.1—2009 给出的规则起草。

请注意本文件的某些内容可能涉及专利。本文件的发布机构不承担识别这些专利的责任。

本文件由中国氟硅有机材料工业协会提出。

本文件由中国氟硅有机材料工业协会标准化委员会归口。

本文件参加起草单位：中蓝晨光化工研究设计院有限公司、中蓝晨光成都检测技术有限公司、山东东岳有机硅材料股份有限公司、宜昌科林硅材料有限公司。

本文件主要起草人：陈敏剑、罗晓霞、王泊恩、伊港、冯钦邦、刘芳铭、周磊。

本文件版权归中国氟硅有机材料工业协会。

本文件由中国氟硅有机材料工业协会标准化委员会解释。

本文件为首次制定。

端乙烯基氟硅油

1 范围

本文件规定了端乙烯基氟硅油的产品结构式和型号、技术要求、试验方法、检验规则、标志、包装、运输和贮存。

本文件适用于以三氟丙基甲基环三硅氧烷（D_3F）、八甲基环四硅氧烷或六甲基环三硅氧烷或二甲基硅氧烷混合环体为原料，与乙烯基封端剂在催化剂作用下制备得到的端乙烯基氟硅油。

结构式：

其中，a，b 为重复链段数；$a>0$，$b≥0$。

2 规范性引用文件

下列文件中的内容通过文中的规范性引用而构成本文件必不可少的条款。其中，注日期的引用文件，仅该日期对应的版本适用于本文件；不注日期的引用文件，其最新版本（包括所有的修改单）适用于本文件。

GB/T 601—2016　化学试剂　标准滴定溶液的制备

GB/T 6678　化工产品采样总则

GB/T 6680—2003　液体化工产品采样通则

GB/T 6682　分析实验室用水规格和试验方法

GB/T 8170　数值修约规则与极限数值的表示和判定

GB/T 10247—2008　粘度测量方法

GB/T 28610—2012　甲基乙烯基硅橡胶

3 产品型号

端乙烯基氟硅油型号包括常用型号和特殊型号。

a)　常用型号由产品名称、含氟链节摩尔分数和黏度规格三部分组成，型号表示方法如下：

端乙烯基氟硅油-K-n
├── 黏度规格
├── 含氟链节摩尔分数
└── 产品名称

常用型号包括：端乙烯基氟硅油-K-300，端乙烯基氟硅油-K-500，端乙烯基氟硅油-K-1000，端乙烯基氟硅油-K-10000。

b)　特殊型号由产品名称、含氟链节摩尔分数和特殊黏度规格三部分组成，型号表示方法如下：

端乙烯基氟硅油-K-TX
特殊黏度规格
含氟链节摩尔分数
产品名称

示例：端乙烯基氟硅油-K-T350，端乙烯基氟硅油-K-T3000。

4 要求

4.1 外观

无色透明液体，无可见杂质。

4.2 技术要求

表1和表2列举了端乙烯基氟硅油的典型型号。端乙烯基氟硅油的理化性能指标应符合表1和表2所示的技术要求。

表1 端乙烯基氟硅油-K-300、端乙烯基氟硅油-K-500、端乙烯基氟硅油-K-1000 技术要求

序号	项目	指标			
		端乙烯基氟硅油-K-300	端乙烯基氟硅油-K-500	端乙烯基氟硅油-K-1000	端乙烯基氟硅油-K-TX
1	黏度（25 ℃）/（mm^2/s）	300±30	500±50	1000±100	X^a
2	挥发分（200 ℃，4 h）/%	≤5.0	≤5.0	≤5.0	≤5.0
3	乙烯基含量/%	0.50～4.0	0.40～3.0	0.25～1.5	实测
4	GPC分子量分布指数 M_W/M_n	≤2.0			
5	含氟链节摩尔分数/%	5～100			
X^a 为 X±X×10 %。					

表2 端乙烯基氟硅油-K-10000 技术要求

序号	项目	指标	
		端乙烯基氟硅油-K-10000	端乙烯基氟硅油-K-TX
1	黏度（25 ℃）/mPa•s	10000±1000	X^a
2	挥发分（200 ℃，4 h）/%	≤5.0	≤5.0
3	乙烯基含量/%	0.10～1.0	实测
4	GPC分子量分布指数 M_W/M_n	≤2.0	
5	含氟链节摩尔分数/%	5～100	
X^a 为 X±X×10 %。			

5 试验方法

5.1 一般规定

本文件采用GB/T 8170规定的修约值比较法判定检验结果是否符合标准。

本文件所用试剂和水，在没有注明其他要求时，均指分析纯试剂和 GB/T 6682 规定的三级水。

本文件除另有规定外，所用制剂均按 GB/T 601—2002 的规定制备。

5.2 外观

取 100 mL 样品，倒入清洁、干燥、无色透明的 250 mL 烧杯中，在日光灯或自然光下目测。

5.3 黏度

黏度不大于 1000 mm²/s 时，按 GB/T 10247—2008 第 2 章（毛细管法）规定的方法进行测定，测定温度为 25 ℃。

黏度大于 1000 mm²/s 时，按 GB/T 10247—2008 第 4 章（旋转法）规定的方法进行测定，测定温度为 25 ℃。

5.4 挥发分

挥发分的测定见附录 A。

5.5 乙烯基含量测定

碘量法，按 GB/T28610—2012 甲基乙烯基硅橡胶附录 B 的方法测定，其中氯仿替代四氯化碳作溶剂。

试样中乙烯基质量分数 n，按公式（1）计算：

$$n = \frac{c(V_1 - V_2)M}{2m \times 1000} \times 100\% \qquad \cdots\cdots\cdots\cdots\cdots\cdots (1)$$

式中：

n——乙烯基质量分数，%；

c——硫代硫酸钠标准滴定溶液的浓度，mol/L；

V_1——空白试验消耗硫代硫酸钠标准滴定溶液的体积，mL；

V_2——试样消耗硫代硫酸钠标准滴定溶液的体积，mL；

m——试样质量，g；

M——乙烯基（—CH=CH₂）的摩尔质量，g/mol。

5.6 端乙烯基氟硅油 GPC 测试方法

分子量分布的测定，按 GB/T21863—2008 规定的方法进行，其中四氢呋喃（色谱纯）作淋洗液。

5.7 含氟链节摩尔分数测定

通过核磁共振氢谱法测定，见附录 B。

6 检验规则

6.1 检验分类

6.1.1 出厂检验

出厂检验项目为外观、黏度、挥发分、乙烯基含量。

6.1.2 型式检验

型式检验是依据产品标准，由质量技术监督部门检验机构对产品各项指标进行的抽样全面检验。检验项目为本文件第4章所有项目。

有下列情况之一时，应进行型式检验：

a) 新产品试制或老产品转厂生产的试制定型检定；

b) 产品正式生产后，其结构设计、材料、工艺以及关键的配套元器件有较大改变，可能影响产品性能时；

c) 正常生产，定期或积累一定产量后，应周期性进行一次检验；

d) 产品长期停产后，恢复生产时；

e) 出厂检验结果与上次型式检验结果有较大差异时；

f) 国家质量监督机构提出进行型式检验要求时。

6.2 组批

以同等质量的产品为一批，可按产品贮罐组批，或按生产周期进行组批。

6.3 采样

采样单元以包装桶或槽罐车计，按 GB/T 6678 和 GB/T 6680—2003 中 7.1 规定的采样技术确定采样单元和采样方法。

6.4 合格判定规则

6.4.1 按 GB/T 8170 规定的修约值比较法判定检验结果是否符合本文件。

6.4.2 型式检验项目，全项通过检验为合格。

6.4.3 出厂检验项目，全项通过检验为合格。若某项不能通过检验，应重新在该批产品两倍量的包装单元数采样复检，全项通过，该批合格，复检结果仍有任意一项不能通过时，则该批产品不合格。

7 标志、包装、运输、贮存

7.1 标志

包装容器上均应附有清晰、牢固的标志，其内容应包括：生产厂商标、生产商名称、生产商地址、产品名称、型号、生产批号、生产日期、净重、注意事项和标准编号等。

7.2 包装

产品应采用清洁、干燥、密封良好的铁桶或塑料桶包装。净含量可根据用户要求包装。

7.3 运输

产品为非危险品，运输、装卸工作过程，应轻装轻卸，防止撞击，避免包装破损，防止日晒、雨淋，应按照货物运输规定进行。

7.4 贮存

产品应贮存在阴凉、干燥、通风的场所。防止日光直接照射，并应隔绝火源，远离热源。

在符合本文件包装、运输和贮存条件下，本产品自生产之日起，贮存期为 24 个月。逾期可按本文件重新检验，检验结果符合本文件要求时，仍可继续使用。

8 安全（下述安全内容为提示性内容但不仅限于下述内容）

警告——使用本文件的人员应熟悉实验室的常规操作。本文件未涉及与使用有关的安全问题。使用者有责任建立适宜的安全和健康措施并确保首先符合国家的相关规定。

附 录 A
（规范性附录）
挥发分的测定

A.1 适用范围

本附录规定了端乙烯基氟硅油的挥发分的测定方法。

A.2 仪器设备

A.2.1 分析天平：分度值为 0.0001 g。

A.2.2 电热干燥箱：控温精度±2 ℃，不鼓风。

A.2.3 铝质称量皿：内径 60 mm±2 mm，高 10 mm±1 mm。

A.2.4 干燥器。

A.3 测定步骤

将已恒重的称量皿（A.2.3）放入分析天平（A.2.1）中称量。然后加入样品 2 g±0.2 g（精确至 0.0001 g），置于称量皿（A.2.3）中，并称得总量。将装有试样的称量皿（A.2.3）放入 200 ℃±2 ℃电热干燥箱（A.2.2）内，不鼓风加热 4 h（在打开干燥箱门放入称量皿后干燥箱的温度会有所下降，应待温度回到 200 ℃时开始计时）。取出后将称量皿放入干燥器（A.2.4）中冷却至室温，称量。

A.4 结果的表述

挥发分的质量分数，按公式（A.1）计算：

$$w = \frac{m_2 - m_3}{m_2 - m_1} \times 100\% \qquad\qquad \cdots\cdots\cdots\cdots\cdots (A.1)$$

式中：

w ——试样中挥发分的质量分数，%；

m_2——烘前试样与称量皿的质量，g；

m_3——烘后试样与称量皿的质量，g；

m_1——称量皿的质量，g。

取两次平行测定结果的算术平均值为测定结果。

A.5 允许误差

挥发分含量不大于 0.50%时，两次平行测定结果的绝对差值不应大于 0.05%；

挥发分含量大于 0.50%时，两次平行测定结果的绝对差值不应大于 0.10%。

附 录 B
（规范性附录）
含氟链节摩尔分数的测定

B.1 方法提要

利用氟硅油样品中的氢原子（氢质子）在核磁共振波谱测定仪中所产生的核磁共振化学位移为测定依据，由特征峰的面积比计算出其含氟链节的摩尔分数。

B.2 仪器设备

B.2.1 核磁共振波谱仪：最小频率 60 MHz，能呈现氢质子光谱并完成定量分析。
B.2.2 样品管：外径 10 mm 或 5 mm。
B.2.3 试剂和溶液。
B.2.4 氘代氯仿：分析纯。

B.3 试验步骤

取适量样品小心装入核磁样品管中，加入氘代氯仿溶液，盖好盖子，震荡使试样完全溶解。将制备好的样品管擦拭干净后放入核磁共振波谱仪中开始测试，得到并记录核磁共振氢谱图，将 0 ppm～10 ppm 范围内谱峰准确积分，通过化学位移值判断基团类型并根据各峰面积计算出含氟链节的摩尔分数，即含氟量。

重复以上实验步骤，进行平行实验。

B.4 结果表述

结果见表 B.1.

表 B.1 端乙烯基氟硅油谱图分析

化学位移/ppm	氢原子	峰值
0～0.2	(—Si—CH$_3$)	A
0.6～0.8	(—Si—CH$_2$—)	B
1.7～2.0	(—CH$_2$CF$_3$)	C
5.2～6.0	(—$\underline{CH}$＝CH$_2$)	D
5.2～6.0	(—CH＝$\underline{CH_2}$)	E、F

端乙烯基氟硅油氢谱图一共有六个位移峰，其中 B 和 C 所处位置都在三氟丙基基团上，并且数量相同，因此 B 峰与 C 峰面积相同。

试样中含氟链节摩尔分数 X_1，按公式（B.1）计算：

$$X_1 = \frac{\dfrac{B}{2}}{\dfrac{A - \dfrac{3}{2}B}{6} + \dfrac{B}{2}} \qquad\qquad\cdots\cdots\cdots\cdots\cdots\cdots \text{(B.1)}$$

式中：

X_1——含氟链节摩尔分数，%；

A——（—Si—CH$_3$）的化学位移峰面积；

B——（—Si—CH$_2$—）的化学位移峰面积。

B.5　允许误差

两次平行测定结果的绝对差值应不大于 1%，取其算数平均值为测定结果。

甲基氟硅油

Methyl fluorine silicone oil

前　言

本文件按照 GB/T1.1—2009 给出的规则起草。

请注意本文件的某些内容可能涉及专利。本文件的发布机构不承担识别这些专利的责任。

本文件由中国氟硅有机材料工业协会提出。

本文件由中国氟硅有机材料工业协会标准化委员会归口。

本文件参加起草单位：中蓝晨光成都检测技术有限公司、宜昌科林硅材料有限公司、山东东岳有机硅材料股份有限公司、浙江润禾有机硅新材料有限公司。

本文件主要起草人：陈敏剑、罗晓霞、冯钦邦、伊港、彭艳、谌绍林、刘海龙。

本文件版权归中国氟硅有机材料工业协会。

本文件由中国氟硅有机材料工业协会标准化委员会解释。

本文件为首次制定。

甲基氟硅油

1 范围

本文件规定了甲基氟硅油产品的结构式和型号、技术要求、试验方法、检验规则、标志、包装、运输和贮存。

本文件适用于以三氟丙基甲基环三硅氧烷（D_3F）、八甲基环四硅氧烷或六甲基环三硅氧烷或二甲基硅氧烷混合环体为原料，与甲基封端剂在催化剂作用下制备得到的甲基氟硅油。

结构式：

a，b 为重复链段数；$a>0$，$b \geqslant 0$。

2 规范性引用文件

下列文件中的内容通过文中的规范性引用而构成本文件必不可少的条款。其中，注日期的引用文件，仅该日期对应的版本适用于本文件；不注日期的引用文件，其最新版本（包括所有的修改单）适用于本文件。

GB/T 6678　化工产品采样总则

GB/T 6680—2003　液体化工产品采样通则

GB/T 8170　数值修约规则与极限数值的表示和判定

GB/T 10247—2008　粘度测量方法

3 产品型号

a) 常用型号由产品名称、含氟链节摩尔分数和黏度规格三部分组成，型号表示方法如下：

常用型号包括：甲基氟硅油-K-300，甲基氟硅油-K-500，甲基氟硅油-K-1000，甲基氟硅油-K-10000。

b) 特殊型号由产品名称、含氟链节摩尔分数和特殊黏度规格三部分组成，型号表示方法如下：

甲基氟硅油-K-TX
- 特殊黏度规格
- 含氟链节摩尔分数
- 产品名称

示例：甲基氟硅油-K-T350，甲基氟硅油-K-T3000。

4 要求

4.1 外观

无色透明液体，无可见杂质。

4.2 技术要求

表1和表2列举了甲基氟硅油的典型型号。产品理化性能指标应符合表1和表2所示的技术要求。

表1 甲基氟硅油-K-300、甲基氟硅油-K-500、甲基氟硅油-K-1000及特殊规格产品技术要求

序号	项目	指标			
		甲基氟硅油-K-300	甲基氟硅油-K-500	甲基氟硅油-K-1000	甲基氟硅油-K-TX
1	黏度（25℃）/（mm²/s）	300±30	500±50	1000±100	X[a]
2	挥发分（200℃，4 h）/％	≤5.0	≤5.0	≤5.0	≤5.0
3	含氟链节摩尔分数/％	5~100			
X[a] 为 X±X×10％。					

表2 甲基氟硅油-K-10000及特殊规格产品技术要求

序号	项目	指标	
		甲基氟硅油-K-10000	甲基氟硅油-K-TX
1	黏度（25℃）/mPa·s	10000±1000	X[a]
2	挥发分（200℃，4 h）/％	≤5.0	≤5.0
3	含氟链节摩尔分数/％	5~100	
X[a] 为 X±X×10 ％。			

5 试验方法

5.1 一般规定

本文件采用 GB/T 8170 规定的修约值比较法判定检验结果是否符合标准。
本文件所用试剂，在没有注明其他要求时，均指分析纯试剂。

5.2 外观

取 100 mL 样品，倒入清洁、干燥、无色透明的 250 mL 烧杯中，在日光灯或自然光下目测。

5.3 黏度

黏度不大于 1000 mm²/s 时，按 GB/T 10247—2008 第 2 章（毛细管法）规定的方法进行测定，测定温度为 25 ℃。

黏度大于 1000 mm²/s 时，按 GB/T 10247—2008 第 4 章（旋转法）规定的方法进行测定，测定温度为 25 ℃。

5.4 挥发分

挥发分的测定见附录 A。

5.5 含氟链节摩尔分数测定

通过核磁共振氢谱法测定，见附录 B。

6 检验规则

6.1 检验分类

6.1.1 出厂检验

出厂检验项目为外观、黏度、挥发分。

6.1.2 型式检验

型式检验是依据产品标准，由质量技术监督部门检验机构对产品各项指标进行的抽样全面检验。检验项目为第 4 章所有项目。有下列情况之一时，应进行型式检验：

    a)   新产品试制或老产品转厂生产的试制定型检定；

    b)   产品正式生产后，其结构设计、材料、工艺以及关键的配套元器件有较大改变，可能影响产品性能时；

    c)   正常生产，定期或积累一定产量后，应周期性进行一次检验；

    d)   产品长期停产后，恢复生产时；

    e)   出厂检验结果与上次型式检验结果有较大差异时；

    f)   国家质量监督机构提出进行型式检验要求时。

6.2 组批

以同等质量的产品为一批，可按产品贮罐组批，或按生产周期进行组批。

6.3 采样

采样单元以包装桶或槽罐车计，按 GB/T 6678 和 GB/T 6680—2003 中 7.1 规定的采样技术确定采样单元和采样方法。

6.4 合格判定规则

6.4.1 按 GB/T 8170 规定的修约值比较法判定检验结果是否符合本文件。

6.4.2 型式检验项目，全项通过检验为合格。

6.4.3 出厂检验项目，全项通过检验为合格。若某项不能通过检验，应重新在该批产品两倍量的包装单元数采样复检，全项通过，该批合格，复检结果仍有任意一项不能通过时，则该批产品不合格。

7 标志、包装、运输、贮存

7.1 标志

包装容器上均应附有清晰、牢固的标志，其内容应包括：生产厂商标、生产商名称、生产商地址、产品名称、型号、生产批号、生产日期、净重、注意事项和标准编号等。

7.2 包装

产品应采用清洁、干燥、密封良好的铁桶或塑料桶包装。净含量可根据用户要求包装。

7.3 运输

产品为非危险品，运输、装卸工作过程，应轻装轻卸，防止撞击，避免包装破损，防止日晒、雨淋，应按照货物运输规定进行。

7.4 贮存

产品应贮存在阴凉、干燥、通风的场所。防止日光直接照射，并应隔绝火源，远离热源。

在符合本文件包装、运输和贮存条件下，本产品自生产之日起，贮存期为 36 个月。逾期可按本文件重新检验，检验结果符合本文件要求时，仍可继续使用。

8 安全（下述安全内容为提示性内容但不仅限于下述内容）

警告——使用本文件的人员应熟悉实验室的常规操作。本文件未涉及与使用有关的安全问题。使用者有责任建立适宜的安全和健康措施并确保首先符合国家的相关规定。

附 录 A
（规范性附录）
挥发分的测定

A.1 适用范围

本附录规定了甲基氟硅油的挥发分的测定方法。

A.2 仪器设备

A.2.1 分析天平：分度值为 0.0001 g。

A.2.2 电热干燥箱：控温精度±2 ℃，不鼓风。

A.2.3 铝质称量皿：内径 60 mm±2 mm，高 10 mm±1 mm。

A.2.4 干燥器。

A.3 测定步骤

将已恒重的称量皿（A.2.3）放入分析天平（A.2.1）中称量。然后加入样品 2 g±0.2 g（精确至 0.0001 g），置于称量皿（A.2.3）中，并称得总量。将装有试样的称量皿（A.2.3）放入 200 ℃±2 ℃电热干燥箱（A.2.2）内，不鼓风加热 4 h（在打开干燥箱门放入称量皿后干燥箱的温度会有所下降，应待温度回到 200 ℃时开始计时）。取出后将称量皿放入干燥器（A.2.4）中冷却至室温，称量。

A.4 结果的表述

挥发分的质量分数，按公式（A.1）计算：

$$w = \frac{m_2 - m_3}{m_2 - m_1} \times 100\% \qquad\qquad\qquad (A.1)$$

式中：

w ——试样中挥发分的质量分数，%；

m_2——烘前试样与称量皿的质量，g；

m_3——烘后试样与称量皿的质量，g；

m_1——称量皿的质量，g。

取两次平行测定结果的算术平均值为测定结果。

A.5 允许误差

挥发分含量不大于 0.50％时，两次平行测定结果的绝对差值不应大于 0.05％；

挥发分含量大于 0.50％时，两次平行测定结果的绝对差值不应大于 0.10％。

附 录 B
（规范性附录）
含氟链节摩尔分数的测定

B.1 方法提要

利用氟硅油样品中的氢原子（氢质子）在核磁共振波谱测定仪中所产生的核磁共振化学位移为测定依据，由特征峰的面积比计算出其含氟链节的摩尔分数。

B.2 仪器设备

B.2.1 核磁共振波谱仪：最小频率 60 MHz，能呈现氢质子光谱并完成定量分析。
B.2.2 样品管：外径 10 mm，5 mm。
B.2.3 试剂和溶液。
B.2.4 氘代氯仿：分析纯。

B.3 试验步骤

取适量样品小心装入核磁样品管中，加入氘代氯仿溶液，盖好盖子，震荡使试样完全溶解。将制备好的样品管擦拭干净后放入核磁共振波谱仪中开始测试，得到并记录核磁共振氢谱图，将 0 ppm～10 ppm 范围内谱峰准确积分，通过化学位移值判断基团类型并根据各峰面积计算出含氟链节的摩尔分数，即含氟量。

重复以上实验步骤，进行平行实验。

B.4 结果表述

表 B.1 甲基氟硅油谱图分析

化学位移/ppm	氢原子	峰值
0～0.2	（—Si—CH$_3$）	A
0.6～0.8	（—Si—CH$_2$—）	B
1.7～2.0	（—CH$_2$CF$_3$）	C

甲基氟硅油氢谱图一共有三个位移峰（见表 B.1），其中 B 和 C 所处位置都在三氟丙基基团上，并且数量相同，因此 B 峰与 C 峰面积相同。

试样中含氟链节摩尔分数 X_1，按公式（B.1）计算：

$$X_1 = \frac{\dfrac{B}{2}}{\dfrac{A - \dfrac{3}{2}B}{6} + \dfrac{B}{2}} \qquad\qquad\cdots\cdots\cdots\cdots\cdots\cdots\cdots (B.1)$$

式中：

X_1——含氟链节摩尔分数，%；

A——（—Si—CH$_3$）的化学位移峰面积；

B——（—Si—CH$_2$—）的化学位移峰面积。

B.5　允许误差

两次平行测定结果的绝对差值应不大于 1%，取其算数平均值为测定结果。

汽车涡轮增压器软管用氟硅橡胶

Fluorosilicone rubber for automobile turbocharger tube

前　言

本文件按照 GB/T 1.1—2009 给出的规则起草。

请注意本文件的某些内容可能涉及专利。本文件的发布机构不承担识别这些专利的责任。

本文件由中国氟硅有机材料工业协会提出。

本文件由中国氟硅有机材料工业协会标准化委员会归口。

本文件起草单位：威海新元化工有限公司、山东华夏神舟新材料有限公司、浙江环新氟材料股份有限公司、浙江新安化工集团股份有限公司、中蓝晨光化工研究设计院有限公司、浙江衢州建橙有机硅有限公司、中蓝晨光成都检测技术有限公司、山东华安新材料有限公司。

本文件主要起草人：王爱卿、侯志伟、王汉利、应永安、章娅仙、陈敏剑、文贞玉、张彦君、王瑞英、徐凤伟、李国杰、田志钢。

本文件版权归中国氟硅有机材料工业协会。

本文件由中国氟硅有机材料工业协会标准化委员会解释。

本文件为首次制定。

汽车涡轮增压器软管用氟硅橡胶

1 范围

本文件规定了汽车涡轮增压器软管用氟硅橡胶的要求、试验方法、检验规则、标志、包装、运输和贮存。

本文件适用于以氟硅生胶为基础材料，添加各种填料和助剂，经混炼而制得的汽车涡轮增压器软管用氟硅橡胶。

2 规范性引用文件

下列文件中的内容通过文中的规范性引用而构成本文件必不可少的条款。其中，注日期的引用文件，仅该日期对应的版本适用于本文件；不注日期的引用文件，其最新版本（包括所有的修改单）适用于本文件。

GB/T 191　包装储运图示标志

GB/T 528　硫化橡胶或热塑性橡胶　拉伸应力应变性能的测定

GB/T 529　硫化橡胶或热塑性橡胶撕裂强度的测定（裤形、直角形和新月形试样）

GB/T 531.1　硫化橡胶或热塑性橡胶　压入硬度试验方法　第1部分：邵氏硬度计法（邵尔硬度）

GB/T 1690—2010　硫化橡胶或热塑性橡胶　耐液体试验方法

GB/T 2941　橡胶物理试验方法试样制备和调节通用程序

GB/T 3512　硫化橡胶或热塑性橡胶 热空气加速老化和耐热试验

GB/T 6038　橡胶试验胶料的配料、混炼和硫化设备及操作程序

GB/T 8170　数值修约规则与极限数值的表示和判定

GB/T 15256　硫化橡胶或热塑性橡胶 低温脆性的测定（多试样法）

3 缩略语

下列缩略语适用于本文件。

DCBP：2,4-二氯化苯甲酰过氧化物（2,4-dichlorobenzoyl peroxide）

［GB/T 21871—2008，3.20］

注：硫化剂；俗称双2,4（读作双二四）。

4 分类

产品按硬度分为3类：40、50、60。

示例：FVMQ 40- TT

汽车涡轮增压器软管用氟硅橡胶代号
硬度分级代号
氟硅橡胶简称

FVMQ40-TT 表示硬度为40的汽车涡轮增压器软管用氟硅橡胶。

5 要求

5.1 外观

外观为表面光滑的固体，无明显杂质。

5.2 技术要求

汽车涡轮增压器软管用氟硅橡胶技术要求应符合表1的规定。

表1 汽车涡轮增压器软管用氟硅橡胶的技术要求

序号	项 目			指 标		
				FVMQ 40-TT	FVMQ 50-TT	FVMQ 60-TT
1	硬度（邵尔 A）			40±5	50±5	60±5
2	拉伸强度/MPa		≥	8	8	8
3	拉断伸长率/%		≥	300	250	200
4	撕裂强度/(kN/m)		≥	10	10	10
5	热空气老化 （225 ℃，70 h）	硬度变化（邵尔 A）	≤	10	10	10
		拉伸强度/MPa	≥	6	6	6
		拉断伸长率/%	≥	200	200	200
6	耐油体积变化率 （IRM903 标准油，150 ℃，72 h）/%		≤	5	5	5
7	耐油体积变化率 （参考液体 C，23 ℃，72 h）/%		≤	25	25	25
8	剥离强度/(N/mm)		≥	1.0	1.0	1.0
9	脆性温度/℃		≤	—50	—50	—50

6 试验方法

6.1 外观

在自然光线下目测。

6.2 性能

6.2.1 试验样品的制备

试验样品的制备按照附录 A 规定的进行。

6.2.2 状态调节

试样应按 GB/T 2941 进行状态调节。环境温度为 23 ℃±2 ℃，湿度为 50%±5%。

6.2.3 硬度

按 GB/T 531.1 的规定进行试样的制备和试验，试验结果准确到整数位。

6.2.4 拉伸强度及拉断伸长率

按 GB/T 528 的规定进行试验。取 1 型试样，拉伸速度为 500 mm/min±50mm/min。拉伸强度试验结果保留至小数点后一位，拉断伸长率试验结果准确到整数位。

6.2.5 撕裂强度

按 GB/T 529 的规定，采用新月形试样进行试验。

6.2.6 热空气老化

按 GB/T 3512 的规定进行老化试验，试验温度为 225 ℃±2 ℃，时间为 70 h。

老化后的硬度按 GB/T 531.1 的规定进行试验，硬度变化按 GB/T 3512 的规定进行结果表示，试验结果精确到整数位。

老化后的拉伸强度和拉断伸长率按 6.2.4 的规定进行试验，拉伸强度试验结果保留至小数点后一位，拉断伸长率试验结果精确到整数位。

6.2.7 耐油体积变化率

6.2.7.1 按 GB/T 1690—2010 中 7.1 规定的步骤进行试验。
6.2.7.2 材料用 GB/T 1690—2010 中附录 A 规定的 C 号液体和 IRM 903 标准油。
6.2.7.3 按 GB/T 1690—2010 中 7.3 计算体积变化率。
6.2.7.4 试验结果保留至小数点后一位。

6.2.8 剥离强度

按附录 B 的规定进行试验。

6.2.9 低温脆性

按 GB/T 15256 的规定进行试验，试验结果准确到整数位。

7 检验规则

7.1 检验分类

汽车涡轮增压器软管用氟硅橡胶检验分为出厂检验和型式检验。

7.2 出厂检验

汽车涡轮增压器软管用氟硅橡胶需经生产厂的质量检验部门按本文件检验合格并出具合格证后方可出厂。

出厂检验项目为：外观质量、硬度、拉伸强度、拉断伸长率、撕裂强度和剥离强度。

7.3 型式检验

汽车涡轮增压器软管用氟硅橡胶型式检验为本文件第 5 章要求的所有项目。有下列情况之一时，应进行型式检验：

a) 首次生产时；
b) 主要原材料或工艺方法有较大改变时；
c) 正常生产满一年时；
d) 停产后又恢复生产时；
e) 出厂检验结果与上次型式检验有较大差异时；
f) 质量监督机构提出要求或供需双方发生争议时。

7.4 组批和抽样规则

以同一原料、相同工艺、同一生产周期生产的同一型号的产品为一批，抽样单元以包装箱计，随机抽取 1 kg 样品。

7.5 判定规则

按 GB/T 8170 中修约值比较法的规定对检验结果进行判定。所有检验项目合格，则产品合格；若出现不合格项，应加倍抽样对不合格项进行复检。若复检合格，则判该批产品合格；若复检仍不合格，则判该批产品为不合格。

8 标志、包装、运输和贮存

8.1 标志

产品包装上应有清晰牢固的标志，标志应符合 GB/T 191 的规定，至少包括以下内容：

a) 厂名、厂址；
b) 产品名称；
c) 产品型号及批号；
d) 保质期；
e) 净含量；
f) 生产日期；
g) 产品执行标准编号；
h) "怕晒"和"怕雨"。

8.2 包装

产品应采用干燥、清洁的聚乙烯塑料袋（或聚乙烯塑料膜）包装，外包装采用瓦楞纸箱。每件净含量 20 kg±0.02kg，也可根据用户的要求形式包装。

8.3 运输

产品按非危险品运输，装卸和运输应防止猛烈撞击，避免日晒、雨淋。

8.4 贮存

产品应贮存在阴凉、干燥、通风的场所。防止日光直接照射，并应隔绝火源，远离热源。在符合本文件包装、运输和贮存条件下，产品自生产之日起，贮存期为一年。逾期可重新检验，检验结果符合本文件要求时，仍可继续使用。

附　录　A
（规范性附录）
试验样品的制备

A.1　设备

开放式炼胶机、平板硫化机和模具应符合 GB/T 6038 的规定。
电热鼓风干燥箱。

A.2　硅橡胶物理机械性能

硬度：60±5（邵尔 A）；
拉伸强度：≥7.0 MPa；
拉断伸长率：≥200%；
撕裂强度：≥15 kN/m。

A.3　混炼胶配方

制备试样所用混炼胶配方见表 A.1。

表 A.1　混炼胶配方

材料	质量份数
汽车涡轮增压器软管用氟硅橡胶	100
硫化剂 DCBP	1
合计	101

A.4　混炼

A.4.1　将汽车涡轮增压器软管用氟硅橡胶胶料在炼胶机上常温包辊。

A.4.2　调节辊距为 2 mm，加入硫化剂，持续混炼直到硫化剂完全混入胶料中，即表面无明显残留时，再做至少 15 个打卷，出片。

A.5　硫化

A.5.1　一段硫化

拉伸、撕裂试样：按 GB/T 6038 的硫化程序，将模具置于 120 ℃的平板硫化机中预热 1 h 后，将胶片（A.3.2）放入模具中加压硫化 15 min，硫化压力为 8 MPa～12 MPa。

剥离强度试样：将未经硫化的涡轮增压软管用氟硅橡胶和硅橡胶薄片贴合在一起，同时在这两层之间一端插入约 30 mm 的 PET 片材，以便用于硫化后测试。将其置于温度 120 ℃±2 ℃的平板硫化机中硫化 15 min，硫化压力为 8 MPa～12 MPa。

A.5.2 二段硫化

将 A.5.1 一段硫化好的试片置于 200 ℃的电热鼓风干燥箱中保持 4 h。

A.5.3 硫化制得的试样

试样应平整光洁、厚度均匀、无气泡。

附　录　B
（规范性附录）
剥离强度的测定

B.1　仪器设备

拉力试验机。

自动绘图装置。

B.2　测试步骤

B.2.1　试样尺寸

裁切试样尺寸为宽度 25 mm±0.5 mm，长度 125 mm±1mm，厚度 4 mm±0.5mm。

B.2.2　试样数量

试样数量应不少于 3 个。

B.2.3　状态调节和试样环境

B.2.3.1　试样应在 GB/T 2941 中规定的标准环境中进行状态调节和试验。从试样制备完到试验间隔至少为 16 h。

B.2.3.2　实验室的温度和湿度应符合 GB/T 2941 中的规定。环境温度为 23 ℃±2 ℃，湿度为 50%±5%。

B.2.4　试样的测定

B.2.4.1　将未粘接一端分开对称地夹在拉力试验机上下夹持器中，调节试样使拉力分布均匀且试验过程中试样不发生扭曲。将试样主体夹于固定夹持器上，并将被剥离层置于移动夹持器中，使剥离角约为 180°。

B.2.4.2　启动试验机并进行连续剥离，同时用自动绘图装置对试样的剥离过程进行记录。夹持器的移动速度应为 50 mm/min±5 mm/min。

B.3　结果表述

剥离强度 σ 按公式（B.1）计算

$$\sigma = \frac{F}{B} \quad\quad\quad\quad\quad\quad (B.1)$$

式中：

σ——剥离强度，N/mm；

F——剥离力，N；

B——试样宽度，mm。

计算所有试验试样的平均剥离强度，试验结果保留至小数点后一位。

加成型液体氟硅橡胶

Addition liquid fluorosilicone rubber

前　言

本文件按照 GB/T 1.1—2020《标准化工作导则 第 1 部分：标准化文件的结构和起草规则》给出的规定起草。

请注意本文件的某些内容可能涉及专利。本文件的发布机构不承担识别这些专利的责任。

本文件由中国氟硅有机材料工业协会提出。

本文件由中国氟硅有机材料工业协会标准化委员会归口。

本文件起草单位：威海新元化工有限公司、山东东岳有机硅材料股份有限公司、浙江衢州建橙有机硅有限公司、山东华夏神舟新材料有限公司、中蓝晨光成都检测技术有限公司、中蓝晨光化工研究设计院有限公司。

本文件主要起草人：王爱卿、田志钢、周磊、文贞玉、王汉利、向理、张彦君、肖月玲、何邦友、于鹏飞。

本文件版权归中国氟硅有机材料工业协会。

本文件由中国氟硅有机材料工业协会标准化委员会解释。

本文件为首次制定。

加成型液体氟硅橡胶

1 范围

本文件规定了加成型液体氟硅橡胶的要求、试验方法、检验规则、标志、包装、运输和贮存。

本文件适用于以乙烯基氟硅油为基础材料，添加各种填料和助剂，经混炼而制得的加成型液体氟硅橡胶。

2 规范性引用文件

下列文件中的内容通过文中的规范性引用而构成本文件必不可少的条款。其中，注日期的引用文件，仅该日期对应的版本适用于本文件；不注日期的引用文件，其最新版本（包括所有的修改单）适用于本文件。

GB/T 191 包装储运图示标志

GB/T 528 硫化橡胶或热塑性橡胶 拉伸应力应变性能的测定

GB/T 529 硫化橡胶或热塑性橡胶 撕裂强度的测定（裤形、直角形和新月形试样）

GB/T 531.1 硫化橡胶或热塑性橡胶压入硬度试验方法 第1部分：邵氏硬度计法（邵尔硬度）

GB/T 1681 硫化橡胶回弹性的测定

GB/T 1690—2010 硫化橡胶或热塑性橡胶 耐液体试验方法

GB/T 2941 橡胶物理实验方法试样制备和调节通用程序

GB/T 7759.1 硫化橡胶或热塑性橡胶 压缩永久变形的测定 第1部分：在常温及高温条件下

GB/T 8170 数值修约规则与极限数值的表示和判定

JY/T 0590 旋转流变仪测量方法通则

3 术语和定义

本文件没有需要界定的术语和定义。

4 分类和命名

产品按硬度分为：30、40、50、60

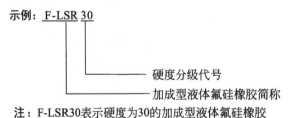

注：F-LSR30表示硬度为30的加成型液体氟硅橡胶

5 要求

5.1 外观

外观为均质流体或膏状体，无明显可见杂质。

5.2 技术要求

加成型液体氟硅橡胶技术要求应符合表1的规定。

表 1 加成型液体氟硅橡胶的技术要求

序号	项　　目	指标			
		FLSR30	FLSR40	FLSR50	FLSR60
1	黏度（25 ℃，10 s^{-1}）/Pa·s	600±100	800±100	800±100	1000±100
2	硬度（邵尔 A）	30±3	40±3	50±3	60±3
3	拉伸强度/MPa	≥8.0	≥8.0	≥8.0	≥8.0
4	拉断伸长率/%	≥400	≥300	≥200	≥150
5	撕裂强度/(kN/m)	≥10.0	≥12.0	≥15.0	≥15.0
6	回弹性/%	≥35	≥35	≥35	≥30
7	压缩永久变形 （177 ℃，22 h）/%	≤30	≤30	≤30	≤30
8	耐油体积变化率 （IRM903 标准油，23 ℃，24 h）/%	≤3	≤3	≤3	≤3
9	耐油体积变化率 （参考液体 B，23 ℃，24 h）/%	≤30	≤30	≤30	≤30
10	耐油体积变化率 （参考液体 C，23 ℃，24 h）/%	≤30	≤30	≤30	≤30

6 试验方法

6.1 试验制备

双组分 A、B 样品均应在试验条件下放置 24 h，试样样品的制备按照附录 A 规定的进行。

注：A 组分为含有铂金催化剂的基胶，B 组分为含有含氢交联剂的基胶。

6.2 状态调节

除特殊规定外，试样应按 GB/T 2941 进行状态调节。环境温度为 23 ℃±2 ℃，湿度为 50%±5%，调节至少 24 h。

6.3 外观质量

在自然光线下目测。

6.4 黏度

按 JY/T 0590 的规定进行试验。试验温度为 25 ℃，剪切速率为 $10\ \text{s}^{-1}$。

6.5 硬度

按 GB/T 531.1 的规定进行试样的制备和试验。试验结果准确到整数位。

6.6 拉伸强度、拉断伸长率

按 GB/T 528 的规定进行试验。取 1 型试样，拉伸速度为 500 mm/min±50 mm/min。拉伸强度试验结果保留至小数点后一位，拉断伸长率试验结果准确到整数位。

6.7 撕裂强度

按 GB/T 529 的规定，采用直角形试样进行试验。

6.8 回弹性

按 GB/T 1681 的规定进行试验。试验结果精确到整数位。

6.9 压缩永久变形

按 GB/T 7759.1 的规定，采用 A 型试样进行试验。试验温度为 177 ℃±2 ℃，时间为 22 h。

6.10 耐油体积变化率

按 GB/T 1690 中 7.1 节规定的步骤进行试验，按 7.3 节计算体积变化率。采用 GB/T 1690 中附录 A 规定的 IRM 903 标准油、参考液体 B 及参考液体 C。

7 检验规则

7.1 检验分类

加成型液体氟硅橡胶检验分为出厂检验和型式检验。

7.2 出厂检验

加成型液体氟硅橡胶需经生产厂的质量检验部门按本文件检验合格并出具合格证后方可出厂。出厂检验项目为：

    a) 外观质量；

    b) 黏度；

    c) 硬度；

    d) 拉伸强度；

    e) 拉断伸长率；

    f) 撕裂强度；

    g) 回弹性；

    h) 压缩永久变形。

7.3 型式检验

加成型液体氟硅橡胶型式检验为本文件第5章要求的所有项目。一般在有下列情况之一时，应进行型式检验：

a) 新产品试制或老产品转厂生产的试制定型检定；

b) 产品正式生产后，其结构设计、材料、工艺以及关键的配套元器件有较大改变，可能影响产品性能时；

c) 正常生产，定期或积累一定产量后，应6个月进行一次检验；

d) 产品长期停产后，恢复生产时；

e) 出厂检验结果与上次型式检验结果有较大差异时；

f) 国家质量监督机构提出进行型式检验要求时。

7.4 组批和抽样规则

以相同原料、相同配方、相同工艺生产的产品为一检验组批，其最大组批量不超过1000 kg，每批随机抽产品1 kg，作为出厂检验样品。随机抽取产品1 kg，作为型式检验样品。

7.5 判定规则

按GB/T 8170规定的修约值比较法判定检验结果是否符合本文件。

所有检验项目合格，则产品合格；若出现不合格项，允许加倍抽样对不合格项进行复检。若复检合格，则判该批产品合格；若复检仍不合格，则判该批产品为不合格。

8 标志、包装、运输和贮存

8.1 标志

加成型液体氟硅橡胶的包装容器上的标志，根据GB/T 191的规定，在包装外侧标明"怕晒"和"怕雨"标志。

每批出厂产品均应附有一定格式的质量证明书，其内容包括：生产厂名称、地址、电话号码、产品名称、型号、批号、净质量或净容量、生产日期、保质期、注意事项和标准编号。

8.2 包装

加成型液体氟硅橡胶采用清洁、干燥、密封良好的铁桶或塑料桶包装。净含量可根据用户要求包装。

8.3 运输

运输、装卸工作过程，应轻装轻卸，防止撞击，避免包装破损，防止日晒、雨淋，应按照货物运输规定进行。

本文件规定的加成型液体氟硅橡胶为非危险品。

8.4 贮存

加成型液体氟硅橡胶应贮存在阴凉、干燥、通风的场所。防止日光直接照射，并应隔绝火源，远离热源。

在符合本文件包装、运输和贮存条件下，本产品自生产之日起，贮存期为6个月。逾期可重新检验，检验结果符合本文件要求时，仍可继续使用。

附 录 A
（规范性）
试验样品的制备

A.1 设备

开放式炼胶机、平板硫化机和模具应符合 GB/T 6038 的规定。

电热鼓风干燥箱。

A.2 混炼胶配方

制备试样所用混炼胶配方见表 A.1。

表 A.1 混炼胶配方

材料	配料份数
A 组分	50
B 组分	50
合计	100

A.3 混炼

将液体氟硅橡胶 A 组分和 B 组分按照 1∶1 的比例于三辊研磨机上薄通 5 次，直至混炼均匀，出料。

A.4 硫化

A.4.1 硫化条件：按 GB/T 6038 的硫化程序，将模具置于 120 ℃的平板硫化机中预热 1 h 后，将胶片（A.3）放入模具中加压硫化 15 min，硫化压力为 10 MPa～12 MPa。

A.4.2 硫化制得的试片应平整、光洁、厚度均匀、无气泡。

下篇

创新案例

耐漏电起痕硅橡胶专利转换为电力电气用绝缘材料标准

（CN110218454A-T/FSI 001.1—2016）

液体硅橡胶材料凭借其优异的耐高低温性能、耐候和耐老化性能、电气绝缘性能和憎水性能，广泛应用于电力电气设备绝缘部件的制造。电力电气用液体硅橡胶属于高分子材料与电气工程两个学科交叉形成的新材料专业领域，其高水平发展对提高我国电力电气设备制造水平、产业核心竞争力及可持续发展具有重要意义。

长期在户外使用的电力电气用硅橡胶材料，必须具备优异的电绝缘性和耐漏电起痕性能，以防止由于粉尘、雨雪或雷电等因素在硅橡胶表面发生闪络和电击穿事故而影响设备运行的安全稳定性。同时硅橡胶材料还必须具备良好的流动性和加工性能，以便于户外操作施工。目前，随着国内电力行业的迅速发展，相关产品的应用规模呈逐年扩大趋势。很长时间内，由于国内缺乏具有自主知识产权的高性能产品，高端电力电气用液体硅橡胶市场被国外进口产品所垄断。

针对以上问题，中蓝晨光化工研究设计院有限公司发明了"一种耐漏电起痕的室温硫化液体硅橡胶及其制备方法（CN110218454A）"专利技术。实施该专利技术所制得的液体硅橡胶在25℃左右硫化6～8h即可得到硅橡胶弹性体，尤其适用于在户外的快速施工。其耐漏电起痕达1A4.5级且具备良好的流动性和优异的电气性能，可广泛用于电力电气制品的制造、修补和密封等领域。该专利技术拥有自主知识产权，改变了国内高端电力电气用液体硅橡胶市场被国外进口产品垄断的局面，为国内电力电气用液体硅橡胶的高水平发展注入了新的动力。

中国氟硅有机材料工业协会标准化委员会采用工艺技术、专利与标准联动创新体系，依据"一种耐漏电起痕的室温硫化液体硅橡胶及其制备方法（CN110218454A）"专利编制了团体标准《电力电气用液体硅橡胶绝缘材料第1部分：复合绝缘用》（T/FSI 001.1—2016）。该标准规定了复合绝缘子用液体硅橡胶绝缘材料的分类、要求、试验方法、检验规则、标志、包装、运输和贮存；标准适用于以乙烯基封端的聚二甲基硅氧烷为基础聚合物，加入补强填料及助剂等配制而成的用于复合绝缘子用液体硅橡胶绝缘材料。按照该标准生产的产品有效地满足了室温可以快速硫化、操作性能良好、方便施工以及耐漏电起痕达到1A4.5级的苛刻要求，推动了电力电气应用行业的发展，取得了显著的社会效益和经济效益。

多晶硅生产副产物综合利用专利转换为气相二氧化硅生产用四氯化硅标准

（ZL200610035301.3-T/FSI 003—2016）

随着光伏和半导体产业的快速发展，多晶硅呈现持续快速增长的态势，我国多晶硅的产能产量占全球75％以上，未来5年还将继续大幅度增长。目前多晶硅生产工艺主要有改良西门子法和流化床法，以改良西门子法为主，约占全球市场份额的97％。改良西门子法是以三氯氢硅为原料合成多晶硅，其原料三氯氢硅和产品多晶硅的生产过程都会产生副产物四氯化硅。随着环保要求的日益严格及多晶硅产量的增大，副产物四氯化硅的综合利用日显重要。

气相二氧化硅是卤代硅烷在氢氧焰中燃烧氧化而生成的非晶质二氧化硅。气相二氧化硅常态下为白色絮状固体，是一种无毒、无味、无臭和无污染的无机材料，具有粒径小、比表面积大、化学纯度高和分散性能好等特征，表现出优异的补强、增稠、触变、防沉、抗流挂、吸附和隔热等性能，广泛应用于硅橡胶、油墨、涂料、高分子树脂、机械抛光、复合材料、胶体电池、消泡剂、污水处理、农业、化妆品、食品、医药和绝热保温材料等领域。气相二氧化硅生产所用的原料主要包括一甲基三氯硅烷和四氯化硅等卤硅烷，以四氯化硅为原料是其工艺路线之一，因此，多晶硅副产物四氯化硅可以用于气相白炭黑的生产。

但是，多晶硅副产物是混合物，其组分复杂，不同组分的沸点和燃烧热不同，在反应过程中，对气相白炭黑产品的质量会产生不同影响。针对上述问题，湖北汇富纳米材料股份有限公司（前身为宜昌汇富硅材料有限公司）通过技术创新，开发出"一种多晶硅生产过程中的副产物的综合利用方法（ZL200610035301.3）"专利。该专利技术的实施，有效解决了以四氯化硅副产物为原料生产气相白炭黑的关键技术问题，保证了产品质量稳定性。

中国氟硅有机材料工业协会标准化委员会采用工艺技术、专利与标准联动创新体系，依据"一种多晶硅生产过程中的副产物的综合利用方法（ZL200610035301.3"专利）编制了团体标准《气相二氧化硅生产用四氯化硅》（T/FSI 003—2016）。该标准规定了气相二氧化硅生产用四氯化硅的技术要求、试验方法、检验规则、标志、包装、运输和贮存和安全。标准适用于多晶硅副产四氯化硅、三氯氢硅副产四氯化硅以及其它方法制得的四氯化硅，该四氯化硅满足气相二氧化硅生产原料的质量要求。

该标准的发布实施，使得多晶硅和三氯氢硅生产过程中所产生的副产物用于气相白炭黑生产有了规范依据，多晶硅企业副产的四氯化硅可以作为气相二氧化硅生产原料进行销售，而不是作为危废进行处理，缓解了多晶硅和三氯氢硅产业的环保压力，同时也实现了副产物的高值利用和气相二氧化硅生产原料的多元化，促进了气相二氧化硅、多晶硅和三氯氢硅循环产业链的形成与可持续发展。

含氟混合烷烃专利转换为工业制冷剂标准

（CN103436239A-T/FSI 005—2018）

二氟一氯甲烷（HCFC-22，又称氟里昂-22，R22）是一种重要的制冷剂，在家用空调及工业制冷应用方面发挥着重要作用。但是，二氟一氯甲烷作为氢氯氟烃（HCFCs）物质，对大气臭氧层有严重的破坏作用，因而被列入加速淘汰物质。根据《蒙特利尔议定书》的有关规定，发达国家到 2030 年全面禁用 HCFCs，发展中国家到 2040 年全面禁用 HCFCs。中国作为发展中国家可以生产和使用 R22 作为制冷剂到 2040 年，其间 2016 年我国对 R22 的生产实施冻结，冻结在 2015 年的水平，然后逐年淘汰，计划到 2040 年 R22 的生产和消费降到零。

为解决 R22 的替代问题，浙江永和制冷股份有限公司发明了"制冷剂及其制备方法（CN103436239A）"专利技术。该制冷剂由五氟乙烷、1,1-二氟乙烷、1,1,1,2-四氟乙烷和丙烷四种制冷剂组成，按照该专利技术制备的混合制冷剂可以达到与 R22 类似的制冷效果，其沸点、临界温度、临界压力均与 R22 接近，同时又不破坏臭氧层。

中国氟硅有机材料工业协会标准化委员会采用工艺技术、专利与标准联动创新体系，依据"制冷剂及其制备方法（CN103436239A）"专利编制了团体标准《工业用 YH222 制冷剂》（T/FSI 005—2018）。该标准规定了工业用 YH222 制冷剂的要求、试验方法、检验规则、标志、包装、运输、贮存以及安全；标准适用于以五氟乙烷、1,1-二氟乙烷、1,1,1,2-四氟乙烷和丙烷为原料按特定比例混配而成的制冷剂。按照该标准制造的产品主要替代 R22 应用于制冷系统，有效解决了二氟一氯甲烷对大气臭氧层的破坏问题，取得了显著的社会效益和经济效益。

高沸硅油及有机硅废液处置专利转换为高沸硅油标准

（CN215741927U/CN105061766B-T/FSI 007—2017）

近年来，我国有机硅工业发展迅速，甲基氯硅烷单体的产能和产量持续扩大，相应地，有机硅单体生产中副产的高沸物和低沸物也越来越多。一般来说，每合成一吨粗单体，会产生约 5%～10% 的高沸物和1%～3% 的低沸物。这些副产物极易与空气中的水分反应生成氯化氢气体，长期贮存会使贮罐腐蚀，且释放出的氯化氢气体会造成罐体膨胀变形；若直接排放会严重污染生态环境，而作为废料处理则成本很高。因此，高低沸物等有机硅副产物的综合利用是有机硅单体厂家亟待解决的问题。

利用有机硅单体副产物制备高沸硅油，是有机硅副产物综合利用的有效途径。高沸硅油是通过有机硅单体合成副产的甲基氯硅烷高沸物与三甲基氯硅烷为原料，通过水解或醇解反应制得。甲基氯硅烷高沸物是一种酱色、带刺激性气味并且具有强烈腐蚀性的混合液体，主要由含 Si—Si、Si—O、Si—C、Si—H、Si—Cl 等结构的硅烷或聚合物等组成。由于甲基氯硅烷高沸物是多种物质的混合物，在使用其为原料生产高沸硅油时，会形成少量凝胶，制得的高沸硅油含有水分、外观浑浊、透光率低、氯离子含量高并有刺激性气味，影响高沸硅油的质量。

针对上述问题，合盛硅业股份有限公司申请了"高沸硅油精制装置（CN215741927U）"专利技术，提供了一种能有效去除高沸硅油中存在的小分子凝胶、水分、氯离子和色素等杂质的高沸硅油精制装置。同时，浙江新安化工集团股份有限公司发明了"一种有机硅废液的处理装置及方法（CN105061766B）"专利技术，能够将有机硅单体生产过程中产生的有机硅高沸残液和低沸残液有效地转化为具有实际使用价值的高沸硅油，并通过油酸分层器、酸水再利用和尾气吸收系统等装置减少废酸的产生。

中国氟硅有机材料工业协会标准化委员会采用工艺技术、专利与标准联动创新体系，依据以上两项专利编制了团体标准《高沸硅油》（T/FSI 007—2017）。该标准规定了高沸硅油的技术要求、试验方法、检验规则以及标志、包装、运输和贮存要求；标准适用于以甲基氯硅烷混合单体经精馏制得的高沸物为主要原料，再经醇解或水解工艺制得的高沸硅油。该标准对高沸硅油的黏度、酸值、密度、折射率做了推荐规定，规范了高沸硅油的质量水平，很好地满足了消泡剂、防水剂和隔离剂等行业的需求。该标准的发布实施，促进了资源的综合利用，有利于有机硅单体行业提升安全环保水平和实现副产物的高值利用，社会效益和经济效益显著。

高散热硅膏专利转换为导热硅脂标准

（CN102504543B-T/FSI 008—2017）

随着电子设备的设计不断追求将更强大的功能集成到更小的组件中，设计空间尺寸越来越小，限制了大型散热部件的应用。元器件在使用过程中会不断产生热能，如不能及时散热，温度的升高会导致器件门延迟增加，运行速度降低，器件可靠性下降，寿命缩短。因此，在架构紧缩以及操作空间越来越小的情况下，如何有效地从产生更高温度的元件中移走大量的热，以确保器件有足够的工作和服务寿命，已成为电气设计中亟须解决的问题。热界面材料（TIM）被广泛应用在各种需要散热绝缘的界面，例如集成电路、电子数码产品、通信设备、汽车、电源、LED照明等。为了适应不同的使用要求，TIM按照物理形式的不同可以分为热相变材料、高散热硅膏和凝胶、软性导热绝缘垫、黏合剂和密封剂等。

目前，现有技术热界面材料中，高散热硅膏的综合性能最佳，研究也较为广泛。例如，可由多羟基酯与氧化锌粉末复配而成，或由不同粒径的氮化铝粉末与甲酯硅油混合而成，也可采用表面经硅烷处理的氮化铝粉末组合物，以及采用硅树脂载体和填料混合，同时使用活性硅油和高分子聚硅氧烷作为分散剂。然而，现有技术制造的高散热硅膏或类似的组合物尚不能很好地解决大功率元器件的散热问题。例如，为了填充大量的导热填料，一般采用低黏度的非反应性硅油作为基础油，但在长期贮存或使用过程中，基础油容易从组合物中析出。特别是在高温高湿的条件下，高散热硅膏层更容易干固和粉化，从而导致接触热阻增大，散热性能大幅下降。虽然使用硅树脂载体能解决硅油析出的问题，但其涂覆性能较差，难以充分填充导热界面的微细缝隙，胶层厚度大，接触热阻高，且黏度和流变性能差，不能用于丝网印刷，极大地限制了其使用范围。

针对以上问题，广州市白云化工实业有限公司发明了"一种高散热硅膏组合物及其制备方法（CN102504543B）"专利技术。使用该专利技术制备的高散热硅膏组合物具有热导率高、胶层厚度薄以及接触热阻小等优点，能够保持适宜的流动性和触变性，充分填充散热界面的微细缝隙并适应涂覆和丝网印刷的工艺要求。同时，在高温高湿的条件下，该硅膏仍能保持很低的热阻，基础油不易从组合物中析出，高散热硅膏不易干固和粉化，使用稳定可靠。其制备无需使用有机溶剂，生产工艺简单环保。高散热硅膏产品除用于电子电气行业外，还可用于对热界面材料要求高（可靠性高、无故障工作时间长且综合性能好）的光伏、5G通信和照明灯具等行业，有效满足了大功率元器件的散热要求。

中国氟硅有机材料工业协会标准化委员会采用工艺技术、专利与标准联动创新体系，依据"一种高散热硅膏组合物及其制备方法（CN102504543B）"专利编制了团体标准《导热硅脂》（T/FSI 008—2017）。该标准规定了导热硅脂的分类、要求、试验方法、检验规则、标志、包装、运输和贮存；标准适用于导热系数≥0.6 W/(m·K)，以聚硅氧烷、填料等为主要成分并用于电子电气行业的绝缘导热硅脂。该标准的发布，为硅脂类热界面材料在电子电气热管理系统中的应用提供了规范，取得了显著的社会效益和经济效益。

十甲基环五硅氧烷提纯专利转换为十甲基环五硅氧烷标准

（CN203408486U-T/FSI 010—2017）

十甲基环五硅氧烷又名十甲基环戊硅氧烷，简称 D_5，是一种挥发性的聚二甲基环硅氧烷。D_5 外观为无色透明油状液体，黏度低、易挥发。它与大部分的醇和其它化妆品溶剂有很好的相容性，无味、无毒、无刺激、不油腻，具有良好的延展性和涂抹性。D_5 可作为基础原料或者载体使用，可用作个人护理产品的基础油，也可以单独或互相拼混用作溶剂。

二甲基二氯硅烷通过水解和裂解后，主要生成二甲基硅氧烷混合环体（DMC），其中的 D_4（八甲基环四硅氧烷）通常作为主产物被单独分离出来，用于生产包括热硫化硅橡胶在内的有机硅聚合物，余下五环及五环以上组成的高沸点有机硅环体混合物通称高环。高环混合物成分比较复杂，主要含 D_5、D_6（十二甲基环六硅氧烷）和 D_7（十四甲基环七硅氧烷）等，并有少量的 D_3（六甲基环三硅氧烷）、D_4 与高沸物。

针对上述问题，合盛硅业股份有限公司发明了"有机硅高沸点环体混合物精馏提纯十甲基环五硅氧烷的装置（CN203408486U）"专利技术。该专利提供了一种利用有机硅高沸点环体混合物精馏提纯 D_5 的生产装置，装置结构简单，原料利用效率高，精馏所得的 D_5 纯度可达 99.5％以上，解决了 D_5 提纯技术的核心问题。

中国氟硅有机材料工业协会标准化委员会采用工艺技术、专利与标准联动创新体系，依据"有机硅高沸点环体混合物精馏提纯十甲基环五硅氧烷的装置（CN203408486U）"专利编制了团体标准《十甲基环五硅氧烷》（T/FSI 010—2017）。该标准规定了 D_5 的要求、试验方法、检验规则、标志、包装、运输及贮存；标准适用于使用以二甲基二氯硅烷为原料经盐酸水解和裂解所制得的二甲基硅氧烷混合环体经精馏得到的 D_5。该标准规定的技术指标包括 D_5 质量分数、D_4 质量分数、其它环体质量分数、蒸发残留物、黏度和色度等。标准颁布后，统一了 D_5 质量技术指标，有利于 D_5 的规范应用，增强了市场竞争力，取得了明显的社会效益和经济效益。

阻燃导热灌封胶专利转换为动力电池组灌封胶标准

（CN106867444B-T/FSI 011—2017）

随着环保理念的深入，汽车污染物的排放标准变得越来越严苛，能源替代和轻量化是汽车节能减排的有效途径。新能源汽车已成为未来发展趋势，但庞大的电池系统增加了整车的质量，严重限制了续航里程。作为新能源汽车的核心部件，动力电池的能效性和安全性直接决定了整车的质量水平。汽车动力电池长期在极端温度、冷热循环、湿气、沙尘、污垢、霉菌、机械冲击和震动等恶劣环境下工作，对电池材料的要求日益提高。汽车动力电池的灌封材料不但要防止水气灰尘的入侵，吸收震动能量，为电池组提供保护，还要将电池组的热量传导至外界。同时，汽车动力电池的灌封材料还需具备优异的阻燃性能和介电性能，以防止动力电池在遇到撞击、短路和起火等特殊情况时燃烧或爆炸。此外，在满足上述必要使用性能的前提下，为达到较好的电池比能量，还要求灌封材料在汽车动力电池中占尽可能低的体积质量。

国内已有较多灌封材料的制备方法，但由这些制备方法得到的灌封胶或相应的组合物都不能完全解决汽车动力电池组的散热保护和轻量化问题。例如，为了提高灌封胶的阻燃性能，在制备灌封胶时通常需要加入阻燃剂，含卤阻燃剂高效但其使用受到环保法规的限制，而常规无卤阻燃剂（如氢氧化铝和氢氧化镁等）在使用量很大时才能达到理想效果；为了提高灌封胶的导热性能，通常还需要加入大量的导热填料。这些都将导致灌封胶的体积质量增大，使得灌胶后的动力电池整体质量大大增加，难以满足轻量化的要求。此外，大量填料的加入还会导致灌封胶的黏度升高，流动性变差，影响使用效果。

针对以上问题，广州市白云化工实业有限公司发明了"汽车动力电池用低体积质量阻燃导热灌封胶及其制备方法（CN106867444B）"专利技术。按照该专利技术制得的动力电池灌封胶具有非常优异的阻燃性能和导热性能，具有低体积质量的特性和合适的流动性，既有效保障了动力电池的安全性和轻量化，又满足了操作性要求。同时，该制备技术未使用卤素等添加物，安全环保，符合我国环保法规，也符合欧盟ROHs和REACH等法规。

中国氟硅有机材料工业协会标准化委员会采用工艺技术、专利与标准联动创新体系，依据"汽车动力电池用低体积质量阻燃导热灌封胶及其制备方法（CN106867444B）"专利编写了团体标准《动力电池组灌封用液体硅橡胶》（T/FSI 011—2017）。该标准规定了动力电池组灌封用液体硅橡胶的技术要求、试验方法、检验规则、标志、包装、运输和贮存；标准适用于交通工具动力电池组灌封所用的液体硅橡胶。按照该标准制造的产品除用于动力电池组的灌封外，还可用于充电桩、充电头和护套式加热器等领域，推动了下游行业的发展，取得了显著的社会效益和经济效益。

耐高温浸水有机硅密封胶专利转换为水族馆用有机硅密封胶标准

（CN112280525A-T/FSI 015—2019）

　　鱼缸是用来饲养观赏鱼的玻璃容器，在现代人的生活中出现的频率越来越高，既为人们的生活增添了情趣，也为家居或办公空间增添了自然的气息。而用于粘结鱼缸的密封胶的种类和性能决定了鱼缸的密封性及结构稳定性，也直接决定了鱼缸质量的好坏。水族馆玻璃粘结属于同类应用场景，但要求更高。

　　酸性有机硅密封胶对玻璃的粘结较好，且施工便捷、成本低，是性能良好的玻璃粘结剂。基于酸性有机硅密封胶的优点，当前国内普遍将其作为鱼缸粘结密封胶使用。由于鱼缸胶长期接触水且需保持较高的粘结强度，若使用普通的酸性胶来粘结鱼缸，可能会出现粘结不牢或承受不住水压的情况，性能指标难以达到高温浸水测试要求。

　　针对以上问题，江西蓝星星火有机硅有限公司发明了"一种单组分耐高温浸水硅酮胶及其制备方法和应用（CN112280525A）"专利技术。使用该专利配方制造的有机硅密封胶具有优异的耐高温浸水能力，有较长的贮存保质期，可以保持有机硅密封胶不易黄变；产品的核心技术指标，如高温浸水拉伸粘结强度、高温浸水粘结破坏面积、水-紫外线光照后拉伸粘结强度和水-紫外线光照后粘结破坏面积等可以得到有效保障，解决了鱼缸胶行业使用有机硅粘结密封的核心问题，使得有机硅粘结材料得到了更好的应用，也促进了鱼缸胶行业的技术进步与质量水平的提升。

　　中国氟硅有机材料工业协会标准化委员会采用工艺技术、专利与标准联动创新体系，依据"一种单组分耐高温浸水硅酮胶及其制备方法和应用（CN112280525A）"专利编制了团体标准《水族馆用有机硅密封胶》（T/FSI 015—2019）。该标准规定了水族馆玻璃粘结用有机硅密封胶的分类、要求、试验方法、检验规则、标志、包装、运输和贮存；标准适用于以（改性）聚硅氧烷为基胶，加入补强填料及助剂配制而成的水族馆玻璃间结构粘结密封用有机硅密封胶。依据该标准生产的产品除了用于水族馆玻璃间粘结密封外，还被用于玻璃采光顶和各类玻璃幕墙等需要使用具有良好粘结性、耐高温和耐水的胶黏剂来进行玻璃粘结的场合，有效解决了水族馆等行业对耐水密封性及其结构稳定性的苛刻要求，取得了显著的经济效益和社会效益。

甲基低含氢硅油专利转换为甲基低含氢硅油标准

（CN103665380A-T/FSI 016—2019）

含氢硅油是硅油产品的重要类型之一，也是许多改性硅油的起始原料。含氢硅油的硅氧烷主链中含有活泼氢基团，它与其它活性基团通过硅氢加成反应可获得多种改性硅油，如聚醚改性硅油、环氧改性硅油和长链烷基硅油等。含氢硅油的防水效果好，可以低温交联成膜，在物质的表面形成防水层，可用于织物、玻璃、陶瓷、纸张、皮革、金属和建材等的防水处理，效果甚佳。

低含氢硅油可采用卤代硅烷水解法、开环共聚法和高含氢硅油调聚法制备而得。高含氢硅油调聚法的工艺简单，反应条件温和，所得产物结构容易控制。而在调聚过程中所选的催化剂对反应条件和反应工艺有很大的影响。例如，使用硫酸进行调聚制备含氢硅油，催化剂不易分离，对设备有腐蚀性，同时对环境有较大的危害。

针对现有技术的不足，江西蓝星星火有机硅有限公司发明了"一种低含氢硅油的制备方法（CN103665380A）"专利技术，提出了一种反应条件温和、反应工艺简单的低含氢硅油的制备方法。该方法以高含氢硅油（202硅油）和二甲基硅氧烷混合环体（DMC）为原料，六甲基二硅氧烷（MM）为封端剂，在固体超强酸的催化下，加热到50～140℃进行调聚反应，回流反应4～8 h后，过滤，真空下脱除低沸物，得到低含氢硅油。该专利技术实现了连续法工业化生产，生产效率高，产品酸值及挥发性物质技术指标明显降低，产品质量得到提升。

中国氟硅有机材料工业协会标准化委员会采用工艺技术、专利与标准联动创新体系，依据"一种低含氢硅油的制备方法（CN103665380A）"专利编制了团体标准《甲基低含氢硅油》（T/FSI 016—2019）。该标准规定了甲基低含氢硅油产品的结构式、型号、要求、试验方法、检验规则及标志、包装、运输和贮存；标准适用于以二甲基硅氧烷混合环体、甲基高含氢硅油和六甲基二硅氧烷为原料，使用酸性催化剂制备的侧链含氢硅油。该标准的发布，为甲基低含氢硅油产品在防水及相关领域的应用提供了规范，促进了甲基含氢硅油生产企业提升工艺技术水平，推动了甲基含氢硅油细分领域的健康发展，社会效益和经济效益明显。

端含氢硅油制备和硅氢含量测定专利转换为
端含氢二甲基硅油标准

（CN105384934A/CN103674889A-T/FSI 017—2019）

端含氢硅油是由活性氢封端的聚硅氧烷，是生产有机硅改性物的关键原料和重要中间体。端含氢硅油通过硅氢化反应，引入各类反应性有机官能团，得到的活性硅油是制备改性有机聚合物的重要原料和反应中间体。利用引入的有机官能团，可将聚硅氧烷与其它有机聚合物的特性进行结合，以获得具有全新功能的改性聚合物。现有技术大多使用浓硫酸作为催化剂来制备端含氢硅油，再用碳酸钠中和过滤。硅油过滤后易产生油包酸，导致产品容易返酸，且过滤过程中会产生大量的固废浆渣，固渣中包含的硅油在一定条件下易产生闪燃。整个生产制备流程长，反应效率低，不易实现连续化工业生产。

针对以上问题，江西蓝星星火有机硅有限公司发明了"一种端含氢硅油的制备方法（CN105384934A）"专利，该专利在采用 1,1,3,3-四甲基-1,3-二氢二硅氧烷（$M^H M^H$）与环状或者线状的聚二甲基硅氧烷低聚物的反应过程中，加入固体超强酸作为催化剂，反应条件温和、反应工艺简单，作为催化剂的固体超强酸还可以循环使用，降低了高危副产物废渣的贮存危害性，整个工艺过程符合绿色循环经济，在满足纺织业市场需求的同时，也是有机硅嵌段共聚物硅油软化剂的关键中间体原料，可直接用于高档三元共聚产品的生产。

同时，含氢量的多少是含氢硅油的一个重要指标。目前，硅氢含量的测定方法主要有滴定法和气量法。其中，滴定法是基于 Si-H 与 Br_2 在酸性条件下的反应测定的，但测定体系常干扰 Si-H 的测定。气量法是采用龙氏氮素测定仪，根据含氢硅油与碱的溶液反应，通过量气管读出氢气的体积数，由气态方程计算出氢含量及硅氢含量。气量法对于分析装置的气密性要求极高，同时气态方程又要求样品温度恒定，分析要求高。另外，分析完成之后，废硅油和废碱液的处理也会造成环境压力。

针对以上问题，江西蓝星星火有机硅有限公司研发了"一种含氢硅油硅氢含量的分析方法（CN103674889A）"专利，提出了一种使用中红外光谱仪进行分析的方法。该方法分析精度高，速度快，且分析时不破坏样品，分析过程中无环境污染。

中国氟硅有机材料工业协会标准化委员会采用工艺技术、专利与标准联动创新体系，依据上述两项专利技术编制了团体标准《端含氢二甲基硅油》（T/FSI 017—2019）。该标准规定了端含氢二甲基硅油的产品结构式、型号、要求、试验方法、检验规则及标志、包装、运输和贮存；标准适用于以二甲基硅氧烷混合环体和四甲基二硅氧烷为原料，采用酸性催化剂制备的端含氢二甲基硅油。端含氢二甲基硅油标准统一了对最终应用产生影响的相关参数（如黏度、Si—H 含量、挥发性物质质量分数和酸值等）的试验方法和规则，规范了市场行为；同时，该标准充分考虑了最终客户的应用场景，推动了下游高端改性聚合物的发展，取得了显著的社会效益和经济效益。

乙烯基聚硅氧烷和乙烯基含量分析专利转换为乙烯基封端二甲基硅油标准

（CN112961352A/CN104020131A-T/FSI 018—2019）

乙烯基封端的二甲基硅油（简称端乙烯基硅油），是由双乙烯基封端的聚二甲基硅氧烷，可根据不同需要提供指定黏度和乙烯基含量。端乙烯基硅油具有硅油的普遍性能，包括滑爽性、柔软性、光亮性和耐温耐候性，两末端的乙烯基还具有强反应活性。端乙烯基硅油产品质量稳定，挥发分低，是加成型液体硅橡胶、有机硅灌封料和硅凝胶等的关键原料，同时也是混炼胶的改性剂。

针对端乙烯基硅油产品的应用要求，江西蓝星星火有机硅有限公司发明了"甲基乙烯基羟基聚硅氧烷及其制备方法和应用（CN112961352A）"专利技术，提供了一种新的甲基乙烯基羟基聚硅氧烷。该硅油能够降低端乙烯基硅油和粉体混合后基料的黏度，提高其流动性，并且具有合适的固化时间，极大地简化了灌封胶加工工艺。该专利技术不仅拓展了端乙烯基硅油在电子元器件用灌封胶领域的应用，使端乙烯基硅油的使用更为广泛，并且使用该专利技术制备的甲基乙烯基羟基聚硅氧烷还适用于高端电子产品的灌封，促进了灌封胶向高品质和高性能方向的发展。

乙烯基含量是端乙烯基硅油的关键指标，乙烯基含量的常规测定方法主要有氧化还原法（即碘量法）和气相色谱法。氧化还原法和气相色谱法分析样品时均会破坏样品且分析时间长，不能及时将分析数据提供给生产，可能会造成工艺等待时间较长；氧化还原法在样品处理过程中需要用到四氯化碳等有毒有害试剂，对人体和环境均有害。

针对现有检测方法的不足，江西蓝星星火有机硅有限公司发明了"一种采用近红外光谱分析甲基乙烯基聚硅氧烷中乙烯基含量的方法（CN104020131A）"专利，该专利不破坏样品，操作简单，分析快速，无环境污染。

中国氟硅有机材料工业协会标准化委员会采用工艺技术、专利与标准联动创新体系，依据以上两项专利技术编制了团体标准《乙烯基封端的二甲基硅油》（T/FSI 018—2019）。该标准规定了乙烯基封端的二甲基硅油的结构式、型号、要求、试验方法、检验规则及标志、包装、运输和贮存；标准适用于以二甲基硅氧烷混合环体和四甲基二乙烯基二硅氧烷为原料，在碱性或者酸性催化条件下制备的乙烯基封端的二甲基硅油。该标准的发布实施，规范了端乙烯基硅油的技术标准和检验方法，拓展了端乙烯基硅油在多个领域的高端和绿色化应用，也促进了下游应用产品向高品质、高性能的方向发展，社会效益和经济效益明显。

二甲基二氯硅烷水解物环线分离装置和降低杂质含量专利转换为二甲基二氯硅烷水解物标准

（CN213790086U/CN110550773A-T/FSI 022—2019）

二甲基二氯硅烷水解物（简称"二甲水解物"）是指二甲基二氯硅烷经水解反应后得到的由线性和环状低聚硅氧烷组成的混合物，是合成硅基础聚合物及硅油、硅橡胶和硅树脂等有机硅下游产品的基础原料。目前，二甲水解物中环体硅氧烷约占30%，线体聚硅氧烷约占70%。若将此水解物直接用于生产107硅橡胶，环体在有水的条件下开环困难，反应收率偏低，脱低后环体循环利用的成本偏高；将水解物中的线体经过裂解装置反应生成环体硅氧烷，再经过精馏装置提纯后，才可作为110甲基乙烯基硅橡胶生产的原料，增加了裂解生产装置和生产成本。为了降低成本，需要将水解物中的线体和环体分离成不同的产品。

经过水洗、碱洗等工序的二甲水解物，含有水分及盐分，会影响水解物的品质。如果水分盐分偏高，会造成水解物聚合收率偏低、分子量分布较宽、黏度不稳定和透光率不合格等问题。为消除水分盐分对产品品质的影响，水解物需要经过长时间沉降，以便分离出水分及盐分，这在一定程度上制约了产能的发挥。开发能快速对二甲水解物进行除水除盐，再进行环线分离的工艺技术和装置迫在眉睫。

针对上述需求，合盛硅业股份有限公司申请了"一种水解物环线分离装置（CN213790086U）"专利技术，提供了一种结构简单、使用方便的水解物环线分离装置，它能够快速进行水解物的除水除盐和环线分离，有效解决了现有技术中分离所需时间较长、收率较低和生产成本较高等问题，便于推广使用。

与国内外主要生产厂家通用的将水解物裂解精馏成DMC或环体，再进一步合成硅油、硅橡胶、硅树脂等有机硅产品的工艺相比，以二甲水解物作为部分有机硅下游产品的基础原料，工艺流程更简单，操作更方便，能耗和物耗都明显降低，体现了成本优势。二甲基二氯硅烷的水解方式主要有恒沸酸水解法和浓酸水解法，这两种方法都会使二甲水解物成品中存在氯离子等杂质。水解物中残余氯含量偏高会导致水解物黏度不稳定，出现返酸现象，直接影响后续产品的生产，增加了生产成本。此外，在贮存和运输中，若水解物酸值高还会腐蚀设备管道，影响后续产品的品质。因此去除水解物中的氯离子及其它杂质具有非常重要的意义。

针对以上问题，江西蓝星星火有机硅有限公司发明了"一种降低二甲基二氯硅烷水解物中氯离子及其它杂质含量的方法和装置（CN110550773A）"专利技术，有效解决了二甲基二氯硅烷水解物产品中酸值高及杂质含量高的问题，同时降低了水解物中的含水量，提升了水解物的综合品质，水解物外观、氯离子和黏度等各项指标均能够得到有力的保障。

中国氟硅有机材料工业协会标准化委员会采用工艺技术、专利与标准联动创新体系，依据以上两项专利编制了团体标准《二甲基二氯硅烷水解物》（T/FSI 022—2019）。该标准规定了二甲基二氯硅烷水解物的要求、试验方法、检验规则及标志、包装、运输和贮存；标准适用于以二甲基二氯硅烷为原料，经过水解、分酸、除水等过程制得的二甲基二氯硅烷水解物。二甲基二氯硅烷水解物主要用作硅油和硅橡胶的原料。该标准的发布实施，很好地保证了甲基二氯硅烷水解物产品的质量一致性，有利于下游产品质量的提升，取得了显著的社会效益和经济效益。

有机硅线性体生产工艺和水解物环线分离专利转换为
羟基封端聚二甲基硅氧烷线性体标准

（CN2021103873118/CN213790086U-T/FSI 023—2019）

羟基封端聚二甲基硅氧烷线性体是制备缩合型单双组分室温硫化硅橡胶最常用的基础原料，应用领域包括建筑密封胶，建筑结构胶，电子电气的粘接、密封和灌封等。同时，羟基封端聚二甲基硅氧烷线性体还适用于对挥发分要求严格的化妆品和个人护理产品、抛光和打蜡产品、清洗和清洁产品、纺织物处理产品、染料等。

羟基封端聚二甲基硅氧烷线性体来源于二甲基二氯硅烷水解物。二甲基二氯硅烷水解物由一定比例的线状硅氧烷（线性体）和环状硅氧烷（环体）组成，挥发性物质主要来自环体 D_4、D_5、D_6。当二甲基二氯硅烷水解物应用于化妆品和个人护理产品、抛光和打蜡产品、清洗和清洁产品、纺织物处理产品和染料等的生产时，其含有的挥发分（挥发性环体）难以达到应用要求；当二甲基二氯硅烷水解物应用于缩合型室温硫化硅橡胶时，因其所含环体开环困难影响了生产效率和成本。因此，需要在二甲基二氯硅烷水解物的基础上开发羟基封端聚二甲基硅氧烷线性体生产技术，以满足下游行业的应用需求。

针对以上需求，江西蓝星星火有机硅有限公司发明了"有机硅线性体生产工艺（CN2021103873118）"专利技术。该专利技术通过水解混合物原料的预处理、水解混合物的减压闪蒸、线体的降膜蒸发及冷却等步骤，可以得到低挥发分的线性体。同传统的水解物裂解工艺相比，该技术的能耗和物耗下降，符合绿色环保工艺路线，同时获得了低挥发分和低酸值的线性体产品。同时，合盛硅业股份有限公司申请了"一种水解物环线分离装置（CN213790086U）"专利技术，提供了一种结构简单、使用方便的水解物环线分离装置，它能快速进行水解物的除水除盐和环线分离，有效解决了现有技术中分离所需时间较长、收率较低和生产成本较高等问题，便于推广使用。

中国氟硅有机材料工业协会标准化委员会采用工艺技术、专利与标准联动创新体系，依据以上两项专利技术编制了团体标准《羟基封端聚二甲基硅氧烷线性体》（T/FSI 023—2019）。该标准规定了羟基封端聚二甲基硅氧烷线性体的要求、试验方法、检验规则、标志、包装、运输和贮存；标准适用于以二甲基二氯硅烷为原料，经水解、分离等过程制得的羟基封端聚二甲基硅氧烷线性体。按照该标准生产的低挥发分和低杂质含量的有机硅线性体，可广泛用于低环体有机硅后续产品的生产，能满足我国以及包括欧盟在内的国际机构对聚合物中环体含量限制的要求，拓展了高端应用领域，取得了显著的社会效益和经济效益。

PTFE 树脂和拉伸管制备工艺专利转换为高压缩比聚四氟乙烯分散树脂标准

（CN111016235A/CN112062891A-T/FSI 024—2019）

聚四氟乙烯（PTFE）是一种以四氟乙烯作为单体聚合制得的高分子聚合物，俗称"塑料王"，以其制成的中空纤维膜具有强疏水性、耐氧化性、耐酸碱性、耐温性和良好的生物相容性等优点，特别适用于膜蒸馏海水淡化、膜法海水提溴、膜法气体处理和医疗用人工血管等，是满足生物、医药、环保和化工等领域综合要求的理想材料。此外，在环保要求日趋严格的形势下，PTFE 中空纤维膜也受到了越来越多的青睐。

由于 PTFE 的熔融黏度比较高，所以无法采用常规的制膜工艺。目前，针对 PTFE 中空纤维膜的制备工艺研究，主要集中在静电纺丝法和拉伸法。静电纺丝法的主要问题是需要高温烧结去除纺丝载体以获得微孔结构，耗能、耗时且膜孔隙率比较低。拉伸法的主要问题是挤出管的外径比较小、壁厚比较大，容易出现变形和开裂的现象。

针对以上问题，山东东岳高分子材料有限公司发明了"一种多孔 PTFE 拉伸管及其制造工艺与应用（CN111016235A）"专利技术，将多种工艺优点结合，解决了外径大于 5.0 mm、壁厚为 0.5～1.5 mm 的 PTFE 挤出管拉伸时在纵向牵引力和应力作用下容易变形和纵向开裂，最终导致无法拉伸或者拉伸不均匀的问题。

普通 PTFE 分散树脂是直链型，具有高热稳定性，但熔体流动性和压缩比低，一般用于加工生料带、弹性带和大口径管等制品。PTFE 分散树脂用于加工糊状挤出中小口径管、毛细管和电线电缆时，会出现制品开裂的情况，不能得到力学性能和电性能优良的制品。

针对以上问题，浙江巨圣氟化学有限公司发明了一种"高压缩比 PTFE 树脂的制备工艺（CN112062891A）"专利技术，利用该专利技术生产的 PTFE 分散树脂降低了树脂的熔点，提高了树脂的压缩比和应用性能，稳定了加工成品的耐电压性和耐热性。产品的核心技术指标（熔点、挤出压力、拉伸强度、断裂伸长率、介电常数、介质损耗因数和热不稳定指数）得到了有效保障。

中国氟硅有机材料工业协会标准化委员会采用工艺技术、专利与标准联动创新体系，依据以上两项专利编制了团体标准《高压缩比聚四氟乙烯分散树脂》（T/FSI 024—2019）。该标准规定了高压缩比聚四氟乙烯分散树脂产品的命名、要求、试验方法、试验规则以及标志、包装、运输和贮存；标准适用于使用分散聚合法生产的压缩比为 R：R≥1000：1 的糊状挤出用 PTFE 分散树脂。按照该标准生产的 PTFE 制造工艺简单、稳定性好、重复性好、易于操作，具有很强的实用性，除用于加工生料带、弹性带、大口径管等制品外，也可用于加工高压缩比的小线径同轴电缆、毛细管和耐热电线制品，极大拓宽了 PTFE 的应用市场，满足了下游高端产品的应用需求，取得了显著的社会效益和经济效益。

残液回收高纯度八氟环丁烷专利转换为工业用八氟环丁烷标准

（CN104529697A-T/FSI 026—2019）

八氟环丁烷是一种化学性能稳定、低毒害、全球变暖潜能值（GWP）低、消耗臭氧潜能值（ODP）为零的绿色环保型特种气体，常用于气体绝缘介质、溶剂、喷雾剂、发泡剂、大规模电路蚀刻剂、热泵工作流体以及生产四氟乙烯（C_2F_4）和六氟丙烯（C_3F_6）的原料等。近年来，八氟环丁烷被大量用作制冷剂代替禁用的氯氟烃类化合物，高纯八氟环丁烷（5N以上）用于超大规模集成电路蚀刻剂和清洗剂。

在生产量最大，也是最重要的含氟单体——四氟乙烯的生产工艺中，通常采用二氟一氯甲烷热裂解工艺生产四氟乙烯，但此工艺会产生部分八氟环丁烷。这部分八氟环丁烷如果能回收利用，将会带来明显的环保和经济效益。但是，裂解过程产生的包括八氟环丁烷在内的多种高沸点副产物往往作为残液一起进入焚烧系统进行处理，难以回收。这是因为裂解反应产物复杂，残液中除了八氟环丁烷外还有多种副产物，其中一些含氢、含氯杂质（如四氟一氯乙烷、四氟二氯乙烷等）会与八氟环丁烷形成共沸或共沸状混合物，给分离带来了困难。不管是作为六氟丙烯裂解原料还是等离子蚀刻气，对八氟环丁烷中含氢、含氯杂质含量要求都极为严格（低于 10×10^{-6}）。因此，探索能够有效从残液中分离出八氟环丁烷并保证其杂质含量低于 10×10^{-6} 的方法，对于八氟环丁烷的回收利用至关重要。

针对以上问题，山东东岳高分子材料有限公司发明了"一种从二氟一氯甲烷裂解残液中回收高纯度八氟环丁烷的方法（CN104529697A）"专利技术，提供了一种能有效地从二氟一氯甲烷裂解产生的高沸点残液中回收高纯度八氟环丁烷的方法。该方法能显著增加八氟环丁烷与其共沸物的相对挥发度，实现物系的高效分离，所获产品纯度高达99.999%，含氢、含氯杂质量低于 10×10^{-6}，无需进一步纯化，简化了工艺流程，易于工业化。

中国氟硅有机材料工业协会标准化委员会采用工艺技术、专利与标准联动创新体系，依据"一种从二氟一氯甲烷裂解残液中回收高纯度八氟环丁烷的方法（CN104529697A）"专利编制了团体标准《工业用八氟环丁烷》（T/FSI 026—2019）。该标准规定了工业用八氟环丁烷的要求、试验方法、检验规则、标志、包装、运输和贮存；标准适用于由四氟乙烯和六氟丙烯生产过程中的副产物粗八氟环丁烷经精馏和干燥等过程得到的八氟环丁烷。该标准的发布实施使得从二氟一氯甲烷裂解残液中回收八氟环丁烷有了技术规范，既能得到高纯度的八氟环丁烷，促进下游高端应用，又推动了四氟乙烯生产工艺的绿色化，社会效益和经济效益显著。

可熔性聚四氟乙烯树脂制备方法专利转换为可熔性聚四氟乙烯树脂标准

（CN111019029B-T/FSI 028—2019）

可熔性聚四氟乙烯（PFA）由四氟乙烯和全氟烷基乙烯基醚共聚得到，具有与聚四氟乙烯（PTFE）相似的化学稳定性、物理机械性能、电绝缘性能、润滑性、不粘连性、耐老化性、不燃性和热稳定性。由于 PFA 主链中含有全氟烷氧基直链，增加了链的柔顺性，改善了聚合物的熔体黏度，所以可以通过一般热塑性塑料的成型加工方法进行加工，被广泛应用于电线电缆绝缘护套、高频超高频绝缘零件、化工管道阀门和泵的耐腐蚀衬里、机械工业用特殊零配件、工业用各种防腐材料及半导体、医药、电子电气、国防军工和航空航天等领域。

基于 PFA 的优异特性和广泛使用价值，浙江巨化股份有限公司氟聚厂发明了"一种制备可熔性 PT-FE 的方法（CN111019029B）"专利技术。利用该专利技术生产的 PFA 树脂具有优异的化学稳定性、物理机械性、电绝缘性、润滑性、不粘连性、耐老化性、不燃性和热稳定性，产品的核心技术指标（电性能、拉伸性能、熔点和熔体质量流动速率）得到了有效保障。

中国氟硅有机材料工业协会标准化委员会采用工艺技术、专利与标准联动创新体系，依据"一种制备可熔性 PTFE 的方法（CN111019029B）"专利编制了团体标准《可熔性聚四氟乙烯树脂》（T/FSI 028—2019）。该标准规定了可熔性聚四氟乙烯树脂的产品分类、要求、试验方法、检验规则以及标志、包装、运输和贮存；标准适用于由四氟乙烯和全氟正丙乙烯基醚为原料制得的可熔性聚四氟乙烯树脂。该标准的制定及实施，明确了可熔性聚四氟乙烯树脂的核心技术要求和检验规则，拓宽了可熔性聚四氟乙烯树脂的应用市场，取得了显著的社会效益和经济效益。

热硫化氟硅橡胶生胶制备方法专利转换为
热硫化氟硅橡胶生胶标准

（CN103012801A-T/FSI 029—2019）

热硫化氟硅橡胶生胶是制备氟硅橡胶的主要原料。氟硅橡胶是一种主链为硅氧结构，侧链为含氟烷基结构的特种合成橡胶，兼具了硅橡胶的耐高低温性和氟橡胶的耐油、耐溶剂性等优点，可广泛用于汽车、飞机、石油化工、机械、电子等重要领域。

目前，热硫化氟硅橡胶生胶主要通过三氟丙基甲基环三硅氧烷（D_3F）在催化剂作用下进行阴离子开环聚合制得。但在制备过程中需要使用大量的催化剂，聚合速率和生胶分子量不易控制，且分子量分布宽，直接影响了热硫化氟硅橡胶生胶的品质与性能。

针对以上问题，新元化学（山东）股份有限公司（前身为威海新元化工有限公司）发明了"一种分子量可控氟硅生胶的制备方法（CN103012801A）"专利技术。该专利提供了一种催化剂用量小、分子量可控和分布窄的热硫化氟硅橡胶生胶的制备方法。

中国氟硅有机材料工业协会标准化委员会采用工艺技术、专利与标准联动创新体系，依据"一种分子量可控氟硅生胶的制备方法（CN103012801A）"专利编制了团体标准《热硫化氟硅橡胶生胶》（T/FSI 029—2019）。该标准规定了热硫化氟硅橡胶生胶的分类、要求、试验方法、检验规则、标志、包装、运输和贮存；标准适用于以1,3,5-三甲基-1,3,5-三（三氟丙基）环三硅氧烷为主要原料，经本体聚合制得的热硫化氟硅橡胶生胶。该标准的发布实施对热硫化氟硅橡胶生胶的质量技术指标做出了明确规范，有利于新型材料的推广应用，也很好地推动了高端应用行业的发展，社会效益和经济效益明显。

四氟乙烯和六氟丙烯共聚物制备专利转换为
聚全氟乙丙烯树脂标准

（CN1200018C-T/FSI 031—2019）

聚全氟乙丙烯树脂是由四氟乙烯和六氟丙烯共聚后经造粒得到的含氟高分子聚合物，是聚四氟乙烯的改性材料，具有优良的化学稳定性、耐候性，突出的耐辐照性、不燃性，良好的电性能和力学性能，在无负荷条件下长期使用的热稳定性好。它可用普通的热塑技术加工成型，可传递模塑成泵、阀和化工设备衬里，可模压成板材、阀门隔膜和密封部件，可挤出成管材、薄膜和电线电缆等，是国防、化工、电气和纺织等领域不可缺少的新型工程材料。但是，聚全氟乙丙烯树脂的制备工艺复杂，制得的树脂容易结团，共聚物下料困难，生产效率低，制造成本高。

针对以上问题，浙江巨化股份有限公司氟聚厂发明了一种"四氟乙烯和六氟丙烯共聚物制备方法（CN1200018C）"专利技术。利用该专利技术生产的聚全氟乙丙烯树脂具有不结团、下料快和生产效率高等优点，产品的核心技术指标（熔点、电性能、拉伸性能、熔体质量流动速率）得到了有效保障。

中国氟硅有机材料工业协会标准化委员会采用工艺技术、专利与标准联动创新体系，依据"四氟乙烯和六氟丙烯共聚物制备方法（CN1200018C）"专利编制了团体标准《聚全氟乙丙烯树脂》（T/FSI 031—2019）。该标准规定了聚全氟乙丙烯树脂的产品分类、要求、试验方法、检验规则以及标志、包装、运输和贮存；标准适用于由四氟乙烯和六氟丙烯为原料制得的聚全氟乙丙烯树脂。按照该标准生产的聚全氟乙丙烯树脂质量稳定性好，可以制备绝缘电缆、膜、管、纤维、板等并可用于粉末喷涂，拓宽了聚全氟乙丙烯树脂在诸多领域的高端应用，取得了显著的社会效益和经济效益。

超高分子量聚四氟乙烯分散树脂专利转换为超高分子量聚四氟乙烯树脂标准

（CN102336858B-T/FSI 035—2019）

聚四氟乙烯树脂具有优异的物理机械性能和化学稳定性，被广泛应用于化学化工、机械电子、航天航空、军工、新材料和新能源等领域。聚四氟乙烯树脂通过膏状挤压、挤出和脱油，再经过单向或双向拉伸，可获得具有特殊性能的高端微孔含氟功能材料。由超高分子量聚四氟乙烯树脂制成的膨体微孔材料具有优良的力学性能、防水透气性和化学稳定性，被用于制造电线电缆绝缘材料、人造血管、密封带、过滤膜及服装膜。但是，普通聚四氟乙烯树脂无法加工成高强度膨体聚四氟乙烯，且拉伸强度偏低。

针对以上问题，浙江巨圣氟化学有限公司发明了"一种超高分子量改性聚四氟乙烯分散树脂（CN102336858B）"专利技术，提供了一种超高分子量改性聚四氟乙烯分散树脂的制备方法。以此方法获得的超高分子量改性聚四氟乙烯分散树脂可用于制备高强度膨体聚四氟乙烯微孔材料，能够满足拉伸强度较高的应用，产品的核心技术指标（标准相对密度、熔点、拉伸强度、断裂伸长率）得到了有效保障。

中国氟硅有机材料工业协会标准化委员会采用工艺技术、专利与标准联动创新体系，依据"一种超高分子量改性聚四氟乙烯分散树脂（CN102336858B）"专利编制了团体标准《超高分子量聚四氟乙烯树脂》（T/FSI 035—2019）。该标准规定了超高分子量聚四氟乙烯分散树脂的技术要求、试验方法、检验规则、标志、包装、运输、贮存和安全；标准适用于四氟乙烯单体以分散法聚合，并经凝聚、洗涤、烘干后制得的超高分子量聚四氟乙烯分散树脂。按照该标准生产的超高分子量聚四氟乙烯分散树脂除用于过滤膜、服装膜外，还用于人造器官、电线绝缘材料及密封材料等，也可用作高强度膨体聚四氟乙烯器件材料，满足了诸多高端领域的应用要求，取得了显著的社会效益和经济效益。

四氟丙醇精制方法专利转换为四氟丙醇标准

（CN113979838A-T/FSI 036—2019）

四氟丙醇具有不燃、无毒、无腐蚀性和润滑性优良等特点，是一种新型的含氟溶剂，具有溶解性好、气化速度快和毒性低等优点，被广泛用于医药、农药、染料、颜料、精细化工中间体、织物整理剂、含氟树脂、全氟橡胶的加工助剂以及电子产品的清洗剂等方面。四氟丙醇在用作清洗剂时，具有卓越的清洗性能，在微电子和光电子学上都有重要的用途，其对大气层无破坏作用，是一种优异的氟里昂清洗剂的替代品。

四氟丙醇生产时，产物中残留的引发剂如不能分离去除，在后续精馏过程中会发生分解，生成醚类物质，以及醚类不饱和性杂质。这些杂质能与四氟丙醇形成共沸物或类共沸物，难以通过精馏分离除去，会影响到四氟丙醇的纯度，限制了其在电子和医药等对产品纯度要求高的领域的应用。

针对以上问题，浙江巨圣氟化学有限公司发明了"一种精制四氟丙醇的方法（CN113979838A）"专利技术。该专利技术生产的四氟丙醇产品纯度能达到 4N 级，且降低了设备投资和能耗，有利于节能环保。产品的核心技术指标（纯度、pH、水分、氟化物、紫外吸光度）得到有效保障。

中国氟硅有机材料工业协会标准化委员会采用工艺技术、专利与标准联动创新体系，依据"一种精制四氟丙醇的方法（CN113979838A）"专利编制了团体标准《2,2,3,3-四氟丙醇》（T/FSI 036—2019）。该标准规定了 2,2,3,3-四氟丙醇的技术要求、试验方法、检验规则、标志、包装、运输、贮存和安全；标准适用于由四氟乙烯与甲醇调聚后精馏得到的 2,2,3,3-四氟丙醇。符合该标准的四氟丙醇除用于精细化工中间体、照相颜料补差剂、织物整理剂、含氟树脂和全氟橡胶的加工助剂以外，还可用于电子产品清洗领域和医药中间体等高端应用领域，提升了市场竞争力，取得了显著的经济效益和社会效益。

长纤用聚四氟乙烯分散树脂专利转换为纤维用聚四氟乙烯树脂标准

（CN112679646A-T/FSI 038—2019）

聚四氟乙烯纤维是以聚四氟乙烯树脂为原料，经过膜裂纺丝法、乳液纺丝法、糊状挤出纺丝法和熔体纺丝法等工艺制成的长丝或短纤。由于该纤维具有耐高温、耐高压、耐强酸、耐强碱、防水、透气、防紫外线和化学稳定性高等优异性能，可用作密封填充材料、耐高温除尘过滤材料和纺织材料，在密封与过滤材料、医疗、纺织、日用生活品和航空航天等领域有着广泛的应用。

常规的聚四氟乙烯树脂是四氟乙烯单体的均聚物，分子量在几百万之间，结晶度却能高达 90％ 以上，只能用于加工生料带和大型管件，适用范围窄。而纤维用聚四氟乙烯树脂则需要加入改性单体或者改变引发剂体系，通过四氟乙烯与其他单体共聚，获得较高分子量的聚四氟乙烯共聚树脂，这类树脂适用于纤维、同轴电缆、小口径管材和绝热电线等加工领域。

针对以上问题，浙江巨圣氟化学有限公司发明了"一种长纤用聚四氟乙烯分散树脂的制备方法（CN112679646A）"专利技术，提供了一种长纤用聚四氟乙烯树脂的制备方法。以此方法获得的聚四氟乙烯树脂改善了长纤用聚四氟乙烯分散树脂的性能，产品的核心技术指标（拉伸强度、断裂伸长率、标准相对密度、熔点、平均粒径）得到有效保障。

中国氟硅有机材料工业协会标准化委员会采用工艺技术、专利与标准联动创新体系，依据"一种长纤用聚四氟乙烯分散树脂的制备方法（CN112679646A）"专利编制了团体标准《纤维用聚四氟乙烯树脂》（T/FSI 038—2019）。该标准规定了纤维用聚四氟乙烯树脂的术语与定义、技术要求、试验方法、检验规则、标志、包装、运输、贮存和安全；标准适用于四氟乙烯单体以分散聚合，并经凝聚、洗涤、烘干后制得的聚四氟乙烯树脂。按照该标准生产的产品除用于同轴电缆、小口径管材和绝热电线等加工，还特别适合用于膜裂法制备长纤，极大地拓宽了聚四氟乙烯的应用市场，取得了显著的社会效益和经济效益。

端环氧硅油催化剂专利转换为端环氧基甲基硅油标准

（CN110252411A-T/FSI 041—2019）

织物后整理技术可以赋予织物柔滑的手感和吸汗透气等性能，改善天然纤维或人造纤维固有的缺点，既满足了人们对舒适度的需求，又满足了人们对时尚个性的追求。柔软剂是现代织物后整理不可缺少的一种纺织助剂，端环氧硅油是目前第四代纺织柔软剂的基础原料，其各项指标将直接影响柔软剂的主性能和品质，是纺织行业重要的原料中间体之一。

目前端环氧硅油的工业化生产主要是采用端含氢二甲基硅油与烯丙基缩水甘油醚在铂催化剂作用下进行加成反应。由于目前生产厂家对质量的控制水平和控制手段不同，导致相同规格的产品之间存在较大差异，在后端应用过程会出现各种各样的问题。

针对以上问题，江西蓝星星火有机硅有限公司发明了"一种端环氧硅油生产用络合型铂催化剂及其制备方法和用途（CN110252411A）"专利技术，采用两种配体制备硅氢加成用 Pt 系催化剂，保证了 Pt 系催化剂的稳定性以及催化持久性，开发出了一种极具市场竞争力的端环氧硅油生产用络合型铂催化剂。将该催化剂用于端环氧硅油生产，在极低的用量下，即可得到很高的产率，环氧值保持率高，产品具有色度较低、残余氢含量低、折光以及黏度指标重复性好等优点，能够充分满足市场需求。使用该专利技术制备的催化剂不仅提升了环氧硅油的关键指标参数，保障端环氧硅油产品质量稳定，而且提供了高氨化活性，这是制备特种性能整理剂的核心。该专利技术不仅有效地解决了产品质量不稳定的问题，还解决了环氧硅油反应活性的核心问题进而提升了织物后整理技术。

中国氟硅有机材料工业协会标准化委员会采用工艺技术、专利与标准联动创新体系，依据"一种端环氧硅油生产用络合型铂催化剂及其制备方法和用途（CN110252411A）"专利编制了团体标准《端环氧基甲基硅油》（T/FSI 041—2019）。该标准规定了端环氧基甲基硅油的技术要求、试验方法、检验规则、标志、包装、运输和贮存；标准适用于端含氢二甲基硅油与烯丙基缩水甘油醚合成的端环氧基甲基硅油。该标准充分考虑了下游客户的应用场景，将影响应用端的关键因素作为环氧硅油的重要指标，提升了产品技术水平，规范了行业竞争行为，同时能为下游应用行业的使用操作和工艺控制提供指导，社会效益和经济效益显著。

LED 驱动电源用灌封胶专利转换为电子电器用灌封胶标准

（CN104403626B-T/FSI 043-2019）

随着 LED 照明行业的快速增长和技术进步，LED 驱动电源正朝着高可靠、高效率、长寿命和绿色环保的方向发展，对 LED 驱动电源用灌封材料的要求也日益严格。在苛刻的使用环境下，灌封材料不但要防止水气灰尘的入侵，吸收震动能量，为敏感的电子元器件提供保护，还要将元器件的热量传导至外界。此外，LED 驱动电源内部元器件的分布密集，要求灌封材料具备足够良好的材料相容性、阻燃性能和介电性能，避免对元器件的工作产生不良的电磁干扰。

国内已经有较多与 LED 照明行业相关的灌封材料及其制备方法，但这些灌封胶或类似的组合物都不能很好地解决 LED 驱动电源内部元器件的散热保护问题。例如，为了提高灌封胶的导热性能，通常需要加入大量的导热填料，这将影响灌封胶的介电性能，不能确保灌封胶与 LED 驱动电源的电磁兼容性。LED 驱动电源内部高度集成的线路板上的松香、助焊剂残留物和丙烯酸类绝缘胶带等会使灌封胶的铂金络合物催化剂失效，导致灌封胶固化变慢甚至不能固化，因而在进行灌胶操作前需要对线路板进行清洗或者隔离涂覆，影响生产效率。

针对以上问题，广州市白云化工实业有限公司发明了"LED 驱动电源用高抗中毒单组份灌封胶及其制备方法（CN104403626B）"专利技术。根据该专利配方制得的灌封胶具有优异的抗中毒性能、阻燃性能以及良好的流动性能和可操作性。该灌封胶固化后，有较高的导热性能和介电性能，有效地提升了 LED 驱动电源中发热元器件的散热性能。通过严格控制导热填料的离子含量和比例，使得灌封胶与 LED 驱动电源有良好的电磁兼容性。

中国氟硅有机材料工业协会标准化委员会采用工艺技术、专利与标准联动创新体系，依据"LED 驱动电源用高抗中毒单组份灌封胶及其制备方法（CN104403626B）"专利编制了团体标准《电子电器用加成型高导热有机硅灌封胶》（T FSI 043—2019）。该标准规定了电子电器用加成型高导热有机硅灌封胶的技术要求、试验方法、检验规则、标志、包装、运输和贮存；标准适用于导热系数≥1.5W/(m·K)，以聚硅氧烷、填料等为主要成分的用于电子电器行业的双组分加成型导热绝缘液体硅橡胶，单组分也可参照使用。按照该标准生产的有机硅灌封胶产品适用性广，可用于电子、电气工业中的通用灌封（如电源、连接器、传感器、工业控制、变压器、放大器、高压包和继电器等），可在恶劣条件下（如高湿、极端温度、热循环应力、机械冲击、震动、霉菌和污垢等）为电气/电子装置和元器件提供有效的保护，取得了显著的社会效益和经济效益。

端乙烯基氟硅油先进技术转换为标准

(T/FSI 044—2019)

含氟硅油是侧链为氟烃基取代的线型聚硅氧烷，兼有硅氧烷和氟碳化合物的共同特性。氟原子是电负性最大的元素，引入含氟基团的端乙烯基氟硅油制成的氟硅弹性体具有低表面张力、低折射率、耐溶剂、耐油、耐高低温、耐天候老化、耐腐蚀、电绝缘、润滑性好和化学稳定性高等优异特性，广泛用于航空、航天、汽车、纺织、化妆品、皮革和化学工业等领域。相对于传统的甲基乙烯基硅橡胶，氟硅橡胶中的乙烯基对于其硫化活性有很大影响，含氟基团对产品性能影响很大，因此，确定端乙烯基氟硅油中含氟链节和乙烯基含量对于设计产品性能和满足应用需求有重要影响。

端乙烯基氟硅油一般是以三氟丙基甲基环三硅氧烷（D_3F）与甲基环硅氧烷（D_4、D_3 或 DMC）在催化剂作用下开环共聚，以四甲基二乙烯基二硅氧烷为封端剂制备而成。可用于开环聚合的催化剂较多，但存在着分离困难、腐蚀性强、后处理工艺复杂等弊端，对产品质量也有较大影响。更重要的是，常规制备技术对含氟链节和乙烯基含量等关键因素难以实现有效控制。

针对以上问题，中蓝晨光化工研究设计院有限公司开发了端乙烯基氟硅油制备先进技术，优选了活性高、易分离、腐蚀性低的催化体系，很好地掌握了反应温度、反应时间、单体比例、催化剂用量、封端剂用量等对开环共聚反应的关键影响因素，能有效控制分子量大小、分子量分布、乙烯基含量和含氟烃基链节摩尔分数。

中国氟硅有机材料工业协会标准化委员会采用工艺技术、专利与标准联动创新体系，依据端乙烯基氟硅油制备先进技术编制了团体标准《端乙烯基氟硅油》（T/FSI 044—2019）。该标准规定了端乙烯基氟硅油的产品结构式和型号、技术要求、试验方法、检验规则、标志、包装、运输和贮存；标准适用于以三氟丙基甲基环三硅氧烷（D_3F）、八甲基环四硅氧烷或六甲基环三硅氧烷或二甲基硅氧烷混合环体为原料，与乙烯基封端剂在催化剂作用下制备得到的端乙烯基氟硅油。该标准的发布实施，推动了端乙烯基氟硅油的技术进步和质量管控水平，促进了高端应用领域的发展，社会效益和经济效益明显。

电力行业用有机硅产品分类与命名研究成果转换为标准

（T/FSI 046—2019）

　　有机硅材料综合性能优异，尤其是拥有突出的耐高低温性能、耐天候老化性能、电绝缘性能和憎水性能，在电力行业备受青睐，广泛用于电力电气设备绝缘部件、复合绝缘子、电缆及电缆部件、绝缘硅脂、导热硅油、防污闪涂料及粘接密封剂等。由于我国能源分布不均，远距离大量运输电力是我国电网发展的必然趋势。随着社会经济的快速发展与对电力需求的不断增长，我国电力行业在环境保护、特高压输变电和电网改造等方面提出了更高的要求，性能优异的有机硅材料将更加广泛地应用于电力行业，尤其是在绝缘子、变压器和防污闪涂料等领域。

　　中国电力行业用有机硅产品的发展历史较长，国内外产品类型和品种繁多，因地域分布、行业习惯和企业品牌等多方面的差异，产品分类及命名极不统一，产品容易混淆出错，造成误读、误解较多，给产品应用推广、技术交流对接和技术规范制订带来了很大的困惑，也不利于企业、行业的统计与信息管理。

　　针对以上问题，中国氟硅有机材料工业协会标准化委员会组织了由中蓝晨光化工研究设计院有限公司牵头的有机硅行业和电力行业的相关单位，将有机硅产品的专业特性和电力行业的应用技术要求相结合，开展了电力行业用有机硅产品分类与命名的研究工作。在研究中，从生产企业和使用企业对相关产品的认知、技术要求和规范出发，对电力行业用有机硅产品——硅橡胶、硅油及硅油二次加工品、硅树脂和硅烷偶联剂等进行了全面的梳理，根据产品类别、产品属性、外观形态、成型方式和硫化机理的不同，以及具体产品在黏度、锥入度和溶剂含量等方面的差异，研究确定了电力行业用有机硅产品的分类原则和命名规则。

　　中国氟硅有机材料工业协会标准化委员会采用工艺技术、专利与标准联动创新体系，依据上述研究成果编制了团体标准《电力行业用有机硅产品分类与命名》（T/FSI 046—2019）。该标准规定了电力行业用有机硅产品的分类与命名，适用于电力行业用有机硅产品的分类与标记，在电力行业中使用有机硅产品时，这些命名符号应置于商品名称之前。该标准的发布与实施，弥补了电力行业用有机硅产品分类与命名的空白，为生产、销售和使用相关产品提供了命名规则的支撑，促进了经济活动、技术活动和市场行为的规范，引领了行业健康发展，社会效益显著。同时，该标准采用科学命名规则有助于企业信息系统及行业数据库的管理，亦为工业 4.0、大数据及物联网的应用奠定了基础。

硅烷改性聚醚及密封胶专利转换为建筑用
硅烷改性聚醚密封胶标准

（CN108795360B/CN110117357A-T/FSI 047—2019）

装配式建筑是指用预制的构件在工地装配而成的建筑，采用标准化设计、工厂化生产、装配化施工和一体化装修，可实现信息化管理和智能化应用，具有节能环保、建造速度快、受气候条件制约小、能够有效减少建筑垃圾并可提高建筑质量等优势。顺应碳达峰、碳中和的总体形势和建筑领域节能减碳的发展要求，装配式建筑近年来得到长足的发展。2016 年国务院发布的《关于大力发展装配式建筑的指导意见》提出力争用 10 年左右时间使装配式建筑占新建建筑的比例达到 30％的目标。

与传统现浇建筑不同，装配式建筑中预制构件之间必然存在接缝，接缝的防水就成了控制装配式建筑质量的关键因素之一。为了解决装配式建筑接缝防水的问题，需要选择合适的密封胶。在众多密封胶类型中，硅烷改性聚醚密封胶（简称 MS 胶）是装配式建筑防水接缝以及室内绿色家装的较优选择。MS 胶是以硅烷改性聚合物为基胶，配以填料、除水剂、催化剂和偶联剂等制备得到的，其中硅烷改性聚合物（包含硅烷改性聚醚和硅烷改性聚氨酯）是其技术核心所在，重点技术被国外垄断，特别是硅烷改性聚醚会使用到有毒的原料二卤甲烷，且有固废产生，工艺繁琐，难以复制。

针对以上问题，新安化工发明了"一种硅烷改性聚醚及其制备方法（CN110117357A）"专利技术，提供了一种没有盐副产物、安全环保、无污染的硅烷改性聚醚及其制备方法。通过该专利技术获得的硅烷改性聚醚可用于 MS 胶配方中，得到不同硬度、强度、模量的密封胶产品，可用于建筑和家装等领域的防水密封和粘接等。浙江中天东方氟硅材料股份有限公司发明了"单组份硅烷改性聚醚密封胶组合物和密封胶及其制备方法（CN108795360B）"专利技术。该发明涉及高分子密封材料领域，公开了一种单组分硅烷改性聚醚密封胶组合物，以及由该单组分硅烷改进聚醚密封胶组合物制备得到的密封胶。硅烷改性聚醚密封胶具有绿色环保性，而且粘结性能优异，能够适应绝大多数的建筑基材，该发明的密封胶具有气味良好、耐老化性能优越、回复率高等优点。

中国氟硅有机材料工业协会标准化委员会采用工艺技术、专利与标准联动创新体系，依据以上两项专利编制了团体标准《建筑用硅烷改性聚醚密封胶》（T/FSI 047—2019）。该标准规定了建筑用硅烷改性聚醚密封胶的术语和定义、分类、要求、试验方法、检验规则、标志、包装、运输和贮存；标准适用于以 MS 聚合物为基胶，加入补强填料及助剂配制而成的用于建筑接缝、干缩位移接缝以及其他装饰装修用密封胶。该标准的发布实施，为装配式建筑的防水密封和粘接产品提供了专业规范，促进了装配式建筑行业的发展，社会效益和经济效益显著。

气相二氧化硅表面硅羟基含量测试先进技术转换为团体标准和国际标准

（T/FSI049—2020 ISO23157：2021）

气相二氧化硅具有粒径小、比表面积大、表面富含高活性硅羟基等特性。气相二氧化硅 表面硅羟基的数量，对其应用性能（如补强性、增稠性、触变性、吸水性等）影响非常大。然而，对于气相二氧化硅表面硅羟基含量的准确表征一直没有统一的、快捷简便的测试方法，导致难以稳定控制产品质量，也在很大程度上影响了气相二氧化硅在下游行业的应用。

针对气相二氧化硅产业发展、下游应用产业需求以及气相二氧化硅产品标准化现状，湖北汇富纳米材料股份有限公司下属的广州汇富研究院有限公司牵头开发了气相二氧化硅表面硅羟基含量测定先进技术。在该技术中，综合考虑了气相二氧化硅及下游产业的需求，包含了酸碱滴定法和反应气相色谱法两种技术方法。其中，酸碱滴定法操作简单快捷，成本低，可满足大部分用户测试需求；反应气相色谱法是一种仪器分析方法，由广州汇富研究院有限公司和北京市科学技术研究院分析测试研究所联合开发，该方法测试结果准确，安全性和自动化程度高，可满足新产品开发及产品质量控制的需求。

中国氟硅有机材料工业协会标准化委员会采用工艺技术、专利与标准联动创新体系，依据上述气相二氧化硅表面硅羟基含量测试先进技术编制了团体标准《气相二氧化硅表面硅羟基含量测试方法》（T/FSI049—2020）。该标准规定了气相二氧化硅（俗称气相法白炭黑）表面硅羟基测试方法，包括原理、药品、试剂、仪器的相关规定；标准适用于气相二氧化硅表面硅羟基含量的测试，其中酸碱滴定法适用于亲水型气相二氧化硅表面硅羟基含量的测试，反应气相色谱法适应于亲水型和疏水型气相二氧化硅表面硅羟基含量的测试；标准不适用于样品中含有能与格氏试剂反应的物质的气相二氧化硅表面硅羟基含量的测试。

在该团体标准的制定过程中，同时启动了国际标准的制定工作，提出了《气相二氧化硅表面硅羟基含量的测定——反应气相色谱法》国际标准制定申请，该项目于2019年10月通过立项，国际标准于2021年7月发布（ISO23157：2021）。

气相二氧化硅表面硅羟基含量测试先进技术转化为团体标准和国际标准并发布实施，很好地促进了气相二氧化硅产业的发展，对产品质量控制、气相二氧化硅表面改性以及应用具有十分重要的意义。该团体标准获得2021年中国氟硅行业标准创新贡献奖特等奖，是对该标准技术创新水平和社会经济效益的充分肯定。难能可贵的是，这不仅是先进技术转化为标准的成功实施，更是我国团体标准向国际标准转化的成功典范。

黏均分子量测定先进技术转换为甲基乙烯基硅橡胶分子量测定方法标准

（T/FSI 052—2020）

甲基乙烯基硅橡胶是未经硫化（交联）的基础聚硅氧烷，俗称生胶，是一类高摩尔质量的线型聚二甲基硅氧烷，可以与各种配合剂混合成胶料，再经加热和加压成型硫化，得到不同用途的硅橡胶制品。因硅橡胶分子链结构特殊，具有各种优良的特性，如优异的耐温性、耐热老化性、高透气性、电绝缘性、抗霉菌和生理惰性等，可广泛应用于国防、汽车、农业、能源、航天航空、化工、电子电气、建筑、医疗和运输等领域。

黏均分子量是甲基乙烯基硅橡胶的重要技术参数，与生产中和投料时加入的分子量控制剂有关。经典的测试黏均分子量方法为乌氏黏度计法（毛细管法），测试时间长，操作繁琐，使用甲苯作溶剂，不利于快速指导生产。

针对以上问题，合盛硅业股份有限公司开发了门尼黏度仪法测定黏均分子量的先进测试方法，为国内甲基乙烯基硅橡胶生产企业快速测定分子量提供了新的科学方法。该方法为非破坏性物理检测方法，通过门尼黏度转化为分子量，检测过程不使用溶剂，检测时间短，几分钟便可出具数据，数据准确度高，相对标准偏差 RSD 在 1.5% 以内。

中国氟硅有机材料工业协会标准化委员会采用工艺技术、专利与标准联动创新体系，依据门尼黏度仪法测定黏均分子量的先进技术编制了团体标准《甲基乙烯基硅橡胶分子量的测定方法——门尼黏度法》（T/FSI 052—2020）。该标准规定了测定甲基乙烯基硅橡胶分子量的快速测定方法，样品的分子量范围为 $45 \times 10^4 \sim 85 \times 10^4$；标准适用于以二甲基硅氧烷混合环体和甲基乙烯基环硅氧烷为主要原料，在乙烯基或甲基封头剂的封端作用下，经聚合反应得到的甲基乙烯基硅橡胶。该标准发布实施后，由于其快速检测和绿色无污染的优势，得到行业单位普遍采纳和应用，通过快速指导生产提升效率，推动了甲基乙烯基硅橡胶行业的发展，社会效益显著。

低黏度室温硫化甲基硅橡胶和二羟基聚二甲基硅氧烷专利转换为低黏度室温硫化甲基硅橡胶标准

（CN108912331A/CN112831049A-T/FSI 053—2020）

在有机硅系列产品中，羟基封端的聚二甲基硅氧烷是一种能在室温条件下硫化的硅橡胶（市场俗称107硅橡胶）。107胶经硫化制得的硅橡胶具有广泛的工作温度范围，耐辐射、耐高低温、良好的粘结性、流动性和脱模性。在使用温度范围内，硅橡胶能保持一定的柔软性、回弹性、抗老化性和界面硬度，被广泛应用于建筑和涂料等领域。目前，市场上常见的107硅橡胶产品黏度规格为20000～100000 mPa·s，然而随着医疗卫生和电子电器等行业的发展，高品质的低黏度107硅橡胶（350～2000 mPa·s）的市场需求十分旺盛。

低黏度107硅橡胶可用于生产缩合型硅橡胶，其分子量大小和分子量分布直接影响缩合型硅橡胶的性能，如硬度、韧性、拉伸强度、撕裂强度、粘接力和硫化时间等，其生产过程控制对分子量大小及分布起决定性作用。目前低黏度室温硫化甲基硅橡胶常规生产方法主要有两种：第一种是在常压下，以环硅氧烷或二甲基二氯硅烷水解物为原料，KOH为催化剂，用氮气夹带水汽的方法，通过控制水汽流量调控黏度，到达指定黏度后，立即中和脱低；第二种是常压下，以二甲基二氯硅烷水解物为原料，KOH为催化剂，用氮气和真空除走反应产生的水汽，到达指定黏度后，立即中和脱低。上述两种方法的工艺各异，或者存在分子量分布较宽的问题，或是存在黏度控制不稳定的问题。

针对以上问题，湖北兴瑞硅材料有限公司发明了"一种低黏度室温硫化甲基硅橡胶的合成方法（CN108912331A）"专利技术。采用普通易得的二甲基二氯硅烷水解物为原料，以减量化的碱金属硅醇盐为催化剂，用共振插入式在线黏度计监测反应体系黏度变化与反应终点。该工艺生产成本低，生产系统可与常规室温硫化甲基硅橡胶兼容，产品黏度稳定，无机盐残留物低且无固体危废物产生，分子量分布范围窄。

新安化工发明了"一种α，ω-二羟基聚二甲基硅氧烷的制备方法（CN112831049A）"专利技术：在一定的水蒸气压力下，对应α，ω-二羟基聚二甲基硅氧烷平衡黏度，通过粗控水量，以在线黏度计读数为参考，控制水蒸气压力，降低水蒸气压力可提高聚合物黏度，补水提高水蒸气压力可降聚合物黏度，可以实现黏度充分可逆调控。维持水蒸气压力和温度不变，α，ω-二羟基聚二甲基硅氧烷的黏度也维持不变，在预期黏度下可实现充分的聚合平衡，添加终止剂后，反应终止过程中黏度不会继续增长，分子量分布更窄。该专利技术制备方法工艺简单，所得α，ω-二羟基聚二甲基硅氧烷的黏度可控，分子量分布窄。

中国氟硅有机材料工业协会标准化委员会采用工艺技术、专利与标准联动创新体系，依据以上两项专利编制了团体标准《低黏度室温硫化甲基硅橡胶》（T/FSI 053—2020）。该标准规定了低黏度室温硫化甲基硅橡胶的技术要求、试验方法、检验规则、标志、包装、运输和贮存；标准适用于由二甲基硅氧烷混合环体、二甲基二氯硅烷水解物、羟基封端聚二甲基硅氧烷线性体为原料缩合而成的低黏度室温硫化甲基硅橡胶。该标准填补了有机硅行业在低黏度室温硫化甲基硅橡胶产品标准的空白，按照标准生产的产品满足国内外下游高端领域的应用需求，促进了低黏度室温硫化甲基硅橡胶的应用推广，社会效益和经济效益显著。

有机聚硅氧烷树脂和 MQ 硅树脂专利转换为压敏胶用甲基 MQ 硅树脂标准

（CN105906810B/CN109608640B-T/FSI 054—2020）

有机硅压敏胶具有耐高低温、耐紫外、排气、透光性好、生物相容性好等优异性能，广泛应用于医疗健康、电子电器、工业过程保护等不同领域，在现代生活中出现的频率越来越高，很好地改善了人们的生活质量。

甲基 MQ 硅树脂是有机硅压敏胶常规使用的补强材料，具有优异的耐热性、耐低温性、成膜性、柔韧性、抗水性和粘接性。有机硅压敏胶的黏性与采用的 MQ 硅树脂的种类和性能有关，MQ 硅树脂的好坏直接决定了有机硅压敏胶质量的好坏。目前，市面上制备的 MQ 硅树脂分子量过低，且分子量不可控；需要加入专用的消除剂才能消除树脂中的硅羟基和硅烷氧基。MQ 硅树脂的工业化生产大多沿用合成工艺繁琐的传统方法，MQ 硅树脂收率较低，生产过程中会产生大量难以处理的废酸水或者废醇，给环境造成危害；而且，水解过程易凝胶化，造成产品质量不稳定等问题。

针对以上问题，广东标美硅氟新材料有限公司发明了"一种有机聚硅氧烷树脂的制备方法（CN105906810B）"专利技术。该专利的甲基 MQ 硅树脂制备过程中反应条件温和，工艺易于控制，可以有效避免烷氧基羟基化过程中的凝胶化问题，有效提高产物收率和改善产物及其下游产品的稳定性。该制备方法中，反应中产生的低沸点物质在纯化过程中容易分离，有利于降低硅树脂的挥发分含量以及生产能耗，并且该低沸点物质易于回收利用，更具经济性。应用该专利技术生产的甲基 MQ 硅树脂溶解性好，分子量分布稳定，挥发分低，用于压敏胶时易分散，无凝胶，有更好的成膜性和补强效果。该专利产品除用于工业压敏胶，还可用于硅橡胶补强、LED 封装胶、电子电力、建筑材料、个人护理和医用辅料等对质量和环保有更高要求的领域，解决了高端压敏胶产品依赖进口问题。

新安化工发明了"一种高分子量 MQ 硅树脂及其合成方法、应用（CN109608640B）"专利技术。该专利配方制备的高分子量 MQ 硅树脂具有分子量高、透光率高、m/q 适当、不含硅羟基和硅烷氧基等优点。制备方法不涉及水洗工艺，不产生大量废水，不存在水洗时的乳化现象，MQ 硅树脂的收率更高，能达到 98％ 以上。制备过程中无需专用的消除剂消除硅羟基和硅烷氧基，在碱性试剂的催化下使硅羟基与硅烷氧基发生缩合反应即可基本消除，或含量维持在很低的水平。该专利技术采用绿色环保工艺，解决了该行业制备 MQ 硅树脂时产生大量废水的核心问题，使得 MQ 硅树脂得到了更好的应用，提升了有机硅压敏胶行业的整体技术与质量水平。

中国氟硅有机材料工业协会标准化委员会采用工艺技术、专利与标准联动创新体系，依据以上两项专利编制了团体标准《压敏胶用甲基 MQ 硅树脂》（T/FSI 054—2020）。该标准规定了压敏胶用甲基 MQ 硅树脂的要求、试验方法、检验规则以及标志、包装、运输和贮存；标准适用于以硅酸钠或硅酸酯/聚硅酸酯为 Q 链节来源单体材料制得的压敏胶用甲基 MQ 硅树脂粉体。该标准结合应用要求，规范了甲基 MQ 硅树脂溶解后的黏度要求和平均分子量的范围及挥发分范围，按照该标准生产的甲基 MQ 硅树脂产品更好地满足了市场需求；同时，该标准的发布实施很好地满足了《有机硅产业"十三五"发展规划》提出的"重点发展无溶剂型有机硅树脂合成等关键技术、发展无溶剂型有机硅树脂涂料"要求，社会和经济效益显著。

氟硅橡胶-硅橡胶增粘剂专利转换为汽车涡轮增压器软管用氟硅橡胶标准

（CN104231638A-T/FSI 055—2020）

燃料价格的上涨、全球石油的有限供应和减碳降排的政策导向，给汽车行业带来了巨大压力，节油减排创新技术的开发成为汽车行业的发展趋势。燃油发动机涡轮增压技术改进，提高发动机比功率和燃油经济性，降低排放，提高涡轮增压器的可靠性和寿命，已取得了重大进展。涡轮增压器软管是汽车发动机的关键部件，也是要求最苛刻、成本最高的软管之一。由于软管衬里直接接触排放的废气，因此在耐高温、耐油、层间粘接力以及加工特性等方面对涡轮增压器软管提出了苛刻的要求。汽车涡轮增压器软管一般由内衬层、增强层和外覆层构成，在工作温度和工作压力要求最高的软管型别中，采用耐油、耐高温性能优异的氟硅橡胶作为内衬层，采用高温硫化硅橡胶作为外覆层。虽然氟硅橡胶与硅橡胶是涡轮增压器软管内外层材料的最优选择，但是存在的主要难题是氟硅橡胶与硅橡胶不能很好地黏合。

针对以上问题，新元化学（山东）股份有限公司（前身为威海新元化工有限公司）发明了"一种氟硅橡胶和硅橡胶的增粘剂及其制备方法与应用（CN104231638A）"专利技术。该专利发明了一种能够增强氟硅橡胶和硅橡胶黏合的增黏剂，黏合强度高，且不用贵重金属催化剂，成本低；产品的核心技术指标剥离强度得到有效保障，解决了该行业使用氟硅橡胶和硅橡胶粘接所凸显的核心问题，使得氟硅橡胶-硅橡胶增黏剂得到了更好的应用，最终提高了汽车涡轮增压器软管用氟硅橡胶行业的整体技术与质量水平。

中国氟硅有机材料工业协会标准化委员会采用工艺技术、专利与标准联动创新体系，依据"一种氟硅橡胶和硅橡胶的增粘剂及其制备方法与应用（CN104231638A）"专利编制了团体标准《汽车涡轮增压器软管用氟硅橡胶》（T/FSI 055—2020）。该标准规定了汽车涡轮增压器软管用氟硅橡胶的分类、要求、试验方法、检验规则、标志、包装、运输和贮存；标准适用于以氟硅生胶为基础材料，添加各种填料和助剂混炼而制成的汽车涡轮增压器软管用氟硅橡胶。按照该标准生产的产品用于汽车涡轮增压器软管，能很好地满足汽车涡轮增压器软管的苛刻要求，促进汽车涡轮增压技术的发展，为汽车减碳降排提供助力，社会效益和经济效益显著。

氟碳粉末涂料涂装成膜专利转换为可交联型粉末氟碳涂料树脂标准

（CN1045813844B-T/FSI 057—2020）

FEVE 氟碳树脂是二十世纪七十年代发明的一款可以在常温交联固化的、具有优异耐候性能的新型材料。由于 FEVE 氟碳树脂可以溶解或分散于常见溶剂（包括水），这类材料被广泛应用于桥梁钢结构、桥梁混凝土结构、水利工程、海洋工程、送电铁塔、风力发电、太阳能发电、船舶、港机、建筑外墙等金属表面或混凝土表面的防护涂装，几十年来这类材料的优异耐候性能已经得到涂料行业和应用行业的认可。另一方面，建筑领域的铝合金建材多采用粉末涂装，该涂装工艺适合于工厂生产，有利于产品质量的控制，更容易满足环保要求。但是由于以往的粉末涂料的耐候性不高，尽管有些企业开发了耐候性相对更高的树脂，却仍然不能满足铝合金建材在户外使用时所需要的长期耐候性能要求。

针对以上问题，艾杰旭化工科技有限公司申请了"氟碳粉末涂料涂装成膜（CN105813844B）"专利，提供了用 FEVE 氟碳树脂粉末涂料涂装的成膜物结构的技术。其中氟碳粉末涂料包括了 FEVE 氟碳树脂和与之混配的聚酯树脂、粉末涂料固化所需要的固化剂和钛白等颜料以及紫外线吸收物质等助剂，成膜后的结构由富于氟碳树脂的表层和富于聚酯树脂的内层以及含较多钛白的底层等多层组成。这样的氟碳粉末涂料可以和以往的粉末涂料一样在工厂内实施涂装，由此得到的涂层能够确保氟碳树脂与基材的良好附着，也能满足铝合金建材在户外使用的耐候性要求。

中国氟硅有机材料工业协会标准化委员会采用工艺技术、专利与标准联动创新体系，依据"氟碳粉末涂料涂装成膜（CN105813844B）"专利编制了团体标准《可交联型粉末氟碳涂料树脂》（T/FSI 057—2020）。该标准规定了可交联型粉末氟碳涂料树脂的技术要求、试验方法、检验规则、标志、包装、运输及贮存；标准适用于由含氟烯烃、含羟基单体、含羧基单体以及脂类或醚类单体为主要原料合成的可交联型粉末氟碳涂料树脂。按照该标准生产的粉末氟碳涂料树脂能满足户外涂装的长期耐候性能要求，降低后期维护成本，符合减碳和环保要求，社会效益和经济效益明显。

甲基苯基乙烯基硅橡胶生胶中苯基和乙烯基含量测定先进技术转换为标准

（T/FSI 059—2020）

硅橡胶具备优异的耐高低温性、耐候、耐臭氧、耐紫外线、耐辐射、电气绝缘、生理惰性和高透气等特性，被广泛应用于航空航天、电子电气、机械化工、建筑建材、日用品等诸多领域。相对于传统的甲基乙烯基硅橡胶，甲基苯基乙烯基硅橡胶中苯基的存在使其具有更好的耐低温、耐烧蚀及耐辐射性能。这些性能随苯基含量的不同有所差异，低苯基含量的具有独特的耐低温性能；中苯基含量的具备卓越的耐烧蚀性，着火后可自熄；高苯基含量的具有优异的耐辐射性能。此外，甲基苯基乙烯基硅橡胶中的乙烯基对于硅橡胶的硫化活性有很大影响，从而影响到硅橡胶制品的性能。因此，确定甲基苯基乙烯基硅橡胶生胶中苯基和乙烯基含量对于设计其性能及应用有重要意义。

目前，国内甲基乙烯基硅橡胶的相关标准 GB/T 28610—2012 和 HG/T 3312—2000 中，关于乙烯基的测定，均采用溴化碘与乙烯基反应，再利用滴定的方法进行计算。此方法需要使用单质溴和碘及四氯化碳等危险化学物质，最为重要的是，溴化碘易与甲基苯基乙烯基硅橡胶中的苯基进行取代反应，导致此方法无法适用。另一标准 GB/T 36691—2018 使用近红外法进行乙烯基测试，此法依然会受到苯基基团的影响。因此，需要制定一种专门针对甲基苯基乙烯基硅橡胶的标准，对苯基及乙烯基含量进行测试。

针对以上问题，中蓝晨光化工研究设计院有限公司开发了一种借助核磁共振氢谱法来实现高效、安全、绿色测定甲基苯基乙烯基硅橡胶中苯基和乙烯基的摩尔百分含量的先进技术。将一定量的甲基苯基乙烯基硅橡胶生胶样品溶解在氘代四氢呋喃中，在规定的参数条件下，测试获取样品的核磁共振氢谱，得到苯基、乙烯基和甲基中对应质子峰的积分面积，通过对应的积分面积值来计算出甲基苯基乙烯基硅橡胶样品中苯基和乙烯基的摩尔分数。

中国氟硅有机材料工业协会标准化委员会采用工艺技术、专利与标准联动创新体系，依据以上先进技术编制了团体标准《甲基苯基乙烯基硅橡胶生胶中苯基和乙烯基含量的测定方法——核磁共振氢谱法》（T／FSI 059—2020）。该标准规定了使用核磁共振氢谱法分析测定甲基苯基乙烯基硅橡胶生胶中苯基和乙烯基含量的原理、试验条件、仪器设备、样品、试验步骤、试验数据处理和试验报告等；标准适用于由八甲基环四硅氧烷（Me_2SiO）$_4$ 与含甲基苯基硅氧链节的环硅氧烷（$MePhSiO$）$_{3-5}$ 或含二苯基硅氧链节的环硅氧烷（Ph_2SiO）$_4$ 与甲基乙烯基环硅氧烷（$MeViSiO$）$_{3\sim5}$ 催化共聚而成的高分子量有机硅生胶。该标准的发布实施，为甲基乙烯基硅橡胶产品设计和开发提供了科学依据，促进了甲基乙烯基硅橡胶的技术进步和产品升级，社会效益和经济效益显著。

三甲氧基硅烷反应器专利组合转换为三甲氧基硅烷标准

（ZL201020569289.6/ZL201120544700.9/ZL201120544756.4/
ZL201520962090.2-T/FSI 065—2021）

在有机硅行业中，硅烷偶联剂是一类具有有机官能团的硅烷，广泛应用于玻璃纤维的表面处理、无机填料填充塑料以及密封剂、粘接剂和涂料的增黏剂等行业。三甲氧基硅烷既含有烷氧基，又含有活泼的硅氢键，非常适合于制备各种类型的有机硅化合物，它是合成乙烯基三甲氧基硅烷、环氧丙氧丙基三甲氧基硅烷等有机硅偶联剂的重要原材料之一。随着硅烷偶联剂及有机硅功能化合物的快速发展，三甲氧基硅烷已经成为一种极其重要的硅烷原料。

三甲氧基硅烷生产主要有两种合成工艺。传统工艺都是采用三氯氢硅与甲醇醇解制取三甲氧基硅烷，由于反应过程中会产生氯化氢副产物，回收利用成本高，设备耐腐蚀要求高，存在环境问题，生产出的三甲氧基硅烷成品中氯离子含量比较高，限制了其用途。新的工艺是采用硅粉和甲醇直接合成三甲氧基硅烷，与传统的三氯氢硅醇解法相比，具有产品纯度高、工艺流程短、反应条件相对温和、生产成本低、无腐蚀等优点，属于绿色化工工艺。但由于反应在气固液三相中进行，这对反应釜中物料的分散性有很高的要求，反应不充分会导致产品收率低、能耗大、产品质量差等问题。因此，反应器系统是直接法合成三甲氧基硅烷工艺需要首先攻克的难点。

针对以上问题，湖北新蓝天新材料股份有限公司对直接法合成三甲氧基硅烷的反应器及其搅拌系统进行了研究，申请了4项实用新型专利，分别为"三甲氧基硅烷反应釜搅拌系统（ZL201020569289.6）""一种搅拌反应器（ZL201120544700.9）""一种用于反应生成三甲氧基硅烷的反应仪器（ZL201120544756.4）"和"一种应用于合成三甲氧基氢硅烷的改进型反应仪器（ZL201520962090.2）"。此专利组合囊括了三甲氧基硅烷小试、中试以及大试生产各个阶段的反应设备，对制备三甲氧基硅烷反应效果有显著提升，极大地提高了三甲氧基硅烷的转化率，它能均匀、及时地分散物料，使物料充分返混，避免了设备的堵塞，从而延长了设备使用寿命和运行的安全性，产品质量明显提升。

中国氟硅有机材料工业协会标准化委员会采用工艺技术、专利与标准联动创新体系，依据以上4项专利编制了团体标准《三甲氧基硅烷》（T/FSI 065—2021）。该标准规定了三甲氧基硅烷的出厂检验、型式检验、产品标志内容、包装、运输和贮存等；标准适用于金属硅与甲醇等原料合成及三氯氢硅与甲醇醇解制得的三甲氧基硅烷，该产品主要用作制备众多高纯的有机硅化合物。该标准除对产品的外观、折射率、密度这些基本特性的检测方法和指标进行了规定外，还对三甲氧基硅烷主组分与甲醇、四甲氧基硅烷、二甲氧基硅烷等杂质的质量分数进行规定，统一了三甲氧基硅烷的产品技术规范，为下游高纯有机硅化合物的开发提供支撑，取得了显著的经济效益和社会效益。

换热管用聚四氟乙烯树脂专利转换标准

（CN108219053A-T/FSI 066—2021）

聚四氟乙烯换热器是一种列管式换热器，其换热管的基本材质是聚四氟乙烯。与金属及其它非金属换热器相比，氟塑管换热器在强酸环境下具有优秀的防腐蚀特性，可长期使用；对烟气组分无特殊要求，适用性强；对壁温和酸露点无特殊要求，不存在腐蚀情况；材料自身具有自清洁特性，具有防沾污、易清洗等优点。聚四氟乙烯薄壁管换热器适用于火力电厂、垃圾焚烧等的烟气余热深度回收、脱硫效率提升、湿法除尘以及烟囱消白等领域，是目前环保领域的关注重点。

常规的聚四氟乙烯为结构规整的线型高分子链，具有很高的结晶度和熔融黏度，导致出现制品空隙率较大、耐弯折性差等问题，而聚四氟乙烯换热管需要具有良好的热稳定性、低蒸汽透过性以及良好的耐弯折性，因此，开发满足换热管特性需求的聚四氟乙烯势在必行。

针对以上问题，山东东岳高分子材料有限公司发明了"一种用于薄壁换热器管的聚四氟乙烯树脂及其制备方法（CN108219053A）"专利技术。使用该专利技术生产的树脂具有核壳结构，制备方法是在不同聚合阶段加入不同改性单体，使大分子链节上增加了不规则基团，破坏了聚四氟乙烯的高度线型结构，使其由刚性链向柔性链转化，提高了耐弯折性，同时降低了离子外壳的熔融黏度，使得加工时初级离子熔结更好，降低了孔隙率。

中国氟硅有机材料工业协会标准化委员会采用工艺技术、专利与标准联动创新体系，依据"一种用于薄壁换热器管的聚四氟乙烯树脂及其制备方法（CN108219053A）"专利编制了团体标准《换热管用聚四氟乙烯分散树脂》（T/FSI 066—2021）。该标准规定了换热管用聚四氟乙烯分散树脂的技术要求、试验方法、检验规则、标志、包装、运输和贮存；标准适用于分散法聚合生产的换热管用聚四氟乙烯分散树脂。按照该标准生产的聚四氟乙烯树脂，能很好地满足换热管所需的热稳定性、低蒸汽透过性及耐弯折性等特性需求，推动换热管领域的技术进步，社会效益和经济效益明显。

聚四氟乙烯分散液专利转换为反复浸渍用聚四氟乙烯分散浓缩液标准

（CN109337093A-T/FSI 067—2021）

聚四氟乙烯分散液是含非离子表面活性稳定剂的聚四氟乙烯水相分散液，或在聚合过程中加入微量改性共聚单体的改性聚四氟乙烯水相分散液，具有优异的热稳定性、耐腐蚀性、耐候性、耐溶剂性、低摩擦系数、耐冲击性和化学惰性等特性，广泛应用于海上平台、钻井架、港口机械设施、涵洞、隧道的工程防腐，化工管道、反应设备、原油输送管路等的工业防腐，厨具、食品传送带等的不粘处理，飞机、火车、汽车、轮船等交通工具以及运载火箭、宇宙飞船、人造卫星等航天器等需要高速运行、减少阻力、降低摩擦的场合。

改性和均聚聚四氟乙烯分散液是市面上常见的两种分别单独使用的聚四氟乙烯浓缩分散液，各有优缺点。改性聚四氟乙烯分散液所做涂层具有良好的光泽度、透明性，但耐热性不够高；均聚聚四氟乙烯分散液具有耐热、稳定性好的特性，但光泽度一般，透明性偏差。

针对以上问题，山东东岳高分子材料有限公司发明了"聚四氟乙烯分散液及其制备方法（CN109337093A）"专利技术，克服了现有技术的不足，提供一种结合了改性和均聚聚四氟乙烯优点的聚四氟乙烯分散液。该聚四氟乙烯分散液稳定性好，超过 2 个月以上不沉降，不易腐化变质，且在加工应用过程中涂层均匀、光滑，具有良好的光泽性、透明性和耐热性。

中国氟硅有机材料工业协会标准化委员会采用工艺技术、专利与标准联动创新体系，依据"聚四氟乙烯分散液及其制备方法（CN109337093A）"专利编制了团体标准《反复浸渍用聚四氟乙烯分散浓缩液》（T/FSI 067—2021）。该标准规定了反复浸渍用聚四氟乙烯分散浓缩液的技术要求、试验方法、试验规则、标志、包装、运输和贮存；标准适用于分散聚合法制得的反复浸渍用聚四氟乙烯分散浓缩液。按照该标准生产的聚四氟乙烯分散浓缩液能适用于更广泛的应用场景，满足更高的性能需求，促进了聚四氟乙烯分散浓缩液及其下游行业的技术进步，社会效益和经济效益显著。

聚四氟乙烯薄膜专利转换为低蠕变聚四氟乙烯悬浮树脂标准

（CN111016039A-T/FSI 069—2021）

聚四氟乙烯薄膜通常用于电容器介质，用作导线绝缘、电器仪表绝缘、密封衬垫、泵和膜片等。现有聚四氟乙烯薄膜是由聚四氟乙烯材料制成，因其使用的聚四氟乙烯材质的特殊性能而具有耐高温、耐腐蚀、不粘性、自润滑性、优良的介电性能、很低的摩擦系数等优良的综合性能。

聚四氟乙烯薄膜通常是由聚四氟乙烯树脂经模压、烧结、冷却成毛坯，再经车削、压延制成。而上述常规工艺加工的聚四氟乙烯薄膜在耐弯折性能方面欠佳，薄膜在频繁的弯曲使用过程中就会产生微小缝隙，因此会影响产品使用寿命和安全可靠性。对于泵、波纹管、膜片等相关部件要求聚四氟乙烯薄膜具有高的耐弯折性，并且随着技术的发展，对聚四氟乙烯薄膜使用的安全性能和弯曲性能等指标要求越来越高，而普通方法制备的聚四氟乙烯薄膜难以满足要求。

针对以上问题，山东东岳高分子材料有限公司发明了"一种耐弯折聚四氟乙烯薄膜的制备工艺（CN111016039A）"专利技术，提供了一种耐弯折聚四氟乙烯薄膜的制备工艺。该发明的制备工艺简单，在不损坏聚四氟乙烯薄膜的拉伸强度、伸长率等性能的前提下，能够显著提高聚四氟乙烯薄膜的耐弯折性，MIT耐弯折次数能达到400万次以上，具有较好的耐弯折性能。

中国氟硅有机材料工业协会标准化委员会采用工艺技术、专利与标准联动创新体系，依据"一种耐弯折聚四氟乙烯薄膜的制备工艺（CN111016039A）"专利编制了团体标准《低蠕变聚四氟乙烯悬浮树脂》（T/FSI 069—2021）。该标准规定了低蠕变聚四氟乙烯悬浮树脂的技术要求、试验方法、检验规则、标志、包装、运输和贮存；标准适用于由悬浮聚合法生产并经粉碎制得的低蠕变（压缩永久变形≤6.00%）聚四氟乙烯悬浮树脂。按照该标准生产的产品能够满足机电与电子行业高级绝缘绕包、泵、波纹管、膜片等装置部件高耐弯折性的要求，促进了下游行业的发展，社会效益和经济效益明显。

加成型液体氟硅橡胶基础胶专利转换为
加成型液体氟硅橡胶标准

（CN105778104A-T/FSI 071—2021）

加成型液体氟硅橡胶具有优异的电气绝缘性能和耐老化性能，弹性好，成型迅速便捷，反应无副产物，使用温度范围广，可用于电子元件、电气设备封装或灌注。而且，由于其具有优异的耐油性能和较低的体积溶胀率，能生产与燃油质检接触的垫圈、密封圈等，无需二段硫化，所得制品具有较低的压缩永久变形率，非常适合生产汽车等的耐油部件。

加成型液体氟硅橡胶的硫化是以基础胶分子链中的乙烯基为交联点，在铂催化剂的作用下与低含氢聚硅氧烷进行硅氢加成反应，形成具有网络结构的弹性体。基础胶分子链中乙烯基的交联活性对硫化过程具有决定性的作用，直接影响最终产品的力学性能与其它基本性能。在已公布的文献与专利中，基础胶分子链均以三氟丙基甲基硅氧烷链节直接连接于末端的 Si-Vi 链节上，对端乙烯基造成了位阻效应，影响了乙烯基的反应活性。

针对以上问题，新元化学（山东）股份有限公司（前身为威海新元化工有限公司）发明了"一种加成型液体氟硅橡胶基础胶及其制备方法（CN105778104A）"专利技术。该专利配方的基础胶采用1-乙烯基-3-羟基-1,1,3,3-四甲基二硅氧烷作为封端剂，通过两个二甲基硅氧烷链节与链末端的乙烯基连接制备得到，降低了三氟丙基基团对分子链末端乙烯基的屏蔽效果，保证了乙烯基的反应活性，同时不损害氟硅橡胶的耐油性。

中国氟硅有机材料工业协会标准化委员会采用工艺技术、专利与标准联动创新体系，依据"一种加成型液体氟硅橡胶基础胶及其制备方法（CN105778104A）"专利编制了团体标准《加成型液体氟硅橡胶》（T/FSI 071—2021）。该标准规定了加成型液体氟硅橡胶的分类、要求、试验方法、检验规则、标志、包装、运输和贮存；标准适用于以乙烯基氟硅油为基础材料，添加各种填料和助剂混炼而制成的加成型液体氟硅橡胶。按照该标准生产的产品，在突出耐油性能的同时保证其它性能的全面性，促进了加成型液体氟硅橡胶及其应用行业的技术进步，社会效益和经济效益明显。

四甲基二乙烯基二硅氧烷专利转换为标准

（ZL201010124063.X-T/FSI 075—2021）

四甲基二乙烯基二硅氧烷，俗称有机硅乙烯基双封头剂，是加成型硅橡胶、硅树脂、硅油、硅凝胶、铂络合物等生产过程中不可或缺的添加剂和中间体，该产品的开发和应用很好地促进了高性能及功能型有机硅下游产品的发展，具有广阔的应用前景。

四甲基二乙烯基二硅氧烷一般采用钠缩合法或加成法合成，其产品生产主要面临三个方面的难题：一是生产工艺的安全性问题，工艺涉及易燃易爆等因素；二是产品质量稳定性问题，四甲基二乙烯基二硅氧烷产品中的杂质对下游产品质量影响很大；三是产品制造成本问题，价格偏高影响产品的推广应用。为解决上述问题，浙江衢州建橙有机硅有限公司发明了"四甲基二乙烯基二硅氧烷生产工艺（ZL201010124063.X）"专利技术，较好地解决了工艺、质量和成本等问题，提升了产品竞争力，促进了四甲基二乙烯基二硅氧烷在下游高端产品中的应用推广。

中国氟硅有机材料工业协会标准化委员会采用工艺技术、专利与标准联动创新体系，依据"四甲基二乙烯基二硅氧烷生产工艺（ZL201010124063.X）"专利编制了团体标准《四甲基二乙烯基二硅氧烷》（T/FSI 075—2021）。该标准规定了四甲基二乙烯基二硅氧烷的要求、试验方法、检验规则、标志、包装、运输和贮存、安全；标准适用于由钠缩合法和加成法制得的四甲基二乙烯基二硅氧烷产品。该标准的发布实施，统一了四甲基二乙烯基二硅氧烷的技术要求和检验规则，规范了市场竞争行为，既促进了四甲基二乙烯基二硅氧烷细分领域的健康发展，也促进了有机硅下游高端产品的发展，社会效益和经济效益明显。

索 引

企业索引

中蓝晨光化工研究设计院有限公司

T/FSI 001.1—2016 电力电气用液体硅橡胶绝缘材料 第1部分：复合绝缘用 …………… 297 页
T/FSI 044—2019 端乙烯基氟硅油 …………………………………………………… 550 页
T/FSI 046—2019 电力行业用有机硅产品 分类与命名 ……………………………… 005 页
T/FSI 014—2019 电子电器用阻燃型发泡硅橡胶型材 ……………………………… 314 页
T/FSI 035—2019 超高分子量聚四氟乙烯树脂 ………………………………………… 491 页
T/FSI 037—2019 涂料用聚四氟乙烯分散乳液 ………………………………………… 452 页
T/FSI 039—2019 二氟乙酸乙酯 …………………………………………………………… 400 页
T/FSI 043—2019 电子电器用加成型高导热有机硅灌封胶 …………………………… 345 页
T/FSI 051—2020 1,2-二(三氯硅基)乙烷 …………………………………………… 120 页
T/FSI 063—2021 N-[3-(三甲氧基硅基)丙基]正丁胺 ……………………………… 129 页
T/FSI 065—2021 三甲氧基硅烷 …………………………………………………………… 143 页
T/FSI 005—2017 工业用 YH222 制冷剂 …………………………………………… 370 页
T/FSI 009—2017 六甲基环三硅氧烷 …………………………………………………… 191 页
T/FSI 013—2017 七甲基二硅氮烷 ……………………………………………………… 103 页
T/FSI 015—2019 水族馆玻璃粘结用有机硅密封胶 ………………………………… 320 页
T/FSI 029—2019 热硫化氟硅橡胶生胶 ………………………………………………… 535 页
T/FSI 036—2019 2,2,3,3-四氟丙醇 …………………………………………………… 391 页
T/FSI 038—2019 纤维用聚四氟乙烯树脂 ……………………………………………… 496 页
T/FSI 072—2021 二甲基二甲氧基硅烷 ………………………………………………… 158 页
T/FSI 073—2021 二甲基二乙氧基硅烷 ………………………………………………… 165 页
T/FSI 074—2021 二甲基乙烯基乙氧基硅烷 …………………………………………… 176 页
T/FSI 012—2017 四甲基二乙烯基二硅氮烷 …………………………………………… 095 页
T/FSI 041—2019 端环氧基甲基硅油 …………………………………………………… 260 页
T/FSI 042—2019 1,1,1,3,5,5,5-七甲基三硅氧烷 …………………………………… 111 页
T/FSI 048—2020 纺织面料防水用有机硅乳液 ………………………………………… 265 页
T/FSI 050—2020 甲基氯硅烷高沸点混合物 …………………………………………… 078 页
T/FSI 057—2020 可交联型粉末氟碳涂料树脂 ………………………………………… 508 页
T/FSI 062—2021 低黏度羟基氟硅油 …………………………………………………… 282 页
T/FSI 064—2021 N-β(氨乙基)-γ-氨丙基三乙氧基硅烷 …………………………… 136 页

T/FSI 066—2021　换热管用聚四氟乙烯分散树脂 ································· 517 页

T/FSI 068—2021　高强度聚四氟乙烯悬浮树脂 ································· 463 页

T/FSI 053—2020　低黏度室温硫化甲基硅橡胶 ································· 351 页

T/FSI 055—2020　汽车涡轮增压器软管用氟硅橡胶 ························· 567 页

T/FSI 067—2021　反复浸渍用聚四氟乙烯浓缩液 ····························· 456 页

T/FSI 069—2021　低蠕变聚四氟乙烯悬浮树脂 ································· 470 页

T/FSI 006—2017　水性交联型三氟共聚乳液 ··································· 409 页

T/FSI 010—2017　十甲基环五硅氧烷 ··· 197 页

T/FSI 049—2020　气相二氧化硅表面硅羟基含量测试方法 ················· 025 页

T/FSI 056—2020　乙烯-四氟乙烯共聚树脂 ··································· 501 页

T/FSI 060—2021　甲基乙烯基硅氧烷混合环体 ······························· 216 页

T/FSI 061—2021　多乙烯基硅油 ··· 275 页

T/FSI 071—2021　加成型液体氟硅橡胶 ······································· 575 页

T/FSI 075—2021　四甲基二乙烯基二硅氧烷 ································· 183 页

T/FSI 002—2016　电子电器用加成型耐高温硅橡胶胶黏剂 ················· 302 页

T/FSI 052—2020　甲基乙烯基硅橡胶分子量的测定方法——门尼黏度法 ··· 034 页

T/FSI 054—2020　压敏胶用甲基 MQ 硅树脂 ································· 291 页

T/FSI 007—2017　高沸硅油 ··· 226 页

T/FSI 008—2017　导热硅脂 ··· 230 页

T/FSI 011—2017　动力电池组灌封用液体硅橡胶 ····························· 308 页

成都拓利科技股份有限公司

T/FSI 002—2016　电子电器用加成型耐高温硅橡胶胶黏剂 ················· 302 页

T/FSI 008—2017　导热硅脂 ··· 230 页

T/FSI 043—2019　电子电器用加成型高导热有机硅灌封胶 ················· 345 页

T/FSI 011—2017　动力电池组灌封用液体硅橡胶 ····························· 308 页

T/FSI 046—2019　电力行业用有机硅产品 分类与命名 ····················· 005 页

T/FSI 001.1—2016　电力电气用液体硅橡胶绝缘材料　第 1 部分：复合绝缘用 ··············· 297 页

宜昌汇富硅材料有限公司

T/FSI 003—2016　气相二氧化硅生产用四氯化硅 ····························· 052 页

T/FSI 049—2020　气相二氧化硅表面硅羟基含量测试方法 ················· 025 页

新亚强硅化学股份有限公司

T/FSI 004—2016　六甲基二硅氮烷 ··· 088 页

T/FSI 012—2017　四甲基二乙烯基二硅氮烷 ··································· 095 页

T/FSI 013—2017　七甲基二硅氮烷 ··· 103 页

T/FSI 002—2016　电子电器用加成型耐高温硅橡胶胶黏剂 ················· 302 页

T/FSI 001.1—2016　电力电气用液体硅橡胶绝缘材料　第 1 部分：复合绝缘用 ··············· 297 页

T/FSI 003—2016　气相二氧化硅生产用四氯化硅 ····························· 052 页

浙江永和制冷股份有限公司

T/FSI 005—2017　工业用 YH222 制冷剂 ······································· 370 页

山东华夏神舟新材料有限公司

T/FSI 006—2017　水性交联型三氟共聚乳液 ················· 409 页

T/FSI 028—2019　可熔性聚四氟乙烯树脂 ················· 484 页

T/FSI 029—2019　热硫化氟硅橡胶生胶 ················· 535 页

T/FSI 030—2019　氟碳共聚树脂溶液 ················· 433 页

T/FSI 031—2019　聚全氟乙丙烯树脂 ················· 438 页

T/FSI 032—2019　聚全氟乙丙烯浓缩分散液 ················· 446 页

T/FSI 070—2021　聚三氟氯乙烯树脂 ················· 525 页

T/FSI 027—2019　聚偏氟乙烯树脂 ················· 421 页

T/FSI 055—2020　汽车涡轮增压器软管用氟硅橡胶 ················· 567 页

T/FSI 057—2020　可交联型粉末氟碳涂料树脂 ················· 508 页

T/FSI 071—2021　加成型液体氟硅橡胶 ················· 575 页

唐山三友硅业有限责任公司

T/FSI 007—2017　高沸硅油 ················· 226 页

T/FSI 021—2019　甲基二氯硅烷 ················· 069 页

T/FSI 050—2020　甲基氯硅烷高沸点混合物 ················· 078 页

T/FSI 016—2019　甲基低含氢硅油 ················· 235 页

T/FSI 017—2019　端含氢二甲基硅油 ················· 240 页

T/FSI 060—2021　甲基乙烯基硅氧烷混合环体 ················· 216 页

T/FSI 075—2021　四甲基二乙烯基二硅氧烷 ················· 183 页

T/FSI 061—2021　多乙烯基硅油 ················· 275 页

T/FSI 018—2019　乙烯基封端的二甲基硅油 ················· 245 页

T/FSI 022—2019　二甲基二氯硅烷水解物 ················· 204 页

T/FSI 052—2020　甲基乙烯基硅橡胶分子量的测定方法——门尼黏度法 ················· 034 页

T/FSI 010—2017　十甲基环五硅氧烷 ················· 197 页

T/FSI 011—2017　动力电池组灌封用液体硅橡胶 ················· 308 页

合盛硅业股份有限公司

T/FSI 009—2017　六甲基环三硅氧烷 ················· 191 页

T/FSI 010—2017　十甲基环五硅氧烷 ················· 197 页

T/FSI 021—2019　甲基二氯硅烷 ················· 069 页

T/FSI 052—2020　甲基乙烯基硅橡胶分子量的测定方法——门尼黏度法 ················· 034 页

T/FSI 060—2021　甲基乙烯基硅氧烷混合环体 ················· 216 页

T/FSI 007—2017　高沸硅油 ················· 226 页

T/FSI 012—2017　四甲基二乙烯基二硅氮烷 ················· 095 页

T/FSI 013—2017　七甲基二硅氮烷 ················· 103 页

T/FSI 020—2019　甲基氯硅烷单体共沸物 ················· 059 页

T/FSI 022—2019　二甲基二氯硅烷水解物 ················· 204 页

T/FSI 023—2019　羟基封端聚二甲基硅氧烷线性体 ················· 210 页

浙江凌志新材料有限公司

T/FSI 011—2017　动力电池组灌封用液体硅橡胶 ··· 308 页
T/FSI 014—2019　电子电器用阻燃型发泡硅橡胶型材 ·· 314 页

成都硅宝科技股份有限公司

T/FSI 015—2019　水族馆玻璃粘结用有机硅密封胶 ··· 320 页
T/FSI 033—2019　建筑用高性能硅酮结构密封胶 ··· 326 页
T/FSI 034—2019　建筑用高性能硅酮耐候密封胶 ··· 338 页
T/FSI 009—2017　六甲基环三硅氧烷 ··· 191 页
T/FSI 008—2017　导热硅脂 ·· 230 页
T/FSI 011—2017　动力电池组灌封用液体硅橡胶 ·· 308 页

江西蓝星星火有机硅有限公司

T/FSI 016—2019　甲基低含氢硅油 ··· 235 页
T/FSI 017—2019　端含氢二甲基硅油 ··· 240 页
T/FSI 018—2019　乙烯基封端的二甲基硅油 ·· 245 页
T/FSI 041—2019　端环氧基甲基硅油 ··· 260 页
T/FSI 010—2017　十甲基环五硅氧烷 ··· 197 页
T/FSI 015—2019　水族馆玻璃粘结用有机硅密封胶 ··· 320 页
T/FSI 022—2019　二甲基二氯硅烷水解物 ··· 204 页
T/FSI 023—2019　羟基封端聚二甲基硅氧烷线性体 ··· 210 页
T/FSI 053—2020　低黏度室温硫化甲基硅橡胶 ··· 351 页
T/FSI 007—2017　高沸硅油 ·· 226 页
T/FSI 004—2016　六甲基二硅氮烷 ·· 088 页
T/FSI 054—2020　压敏胶用甲基 MQ 硅树脂 ··· 291 页
T/FSI 059—2020　苯基硅橡胶生胶中苯基和乙烯基含量的测定-核磁氢谱法 ··········· 040 页

埃肯有机硅（上海）有限公司

T/FSI 019—2019　玻璃防雾用水性硅油分散液 ··· 251 页
T/FSI 048—2020　纺织面料防水用有机硅乳液 ··· 265 页

浙江新安化工集团股份有限公司

T/FSI 020—2019　甲基氯硅烷单体共沸物 ··· 059 页
T/FSI 040—2019　氟硅混炼胶 ·· 542 页
T/FSI 009—2017　六甲基环三硅氧烷 ··· 191 页
T/FSI 010—2017　十甲基环五硅氧烷 ··· 197 页
T/FSI 014—2019　电子电器用阻燃型发泡硅橡胶型材 ·· 314 页
T/FSI 016—2019　甲基低含氢硅油 ··· 235 页
T/FSI 017—2019　端含氢二甲基硅油 ··· 240 页
T/FSI 022—2019　二甲基二氯硅烷水解物 ··· 204 页
T/FSI 023—2019　羟基封端聚二甲基硅氧烷线性体 ··· 210 页

T/FSI 047—2019　建筑用硅烷改性聚醚密封胶 ··· 358 页

T/FSI 052—2020　甲基乙烯基硅橡胶分子量的测定方法——门尼黏度法 ············· 034 页

T/FSI 053—2020　低黏度室温硫化甲基硅橡胶 ··· 351 页

T/FSI 055—2020　汽车涡轮增压器软管用氟硅橡胶 ··· 567 页

T/FSI 015—2019　水族馆玻璃粘结用有机硅密封胶 ··· 320 页

T/FSI 033—2019　建筑用高性能硅酮结构密封胶 ·· 326 页

T/FSI 034—2019　建筑用高性能硅酮耐候密封胶 ·· 338 页

T/FSI 054—2020　压敏胶用甲基 MQ 硅树脂 ··· 291 页

T/FSI 007—2017　高沸硅油 ·· 226 页

T/FSI 018—2019　乙烯基封端的二甲基硅油 ·· 245 页

T/FSI 021—2019　甲基二氯硅烷 ·· 069 页

T/FSI 008—2017　导热硅脂 ·· 230 页

T/FSI 011—2017　动力电池组灌封用液体硅橡胶 ·· 308 页

山东东岳有机硅材料股份有限公司

T/FSI 022—2019　二甲基二氯硅烷水解物 ·· 204 页

T/FSI 023—2019　羟基封端聚二甲基硅氧烷线性体 ··· 210 页

T/FSI 061—2021　多乙烯基硅油 ·· 275 页

T/FSI 062—2021　低黏度羟基氟硅油 ·· 282 页

T/FSI 049—2020　气相二氧化硅表面硅羟基含量测试方法 ····································· 025 页

T/FSI 054—2020　压敏胶用甲基 MQ 硅树脂 ··· 291 页

T/FSI 071—2021　加成型液体氟硅橡胶 ··· 575 页

T/FSI 041—2019　端环氧基甲基硅油 ·· 260 页

T/FSI 042—2019　1,1,1,3,5,5,5-七甲基三硅氧烷 ·· 111 页

T/FSI 044—2019　端乙烯基氟硅油 ·· 550 页

T/FSI 045—2019　甲基氟硅油 ··· 559 页

T/FSI 020—2019　甲基氯硅烷单体共沸物 ·· 059 页

T/FSI 021—2019　甲基二氯硅烷 ·· 069 页

T/FSI 016—2019　甲基低含氢硅油 ·· 235 页

T/FSI 017—2019　端含氢二甲基硅油 ·· 240 页

T/FSI 018—2019　乙烯基封端的二甲基硅油 ·· 245 页

山东东岳高分子材料有限公司

T/FSI 024—2019　高压缩比聚四氟乙烯分散树脂 ·· 416 页

T/FSI 025—2019　电气用细颗粒聚四氟乙烯树脂 ·· 478 页

T/FSI 026—2019　工业用八氟环丁烷 ·· 379 页

T/FSI 058—2020　聚四氟乙烯单位产品的能源消耗限额 ······································· 016 页

T/FSI 066—2021　换热管用聚四氟乙烯分散树脂 ·· 517 页

T/FSI 067—2021　反复浸渍用聚四氟乙烯浓缩液 ·· 456 页

T/FSI 068—2021　高强度聚四氟乙烯悬浮树脂 ·· 463 页

T/FSI 069—2021　低蠕变聚四氟乙烯悬浮树脂 ·· 470 页

上海三爱富新材料科技有限公司

T/FSI 027—2019　聚偏氟乙烯树脂 ·· 421 页

T/FSI 056—2020　乙烯-四氟乙烯共聚树脂 ·· 501 页

T/FSI 024—2019　高压缩比聚四氟乙烯分散树脂 ·· 416 页

T/FSI 025—2019　电气用细颗粒聚四氟乙烯树脂 ·· 478 页

T/FSI 032—2019　聚全氟乙丙烯浓缩分散液 ·· 446 页

T/FSI 026—2019　工业用八氟环丁烷 ·· 379 页

T/FSI 028—2019　可熔性聚四氟乙烯树脂 ·· 484 页

T/FSI 030—2019　氟碳共聚树脂溶液 ·· 433 页

T/FSI 031—2019　聚全氟乙丙烯树脂 ·· 438 页

T/FSI 058—2020　聚四氟乙烯单位产品的能源消耗限额 ································· 016 页

浙江巨圣氟化学有限公司

T/FSI 035—2019　超高分子量聚四氟乙烯树脂 ·· 491 页

T/FSI 036—2019　2,2,3,3-四氟丙醇 ··· 391 页

T/FSI 037—2019　涂料用聚四氟乙烯分散乳液 ··· 452 页

T/FSI 038—2019　纤维用聚四氟乙烯树脂 ·· 496 页

T/FSI 026—2019　工业用八氟环丁烷 ·· 379 页

T/FSI 066—2021　换热管用聚四氟乙烯分散树脂 ·· 517 页

T/FSI 069—2021　低蠕变聚四氟乙烯悬浮树脂 ··· 470 页

T/FSI 070—2021　聚三氟氯乙烯树脂 ·· 525 页

T/FSI 024—2019　高压缩比聚四氟乙烯分散树脂 ·· 416 页

T/FSI 025—2019　电气用细颗粒聚四氟乙烯树脂 ·· 478 页

T/FSI 067—2021　反复浸渍用聚四氟乙烯浓缩液 ·· 456 页

T/FSI 068—2021　高强度聚四氟乙烯悬浮树脂 ··· 463 页

浙江巨化汉正新材料有限公司

T/FSI 039—2019　二氟乙酸乙酯 ·· 400 页

新元化学（山东）股份有限公司

T/FSI 040—2019　氟硅混炼胶 ··· 542 页

T/FSI 055—2020　汽车涡轮增压器软管用氟硅橡胶 ·· 567 页

T/FSI 071—2021　加成型液体氟硅橡胶 ··· 575 页

T/FSI 029—2019　热硫化氟硅橡胶生胶 ··· 535 页

江西海多化工有限公司

T/FSI 042—2019　1,1,1,3,5,5,5-七甲基三硅氧烷 ·· 111 页

中蓝晨光成都检测技术有限公司

T/FSI 045—2019　甲基氟硅油 ··· 559 页

T/FSI 001.1—2016　电力电气用液体硅橡胶绝缘材料　第 1 部分：复合绝缘用 ·················· 297 页

T/FSI 003—2016　气相二氧化硅生产用四氯化硅 ……………………………………… 052 页

T/FSI 005—2017　工业用 YH222 制冷剂 ………………………………………………… 370 页

T/FSI 034—2019　建筑用高性能硅酮耐候密封胶 …………………………………… 338 页

T/FSI 036—2019　2,2,3,3-四氟丙醇 ……………………………………………………… 391 页

T/FSI 038—2019　纤维用聚四氟乙烯树脂 …………………………………………… 496 页

T/FSI 040—2019　氟硅混炼胶 …………………………………………………………… 542 页

T/FSI 042—2019　1,1,1,3,5,5,5-七甲基三硅氧烷 …………………………………… 111 页

T/FSI 044—2019　端乙烯基氟硅油 …………………………………………………… 550 页

T/FSI 004—2016　六甲基二硅氮烷 …………………………………………………… 088 页

T/FSI 006—2017　水性交联型三氟共聚乳液 ………………………………………… 409 页

T/FSI 012—2017　四甲基二乙烯基二硅氮烷 ………………………………………… 095 页

T/FSI 014—2019　电子电器用阻燃型发泡硅橡胶型材 ……………………………… 314 页

T/FSI 019—2019　玻璃防雾用水性硅油分散液 ……………………………………… 251 页

T/FSI 035—2019　超高分子量聚四氟乙烯树脂 ……………………………………… 491 页

T/FSI 037—2019　涂料用聚四氟乙烯分散乳液 ……………………………………… 452 页

T/FSI 039—2019　二氟乙酸乙酯 ……………………………………………………… 400 页

T/FSI 050—2020　甲基氯硅烷高沸点混合物 ………………………………………… 078 页

T/FSI 051—2020　1,2-二(三氯硅基)乙烷 …………………………………………… 120 页

T/FSI 052—2020　甲基乙烯基硅橡胶分子量的测定方法——门尼黏度法 ……… 034 页

T/FSI 062—2021　低黏度羟基氟硅油 ………………………………………………… 282 页

T/FSI 064—2021　N-β(氨乙基)-γ-氨丙基三乙氧基硅烷 ………………………… 136 页

T/FSI 065—2021　三甲氧基硅烷 ……………………………………………………… 143 页

T/FSI 002—2016　电子电器用加成型耐高温硅橡胶胶黏剂 ………………………… 302 页

T/FSI 013—2017　七甲基二硅氮烷 …………………………………………………… 103 页

T/FSI 024—2019　高压缩比聚四氟乙烯分散树脂 …………………………………… 416 页

T/FSI 025—2019　电气用细颗粒聚四氟乙烯树脂 …………………………………… 478 页

T/FSI 026—2019　工业用八氟环丁烷 ………………………………………………… 379 页

T/FSI 028—2019　可熔性聚四氟乙烯树脂 …………………………………………… 484 页

T/FSI 030—2019　氟碳共聚树脂溶液 ………………………………………………… 433 页

T/FSI 031—2019　聚全氟乙丙烯树脂 ………………………………………………… 438 页

T/FSI 032—2019　聚全氟乙丙烯浓缩分散液 ………………………………………… 446 页

T/FSI 058—2020　聚四氟乙烯单位产品的能源消耗限额 …………………………… 016 页

T/FSI 067—2021　反复浸渍用聚四氟乙烯浓缩液 …………………………………… 456 页

T/FSI 069—2021　低蠕变聚四氟乙烯悬浮树脂 ……………………………………… 470 页

T/FSI 070—2021　聚三氟氯乙烯树脂 ………………………………………………… 525 页

T/FSI 010—2017　十甲基环五硅氧烷 ………………………………………………… 197 页

T/FSI 027—2019　聚偏氟乙烯树脂 …………………………………………………… 421 页

T/FSI 041—2019　端环氧基甲基硅油 ………………………………………………… 260 页

T/FSI 047—2019　建筑用硅烷改性聚醚密封胶 ……………………………………… 358 页

T/FSI 048—2020　纺织面料防水用有机硅乳液 ……………………………………… 265 页

T/FSI 056—2020　乙烯-四氟乙烯共聚树脂 ………………………………………… 501 页

T/FSI 057—2020　可交联型粉末氟碳涂料树脂 ……………………………………… 508 页

T/FSI 060—2021 甲基乙烯基硅氧烷混合环体 ··· 216 页
T/FSI 063—2021 *N*-[3-(三甲氧基硅基)丙基]正丁胺 ··· 129 页
T/FSI 066—2021 换热管用聚四氟乙烯分散树脂 ··· 517 页
T/FSI 068—2021 高强度聚四氟乙烯悬浮树脂 ·· 463 页
T/FSI 071—2021 加成型液体氟硅橡胶 ··· 575 页
T/FSI 074—2021 二甲基乙烯基乙氧基硅烷 ··· 176 页
T/FSI 033—2019 建筑用高性能硅酮结构密封胶 ··· 326 页
T/FSI 053—2020 低黏度室温硫化甲基硅橡胶 ··· 351 页
T/FSI 072—2021 二甲基二甲氧基硅烷 ··· 158 页
T/FSI 073—2021 二甲基二乙氧基硅烷 ··· 165 页
T/FSI 075—2021 四甲基二乙烯基二硅氧烷 ··· 183 页
T/FSI 007—2017 高沸硅油 ··· 226 页
T/FSI 055—2020 汽车涡轮增压器软管用氟硅橡胶 ··· 567 页
T/FSI 061—2021 多乙烯基硅油 ·· 275 页
T/FSI 008—2017 导热硅脂 ··· 230 页
T/FSI 049—2020 气相二氧化硅表面硅羟基含量测试方法 ······································· 025 页
T/FSI 059—2020 苯基硅橡胶生胶中苯基和乙烯基含量的测定——核磁氢谱法 ········· 040 页
T/FSI 054—2020 压敏胶用甲基 MQ 硅树脂 ··· 291 页
T/FSI 011—2017 动力电池组灌封用液体硅橡胶 ·· 308 页

浙江中天东方氟硅材料股份有限公司

T/FSI 047—2019 建筑用硅烷改性聚醚密封胶 ··· 358 页
T/FSI 050—2020 甲基氯硅烷高沸点混合物 ··· 078 页
T/FSI 033—2019 建筑用高性能硅酮结构密封胶 ··· 326 页
T/FSI 034—2019 建筑用高性能硅酮耐候密封胶 ··· 338 页
T/FSI 052—2020 甲基乙烯基硅橡胶分子量的测定方法——门尼黏度法 ··················· 034 页

广州汇富研究院有限公司

T/FSI 049—2020 气相二氧化硅表面硅羟基含量测试方法 ······································· 025 页

浙江开化合成材料有限公司

T/FSI 051—2020 1,2-二(三氯硅基)乙烷 ··· 120 页
T/FSI 020—2019 甲基氯硅烷单体共沸物 ·· 059 页
T/FSI 023—2019 羟基封端聚二甲基硅氧烷线性体 ··· 210 页
T/FSI 021—2019 甲基二氯硅烷 ··· 069 页
T/FSI 022—2019 二甲基二氯硅烷水解物 ·· 204 页

湖北兴瑞硅材料有限公司

T/FSI 053—2020 低黏度室温硫化甲基硅橡胶 ··· 351 页
T/FSI 020—2019 甲基氯硅烷单体共沸物 ·· 059 页
T/FSI 021—2019 甲基二氯硅烷 ··· 069 页
T/FSI 022—2019 二甲基二氯硅烷水解物 ·· 204 页

T/FSI 023—2019　羟基封端聚二甲基硅氧烷线性体 ·· 210 页

广东标美硅氟新材料有限公司

T/FSI 054—2020　压敏胶用甲基 MQ 硅树脂 ·· 291 页
T/FSI 014—2019　电子电器用阻燃型发泡硅橡胶型材 ·································· 314 页
T/FSI 016—2019　甲基低含氢硅油 ·· 235 页
T/FSI 017—2019　端含氢二甲基硅油 ·· 240 页
T/FSI 018—2019　乙烯基封端的二甲基硅油 ·· 245 页

济南华临化工有限公司

T/FSI 057—2020　可交联型粉末氟碳涂料树脂 ··· 508 页

中蓝晨光化工有限公司

T/FSI 059—2020　苯基硅橡胶生胶中苯基和乙烯基含量的测定——核磁氢谱法 ········ 040 页

湖北新蓝天新材料股份有限公司

T/FSI 063—2021　N-[3-(三甲氧基硅基)丙基]正丁胺 ······························· 129 页
T/FSI 065—2021　三甲氧基硅烷 ·· 143 页
T/FSI 064—2021　N-β(氨乙基)-γ-氨丙基三乙氧基硅烷 ···························· 136 页

南京曙光精细化工有限公司

T/FSI 064—2021　N-β(氨乙基)-γ-氨丙基三乙氧基硅烷 ···························· 136 页
T/FSI 063—2021　N-[3-(三甲氧基硅基)丙基]正丁胺 ······························· 129 页
T/FSI 065—2021　三甲氧基硅烷 ·· 143 页
T/FSI 072—2021　二甲基二甲氧基硅烷 ··· 158 页
T/FSI 073—2021　二甲基二乙氧基硅烷 ··· 165 页
T/FSI 074—2021　二甲基乙烯基乙氧基硅烷 ·· 176 页
T/FSI 075—2021　四甲基二乙烯基二硅氧烷 ·· 183 页

浙江衢州建橙有机硅有限公司

T/FSI 072—2021　二甲基二甲氧基硅烷 ··· 158 页
T/FSI 073—2021　二甲基二乙氧基硅烷 ··· 165 页
T/FSI 074—2021　二甲基乙烯基乙氧基硅烷 ·· 176 页
T/FSI 075—2021　四甲基二乙烯基二硅氧烷 ·· 183 页
T/FSI 052—2020　甲基乙烯基硅橡胶分子量的测定方法——门尼黏度法 ············· 034 页
T/FSI 053—2020　低黏度室温硫化甲基硅橡胶 ··· 351 页
T/FSI 060—2021　甲基乙烯基硅氧烷混合环体 ··· 216 页
T/FSI 062—2021　低黏度羟基氟硅油 ·· 282 页
T/FSI 048—2020　纺织面料防水用有机硅乳液 ··· 265 页
T/FSI 054—2020　压敏胶用甲基 MQ 硅树脂 ·· 291 页
T/FSI 071—2021　加成型液体氟硅橡胶 ··· 575 页
T/FSI 049—2020　气相二氧化硅表面硅羟基含量测试方法 ···························· 025 页

T/FSI 061—2021 多乙烯基硅油 ··· 275 页
T/FSI 055—2020 汽车涡轮增压器软管用氟硅橡胶 ··························· 567 页
T/FSI 059—2020 苯基硅橡胶生胶中苯基和乙烯基含量的测定-核磁氢谱法 ········ 040 页

中国蓝星（集团）股份有限公司

T/FSI 002—2016 电子电器用加成型耐高温硅橡胶胶黏剂 ··················· 302 页
T/FSI 021—2019 甲基二氯硅烷 ··· 069 页
T/FSI 019—2019 玻璃防雾用水性硅油分散液 ································· 251 页
T/FSI 006—2017 水性交联型三氟共聚乳液 ··································· 409 页

浙江硕而博化工有限公司

T/FSI 004—2016 六甲基二硅氮烷 ··· 088 页

陕西宝塔山油漆股份有限公司

T/FSI 006—2017 水性交联型三氟共聚乳液 ··································· 409 页
T/FSI 030—2019 氟碳共聚树脂溶液 ··· 433 页

广州市高士实业有限公司

T/FSI 008—2017 导热硅脂 ··· 230 页
T/FSI 011—2017 动力电池组灌封用液体硅橡胶 ····························· 308 页

浙江润禾有机硅新材料有限公司

T/FSI 016—2019 甲基低含氢硅油 ··· 235 页
T/FSI 017—2019 端含氢二甲基硅油 ··· 240 页
T/FSI 061—2021 多乙烯基硅油 ··· 275 页
T/FSI 018—2019 乙烯基封端的二甲基硅油 ··································· 245 页
T/FSI 045—2019 甲基氟硅油 ··· 559 页
T/FSI 054—2020 压敏胶用甲基 MQ 硅树脂 ··································· 291 页

宜昌科林硅材料有限公司

T/FSI 018—2019 乙烯基封端的二甲基硅油 ··································· 245 页
T/FSI 045—2019 甲基氟硅油 ··· 559 页
T/FSI 044—2019 端乙烯基氟硅油 ··· 550 页
T/FSI 008—2017 导热硅脂 ··· 230 页

京准化工技术（上海）有限公司

T/FSI 019—2019 玻璃防雾用水性硅油分散液 ································· 251 页
T/FSI 048—2020 纺织面料防水用有机硅乳液 ································· 265 页

浙江巨化股份有限公司氟聚厂

T/FSI 028—2019 可熔性聚四氟乙烯树脂 ······································ 484 页
T/FSI 031—2019 聚全氟乙丙烯树脂 ··· 438 页

T/FSI 058—2020　聚四氟乙烯单位产品的能源消耗限额 ································ 016 页
T/FSI 032—2019　聚全氟乙丙烯浓缩分散液 ······································· 446 页

江西纳森科技有限公司

T/FSI 033—2019　建筑用高性能硅酮结构密封胶 ··································· 326 页
T/FSI 047—2019　建筑用硅烷改性聚醚密封胶 ······································ 358 页

宁波润禾高新材料科技股份有限公司

T/FSI 041—2019　端环氧基甲基硅油 ··· 260 页

山东东岳未来氢能材料有限公司

T/FSI 056—2020　乙烯-四氟乙烯共聚树脂 ··· 501 页

中国兵器工业集团第五三研究所

T/FSI 059—2020　苯基硅橡胶生胶中苯基和乙烯基含量的测定——核磁氢谱法 ············· 040 页

上海华谊三爱富新材料有限公司

T/FSI 067—2021　反复浸渍用聚四氟乙烯浓缩液 ···································· 456 页
T/FSI 068—2021　高强度聚四氟乙烯悬浮树脂 ······································ 463 页
T/FSI 066—2021　换热管用聚四氟乙烯分散树脂 ···································· 517 页
T/FSI 069—2021　低蠕变聚四氟乙烯悬浮树脂 ······································ 470 页
T/FSI 070—2021　聚三氟氯乙烯树脂 ·· 525 页

浙江正和硅材料有限公司

T/FSI 072—2021　二甲基二甲氧基硅烷 ·· 158 页
T/FSI 073—2021　二甲基二乙氧基硅烷 ·· 165 页

江西省奔越科技有限公司

T/FSI 074—2021　二甲基乙烯基乙氧基硅烷 ··· 176 页
T/FSI 075—2021　四甲基二乙烯基二硅氧烷 ··· 183 页

广州吉必盛科技实业有限公司

T/FSI 003—2016　气相二氧化硅生产用四氯化硅 ···································· 052 页
T/FSI 049—2020　气相二氧化硅表面硅羟基含量测试方法 ····························· 025 页

山东东岳有机硅材料股份有限公司

T/FSI 007—2017　高沸硅油 ··· 226 页
T/FSI 010—2017　十甲基环五硅氧烷 ··· 197 页

广州市白云化工实业有限公司

T/FSI 011—2017　动力电池组灌封用液体硅橡胶 ···································· 308 页
T/FSI 043—2019　电子电器用加成型高导热有机硅灌封胶 ····························· 345 页

T/FSI 008—2017　导热硅脂 ·· 230 页
T/FSI 046—2019　电力行业用有机硅产品 分类与命名 ············· 005 页

山东德宜新材料有限公司

T/FSI 027—2019　聚偏氟乙烯树脂 ······································· 421 页

山东飞度胶业科技股份有限公司

T/FSI 033—2019　建筑用高性能硅酮结构密封胶 ····················· 326 页
T/FSI 034—2019　建筑用高性能硅酮耐候密封胶 ····················· 338 页
T/FSI 047—2019　建筑用硅烷改性聚醚密封胶 ························· 358 页
T/FSI 008—2017　导热硅脂 ·· 230 页
T/FSI 011—2017　动力电池组灌封用液体硅橡胶 ····················· 308 页

清华大学

T/FSI 046—2019　电力行业用有机硅产品 分类与命名 ············· 005 页

浙江环新氟材料股份有限公司

T/FSI 055—2020　汽车涡轮增压器软管用氟硅橡胶 ················· 567 页

山东华氟化工有限责任公司

T/FSI 056—2020　乙烯-四氟乙烯共聚树脂 ····························· 501 页
T/FSI 058—2020　聚四氟乙烯单位产品的能源消耗限额 ············ 016 页

艾杰旭化工科技（上海）有限公司

T/FSI 057—2020　可交联型粉末氟碳涂料树脂 ························ 508 页
T/FSI 056—2020　乙烯-四氟乙烯共聚树脂 ····························· 501 页

航天材料及工艺研究所

T/FSI 059—2020　苯基硅橡胶生胶中苯基和乙烯基含量的测定——核磁氢谱法 ·········· 040 页

上海华之润化工有限公司

T/FSI 061—2021　多乙烯基硅油 ··· 275 页
T/FSI 018—2019　乙烯基封端的二甲基硅油 ····························· 245 页

大连新元硅业有限公司

T/FSI 063—2021　N-[3-(三甲氧基硅基)丙基]正丁胺 ··············· 129 页

广州天赐有机硅科技有限公司

T/FSI 001.1—2016　电力电气用液体硅橡胶绝缘材料　第 1 部分：复合绝缘用 ············· 297 页

浙江富士特硅材料有限公司

T/FSI 003—2016　气相二氧化硅生产用四氯化硅 ····················· 052 页

四川嘉碧新材料科技有限公司

T/FSI 004—2016　六甲基二硅氮烷 ·· 088 页

巨化集团技术中心

T/FSI 006—2017　水性交联型三氟共聚乳液 ······························ 409 页

辽宁吕氏化工（集团）有限公司

T/FSI 015—2019　水族馆玻璃粘结用有机硅密封胶 ·················· 320 页

浙江巨化股份有限公司

T/FSI 027—2019　聚偏氟乙烯树脂 ·· 421 页

东爵有机硅（南京）有限公司

T/FSI 046—2019　电力行业用有机硅产品 分类与命名 ·············· 005 页
T/FSI 052—2020　甲基乙烯基硅橡胶分子量的测定方法——门尼黏度法 ······ 034 页

北京市理化分析测试中心

T/FSI 059—2020　苯基硅橡胶生胶中苯基和乙烯基含量的测定——核磁氢谱法 ······ 040 页
T/FSI 049—2020　气相二氧化硅表面硅羟基含量测试方法 ·········· 025 页

湖北硅元新材料科技有限公司

T/FSI 060—2021　甲基乙烯基硅氧烷混合环体 ·························· 216 页
T/FSI 075—2021　四甲基二乙烯基二硅氧烷 ······························ 183 页

广东聚合科技股份有限公司

T/FSI 002—2016　电子电器用加成型耐高温硅橡胶胶黏剂 ············ 302 页
T/FSI 001.1—2016　电力电气用液体硅橡胶绝缘材料　第 1 部分：复合绝缘用 ······ 297 页

四川川祥化工科技有限公司

T/FSI 004—2016　六甲基二硅氮烷 ·· 088 页

山东蓝源新材料有限公司

T/FSI 007—2017　高沸硅油 ·· 226 页

中国电力科学研究院

T/FSI 046—2019　电力行业用有机硅产品 分类与命名 ·············· 005 页

泰兴梅兰新材料有限公司

T/FSI 058—2020　聚四氟乙烯单位产品的能源消耗限额 ·············· 016 页

四川省产品质量监督检验检测院

T/FSI 059—2020　苯基硅橡胶生胶中苯基和乙烯基含量的测定——核磁氢谱法 ······ 040 页

广州雷斯曼新材料科技有限公司

T/FSI 072—2021　二甲基二甲氧基硅烷 ··· 158 页

T/FSI 073—2021　二甲基二乙氧基硅烷 ··· 165 页

埃肯有机硅（上海）有限公司

T/FSI 002—2016　电子电器用加成型耐高温硅橡胶胶黏剂 ······························· 302 页

T/FSI 001.1—2016　电力电气用液体硅橡胶绝缘材料　第 1 部分：复合绝缘用 ··············· 297 页

山东华安新材料有限公司

T/FSI 057—2020　可交联型粉末氟碳涂料树脂 ··· 508 页

T/FSI 056—2020　乙烯-四氟乙烯共聚树脂 ··· 501 页

T/FSI 055—2020　汽车涡轮增压器软管用氟硅橡胶 ··· 567 页

中国科学院化学研究所

T/FSI 002—2016　电子电器用加成型耐高温硅橡胶胶黏剂 ······························· 302 页

T/FSI 001.1—2016　电力电气用液体硅橡胶绝缘材料　第 1 部分：复合绝缘用 ··············· 297 页

中昊晨光化工研究院有限公司

T/FSI 006—2017　水性交联型三氟共聚乳液 ··· 409 页

杭州硅畅科技有限公司

T/FSI 011—2017　动力电池组灌封用液体硅橡胶 ··· 308 页

扬州晨化新材料股份有限公司

T/FSI 054—2020　压敏胶用甲基 MQ 硅树脂 ··· 291 页

T/FSI 011—2017　动力电池组灌封用液体硅橡胶 ··· 308 页

鲁西化工集团股份有限公司

T/FSI 058—2020　聚四氟乙烯单位产品的能源消耗限额 ···································· 016 页

北京华通瑞驰材料科技有限公司

T/FSI 006—2017　水性交联型三氟共聚乳液 ··· 409 页

江西星火狮达科技有限公司

T/FSI 007—2017　高沸硅油 ··· 226 页

标准顺序号索引

T/FSI 001.1—2016 　电力电气用液体硅橡胶绝缘材料　第 1 部分：复合绝缘用 ……………… 297 页

T/FSI 002—2016 　电子电器用加成型耐高温硅橡胶胶黏剂 ……………………… 302 页

T/FSI 003—2016 　气相二氧化硅生产用四氯化硅 …………………………… 052 页

T/FSI 004—2016 　六甲基二硅氮烷 ……………………………………… 088 页

T/FSI 005—2017 　工业用 YH222 制冷剂 ……………………………… 370 页

T/FSI 006—2017 　水性交联型三氟共聚乳液 ……………………………… 409 页

T/FSI 007—2017 　高沸硅油 ……………………………………………… 226 页

T/FSI 008—2017 　导热硅脂 ……………………………………………… 230 页

T/FSI 009—2017 　六甲基环三硅氧烷 ……………………………………… 191 页

T/FSI 010—2017 　十甲基环五硅氧烷 ……………………………………… 197 页

T/FSI 011—2017 　动力电池组灌封用液体硅橡胶 …………………………… 308 页

T/FSI 012—2017 　四甲基二乙烯基二硅氮烷 ………………………………… 095 页

T/FSI 013—2017 　七甲基二硅氮烷 ………………………………………… 103 页

T/FSI 014—2019 　电子电器用阻燃型发泡硅橡胶型材 ……………………… 314 页

T/FSI 015—2019 　水族馆玻璃粘结用有机硅密封胶 ………………………… 320 页

T/FSI 016—2019 　甲基低含氢硅油 ………………………………………… 235 页

T/FSI 017—2019 　端含氢二甲基硅油 ……………………………………… 240 页

T/FSI 018—2019 　乙烯基封端的二甲基硅油 ……………………………… 245 页

T/FSI 019—2019 　玻璃防雾用水性硅油分散液 …………………………… 251 页

T/FSI 020—2019 　甲基氯硅烷单体共沸物 ………………………………… 059 页

T/FSI 021—2019 　甲基二氯硅烷 …………………………………………… 069 页

T/FSI 022—2019 　二甲基二氯硅烷水解物 ………………………………… 204 页

T/FSI 023—2019 　羟基封端聚二甲基硅氧烷线性体 ……………………… 210 页

T/FSI 024—2019 　高压缩比聚四氟乙烯分散树脂 ………………………… 416 页

T/FSI 025—2019 　电气用细颗粒聚四氟乙烯树脂 ………………………… 478 页

T/FSI 026—2019 　工业用八氟环丁烷 ……………………………………… 379 页

T/FSI 027—2019 　聚偏氟乙烯树脂 ………………………………………… 421 页

T/FSI 028—2019 　可熔性聚四氟乙烯树脂 ………………………………… 484 页

T/FSI 029—2019 　热硫化氟硅橡胶生胶 …………………………………… 535 页

T/FSI 030—2019 　氟碳共聚树脂溶液 ……………………………………… 433 页

T/FSI 031—2019 　聚全氟乙丙烯树脂 ……………………………………… 438 页

T/FSI 032—2019 　聚全氟乙丙烯浓缩分散液 ……………………………… 446 页

T/FSI 033—2019 　建筑用高性能硅酮结构密封胶 ………………………… 326 页

T/FSI 034—2019 　建筑用高性能硅酮耐候密封胶 ………………………… 338 页

T/FSI 035—2019 　超高分子量聚四氟乙烯树脂 …………………………… 491 页

T/FSI 036—2019 　2,2,3,3-四氟丙醇 ……………………………………… 391 页

T/FSI 037—2019 　涂料用聚四氟乙烯分散乳液 …………………………… 452 页

T/FSI 038—2019 　纤维用聚四氟乙烯树脂 ………………………………… 496 页

T/FSI 039—2019	二氟乙酸乙酯	400 页
T/FSI 040—2019	氟硅混炼胶	542 页
T/FSI 041—2019	端环氧基甲基硅油	260 页
T/FSI 042—2019	1,1,1,3,5,5,5-七甲基三硅氧烷	111 页
T/FSI 043—2019	电子电器用加成型高导热有机硅灌封胶	345 页
T/FSI 044—2019	端乙烯基氟硅油	550 页
T/FSI 045—2019	甲基氟硅油	559 页
T/FSI 046—2019	电力行业用有机硅产品 分类与命名	005 页
T/FSI 047—2019	建筑用硅烷改性聚醚密封胶	358 页
T/FSI 048—2020	纺织面料防水用有机硅乳液	265 页
T/FSI 049—2020	气相二氧化硅表面硅羟基含量测试方法	025 页
T/FSI 050—2020	甲基氯硅烷高沸点混合物	078 页
T/FSI 051—2020	1,2-二(三氯硅基)乙烷	120 页
T/FSI 052—2020	甲基乙烯基硅橡胶分子量的测定方法—门尼黏度法	034 页
T/FSI 053—2020	低黏度室温硫化甲基硅橡胶	351 页
T/FSI 054—2020	压敏胶用甲基 MQ 硅树脂	291 页
T/FSI 055—2020	汽车涡轮增压器软管用氟硅橡胶	567 页
T/FSI 056—2020	乙烯-四氟乙烯共聚树脂	501 页
T/FSI 057—2020	可交联型粉末氟碳涂料树脂	508 页
T/FSI 058—2020	聚四氟乙烯单位产品的能源消耗限额	016 页
T/FSI 059—2020	苯基硅橡胶生胶中苯基和乙烯基含量的测定——核磁氢谱法	040 页
T/FSI 060—2021	甲基乙烯基硅氧烷混合环体	216 页
T/FSI 061—2021	多乙烯基硅油	275 页
T/FSI 062—2021	低黏度羟基氟硅油	282 页
T/FSI 063—2021	N-[3-(三甲氧基硅基)丙基]正丁胺	129 页
T/FSI 064—2021	N-β(氨乙基)-γ-氨丙基三乙氧基硅烷	136 页
T/FSI 065—2021	三甲氧基硅烷	143 页
T/FSI 066—2021	换热管用聚四氟乙烯分散树脂	517 页
T/FSI 067—2021	反复浸渍用聚四氟乙烯浓缩液	456 页
T/FSI 068—2021	高强度聚四氟乙烯悬浮树脂	463 页
T/FSI 069—2021	低蠕变聚四氟乙烯悬浮树脂	470 页
T/FSI 070—2021	聚三氟氯乙烯树脂	525 页
T/FSI 071—2021	加成型液体氟硅橡胶	575 页
T/FSI 072—2021	二甲基二甲氧基硅烷	158 页
T/FSI 073—2021	二甲基二乙氧基硅烷	165 页
T/FSI 074—2021	二甲基乙烯基乙氧基硅烷	176 页
T/FSI 075—2021	四甲基二乙烯基二硅氧烷	183 页

关于埃肯有机硅

1996年，原化工部星火厂通过重组加入蓝星公司。2007年，蓝星收购原法国罗地亚集团的有机硅业务。法国工厂先进的有机硅生产技术和生产配方逐步向中国转移，并在中国市场迅速发展。2018年，两家企业整合进入蓝星所属埃肯公司，成立埃肯有机硅。目前，埃肯有机硅在全球拥有13家研发中心，500多项专利技术，13个综合性生产基地，专注于特种有机硅领域研发创新，在高性能有机硅弹性体、纸张与薄膜离型涂层、纺织涂层以及技术密封等领域占据全球市场领导地位。

Delivering your potential

上海华谊三爱富新材料有限公司　 ® 中国的氟化学
China Fluorochemical

上海华谊三爱富新材料有限公司（简称上海三爱富公司）是国内专业从事氟聚合物、氟制冷剂、氟精细化学品等各类含氟化学品的研究、开发、生产和销售的企业，是国家新材料产业技术创新战略联盟理事长单位、中国氟硅有机材料工业协会副理事长单位、有机氟专业委员会主任委员单位。

上海三爱富公司致力于打造高质高端、结构合理、拥有自主知识产权的优秀的氟化学品供应商。公司总部位于上海市黄浦区打浦桥，拥有1个国家级企业技术中心，江苏常熟、内蒙古丰镇、福建邵武三大生产基地共计7家生产型子公司和1家销售公司。

三爱富公司主要有氟聚合物、氟制冷剂和氟精细化学品三大类百余种产品，拥有"3F"、"中昊"和"冰峰"三个品牌，其中"3F"牌商标多次获得"上海市著名商标"称号，"中昊"牌商标多次获得"江苏省著名商标"称号。2021年，公司营业收入59.78亿元。

地址：上海市徐家汇路560号8楼　网址：www.sh3f.com

电子化学品

有机硅

绿色除草剂

磷硫化工

矿山

肥料

世界知名的精细磷化工企业

　　兴发集团起源于1968年，1999年上市公司成立，座落于汉明妃王昭君故里——宜昌市兴山县，是世界知名的精细磷化工企业和三峡库区移民迁建企业。主营业务包括有机硅、电子化学品、绿色除草剂、磷硫化工、肥料、矿山六大板块。先后开发食品级、医药级、电子级等各类产品15个系列591种，形成了"资源能源为基础、精细化工为主导、技术创新为支撑、关联产业相配套"的新发展格局。

行业领先的有机硅产业集群

　　建有技术领先的40万吨/年有机硅单体装置，配套建设7万吨/年107硅橡胶、8万吨/年110硅橡胶、3万吨/年密封胶、3万吨/年甲基硅油、2万吨/年乙烯基硅油、1.2万吨/年羟基硅油、2万吨/年气相法白炭黑等有机硅下游生产装置，形成了规模优势显著、生产技术先进、产品门类齐全的有机硅上下游一体化产业集群。

　　公司正在湖北宜昌与内蒙古乌海分别再建设两套40万吨/年有机硅单体及下游深加工项目，2023年公司有机硅单体产能将达到120万吨/年。

建筑

光伏

日化

航天

汽车

母婴

电子

研发实力雄厚的科技创新平台

　　兴发集团将自主科技创新放在企业发展的首要地位，投资5.2亿元新建兴发集团研发中心，占地面积57.72亩，总建筑面积5.16万平方米，研发设备原值1.6亿元。以研发中心为平台，共享软硬件资源，兴发集团牵头组建了湖北三峡实验室。

　　有机硅新材料国家地方联合工程研究中心2018年获得国家发展和改革委员会批准成立，是高性能有机硅新材料科技创新基地。致力于发展有机硅单体先进生产技术和下游高端新材料，研究开发满足航空航天、5G通讯、清洁能源、高端制造等领域应用需求的高性能硅橡胶、硅油、硅树脂和功能性硅烷下游产品。

 湖北省宜昌市猇亭区猇亭大道66号兴发集团宜昌新材料产业园　　 020-82103789

唐山三友硅业有限责任公司简介

唐山三友硅业有限责任公司隶属于唐山三友集团，成立于2007年，是一家集有机硅单体及下游产品生产、开发、销售为一体的大型企业，坐落于唐山市南堡经济技术开发区，东邻曹妃甸，西靠天津港区，处于环渤海经济开发带，紧邻张唐铁路、唐曹铁路、沿海高速、唐曹高速等，交通便利。

有机硅项目是河北省重点产业支撑项目，是三友集团构建硅基新材料产业链和精细化工产业链的关键项目。公司建有年产有机硅20万吨单体及8.5万吨配套下游产品生产装置，是我国北方重要的有机硅产业基地。作为国家高新技术企业，公司建有自己的研发中心和重点材料实验室，获评河北省工业企业A级研发机构，被授予"河北省有机硅新材料技术创新中心"、"石油和化工企业A级质量检验机构"，累计获得授权专利100余项。

公司有机硅产品品种齐全，累计开发100多个品种，主要产品DMC、107胶、110胶、高含氢硅油、高沸硅油、电气零部件封装胶等，广泛应用于航天航空、医疗卫生、建筑、日化等重要领域，远销美国、德国、乌克兰、俄罗斯、日本等多个国家和地区。

十多年来，公司深耕有机硅产业，先后获得"中国氟硅行业典范企业"、"中国氟硅行业创新型企业"、"河北省先进集体"、"河北省政府质量奖"、"河北省单项冠军企业"、"河北省文明建设先进单位"等荣誉称号。

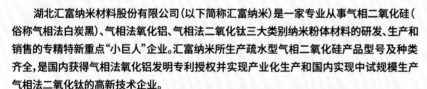

巨化集团有限公司成立于1958年，主要产业涵盖氟化工、氯碱化工、石化材料、电子化学材料、精细化工等，目前有15只化工产品成为全球单项冠军。参股浙石化舟山4000万吨/年绿色石化项目，拥有巨化股份[600160]、华江科技[837187]两家公众公司和一家财务公司。集团拥有授权专利594项，拥有国家级研发机构2个，国家级高新技术企业19家。巨化集团是全国循环经济的工作先进单位和教育示范基地、浙江省商标示范企业。经过多年创新发展，巨化已成为全国特大型化工联合企业和全国最大氟化工先进制造业基地。

新安硅基新材料

依托全产业链优势，打造金属硅冶炼、基础单体与聚合物、功能性硅烷与树脂、弹性体、建筑密封胶、工业密封胶、改性硅油与二次加工品七大业务版块，围绕电力通信、医疗健康、轨道交通与汽车、消费电子、新能源材料等细分领域重点突破，链接全球战略合作伙伴，构建硅基新材料产业生态圈。

400-102-9991

Connected by Silicon

硅烷交联剂系列
酰氧基硅烷
烷氧基硅烷
酮肟基硅烷

硅烷偶联剂系列
乙烯基硅烷
含氢硅烷
氨基硅烷

甲基丙烯酰氧烃基硅烷
环氧硅烷
含硫硅烷

催化剂系列
钛催化剂
锡催化剂

其他
乙酰氯
丁酮肟
乙烯基三氯硅烷
甲基乙烯基二氯硅烷

特种硅烷
长链硅烷
硅烷低聚物

HuBei Bluesky New Materical Inc.
湖北新蓝天新材料股份有限公司

电 话：0728-3254088
热 线：400-855-3669
外 贸：020-38856806
地 址：湖北省仙桃高新技术区新材料产业园发展大道8-

股票简称：永和股份
股票代码：605020

永和公司成立于2004年，并于2012年9月改制为浙江永和制冷股份有限公司。公司注册资本26975万元，总部地处素有中国"氟都"之称的浙江衢州。公司旗下有金华永和氟化工有限公司、内蒙古永和氟化工有限公司及邵武永和金塘新材料有限公司等多家子公司。衢州、金华、内蒙古、福建邵武四地合计工业用地1900多亩，井采、选矿厂等矿业用地近5000亩。公司于2021年7月成功登陆上交所主板，股票代码为"605020"。公司主营业务为氟化学品的研发、生产、销售，产品链覆盖萤石资源、氢氟酸、氟碳化学品、含氟高分子材料等，是一家集原料矿石开采、研发、生产、仓储、运输和销售为一体的国内产业链较为完整的氟化工生产企业。

立足于全新的发展起点，永和股份将紧紧围绕战略发展定位，以氟化工行业发展新机遇和登陆资本市场平台为契机，以行业市场为导向，以技术创新为驱动，以客户服务为中心，以人才培养为根本，以提高发展质量和效益为目标，强化安全生产和技术创新，扎实推进生产、技术、管理、销售等各项工作，在现有氟化工产业链基础上，继续强链、延链、补链，不断优化和丰富公司产品结构，持续提升品牌知名度和影响力，为实现公司的战略目标砥砺奋进，以满怀的激情和希望续写氟化工产业的崭新篇章。

电话：400-926-2699 网址：www.qhyh.com
地址：浙江省衢州市柯城区世纪大道893号

合盛硅业股份有限公司

简 介

　　合盛硅业股份有限公司由宁波合盛集团于2005年投资成立，公司总部坐落于浙江，同时在浙江嘉兴、四川泸州、新疆石河子、新疆鄯善、新疆奎屯、新疆乌鲁木齐、云南昭通、黑龙江黑河分别设有生产基地，是中国硅基新材料行业中业务链完整并形成协同效应的高新企业之一，工业硅、有机硅产能均处于世界前列。合盛硅业作为行业领先的双龙头企业之一，是多项国家、行业标准的主要起草单位。产品广泛用于航天军工、电子通讯、光伏新能源、医疗健康、汽车等各个领域，合作伙伴遍布全球。公司于2017年10月在上海证券交易所主板上市，股票代码603260。

　　在90年代初期，合盛就开始涉足有机硅产业，是国内最早进行有机硅橡胶规模生产的企业之一。2005年，投资成立浙江合盛硅业有限公司（合盛硅业股份有限公司前身），从生产基地的开工建设到国内顶尖的单套有机硅装置一次性投产成功仅仅耗时一年，创造了业内的"合盛奇迹"。其后的十多年间，公司投资的足迹遍布全国，先后在黑龙江黑河、新疆石河子等地设立工业硅生产基地，有效整合当地丰富的煤炭、矿产和电力资源，提高了下游有机硅产品的竞争优势，并在新疆石河子创造了煤电硅一体化循环经济产业园发展模式。2015年，成立了合盛硅业（泸州）有限公司，并在一年后重新投产，成为国内硅基新材料制造领航企业。2019年，公司将石河子煤电硅一体化循环经济产业园发展模式成功在新疆鄯善园区全数竣工投产，进一步延伸至硅氧烷和下游深加工项目。同年，云南昭通绿电硅循环经济一体化产业园区立项建设。上市以来，合盛硅业一直致力于硅基新材料领域的发展壮大，为了响应国家"双碳"政策的号召，公司在2021年12月初与新疆乌鲁木齐政府签订了投资框架协议，在乌鲁木齐甘泉堡经济开发区投资打造千亿级绿色循环经济产业园，全面进军多晶硅领域。合盛通过上下游领域协同推进，充分发挥产业链优势，努力打造成为资源配置最合理、最具竞争力、最具影响力和生命力的国际知名硅基新材料供应商，做全球合作伙伴的优秀服务商。